城市更新研究系列丛书　阳建强 主编
中国城市规划学会城市更新学术委员会 组织编写

国家自然科学基金面上项目：职业视角下大城市进城务工人员的就业空间结构和时空轨迹研究——以南京市为实证（编号：51878142）
国家自然科学基金青年科学基金项目：我国经济发达地区城市“穿孔型收缩”现象的识别与测度研究：以苏南地区为实证（编号：52008086）

城市更新与高质量发展

Urban Regeneration and High-Quality Development

吴　晓　高舒琦　等著

东南大学出版社
SOUTHEAST UNIVERSITY PRESS
·南京·

内 容 提 要

本书收录了 2020 年与 2021 年中国城市规划学会城市更新学术委员会年会的发言论文，以及精选了部分城市更新学术委员会委员的论文。这些研究论文涵盖了城市更新的理论研究思考、空间品质提升、社区发展、制度建设、技术创新等多个领域。本书体现了我国在城市更新研究与实践上的最新进展，能极大地提高建筑设计、城市规划、房地产、公共管理等领域的相关从业人员对城市更新的理解和认知。

本书适用于广大的城市规划研究、设计、管理人员，也可作为建筑学、城乡规划学、风景园林学等学科的本科生和研究生的课程辅助教材，还可作为各行各业相关人员了解城市更新理论与实践最新进展的参考书。

图书在版编目(CIP)数据

城市更新与高质量发展 / 吴晓等著. — 南京 ：东南大学出版社，2022.3

(城市更新研究系列丛书 / 阳建强主编)

ISBN 978-7-5766-0023-0

Ⅰ.①城… Ⅱ.①吴… Ⅲ.①城市建设-中国-文集 Ⅳ.①TU984.2-53

中国版本图书馆 CIP 数据核字(2022)第 004879 号

责任编辑：宋华莉 **责任校对**：张万莹 **封面设计**：余武莉 **责任印制**：周荣虎

城市更新与高质量发展
Chengshi Gengxin Yu Gaozhiliang Fazhan

著　　者 吴晓 高舒琦 等
出版发行 东南大学出版社
社　　址 南京四牌楼 2 号 邮编：210096 电话：025-83793330
网　　址 http://www.seupress.com
电子邮件 press@seupress.com
经　　销 全国各地新华书店
印　　刷 南京玉河印刷厂
开　　本 787 mm×1092 mm 1/16
印　　张 21.5
字　　数 484 千字
版　　次 2022 年 3 月第 1 版
印　　次 2022 年 3 月第 1 次印刷
书　　号 ISBN 978-7-5766-0023-0
定　　价 78.00 元

丛书编委会

序　言

城市更新自产业革命以来一直都是国际城市规划学术界关注的重要课题，是一个国家城镇化水平进入一定发展阶段后面临的主要任务。

我国在经历经济体制转轨和高速城镇化发展的一系列社会经济变迁之后，已转向中高速增长和存量更新，进入以提升质量为主的转型发展新阶段。在生态文明宏观背景以及“五位一体”发展、国家治理体系建设的总体框架下，城市更新的原则目标与内在机制均发生了深刻变化。新阶段的城市更新更加注重城市内涵发展，更加强调以人为本，更加重视人居环境的改善、城市活力的提升、产业转型升级以及土地集约利用等重大科学问题。

目前我国城市更新事业获得了社会各界的广泛关注与深度参与。在中央政府指引、地方政府响应的背景下，越来越多的民间力量与社会群体参与到城市更新之中，为过去政府和市场主导的物质更新提供了更广阔的视角与更持久的动力，形成了政府力量、市场力量、社会力量共同参与的城市更新分担机制。

许多城市结合各地实际情况积极推进城市更新工作，呈现以重大事件提升城市发展活力的整体式城市更新，以产业结构升级和文化创意产业培育为导向的老工业区更新再利用，以历史文化保护为主题的历史地区保护性整治与更新，以改善居民居住生活环境为目标的老旧小区、棚户区和城中村改造，以及突出治理城市病和让群众有更多获得感的“城市双修”等多种类型、多个层次和多维角度的探索新局面。

与此同时，我们也清楚地看到，在城市更新实际工作中，由于对城市更新缺乏全面正确的认识，城市整体系统与组织调控乏力，历史文化保护意识淡薄，以及市场机制不健全和不完善等原因，城市更新在价值导向、规划方法以及制度建设等方面仍暴露出一些深层的问题。

如何基于新时代背景下的形势发展要求和城市发展客观规律，全面科学理解城市更新的本质内涵与核心价值？如何充分认识城市更新的复杂性、系统性、多元性和政策性？以及如何建立持续高效而又公平公正的制度框架？如何借助社会和市场合力有效推动城市更新、促进城市整体功能提升与可持续发展？这些问题急需要学界和业界从基础理论、技术方法和制度建设等方面开展长期、广泛和深入的研究与探讨。

中国城市规划学会城市更新学术委员会顺应当前城乡形势，瞄准国际城市更新学术前沿，围绕国家城市更新的重点工作、重大问题和重要科技课题，每年主办一年一度的中国城市规划学会城市更新学术委员会年会、中国城市规划年会城市更新专题会议和中国城市规划年会相关城市更新主题自由论坛，以及按照地方实践需求不定期召开形式多样和内容丰富的高端学术会议，邀请城市更新学术领域的专家、学者、政府官员和业界人士做主旨报告和学术交流，并大力扶植青年学者，积极鼓励博士研究生和硕士研究生参会、宣读论文与发言，其宗旨在于为广大城乡规划科学工作者、技术人员、管理人员、高校师生、广大学会会员及社会各界人士提供综合性、专业性和高水平的学术交流平台。

这些学术会议日益受到住房和城乡建设部、自然资源部和其他相关政府部门的高度重视和城乡规划科技人员的积极响应，已成为广大城乡规划科技工作者了解城市更新学术动态、交流学术观点、发表学术成果和结识同行专家最重要的学术活动。

"城市更新研究系列丛书"编写出版的目的主要是记录参加学术会议作者的学术思想和实践成果，并将随着每年学术会议的主办持续不断地分期发表与出版，以能够起到集思广益和滴水穿石的作用，为促进城市更新理论与实践工作的发展，提高城市更新研究领域的学术水平，以及推动我国城市高质量发展和空间品质提升做出积极的贡献。

中国城市规划学会城市更新学术委员会主任委员

阳建强

2019 年 11 月

前　言

中国城市规划学会城市更新学术委员会(以下简称“城市更新学术委员会”)于2016年恢复成立以来已主办6次学术年会。“2016中国城市规划学会城市更新学术委员会年会”于2016年12月16—17日在东南大学召开,会议主题为“搭建平台,促进发展”,参加的有100余人次,讨论了学术委员会的宗旨和工作任务,审议并通过了《中国城市规划学会城市更新学术委员会工作规程》,共同见证了中国城市规划学会城市更新学术委员会恢复成立的历史性时刻;“2017中国城市规划学会城市更新学术委员会年会”于2017年9月2—3日在上海交通大学召开,会议主题为“城市更新与城市治理”,参加的有500余人次,会议针对我国新型城镇化的推进和城市空间发展转型的大背景,围绕着“城市更新与城市治理”“中心区更新与修补”“工业区更新与再生”等方面展开了积极的学术探讨和交流;“2018中国城市规划学会城市更新学术委员会年会”于2018年10月19—21日在重庆大学召开,会议主题为“社区发展与城市更新”,参会人次300余人,会议针对新时期强调以人为核心、注重内涵发展和突出城市品质提升的发展需求,就“社区发展与城市更新”“社区规划与社区治理”“社区营造与公共参与”等方面展开了多层面的学术探讨和交流;“2019中国城市规划学会城市更新学术委员会年会”于2019年8月30日—9月1日在清华大学召开,会议主题为“城市更新,多元共享”,参加人次400余人,会议围绕如何通过城市更新推进空间特色营造、增强城市活力、改善生活品质以及实现公正与公平、开放与共享等问题,就“多元路径”“空间营造”“包容共享”“多样生活”等主题展开了富有启示的学术探讨和交流;而“2020中国城市规划学会城市更新学术委员会年会”于2020年11月27—29日在深圳市召开,会议主题为“治理创新视角下的城市更新”,通过“线上直播+线下参会”的互动模式累计吸引了35 000多人次参会研讨,会议围绕着如何实现城市更新的多方协同模式和共同缔造的城市治理框架等问题,就“制度构建”“功能重塑”“空间再生”“文化传承”等主题展开了积极的学术探讨和交流;“2021中国城市规划学会城市更新学术委员会年会”则于2021年10月22—24日在青岛市召开,会议主题为“高质量发展视角下的城市更新”,同样通过“线上直播+线下参会”的互动模式累计吸引了6 000多人次的积极参会,会议围绕着如何以高质量发展为核心的城市更新理论方法和实现城市高质量发展的有效途径等问题,就“风险防控”“品质提升”“价值再现”

"地方营造"等主题展开了广泛的学术探讨和交流。与此同时,城市更新学术委员会还陆续申办了中国城市规划年会的城市更新专题会议、城市更新主题的自由论坛、城市更新各类主题研讨会、城市更新主题展览等形式丰富的学术交流活动。

众多城乡建设与规划领域的专家、学者以及规划院校师生,通过上述活动的有效参与和交流,发表真知灼见,交换实践经验,达成意见共识,切实推动了我国城市更新的学术发展和繁荣。作为公益性社会组织,我们一直在思考,如何能够避免学术"圈子文化"?如何能够让更多的人聆听到专业的声音?如何能够让更多的人加入我们的队伍中来?本书恰好为我们提供了这么一个很好的平台。

《城市更新与高质量发展》是由城市更新学术委员会组织编写的"城市更新研究系列丛书"的第二部专辑,主要是遴选了2020年与2021年城市更新学术委员会年会征文的优选宣读论文,以及部分城市更新学术委员会成员的优秀论文,涵盖了城市更新的理论研究、城市创新、社区发展、制度建设、地方营造等多个领域,也在一定程度上体现了我国在城市更新研究与实践上的最新进展。

我们希望通过本书的出版,可以为众多正在城市更新领域开展工作或者对此深感兴趣的人士,提供一个了解国内外城市更新最新研究和实践进展的途径;我们也希望未来有更多的有识之士可以为推动我国城市更新的发展建言献策,并期待他们的名字出现在今后"城市更新研究系列丛书"之中。

本书的出版获得国家自然科学基金委的资助。在成书过程中,城市更新学术委员会秘书处的老师们付出了巨大的心血和汗水,同时东南大学出版社的编辑字斟句酌保障了图书的质量,在此一并深表感谢。

最后,由于城市更新研究仍在不断探索的路上,加之本书撰稿参与者众,编纂与联络工作甚巨,难免会存在诸多问题和不足,如有纰漏,还望海涵和斧正!

《城市更新与高质量发展》编辑组

2022年2月

目 录

第一章

城市更新的理论探索与思考

城市更新政策制定中的公众利益制度化探讨[①]

——行动主体、物化内涵与规划体系

赵楠楠　刘玉亭

华南理工大学

摘　要：作为一个发展的概念，公众利益在城市规划中的捕获、实现和演替始终是城市政策和更新实践的核心话题，涉及城市资源配置与社会公平等问题，反映在规划活动中则延展到公众参与、社区治理与社会凝聚等一系列议题。本文借鉴杜威的代表人理论及哈贝马斯的交往理论，聚焦我国1949年以来城市(再)发展政策制定中公众利益的价值演变及其制度化过程，从行动主体、物化内涵及其在规划体系中的代表机制等展开分析，结合广州城市更新政策实例，揭示公众利益在国家—地方—社区三个尺度上的代表机制。研究认为，我国城市更新中公众利益的制度化与西方国家功利制起源具有不同逻辑，经历了从国家利益至上的统一制模式到集体获利为主的功利制萌芽阶段的摇摆变化，近期出现面向多主体交往的沟通制转向。一方面，我国规划体系发展和更新政策演变过程中公众利益内涵经历深刻转变，即从强调物质空间建设和地方经济发展演变到关注社会维度下培育“美好生活”导向的社区社会资本；另一方面，随着城市更新的空间尺度不断下移，2000年来空间治理模式经历从政府管控为主到开放市场主导，再到政府监管下社区协作共建的三阶段演变，在公众利益物化方面展现出从“集体获利”到“知识共享”的再制度化延展。在此基础上，重新审视城市“高质量发展”转型背景下我国城市更新政策制定的演变机制与治理动态，捕获公众利益在当前规划体系中的物化内涵，为进一步提升我国城市更新政策实效性、优化社区治理结构、推进“人民城市”理念下公众利益最大化提供理论借鉴。

关键词：城市更新；公众利益；社区参与；协作治理；政治哲学

1　引言

“公众利益(Public Interest)”作为一个规范性概念，在城市更新的规划编制和政策实施过程中始终是热议的核心话题，涉及权力与资源的分配以及主体间交往关系。在西方国家，公众利益可用“共同利益”或“集体利益”替代，意为特定利益共同体间形成的共识目标，在规划领域通常涉及公众参与、社会治理、协同治理等议题。在我国规划学界，公众利益更多指

①　国家自然科学基金面上项目“当代城市社区的多维属性、邻里性及其影响机制研究——以广州市为例”(41771175)

代价值观导向下面向大多数人的福利性目标，是城市规划的最初使命、最终目标和评估标尺。对于公众利益的一种理解是面向城市公共物品的供应，具有公共性与客观性，体现为城市公共设施、居住环境安全、社区生活条件等保障措施。另一种理解是基于协商与妥协的政治活动，具有政治性与主观性，表现为多元利益主体之间的共识和认同。不管基于何种理解，核心问题均为"什么是公众利益""谁代表公众利益"及"如何实现公众利益"。

新时期城市更新行动语境下，打造"共建共治共享"社会治理格局、推动"城市高质量发展转变"以及"人民城市"理念下提升人们获得感和幸福感等共同目标，均对更新规划中妥善处理错综复杂的利益关系、合理应对社区参与诉求以及保障公众利益最大化提出更高要求。梁鹤年、石楠、何明俊等人对于城市规划中公众利益本质的聚焦，实际上是对概念背后映射的城市规划范式的价值本质及其民主化进程的透视。面对城市更新过程中的公—私利益冲突，许多学者已从土地开发或旧城旧村改造等规划实例分析了治理主体认知错位和规划应对不足等问题。近年来，人们更加关注交往式规划方法，通过更多地纳入公众意见和社区参与来缓解城市更新过程中的潜在冲突和社会紧张关系。在此背景下，本文从政治哲学中关于"公众"和"善治"理论的思辨切入，重新审视城市更新中的公众本质及"公众利益"在城市规划中的规范化和制度化过程，对于推进社区参与下城市更新政策制定具有一定的理论意义和时效价值。

2　城市规划中"公众"及"公众利益"的哲学溯源

2.1　多尺度视野下城市规划中的"公众"定义

"公众利益"与原则性的共同利益(Common Goods)不同，并非一成不变，而是根据不同"公众"而具有差异化内涵。在西方国家，由于概念模糊性、定义空泛性及实施困难性等问题，对公众利益概念的理解相对消极，认为定义"公众"的过程是另一种共识导向下的文化霸权，而公众利益概念则是决策机构用来合法化国家规划干预活动的工具。然而，Flathman指出"我们可以自由地放弃这个概念，但我们就只能在其他议题下与这个本质问题继续纠缠"。因此，本文并不纠结于公众利益概念本身的正当与否，而是从政治哲学中城市"公共领域"的本质入手，为理解如何在当前异质化的社会中更加恰当地捕获、概念化并实现公众利益提供新的思路。

(1) 公众利益和国家

早在古希腊哲学时期，对于"公众"的定义即为城市事务管理和统治的核心议题，其中，早期哲学诠释强调以国家为主体的制度化统治秩序。例如，柏拉图在《共和国》中的政治思想体现了"公共领域(利益或事务)"的统一秩序，并将其与国家(政治领导)紧密联系起来。柏拉图的"理想国"设想在一定程度上与我国古代儒家所推崇的"礼制""贵和"的社会规范相类似，主张"克己复礼"，在规范化的制度框架下令所有人各居其位、各司其职，以达到整体目标。相反，亚里士多德反对此类超验主义观点，即存在一个由所有社会成员追求的整体和单一的价值。在《政治学》中，他对公众利益的解释引入了"尺度"的视角，并以此为标准区分不同类型的政体，包括君主制(由一人统治，为市民大众服务)、寡头制(由精英集团统治，为少数人服务)和民主制(由全体人民统治,为共同利益服务)。亚里士多德将“Polis”(国家或城邦)定义为一个为实现“善(Goodness)”而形成的政治团体,这一概念随后成为“善治”理论的基本思想,即政府作为公民的保护者和指导者,以“善”为目的,为人们提供稳定的基本生活条件。在这样的社会中,对“至善(Highest goodness)”的具体化即为公众利益,而政治参与和城邦生活是实现这种“共同善”的重要路径。

(2) 公众利益和个人

自 17 世纪以来,政治哲学中对城市权力的关注呈现出从强调一元秩序到多元化的转变趋势,重视社会中异质化的微观个体。例如,卢梭认为,一个社区(或城邦)建立在基于共识的社会契约基础上,该契约下所有成员享有共同的规范、权利和义务,并受一定法律框架约束,该法律象征着以公众利益为依托的“公共意志”。康德认为,存在一项永久、稳定、合理化的道德法则,社会中每个人都应遵守此项道德义务,在此基础上形成的理想社会既能满足个人利益,也能满足公共利益。康德和卢梭的思想均预示着将社会个体作为“理性人”的分析视角,即个体基于自身利益得失做出基于工具理性的最优选择,这也是新制度主义下理性选择理论(Rational Choice Theory)的思想根源。因此,与之对应的决策模式更加尊重个人价值和多元化社会秩序,由此产生的政府安排既是对现代异质社会的回应也是其产出结果。

在现代规划领域,1960 年代以来许多学者使用“利益相关者”一词来捕捉规划项目中的多元利益关系。这种规划方法关注对地方营造过程有合法性利害关系的人,他们在相互沟通和交往的过程中逐渐形成社会网络和行动策略。然而,一定程度上存在将规划过程中的多元主体扁平化,强调对于地方营造具有直接干预能力的合法性主体,局限于对直接相关者的单线影响。本文认为,利益相关者导向下的规划决策模式侧重于被动参与路径,对于间接影响者关注不足,难以应对公众主动式参与行动及冲突。在城市改造过程中,受间接影响的公众也存在维护自身利益的行为,行动结果延展至社区主动意识及非正式组织的产生。因此,“公众”作为一个动态主体,并非与“国家”二元对立,而是在制度安排和自发行动的过程中被不断产生或重构,并有可能进一步产生具有政府形态的组织结构。

(3) 作为利益共同体的“公众”概念

根据实用主义哲学家杜威(John Dewey)的理论,“公众”指代的是“所有因事务(政策、规划活动、政府干预等)的非直接后果而受到影响的人”,这一概念揭示了公众的异质性及其代表机制作为讨论国家—社会关系的基本出发点。根据杜威的代表人理论,政府是为这些受到影响的公众提供系统关注与缓解措施的责任主体,而由于决策过程中无法实现所有人的参与,因此需要建立代表人制度,以更好地实现决策者和公众之间的沟通,捕获并实现公众利益。杜威的论点是针对同时期李普曼“公众幻影论”的直接回应,例如李普曼认为在现实中“公众”只是一个虚假的抽象概念,随着利益关系的变化而变化,由于内部组织涣散、社会关系动荡、个体逐利心理等,公众并不具备参与城市事务的能力,因此应由专业精英或政府官员发起、管理和解决。然而,杜威指出李普曼“幻影论”的最大问题是模糊了公众的界定范围及其参与社会事务的尺度,对待公众形成过程中的个体能动性抱有消极而偏颇的观点。

相反,杜威认为,针对现代工业社会产生的众多社会问题的解决办法是促进公共事务中的公众参与，而不是依赖专业人士进行原子式的个人主义治理。他将公众定义为“一个作为整体存在的共同体(Community as a whole)”，形成公众的基本条件是一群有组织的个人，而公众的稳定性和社会意义则取决于参与者独立行动和自我管理的能力。与“利益相关者”概念不同，杜威强调受间接影响群体的重要性，包括规划范围以外的居民、企业以及未来居住此地的人群。这些不在地群体无法直接参与规划过程，因此杜威提倡建立代表人制度以维护公众利益。这奠定了代议制民主制度的基础，通过强调城市公共生活中个体自发组织的能动性，为研究城市治理和规划管理中的国家—社会关系提供新的思路。在此基础上，1980年代以来的社群主义(Communitarianism)反思了自由主义视角下原子化的功利主义思想以及固定化和单一化的公共领域概念，强调异质化个体在有意识地追求公众利益的行动过程中产生的集体意识、社区归属及社会价值，因此主张更加广泛的公众权利和参与。

2.2 西方规划理论中不断演变的公众利益范式

根据不同尺度的本源思想、价值基础及物化内涵，本文归纳出规划理论演变中三种捕获和实现公众利益的机制或逻辑(见表1)，作为后续探讨中西方城市更新中公众利益制度化特征的理论框架。此外还存在部分其他对公众利益概念的解释，但由于相关性较低或已融入其他概念，因此予以剔除。例如，道义论概念(Deontic Concept)侧重规划过程中的程序公平及决策透明。共同利益概念(Common Goods)侧重广义的城市可持续发展原则。

首先是“功利制(Utilitarianism)”视角的公众利益概念，或称“叠加制(Summative)”，强调计算叠加逻辑，认为公众利益是个体价值或利益加总的最大化。在这种客观解释中，政府的作用是确保个人在实质性内容上的自由选择机会，类似于自由市场主张。然而，这种方法被批评为不可避免地放大了个人偏好或价值观，而忽略不同背景下异质化的社会个体。收益—成本分析(BCA)是该逻辑的典型应用，用以评估拆迁成本和房地产开发的经济效益。在这方面，城市规划通常作为一个利益讨价还价和政治谈判的舞台，可能导致信息传递过程中的低效率和权利人与市场参与者之间的不信任。

其次是“统一制(Unitary)”的公众利益概念，以共同价值或集体道德要求为基础，超越特定群体或私人的利益。其中，国家、省、市和社区等不同尺度的治理实体对于什么是公众利益持有不同的看法，因此有时在中央政府和地方政府、市政府和居住社区之间产生政策冲突。例如，中央政府以经济发展、社会稳定和安全作为衡量地方政府提供公共物品的能力。而地方政府更多地将基础设施建设、城市形象提升和多数市民的生活保障视为公众利益，而社区居民对于公众利益的诉求更加微观，在规划触媒下产生一定群体性认知。为了防止政策冲突的潜在负面影响，规划体系逐渐形成一套评估和审议的规范化监管制度，即通过“局外人”角色来评估规划编制和实施是否符合公众利益。前期由专业规划人员评估项目影响并提出解决方案，提交至规划审议机构(如规划委员会)依据制度化原则(如规范、条例、法律等)对其公众利益属性做出判断。在这种“跨主体”解释中，规范性评价和审议通过补偿差异或个体偏好来促进社会稳定和正义。

最后是“沟通制(Communicative)”的公众利益概念，或称“对话制(Dialogical)”，它强调基于利益相关者或受影响群体的主体间关系建立共识，寻求平等地获取每个人(特别是弱势群体)的意见,认为所有来自公开对话的共识都是符合公众利益的,因此基于公开对话而通过的政策均具有合法性。该概念与20世纪90年代基于哈贝马斯交流行动理论出现的“交流转向”相呼应,结合批判性城市理论和规范性规划理论的蓬勃发展,催生出Forester参与式规划和Healey协作规划等模型。根据杜威对公众的定义,沟通式规划的第一步是界定利益相关者或受影响的人,这在实际规划活动中较为困难。一方面,是让所有人都参与进来,还是选择那些有“沟通能力”的人,在规划参与实践中仍是问题;另一方面,是强调结果(如达成共识)还是强调过程(如开展辩论)也仍然有待思辨。

表1　西方规划理论中对“公众利益”的三种理解逻辑

模式	本源思想	价值基础	判断视角	物化内涵	规划应用
功利制(叠加制)	个体主义(Individualism)	基于物权的私人收益或个体价值	客观(Objective)	个体收益加总的最大化	收益—成本分析;拆迁补偿制度
归一制(统一制)	社群主义(Communitarianism)	基于道义的群体认知或共享价值	主观(Subjective)	集体认同的共同原则或目标	规划审批制度;专家评审制度
沟通制(对话制)	沟通理性(Communicative reason)	基于协商的共识目标或妥协条件	主体间(Inter-subjective)	利益相关者之间经过协商和博弈达成的共识	公众参与制度;协作规划模式

(表格来源:笔者自制)

3　英美城市更新政策制定中的公众利益内涵演变与社区规划模式

在英美国家,公众利益的概念经历了从功利制向统一制/功利式共存再到沟通制为主的内涵演变(表2)。20世纪之前,城市发展被“私有财产是不可侵犯的神圣权利”价值观主导。根据美国1791年的《权利法案》,私人财产不能在没有公正补偿的情况下被用于公共用途。因此,直到20世纪初,城市建设主体以土地所有者为主,在城市地区进行高密度的建设,以获取资本主义环境下更高的土地价值。然而,无序的城市扩张和城市化反过来损害了公共卫生、城市环境和其他市民利益。为防止市场失灵带来负效应,英美国家开始建立规范性的城市规划监管体系,例如分区规划制度(Zoning),其主导思想在1933年的《雅典宪章》提出的功能区划分中得到充分反映。这一时期的规划管制内容主要集中在特殊用地选址和布局,但其中对城市整体环境或公共利益的考虑,一定程度上推动了公众利益概念从功利制向统一制转变。

20世纪30年代到60年代,鉴于经济大萧条影响,对公众利益的关注重点转为福利设施供应。以美国为例,1933年的“罗斯福新政”针对城市经济环境的恶化和公众信任危机提出了三项核心政策,即救济、恢复和改革。通过凯恩斯主义城市政策,当局试图利用大规模公共基础设施建设来增加就业和刺激城市经济,并消化当时的资本剩余。在英国,1930年《格林伍德住宅法》提出的清除贫民窟计划象征着真正意义上的城市更新行动的开始,以政府征收贫民窟土地、开发商承建实施拆除重建为主要模式。这一时期规划决策中体现公众利益的价值基础是功利制个体获利与群体性共同目标的结合。

20 世纪 60 年代至 80 年代，规制理论的发展推动了城市规划中公众利益概念向统一制转变。二战后，政府主导的福利性城市重建在世界范围内如火如荼。以效率为导向，西方国家采取基于制度安排的物质性空间重建模式，主要由政治力量推动土地开发、贫民窟清理和城市化进程，强调政府在协调和统一不同利益方面的作用。例如，美国 1964 年推出的“伟大社会计划(Great Society)”推动贫民窟和其他低土地价值地区的重建，旨在缓解住房危机并消除城市贫困(同时也加剧了社会排斥、住宅隔离和其他社会不公平问题)。1980 年，英国颁布的《地方政府、规划和土地法案》确立了城市开发公司(隶属于中央政府环境部)的法定地位，负责土地收购及出售。因此，这一时期对公众利益的价值判断以统一制逻辑为主，更多由中央政府代表并保障。1977 年《马丘比丘宪章》提出弹性管制理念，进一步强调地方政府在规划协议中引入规范市场行为的原则和条例。1954 年美国的《住宅法》强调地方政府介入土地使用的作用以及综合开发规划的重要性，随后，1986 年英国的《住宅及规划法》确立了用以规范开发项目管制的规划许可制度。

1980 年代以来，新自由主义浪潮下房地产主导的市区重建模式体现了公众利益的功利制逻辑，英国的“企业区(Enterprise Zone)”政策推动了规划决策话语权从带有福利色彩的公共机构转向强调私营部门的公私合作伙伴。另一方面，关于“城市权利”的激烈争论，尤其是 Jacobs 和 Healey 等学者对蓝图式大规模物质空间改造模式的强烈批判，进一步推动了公众利益概念中的交往转向。在 20 世纪 90 年代，随着多部门伙伴关系的出现，城市更新政策重点从国家转移到社区层面，更加关注物质空间和社会关系两方面的可持续发展。例如，1991 年英国“城市挑战计划”(City Challenge)强调地方政府、社区、私人部门及志愿组织之间的互通与合作。随着“积极公民”和“赋权型国家”等第三条道路(Third Way)理论的发展，社区参与下的街区重建成为英国新工党城市政策的主导思想。2011 年英国《地方主义法案》(*Localism Act*)进一步确立了社区与地方政府的自由权和灵活性，社区发展计划、可持续社区规划等议程意味着“社区”作为下沉主体，发挥着缓解社会排斥、协调利益冲突、促进多方协作的作用。

总体而言，英美城市更新政策演变都经历了从大规模贫民窟清除计划到城市中心区商业复兴，再到注重社区参与下整体城市社会环境的改善。其中，公众利益的价值流变与制度化过程大致经历了三个阶段：① 功利主义为主的原子化个体获利阶段(1930 年代以前)，规划体系尚未成型，以土地所有者个体获利式开发行动为主。② 功利主义与社群主义并存的福利性政府公共物品供应阶段(1930—1990 年代)，规划监督体系建立，前期以政府公共部门决策为主，后期以公私部门合作伙伴为主。③ 沟通制导向下基于社区参与的市区重建与城市复兴阶段(1990 年代至今)，强调多主体沟通与合作模式。在此基础上，本文进一步梳理中国城市更新制度变迁中公众利益的演变特征，由于不同语境下物权制度与土地政策的差异，我国城市规划中的公众利益概念和其他相比具有理论来源上的本质区别。

表 2 英美国家城市更新中规划制度变化与公众利益内涵

时间	主导思想	更新模式	行动主体	公众利益的物化内涵	规划制度	相关重要法规或政策
1930 年代以前	功利主义	私人土地开发	土地所有者	个体业主获利最大化	圈地运动	1791 年美国《权利法案》 1875 年英国《公共卫生法》 1909 年英国《住宅与城市规划法》 1958 年英国《地方政府法案》
1930—1960 年代	功利主义与社群主义结合	福利设施供应及贫民窟清除	中央政府和地方政府	城市整体经济、就业及人居环境改善	建立分区规划制度	1930 年英国《格林伍德住宅法》 1933 年《雅典宪章》 1946 年英国《新城法》 1947 年英国《城乡规划法》
1960—1980 年代	社群主义	战后市区重建及土地开发	中央政府	战后城市复兴、福利住房及公共服务供应	建立规划许可制度	1954 年美国《住宅法》 1977 年《马丘比丘宪章》 1986 年英国《住宅及规划法》
1980—2000 年代	社群主义与交往转向	房地产驱动的住房建设及中心商业区改造	公私部门合作伙伴	解决社会排斥、城市住房、中心区衰退等问题	完善社区参与制度	1980 年英国《地方政府、规划和土地法案》 1991 年英国“城市挑战计划”
2000 年代至今	交往转向	社区可持续发展与内城复兴	社区和地方政府等多部门合作伙伴	城市物质空间、经济社会环境多维度综合提升	完善社区规划制度	1998 年英国“社区新政计划” 2007 年英国《可持续社区法案》 2011 年英国《地方主义法案》

（表格来源：自制）

4 中国城市更新规划中公众利益的制度化过程：行动主体、物化内涵、规划体系

4.1 统一制为主的国家代表阶段（1949—1977 年）：中央主导下的土地改革与规划体制初创

计划经济体制下公众利益指向国家利益和城市建设需要，由中央政府代表并保障，贯彻“为生产、为工人服务”的根本目标。

由于我国土地资源国有化的特点，1949 年新中国成立后的公众利益概念具有强烈的统一制内涵。在行动主体方面，中央政府通过控制住房和生产资料的获得与分配，实行“统一管理、统一分配、以租养房”的公有住房分配模式和单一所有制的计划经济体制，对于城市经济发展和空间建设中的“公共领域”具有主导作用。例如 1954 年《中华人民共和国宪法》第十三条规定：“国家为了公共利益的需要，可以依照法律规定的条件，对城乡土地和其他生产资料实行征购、征用或者收归国有。”因此，在物化内涵方面，行政机构所代表的国家利益构

成了公众利益的实质内容。在规划体系方面,根据 1953—1958 年第一个五年计划,城市规划作为“国民经济计划的继续和具体化”,承载了 1951 年中共中央政府提出的“在城市建设计划中贯彻为生产、为工人服务”的实现目标。因此,在社会主义过渡时期,城市建设活动中的“公众”主要指代工农民众等无产阶级。1949 年前后“耕者有其田”的口号代表了当时我国公众利益的主张,1950 年《中华人民共和国土地改革法》正式实行农民土地所有制,进一步体现了这一时期公众利益的物化内涵。1955—1956 年发布的《国务院关于设置市、镇建制的决定》和《城市规划编制暂行办法》等政府文件,是我国建立统一制城市规划的开端。然而,接下来的 20 年(1958—1977)见证了规划体系的动荡和倒退。直到 1974 年,国家建委发布《关于城市规划编制和审议意见》,城市规划的制度建设才有了新的转机。

4.2 功利制萌芽的私有化转型阶段(1978—1989 年):国企开发公司主导下的棚户区改造与住房建设

改革开放背景下公众利益指向地区经济发展和福利性基础设施建设,由地方政府和相关规划部门代表并保障,依据“城市发展蓝图”开展城市建设规划。

1978—1989 年期间,我国公众利益概念仍以统一制逻辑为主,但在土地私有制改革和市场化的影响下,城市发展重点从“以阶级斗争为纲”转向“以经济建设为中心”,经济增长和城市建设成为国家和地方当局的首要任务,公众利益的价值判断出现超越国家利益、以个体获利为导向的功利制萌芽。在行动主体方面,随着改革开放后政治经济体制改革的深化,城市决策的话语权逐渐转移至地方政府和相关规划部门。而内城更新政策主要延续“福利国家”阶段的制度安排,以“危房改造”(又称棚户区改造)为主。在物化内涵方面,“四个现代化”和“小康之家”等标语体现了这一时期公众利益的追求目标。这一时期,城市建设理念强调“要看人民是否真正得到了实惠,人民生活是否真正得到了改善”,因此,对于公众利益的理解显示出基于个体“实惠”和集体“获利”的理论视角。

在规划体系方面,1980 年住房商品化改革、1989 年城乡规划法以及 1990 年土地有偿使用制度的陆续推进,进一步促进了规划体系中公众利益的制度化,这一时期的“双轨制”经济体制侧面反映了以个体价值为基础的功利制公众利益逻辑。首先,1980 年中共中央国务院批转的《全国基本建设工作会议汇报提纲》中正式提出住房商品化政策,并进一步推进棚户区和旧住宅区的改造整治,为城市居民追求住房需求提供制度基础。强调政府在城市开发和住房供应中的主导作用,例如 1982 年广州设置统一规划建设机构,对新建住宅区实行“统一规划、统一征地拆迁、统一设计、统一施工、统一配套、统一管理”,并建立广州市城市建设开发公司,以国企主导促进住房建设效率,建成华侨小区和江南小区等大型住宅小区。其次,1988 年《中华人民共和国宪法(修正案)》中将城市土地的所有权和使用权分开,奠定以土地为基础、以个人产权为依托的城市再开发制度。1990 年国务院颁布《城镇国有土地使用权出让和转让暂行条例》,标志着城镇土地有偿出让制度的建立。同期,为控制失序的城镇化进程并适应城乡经济的快速发展,1989 年《中华人民共和国城乡规划法》颁布,标志着我国城市规划体系和实施管理制度的建立。其中“两证一书”和“分级审批”制度的建立在一定程度上反映了城市规划作为一项公共政策对于保护公众利益和社会公平的道德义务,形成政府与人民代表大会相辅的多级审批制度(图 1),将规划编制和审批的权力从少数人的手中转移至相关规划部门的专业技术人员。然而，这一时期的规划制度注重技术管理，在规划编制和管理上强调单一的政府部门责任，尚未面向社会公众开放监督渠道。

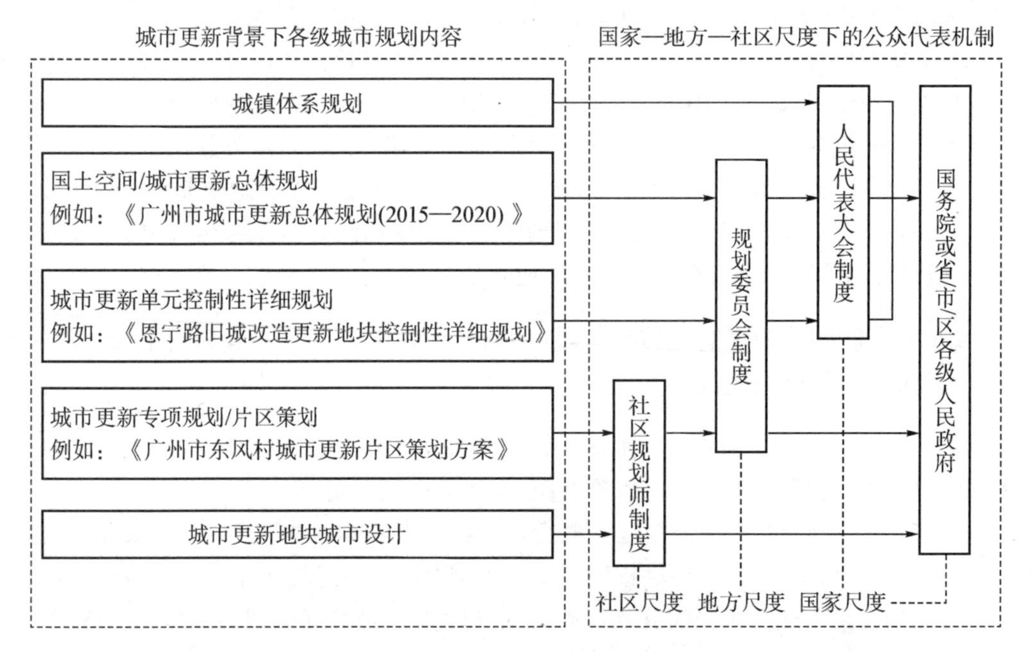

图 1　国家—地方—社区尺度下城市规划中的公众代表机制及其与各级规划间关系

（图片来源：自绘）

4.3　功利制为主的房地产驱动阶段（1990—2011 年）：房地产主导下的内城重建与商业开发

社会主义市场经济体制下公众利益指向房地产导向下的城市经济增长和增量土地开发，由市场主体代表并实施，以集体获利最大化为导向，体现“为增长而规划”理念。

基于“三个代表”，我国 1992 年开始建立社会主义市场经济体制。受分税制和分权化进程影响，地方政府间形成竞争关系，地区经济发展、商业开发规模、城镇化程度均被作为地方政府绩效考核标准。因此，在行动主体方面，地方政府与当地房地产企业合作，即政府整合零散土地产权资源，出售给房地产开发商以获取土地增值收益并推进城市商业开发。例如广州 1990 年代建成的荔湾广场和恒宝华庭社区，是内城居住片区经过拆除重建转变为混合商业广场和高密度住宅区的典型案例。在物化内涵方面，秉承“时间就是金钱”的理念，以广州、深圳为首，各大城市陆续开启房地产主导下的城市经济高速发展阶段，以公共基础设施建设、商品住宅供应以及集体获利最大化作为公众利益的物化形式。1990 年代末，市场主导的再开发受到金融危机直接影响，留下许多已拆未建的烂尾项目，对城市环境及社会关系造成深远影响，因此广州市政府在 1999 年提出“旧城改造不再让开发商参与”。直到 2005 年，市场资本才重新进入广州旧城改造。2009 年，为充分整合市场资本以推进低效土地再利用，广州推出“三旧改造”政策并开启大规模旧城改造。然而，随着 2007 年《中华人民共和国物权法》的颁布，公众维护私有产权的意识逐渐萌芽，出现许多反对征地、抗议拆迁、业主维权等事件。在此背景下，我国城市发展话语进一步转变，从注重经济发展和集体获利扩展到强调经济、社会、环境多维可持续性，“建设和谐社会”“保护环境、造福后代”等标语进一步体现了公众利益内涵中社会维度与环境维度的凸显。

在规划体系方面，这一时期城市规划的任务与作用产生新的定位，以规划委员会为代表的规划监督制度逐渐完善。1996年《国务院关于加强城市规划工作的通知》指出，“城市规划工作的基本任务是统筹安排城市各类用地及空间资源，综合部署各项建设，实现经济和社会的可持续发展”。1999年建立注册城市规划师制度，标志着城市规划在我国成为一项规范化职业领域。在这个阶段，规划审议和监督权利一定程度上开放给高等教育机构的专业人员和社会公众。1998年深圳制定《深圳市城市规划条例》，设立城市规划委员会作为法定规划审议机构，体现了我国规划制度的民主化进程。2007年修订的《城乡规划法》进一步规定了公众参与规划制定和审议的内容和必要程序，而不同规模的规划委员会则是拥有决策权的官方审议和批准机构。这里的“公众”主要指利益相关者或直接影响群体，这与杜威的代议制观点较为一致，但对于间接影响群体的利益尚且重视不足。

4.4 沟通制转向的多尺度治理阶段(2012年至今):地方政府主导下的多部门合作与社区微改造

城市存量发展背景下公众利益指向多元主体间共识导向的社区复兴与人居环境改善，由社区代表及专业规划人员协调并传递意见，基于“人民城市”理念开展社区协作式微改造。

随着2011年城镇化率超过50%，我国规划领域逐步向存量发展语境转型，注重通过沟通式规划方法缓解社会矛盾和利益主体冲突。在行动主体方面，沟通转向下的更新决策过程受政府和社会互动影响，包括由居民或其他社会团体组织自发组织的抗议活动，以及由政府及正式规划机构发起的集体协商或共识导向的沟通活动。其中，社区发起的主动参与活动显示出一定的组织化特征，例如借助新媒体形成话语联盟、通过社交软件建立沟通联系网络、委托专业人员进行合法投诉等。而政府及规划机构组织的正规化参与活动以地方政府下属的城市更新专门机构主导，以图1所示的三级规划代表机制为主要沟通渠道。在多级人民代表大会制度之外，在地方尺度(省域/城市)，2004年广东省颁布地方法规《广东省控制性详细规划条例》确立了规划委员会制度的法定地位并推广实施，象征着我国规划管理制度面向专家公众的民主化开放。在社区尺度，2012年深圳启动“社区规划师”制度(北京或称“责任规划师制度”)，起初由处级干部挂点担任，后期在实际项目中多由设计单位规划师担任，负责在规划方案制定和实施过程中与居民沟通并收集意见。2015年，广州成立“城市更新局”(2018年撤并入市住建局及自然资源局)，在其主导下陆续在恩宁路、泮塘五约等项目中成立“共同缔造”委员会，以促进政府、开发商、专家学者、新闻媒体、社区居民及志愿组织的面对面交流，对于缓解更新过程中的社会冲突及促进多部门协作起到一定作用。以上转变也体现了近年来规划体系的变化。而在物化内涵方面，在一定程度上与西方国家转型趋势类似，即以人们对美好生活的向往为基本、以社区参与为手段、以人居环境提升和地方知识共享为目标、以城市社会经济可持续发展为导向的模式。2017年以来推行社区参与下以小规模建成环境改善为主的“老旧小区微改造”政策，进一步体现了我国城市更新中公众利益的沟通制内涵转向。

5 结语与讨论

本文借鉴杜威对“公众”的定义，聚焦城市规划中的公众代表机制，通过追溯亚里士多德、康德及哈贝马斯等人在政治哲学中对公众与善治的不同认识论本质，重新理解功利制、统一制和沟通制三种模式下对公众利益的诠释和概念化。在此基础上，系统回顾中西方城市更新政策制定中公众利益的制度化过程，从行动主体、物化内涵及规划体系变化进行分析。研究发现，以英美为代表的西方国家在1930年代前存在强烈的功利制本源，即以私权和个体获利为基础价值导向，1930—1980年间体现了功利制向统一制转变并形成二者相互复合的状态，1990年代以来出现基于交往导向的沟通制公众利益内涵。另一方面，中国在1949—1977年间以统一制的公众利益概念为主，受市场化、私有化和分权制进程影响，1978—1990年间经济发展导向下的城市再开发政策体现出一定的功利制公众利益内涵，并表现出在统一制和功利制之间的摇摆状态，2000年代后期，随着我国规划体系的逐渐健全，国家尺度的人民代表大会制度与地方尺度的规划委员会制度侧面反映了我国规划制度面向公众开放的民主化进程，在自下而上的社区主动式参与行动与自上而下的制度安排共同作用下，近年来“共建共治共享”和“人民城市”等理念下开展的一系列参与式规划和社区微改造实践进一步体现了我国规划体制中的沟通转向。

总体而言，以公众利益的认识论思辨为镜，可知我国与西方国家的功利制起源不同，在改革开放以来的40多年间，我国规划制度中的公众代表机制经历了从集中到开放的演变过程。近年来，国有企业和中央企业在低效土地再利用中的重要性被强调，意味着城市更新政策制定中政府监管回归的趋势，这是继1980年代从强调“统一规划、统一土地调整、政府主导”的统一制城市管理模式向以自由裁量、分区规划、定向政策和公私协作为特征的权利下放演变过程之后，再次出现的一次城市更新治理结构变化，即基于多部门合作和社区发展的沟通制模式。近年来，对于城市更新议题，人们更加关注一种新兴的交往规划模式，以应对社会空间危机和经济发展困境。这里的规划机制不再是一元决策模式，即打破政府—市场非此即彼的二元论关系，而是强调由政府、市场参与者、利益相关者和社会公众共同组成的谈判及协作过程。时至今日，我国规划体系中形成以人民代表大会制度（国家尺度）、规划委员会制度（地方尺度）、社区规划师制度（社区尺度）的多尺度公众代表机制，体现了城市更新过程中公众利益内涵从集体获利到知识共享的演变过程，这是对以往传统规制理论的一种补充和修正，也为当前我国开展社区参与下的城市更新转型实践提供指导借鉴。

参考文献

[1] Alexander E R. The public interest in planning: From legitimation to substantive plan evaluation[J]. Planning Theory, 2002, 1(3): 226 - 249.

[2] Aristotle. Polities[M]// R McKeon. The Basic Works of Aristotle. New York: Random House, 1941.

[3] Bailey N, Barker A, MacDonald K. Partnership agencies in British urban policy (Vol. 6) [M]. London: Taylor & Francis, 1995.

[4] Booth P. From property rights to public control: The quest for public interest in the control of urban de-

velopment[J]. The Town Planning Review, 2002, 73(2):153 - 170.
[5] Campbell H, Marshall R. Moral obligations, planning, and the public interest: A commentary on current British practice[J]. Environment and Planning B: Planning and Design, 2000, 27(2): 297 - 312.
[6] Campbell H, Marshall R. Utilitarianisms bad breath? A re-evaluation of the public interest justification for planning[J]. Planning Theory, 2002, 1(2): 163 - 187.
[7] Dewey J. The public and its problems: An essay in political inquiry [M]. Chicago: Gateway Books, 1946.
[8] Dryzek J S. Discursive Democracy[M]. Cambridge: Cambridge University Press, 1990.
[9] Etzioni A. The Common Good[M]. Cambridge: Polity, 2004.
[10] Marvick D, Flathman R E. The Public Interest: An Essay Concerning the Normative Discourse of Politics[M]. New York: Wiley and Sons, 1966.
[11] Habermas J. Knowledge, Human Interests[M]. Boston: Beacon Press, 1972.
[12] Harvey D. Rebel cities: from the right to the city to the right to the urban revolution[M]. London: Verso, 2012.
[13] Healey P. Collaborative Planning: Shaping Places in Fragmented Societies[M]. Basingstoke: Macmillan, 1997.
[14] Healey P. Building institutional capacity through collaborative approaches to urban planning[J]. Environment and Planning A, 1998, 30(9): 1531 - 1546.
[15] Innes J. Planning theory's emerging paradigm: Communicative action and interactive practice[J]. Journal of Planning Education and Research, 1995, 14(3):183 - 189.
[16] Jessop B. Liberalism, neoliberalism, and urban governance: A state-theoretical perspective[J]. Antipode, 2002, 34(3): 452 - 472.
[17] Legacy C, Metzger J, Steele W, et al. Beyond the post-political: Exploring the relational and situated dynamics of consensus and conflict in planning[J]. Planning Theory, 2019, 18(3): 273 - 281.
[18] Lippmann W. The Phantom Public[M]. Piscataway: Transaction Publishers, 1993.
[19] Maidment C. In the public interest? Planning in the Peak District National Park[J]. Planning Theory, 2016, 15(4): 366 - 385.
[20] Mattila H. Can collaborative planning go beyond locally focused notions of the "public interest"? The potential of Habermas' concept of "generalizable interest" in pluralist and trans-scalar planning discourses[J]. Planning Theory, 2016, 15(4): 344 - 365.
[21] McClymont K. Articulating virtue: Planning ethics within and beyond post politics[J]. Planning Theory, 2019, 18(3): 282 - 299.
[22] Moroni S. Towards a reconstruction of the public interest criterion[J]. Planning Theory, 2004, 3(2): 151 - 171.
[23] Murphy E, Fox-Rogers L. Perceptions of the common good in planning[J]. Cities, 2015, 42(PB): 231 - 241.
[24] He S, Wu F. Property-led redevelopment in post-reform China: a case study of Xintiandi redevelopment project in Shanghai[J]. Journal of Urban Affairs, 2005, 27(1):1 - 23.
[25] Hanna H. Insurgent participation: consensus and contestation in planning the redevelopment of Berlin-Tempelhof airport[J]. Urban Geography, 2017, 38(4): 537 - 556.
[26] Rousseau J J. The social contract and discourses[M]. Trans G D H Cole, J Brum Wtt, P J C Hall. London: J M Dent and Sons Ltd, 1973.

[27] Sandercock L, Dovey K. Pleasure, politics, and the "Public Interest"[J]. Journal of the American Planning Association, 2002, 68(2):151-164.
[28] Tait M. Planning and the public interest: Still a relevant concept for planners? [J]. Planning Theory, 2016, 15(4):335-343.
[29] Tallon A. Urban Regeneration in the UK[M]. London: Routledge, 2013.
[30] Weber R. Extracting value from the city: neoliberalism and urban redevelopment[J]. Antipode, 2002, 34(3): 519-540.
[31] Wu F L. State Dominance in Urban Redevelopment: Beyond Gentrification in Urban China[J]. Urban Affairs Review, 2016, 52(5): 631-658.
[32] 常雪梅,王珂园.民生是最大的政治[N].北京日报,2020-07-06.
[33] 董山民. 杜威与李普曼"公众"之争的启示[J]. 武汉理工大学学报(社会科学版),2012,25(2):234-239.
[34] 段宏利,王洪波. 亚里士多德"城邦"概念的政治哲学意蕴[J]. 中南大学学报(社会科学版),2014, 20(5): 36-40.
[35] 郭于华,沈原. 居住的政治:B市业主维权与社区建设的实证研究[J]. 开放时代,2012(2):83-101.
[36] 何平立. 冲突、困境、反思:社区治理基本主体与公民社会构建[J]. 上海大学学报(社会科学版), 2009, 16(4): 20-31.
[37] 何明俊. 西方城市规划理论范式的转换及对中国的启示[J]. 城市规划, 2008, 32(2): 71-77.
[38] 何明俊. 城市规划中的公共利益:美国司法案例解释中的逻辑与含义[J]. 国际城市规划, 2017,31(1): 47-53.
[39] 梁鹤年. 公共利益[J]. 城市规划, 2008, 32(5): 62-68.
[40] 梁鹤年. 人本思想与公共利益[J]. 国际城市规划, 2008, 23(1): 99-101.
[41] 卢为民.城市土地用途管制制度的演变特征与趋势[J]. 城市发展研究,2015,22(6):83-88.
[42] 石楠. 试论城市规划中的公共利益[J]. 城市规划, 2004, 28(6): 20-31.
[43] 石楠. "人居三"、《新城市议程》及其对我国的启示[J]. 城市规划, 2017,41(1): 9-21.
[44] 田莉. 摇摆之间:三旧改造中个体、集体与公众利益平衡[J]. 城市规划, 2018, 42(2): 78-84.
[45] 胥明明,杨保军. 城市规划中的公共利益探讨:以玉树灾后重建中的"公摊"问题为例[J].城市规划学刊,2013(5): 38-47.
[46] 俞可平,李景鹏,毛寿龙,等. 中国离"善治"有多远——"治理与善治"学术笔谈[J]. 中国行政管理, 2001(9):15-21.
[47] 袁奇峰,唐昕,李如如. 城市规划委员会,为何、何为、何去? [J]. 上海城市规划,2019(1):64-70,89.
[48] 赵蔚. 社区规划的制度基础及社区规划师角色探讨[J]. 规划师, 2013, 29(9): 17-21.
[49] 赵楠楠,刘玉亭,刘铮.新时期"共智共策共享"社区更新与治理模式:基于广州社区微更新实证[J].城市发展研究,2019,26(4):117-124.
[50] 张庭伟.告别宏大叙事:当前美国规划界的若干动态[J].国际城市规划,2016,31(2):1-5.
[51] 周亚杰,高世明. 中国城市规划 60 年指导思想和政策体制的变迁及展望[J]. 国际城市规划,2016, 31(1): 53-57.
[52] 周子航,张京祥,王梓懿. 国土空间规划的公众参与体系重构:基于沟通行动理论的演绎与分析[J]. 城市规划, 2021, 45(5): 83-91.

国土空间体系语境下老城更新管控思路探索

李庆铭　张　熙

北京清华同衡规划设计研究院有限公司

摘　要：我国五级三类国土空间规划体系下，详细规划是地块用途、开发建设强度等方面的实施性安排，是实施国土空间用途管制、建设项目规划许可及各项建设的依据。

老城作为城市中兼具历史积淀、价值特点、存量空间及提升需求的一类代表性区域，在落实总体规划要求的同时，如何有针对性地制定保护、改善提升与更新管控措施，并建立老城地区可借鉴的精细化管控体系，是本文的研究重点。

本文基于对现阶段老城地区详规层面相关规划的编制与实施管控中所面临的问题进行总结分析，明确现行城乡规划体系下老城地区保护提升规划编制中存在的管控内容交叉、管控层级传导不畅以及管控措施落实不力等问题，并以此尝试总结一种老城地区适应性的精细化管控思路，以惠州老城提升及控规为案例，对此类精细化管控体系的构建进行探讨。

关键词：国土空间规划；详细规划；精细化管控；老城更新

1　背景概述

1.1　国土空间规划体系的构建背景

我国的空间类规划体系长期以来是由主体功能区规划、城乡规划、土地利用规划、生态环境保护及其他专项规划组成的，各规划在各自职责范围和法律法规约束下自成体系，同时自身又进一步细化为不同的级别和类型。各级各类规划之间存在一定交叉，在实施与管理中，面临着不同的职能、体系和路线，不同法规与执行标准又导致矛盾与差异出现。

2019 年 5 月，《中共中央 国务院关于建立国土空间规划体系并监督实施的若干意见》（以下简称“若干意见”）发布，将主体功能区规划、土地利用规划、城乡规划等空间规划融合为统一的国土空间规划，建立了国家级、省级、市级、县级、乡镇级共五级以及总体规划、详细规划、专项规划三类的规划体系。现阶段，全国正在进行广泛的市县级国土空间总体规划编制工作，相应级别详细规划和专项规划编制与实施将会是今后一段时期内我们所面临的重大任务。

1.2 “国土”背景下老城详细规划体系构建的需求

“若干意见”中明确指出，“详细规划是对具体地块用途和开发建设强度等做出的实施性安排，是开展国土空间开发保护活动、实施国土空间用途管制、核发城乡建设项目规划许可、进行各项建设等的法定依据”，表明此层级规划至关重要的作用和地位。在全面建立国土空间规划体系的大背景下，使现有的城市详细规划与国土空间规划体系进行对接，完善现有详细规划的内容成为本阶段的重要议题之一。

众所周知，老城区作为城市内部的一个历史、现实与未来相互交叉融合的“复杂集聚体”，既需要对记录城市历史发展的重要资源进行保护，同时又需为广大市民提供基本的生产生活保障，同时还可能兼顾其他公共职能。在实际的规划管控中，由于面临保护和更新的双重要求，老城区往往出现“强保护而弱实施”或者“强实施而弱保护”的极端局面，陷入持续衰败的困境。因此，在当前规划体系改革的背景之下，契合时宜地为老城提出具有针对性的详细规划及其管控体系将显得尤为迫切与重要。

1.3 目前国内对此类研究的探索内容、方向概要

在国土空间规划体系不断完善的过程中，国内学者对于此方向也进行了一定的探索。目前的研究大多集中于现行城市控制性详细规划的优化改革、控规体系与国土空间规划体系的对接等方面，为本文的思路构建提供了较好的支撑。王晓东从国土空间规划背景下关于详细规划治理逻辑的构建角度详细剖析了现行详细规划在治理工作中出现的诸多软肋及未来规划治理构建的思考。陈卫龙以厦门市构建“一张图”城市空间管控体系为背景，以厦门控规编制为切入，探讨了分区编制、分层管控、分级管理、分类调整、动态维护五个方面的控规制度改革内容 。陈扬、陈经纬从历史文化街区入手，通过提出调整图则体系，增强控规地块划分与历史文化街区对接等方式，探讨了控规法定详细规划与保护规划的对应融合，指导历史文化街区范围的保护和规划管理。

总的来说，国内对于此类的研究大多集中于传统控规如何进行优化以及历史文化街区等重点地区如何实现与控规的衔接，对于例如位于城市核心的老城区应采取怎样的手段和技术，实现保护与发展的精细化管控，并有效指导后续项目实施研究相对较少。

2 目前老城详细层面规划面临问题分析

现阶段老城地区基本都有详细层面相关规划的编制工作开展，同时部分规划也用于具体的实施管控。但总体而言，现阶段老城地区的相关规划编制和实施管控中依旧存在一定的问题。

2.1 规划管控内容存在交叉

2.1.1 详规图则与保护规划风貌管理尚未形成统一

在实际城市规划及建设项目管理中，管理部门通常以详细规划图则作为规划行政的主要依据。但在老城地区特别是老城中的历史文化街区，依旧存在地块图则与保护规划中的

地块划分及各类保护要求冲突的情况，保护建筑、历史建筑、历史街巷等要素的保护范围被切分至不同地块，无法形成两者统一的衔接(图1)。

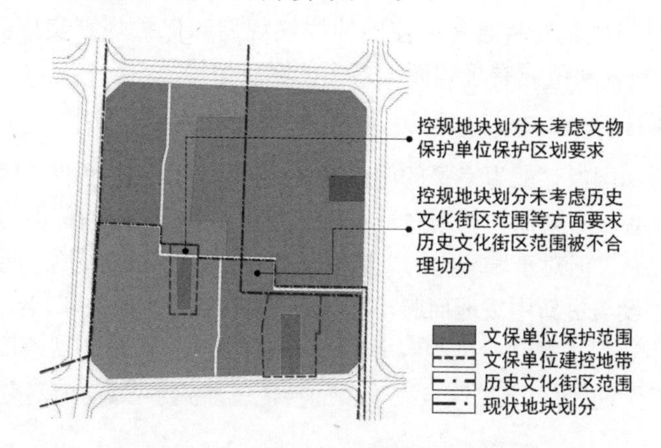

图1　传统控规地块划分与保护区划管控存在交叉的案例示意

(图片来源：自绘)

2.1.2　用地管控与风貌引导互不兼容情况时有发生

通常，控制性详细规划的容量控制通过规定地块的用地面积、建筑面积、容积率、建筑高度、用地兼容性等控制指标实现，往往更关注土地用途、开发强度等刚性要求，对区域整体形态风貌的把控相对弱化。而老城保护与更新类规划一般在落实保护规划对高度的限制要求外，还通过城市设计等手段，以示意和引导的方式明确片区的形态设计。二者分别对刚性和柔性的侧重，也导致具体规划管控落实时，形态设计性内容难于落地，继而影响片区整体空间品质和风貌的管控。

2.1.3　僵化的刚性与无原则的弹性共存，饱受诟病

诚如王晓东在报告中所提及的，规划管控的刚性与弹性应建立在强化行政管控与打击违法行为需求下，但传统层面的控规并未从管控执行的严肃性和特定情况的适应性之间取得合理的平衡。

在老城的更新方面这种情况更为普遍，一方面，控规的“程序正义”导致老城区域在执行管控措施时，都需通过极其严格的程序才能实现对控制要求的修改，严重影响老城区域活力更新的特殊性和指标修改的迫切性。另一方面，在面对重大历史文化资源保护的“结果正义”，控规在修改过程中又呈现“只要走完报批流程就可完成调规”的无原则弹性，最终使得老城中历史文化资源的保护成为零星点缀，淹没于建设大潮中。

2.2　规划管控层级传导不畅

在前些年控规全覆盖的大潮下，详细规划管控的指标直接基于总体规划的要求确定，并进行落实。而保护与提升规划通常属于修建性详细规划层面，在保护规划的基础上，对老城的区域的保护要求和各项建设进行细化。二者之间虽处于传统的“总体规划—控制性详细规划—修建性详细规划”体系中，但很多情况下，二者之间存在无法有效传导的情况，使得控规的指标管控流于数据，而保护规划的保护要求流于纸面。

2.3 管控措施落实不力——以西安、惠州为例

老城地区的建设与风貌控制通常由控制性详细规划和保护规划实现共同管控，但在实际操作中，往往存在规划缺位或有规划而无落实的尴尬情境。

2.3.1 管控缺位，老城风貌破坏，特色凋零

西安明城墙作为中国保存最为完整的明代城墙之一，完整保留了西安明清时期以来清晰的城市基本格局和风貌。名城保护规划对环城墙区域及老城整体的视廊、风貌、高度、体量等方面实现了有效的控制。但对于城墙内的老城区整体，由于控规的缺位，一些大体量和超高的现当代建筑在城市建设与更新中拔地而起，对老城整体的格局造成破坏，老城原有的特色逐渐流失(图2)。同时，由于保护规划对风貌等方面的控制相对简化，环绕城墙周边区域简单行动粗暴的"风貌整治"工作，也使得老城区自发生长的特色逐渐凋零，城与墙割裂问题愈发突出。

图2 西安老城现状建筑高度分析及现状照片，可见城墙向内管控缺位导致的风貌破坏

(图片来源：自绘、自摄)

惠州是一座传统山水古城。作为国家历史文化名城，惠州独特的山水城风貌、惠州西湖、水东街以及"府县双城"的格局一直是惠州独具代表性的历史文化特色。但在城市建设管控中，控规和保护规划着眼于单纯的资源点保护，而忽视了惠州古城山水城风貌及传统格局的巨大价值，规划管控措施执行失效，交通干道拓宽、新建大体量高层建筑及不合体量的复建仿古建筑严重割裂"山水之城"格局(图3)，城市风貌特色开始日渐衰退。

图3 惠州传统建筑体量与仿古及现代建筑形成鲜明对比

(图片来源：引自惠州老城控规)

2.3.2 管控措施僵化，老城改善更新延宕

老城区作为城市传统意义上的中心区，往往同时承载着教育、医疗、体育、商业商务、公共设施等基本的公共服务功能，是人们心目中传统的“城里”。但伴随新城的开发和新区的建设，老城区的公共服务、道路等设施逐渐落后，改善提升需求迫切。而此时由于控规和保护规划管控内容的限制，老城地区各项功能的改善提升与基础设施的建设需求进程缓慢，加剧了老城整体的负担和压力。

以西安代表的广大省会级城市为例，作为全省的政治、经济和文化中心，西安和老城区成为全市、全省甚至外省部分城市居民公共服务的中心，省级市级机关及家属院星罗棋布，部分医疗与教育设施用地紧张，道路交通压力巨大。同时，新城区建设和发展导致高端商业功能和人口外流，使得老城区逐渐成为低收入人群、老龄人群及外来人群的聚集地，进一步挤压老城的设施服务能力。但同时，名城保护规划、街区保护规划等严格的管控要求，又使得老城区域内功能更新及设施建设项目延宕甚至长期停工，严重影响了老城设施的完善。

惠州作为地级市也面临着同样的困境，惠州老城坐落在江北新城和惠南新城之间，虽坐拥较好的交通区位，但并未能享受到功能发展的红利，反而导致老城承载过高的交通压力。同时由于设施更新逐渐落后于外围地区，惠州老城逐渐成为低附加值零售及服务功能的集中地，高品质商业娱乐及文化服务功能与设施缺乏。调研及问卷调查结果也证实了这样的判断(图 4)。受各方面因素影响，老城功能的改善提升仍然遥遥无期。

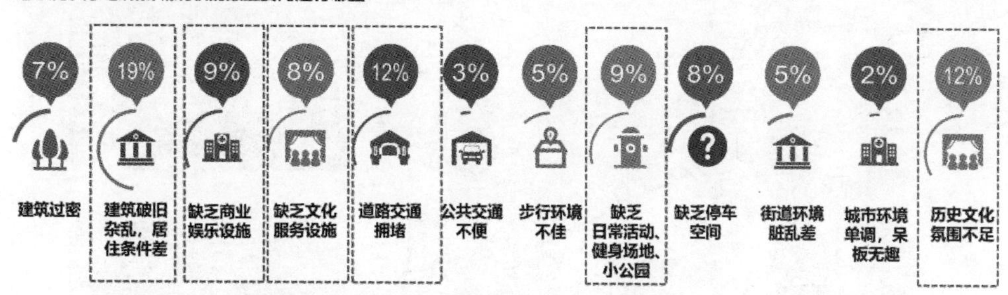

图 4 惠州老城服务设施水平严重下降，高品质设施需求迫切

(图片来源：自摄及自绘)

3　老城精细化管控体系的构建思路——以惠州老城提升及控规为例

2020年发布的《市级国土空间总体规划编制指南》中提出，“推进国土整治修复与城市更新，提升空间综合价值”，体现了在“国土体系”下的更新发展对城市内部潜力空间及其价值挖掘的重视。城市内部有提升需求并具特殊价值的空间，在未来的建设中将成为更新管控主要着力点，这也将为保有老城价值、解决老城问题带来切入点。

3.1　提炼老城价值区域，确立重要的精细化管控类型及要素

因此，提炼老城代表性的价值区域，凝练价值要素成为详细规划层面所面临的首要任务。由于各类城市的老城特征各有不同，笔者结合项目实践，对广东省惠州市老城区的价值空间进行了提炼总结。

一般情况下，对于老城价值研究的切入均从老城的历史沿革与城建变迁开始，用以了解老城区自古至今的发展脉络及各时期的代表性价值。惠州老城内历史文化资源丰富，并且整体特色风貌保存情况较好。自隋唐时期开始，惠州设府，成为东江流域的行政中心。到宋代，为强化地区军事职能，惠州开始了筑墙修城运动，为后续老城格局奠定下基础。到了明清时期，随着人口的增多，城址得到进一步扩建，内部设施建设逐步齐全。而后随着近现代时期水运贸易的蓬勃发展，惠州老城地区社会、经济、文化达到了空前的鼎盛。随着后来战争的爆发，城址内部遭受了大量的破坏，但也为惠州留下了可歌可泣的革命故事和遗迹。

综合以上各时期特征，惠州形成了独特而丰富的人文底蕴，并成为长久以来惠州本地甚至粤港澳大湾区特色价值的重要代表。将上述各时期价值特征在具体空间进行落位(图5)，形成了以自然价值为代表的山、河、湖、景观地空间等价值区域与相关要素，以各时期历史遗存、传统格局为代表的历史文化街区、传统街巷肌理、古城格局空间等价值区域及相关要素，以革命文化、广府文化、客家文化、船运文化为代表的纪念场所、骑楼老街、客家民居等区域及相关要素。

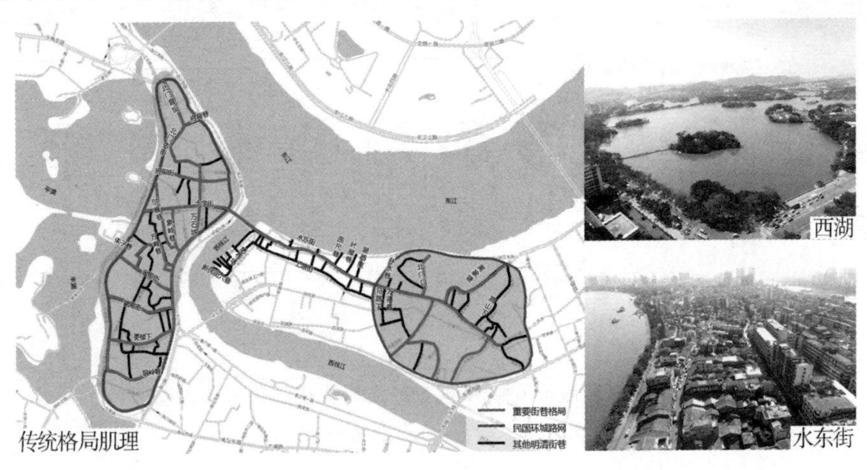

图5　惠州老城格局、自然本底、特色建筑场所价值要素示意

(图片来源：自绘、自摄)

因价值体系的构成与评估方法较为复杂与庞大，本文在此不做赘述，主要为举例说明，老城空间价值空间的提炼途径，并为现实案例提供对照参考。

总的来说，通过价值评估的手段可以对现有的代表性价值区域进行摸查筛选，从而形成以“山水脉络”“历史格局”“人文场所”等代表性地方特色的核心价值体系，并通过空间落位的方式形成需要特殊管控的空间对象（图 6），为详细规划的管理划分、指标制定提供基础依据。

图 6　惠州老城特色价值区域分布图

（图片来源：自绘）

3.2　厘清老城存量空间，确立精细化管控开发指引

城市内的老城区以建设年代久远、建筑密集、年代复合、人口结构复杂等各类问题为时下的更新需求带来困难。除前文摸查的需精细管控特色价值区域外，其他区域大多作为居民日常生产生活的主要场所，是居民日常集聚和使用的主体空间，为了配合特色价值的彰显与老城整体服务能力的提升，对此类区域可使用存量的摸查评估的方式厘清其存量空间数量及未来的引导方向，这也成为第二步的工作重点。同样以惠州的实践为例，主要遵循以下几个思路。

首先，明确老城功能主题与发展定位。依据大湾区人文发展战略导向、惠州市的总体规划对中心城区（含老城片区）提出的临湖滨江特色的“三宜”首善之区的要求基础上，结合价值研究，落实细化老城核心区的三个发展定位。其一为确立文化属性，“将惠州打造为面向整个粤港澳大湾区的文化窗口”；其二为明确公共属性，“借助优越山水环境资源，打造惠州中心城区的山水客厅”；其三为完善生活属性，“打造惠州市民的乐活家园”。

其次，全面摸查老城整体建筑及空间情况。对片区现状的各类建筑质量、建筑建成年代、风貌类型、功能使用情况进行梳理，形成总体的建筑评估报告，对不符合老城功能主题、对特色价值产生负面影响的区域进行筛选，为存量空间利用提供基础。

最后，结合老城总体存量评估，提出老城改造更新的评价结论，并综合保护发展及基础设施提升需求等方面的因素，提出五类老城更新改造分区标准，明确不同类型区域的概念与保护提升导向（图 7），并进行空间的具体落位，明确边界与规模为后期的详细设计方案提供基础底图（图 8）。

历史街区和历史地段	价值评价后明确的：特色价值突出、有法定保护身份的历史文化价值区域	微改造等保护性政治手段
风貌协调区	存量摸查后明确的：一定艺术、文化价值的现代建成区域	综合整治、功能改善提升手段
弹性更新区	存量摸查后明确的：与老城功能定位不符、风貌对老城产生负面影响、活力衰败的区域	依据其建设年代与建筑质量，落实更新的时序、更新的具体边界，以小型更新改造提升为主
拆除更新区	存量摸查后明确的：违规建设、建筑质量较差、功能定位不符、风貌较差的建成区域	拆除边界、拆除规模，作为未来重要项目补足的主要存量开发建设空间
现状保留区	存量摸查后明确的：符合现实需求、值得保留的公共服务设施、公共空间、与保护要求不相冲突的已批待建项目、新建的质量较好且与老城价值区域风貌相协调的片区	主要落实现状基本条件与设施条件，遵循不再增量扩建原则

图 7　惠州老城可更新用地分类标准及使用导向

（图片来源：自绘）

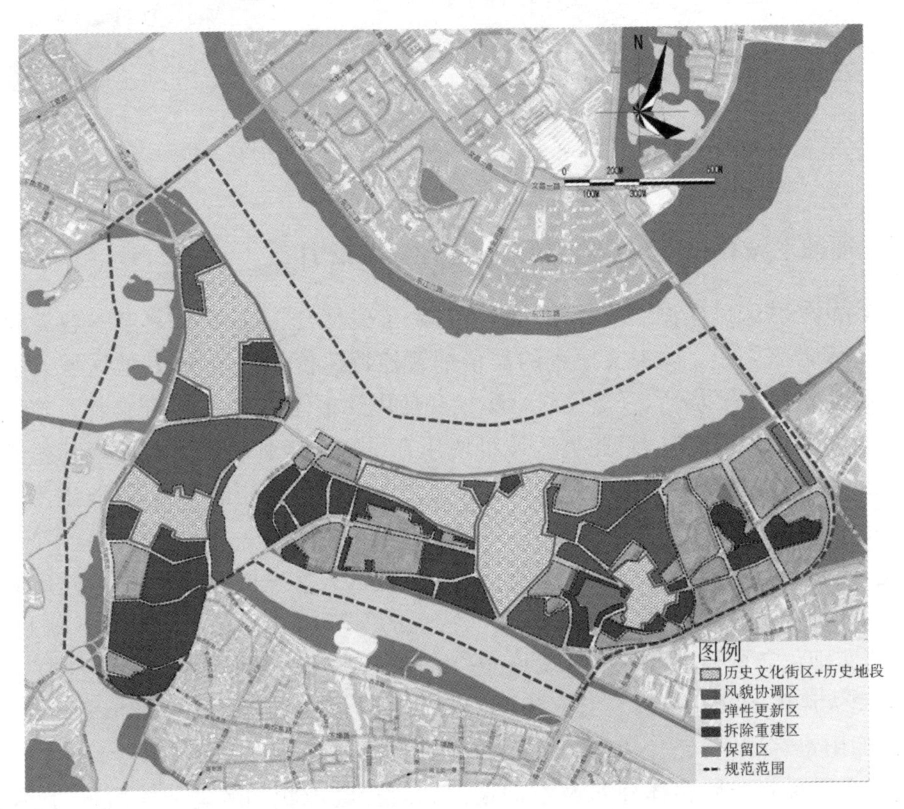

图 8　惠州老城更新实施政策分区图

（图片来源：自绘）

3.3 提出老城更新单元治理模式，分级分类的实施管控措施

3.3.1 管理层级传导

惠州老城提升及控规案例中，项目组综合前期的价值特色梳理与存量空间盘整，并结合惠州老城区的现状，提出建立老城—街区管理单元—管理地块的3个管理层级，上下层级之间实现有效的管控传导。在老城整体层面，重点明确全城的空间结构、用地、规划支撑体系、开发强度以及总体城市设计引导方面管控内容，做到老城层面的整体控制与协调。街区管理单元层面，依据街道社区等行政管理边界、河道及道路边界、历史文化街区保护边界等要素，将老城桥东、桥西片区划分为31个街区管理单元。管理地块层面，基于每个管理单元内根据上位规划梳理的用地边界及传统街巷的保护要求，形成385个管理地块(图9)。

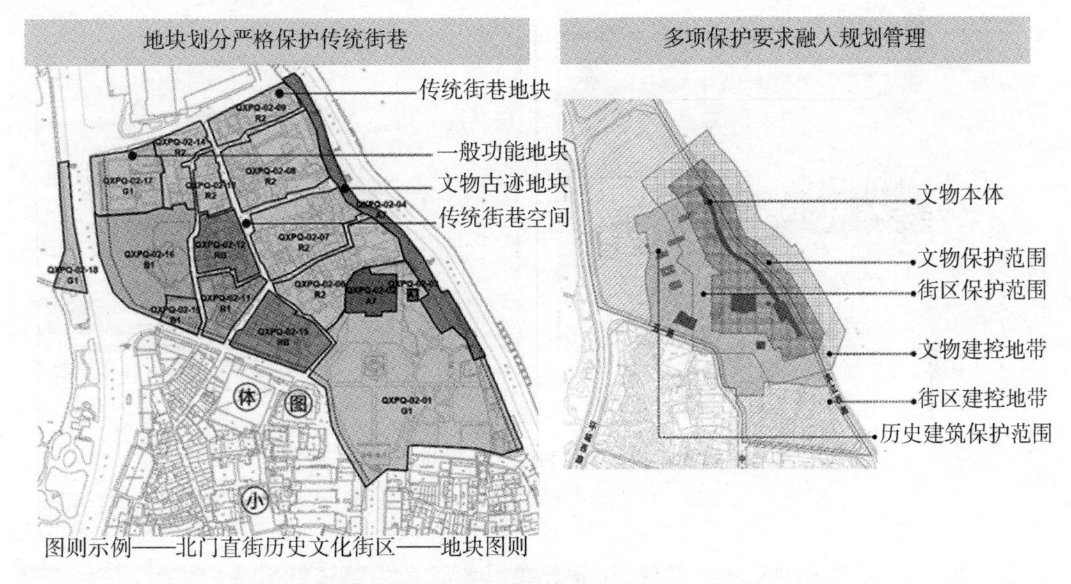

图9 惠州老城保护提升及控规管理单元及管理地块划分示意

(图片来源:改绘)

3.3.2 管控内容构成

规划管控内容由刚性图则和弹性图则分别进行落实。刚性图则可细分为保护图则和地块图则两部分。保护图则针对重要保护要素提出文物保护单位、历史文化街区、历史建筑等的管控边界与保护措施;地块图则明确地块控制指标、建筑退线、公共服务设施配套等方面的要求。

弹性图则可细分为整治图则和设计图则两部分，整治图则明确地块内各类建筑的保护、整治或更新的方向和要求;设计图则制定建筑风格与体量、建筑材质与色彩、基础设施与公共服务设施、绿地与开放空间等方面的指导内容(图10)。

3.3.3 管控措施分类细化

实际管控落实中，根据所处管理单元的管控实施分区不同，明确历史保护类、保留改善

类、用地更新类和保留类分别的管控图则编制构成，将单元的管控内容有效分类细化到地块（图 11）。

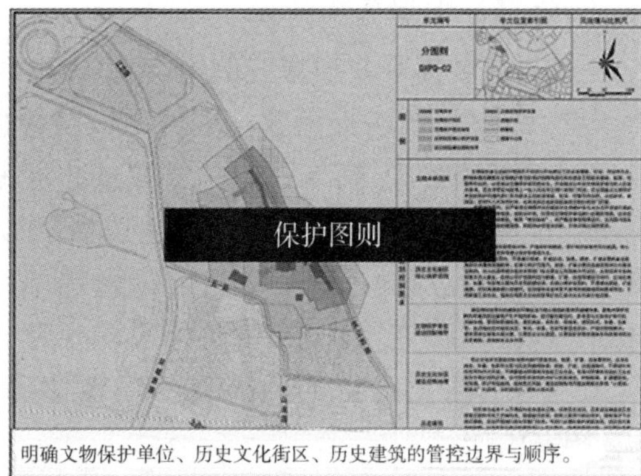

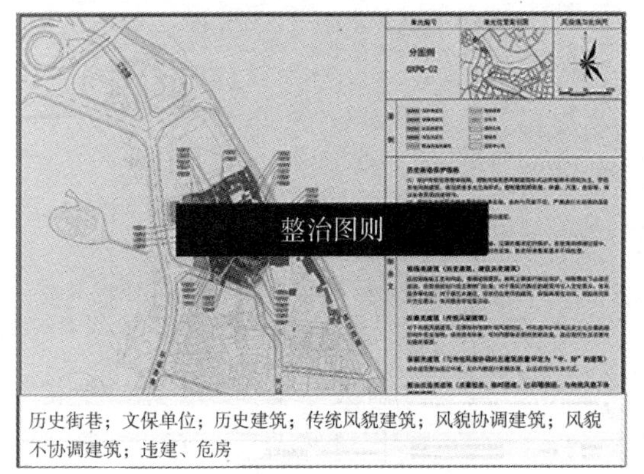

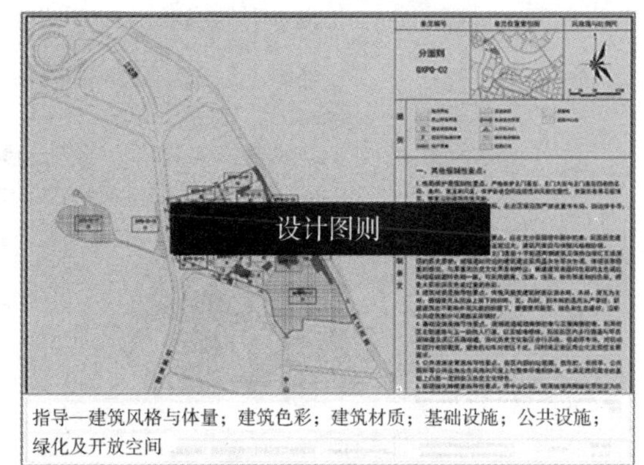

图 10　惠州老城保护提升及控制性详细规划“四合一”分图则体系

（图片来源：自绘）

管控分区分类	管控图则构成				管控内容
	地块图则	保护图则	整治图则	设计图则	
历史保护类	√	√	√	√	按照历史文化街区保护规划等的要求进行地块划分，内容需符合保护规划的控制要求，并包含街区更新的相应指导内容
保留改善类	√	—	√	√	重点关注区域公共空间品质改善、风貌控制、各类设施服务水平提升，少量有存量空间更新需求的地块，需要在地块图则和设计图则中明确建设容量、体量、色彩、材质等方面的控制要求
用地更新类	√	—	○	√	在明确更新和改造方向、规划条件的基础上，细化用地功能，明确高度、建设容量与体量、材质与色彩、地下空间等各方面要求
保留类	√	—	—	○	规定风貌整治时应采取的色彩、材质等方面的控制要求

备注：√需包含图则；○：可选增图则；—：不包含图则

图 11　惠州老城保护提升及控制性详细规划管控分类措施细化示意

（图片来源：自绘）

3.4 建立实施建议清单管控机制，推进精细化管控的有效落实

在提出精细化管控机制后，规划又结合目前改造提升的重点提出了重点片区实施建议(图 12)，基本上保障了特色价值的彰显、功能的优化提升与相关环境风貌改善的需求。

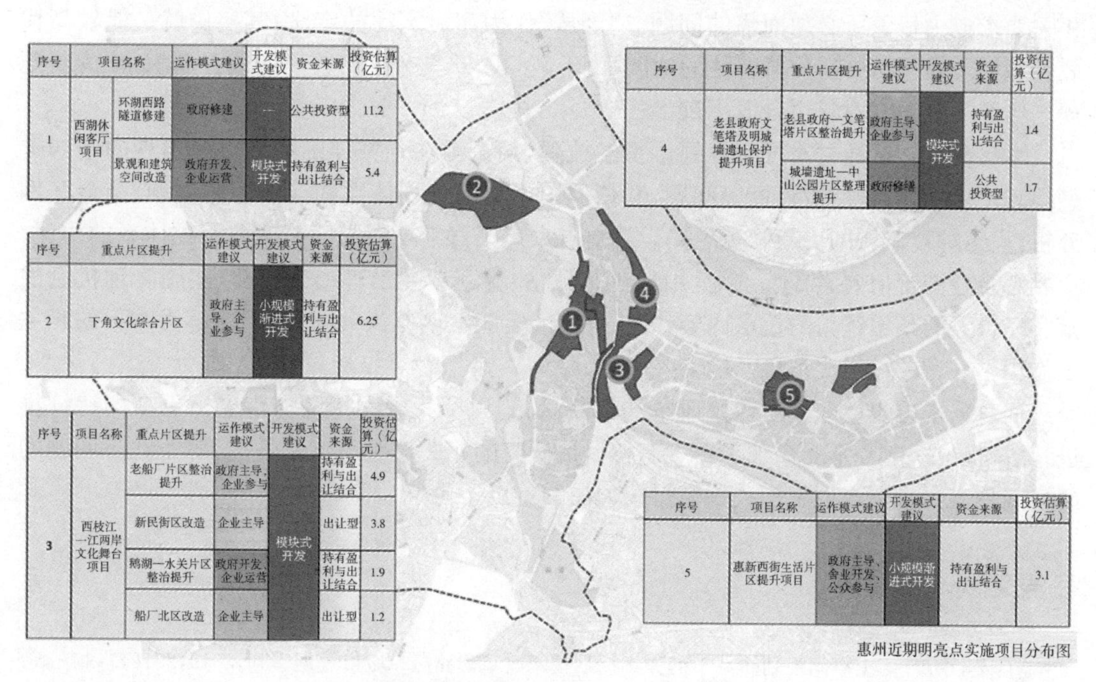

序号	项目名称		运作模式建议	开发模式建议	资金来源	投资估算（亿元）
1	西湖休闲客厅项目	环湖西路隧道修建	政府修建	—	公共投资型	11.2
		景观和建筑空间改造	政府开发、企业运营	模块式开发	持有盈利与出让结合	5.4

序号	项目名称	重点片区提升	运作模式建议	开发模式建议	资金来源	投资估算（亿元）
4	老县政府文笔塔及明城墙遗址保护提升项目	老县政府一文笔塔片区整治提升	政府主导、企业参与	模块式开发	持有盈利与出让结合	1.4
		城墙遗址一中山公园片区整理提升	政府修建		公共投资型	1.7

序号	重点片区提升	运作模式建议	开发模式建议	资金来源	投资估算（亿元）
2	下角文化综合片区	政府主导，企业参与	小规模渐进式开发	持有盈利与出让结合	6.25

序号	项目名称	重点片区提升	运作模式建议	开发模式建议	资金来源	投资估算（亿元）
3	西枝江一江两岸文化舞台项目	老船厂片区整治提升	政府主导、企业参与	模块式开发	持有盈利与出让结合	4.9
		新民街区改造	企业主导		出让型	3.8
		鹅湖一水关片区整治提升	政府开发、企业运营		持有盈利与出让结合	1.9
		船厂北区改造	企业主导		出让型	1.2

序号	项目名称	运作模式建议	开发模式建议	资金来源	投资估算（亿元）
5	惠新西街生活片区提升项目	政府主导、企业开发、公众参与	小规模渐进式开发	持有盈利与出让结合	3.1

图 12　惠州老城重点片区实施建议

(图片来源：自绘)

在此基础上，本次研究结合上海、北京等国内一线城市详细规划实施治理经验，对本次研究对接国土空间规划的精细化管控策略提出了进一步优化。适应老城发展总体提出“老城实施建议清单＋分期落实机制”。依据不同用地使用导向的需求，分类提出开发“需求清单”“开发潜力清单”“负面清退清单”“在编校核清单”四类清单，并结合清单内项目侧重点的不同，制定工作时序与相关责任主体。举例如下：

需求清单主要以价值管控区域下的环境品质提升、土地功能优化、民生设施补齐类项目为主。列入近期可优先实施计划，由政府部门主导。旨在改善风貌破坏、服务无法满足、吸引力持续降低的问题。

潜力清单主要以可拆除更新区域下的文化、公共类建设项目为主。列入中、远期计划，由“政府主导＋企业运营”的方式，旨在提升老城服务级别，强化老城影响力等方面的内容，并为中远期大型提质类建设项目进行战略预留。

负面清单主要以可拆除更新区域下的不符合老城发展定位与带来负面效益地区的清退类项目为主。由“政府部门主导＋企业开发＋公众参与”的形式，列入全开发周期计划，有序地持续地为老城提供存量用地。

校核清单主要以保留类区域下的已批待建与在建项目为主，以本次规划提出的精细化管控要求评估其实施过程，由政府相关利益部门参与全周期监管其方案、实施、验收各个阶段。

4 结语

在目前国土空间规划体系构建的大背景下，如何适应衔接上位规划，并具体细化落实其相关要求成为目前所必须面临的问题。“老城”作为相对宽泛的定义，其实质就是能较高代表一座城市发展历史与价值特性的地区，由于其问题的复杂性与较高的改善需求，作为新型规划体系下的研究对象再合适不过。

本次研究尝试通过对现行规划体系的梳理，剖析了在老城详细规划层面出现的不同类型规划衔接难、管控层级模糊等问题，并依据国土空间规划体系构建的总体纲领，结合案例分析，探索针对老城的更新管控思路。其重点聚焦于详细规划层面精细化管控体系的构建，主要涉及老城价值要素提炼、存量用地盘整评估、更新单元治理模式构建、实施管理机制的落实完善等的技术逻辑与重点内容，并以惠州的实践案例作为参考，希望能够为时下的相关工作提供一定的可借鉴信息。

面对未来国土空间规划体系改革的不断深入，以及我国大量的城市老区更新的持续推进，其过程中一定会不断涌现出更多有待讨论研究的相关议题与疑难情况，对于此类问题的研究或将成为未来规划及相关领域持续关注的重点。

参考文献

[1] 赵广英，李晨. 国土空间规划体系下的详细规划技术改革思路[J]. 城市规划学刊，2019，251(4)：37 - 46.

[2] 陈卫龙. 厦门市控制性详细规划制度改革与创新：基于面向国土空间管控[J]. 福建建筑，2021(2)：1 - 4.

[3] 陈扬，陈经纬. 历史文化街区保护规划与控制性详细规划融合浅析[A]. 北京力学会. 北京力学会第 26 届学术年会论文集[C]. 北京：北京力学会，2020：5.

[4] 黄明华，赵阳，高靖葆，等. 规划与规则：对控制性详细规划发展方向的探讨[J]. 城市规划，2020，44(11)：52 - 57，87.

[5] 邓舒珊. 管理单元与历史城镇的有机更新初探[D]. 广州：华南理工大学，2017.

[6] 苏茜茜. 控制性详细规划精细化管理实践与思考[J]. 规划师，2017，33(4)：115 - 119.

[7] 王晓东. 国土空间规划背景下关于详细规划治理逻辑构建的思考[J/OL]. 国务院发展研究中心中国智库网，2019.

中国城市更新体系的构建
——来自法德日英美的比较研究与启示

刘　迪　唐婧娴　赵宪峰　刘昊翼

中国城市规划设计研究院上海分院

摘　要：我国正处于从增量发展向存量发展转轨时期，城市发展建设的重大议题之一即更新制度体系的建构，以保证各项综合改善活动有章可循。通过对更新制度相对成熟的法、德、日、英、美五国更新体系的比较研究，初步提出了由法规体系、管理体系、计划体系和运作体系组成的城市更新体系基本架构，并对我国制度环境下的体系建设提出建议。

关键词：城市更新；制度体系；治理；比较研究

1　引言：国家城市更新体系研究的背景和需求

我国城市空间发展进入"存量为主"的提质优化阶段。此时期内，不仅土地资源本身的利用方式将趋于复杂化，建成环境所承载的社会矛盾、经济增长需求也将与空间改善诉求交织，倒逼各级政府建立完备的城市更新制度体系，回应经济—社会—空间综合问题的管理需求。当前，部分东南沿海若干发达省市已经开始了"存量更新"的制度探索——2008年，以国土资源部、广东省人民政府共同签署《关于共同建设节约集约用地试点示范省的合作协议》为起点，广州、佛山、深圳等城市先后出台本地化的法规政策、管理机构、规划制度和实施指引；上海、厦门、北京等土地资源高度紧缩且有较大增长动力的城市紧随其后。然而，虽然更新需求持续旺盛增长，我国国家层面还未形成明晰的城市更新体系，缺乏独立成文法规引导全国城市更新的分类推进，导致各地制度创新进度不一、体系各异，部分还面临合法性不足、多头管理、与空间规划体系关系不清等问题。

2019年，中央层面首度强调，"加强城市更新和存量住房改造提升，做好城镇老旧小区改造"，城市更新制度体系建设呼之欲出。为回应和支持治理现代化的需求，本文立足全球视野，拣选法、德、日、英、美五个发达国家引介其国家城市更新体系，开展横向的共性、特性比较，以期为中央和地方法律法规制定、管控思路和运作方式的选择提供科学参考，节约制度创新的试错成本。

2　比较研究对象：五个发达国家的城市更新体系

城市更新是调动公共、私有部门和社区基层的干预主义集体行动，以协商、制度设计及具体的政策和行动为手段，解决衰败地区的广泛性问题，包括经济衰退、物质空间凋敝、社会失调、教育与培训缺乏及住房短缺等。自二战以来，法国、德国、日本、英国、美国五个发达国家的城市更新实践已有70余年，更新制度的探索时间长，实践积累丰富，均经历政府主导的拆除重建、自下而上的邻里更新、可持续性城市综合复兴、竞争力导向的地区更新及城市更新多元化等阶段，认识论不断递进。历经执政党及其执政理念的更迭，各国城市更新体系在时代变迁与不断试错的过程中完成了法律基础的构建，并塑造了各具特色、体系完整的城市更新制度。

近年来，国内对上述发达国家更新制度引鉴的文献逐年上升，但仍存在如下问题。一是典型城市个案研究较多，国家层面体系研究少，内容以政策工具介绍和引入为主。然而，这些政策工具往往是更新体系使然的产物，脱离体系看内容容易误入歧途。二是典型城市研究主要聚焦于大城市，管中窥豹，难以廓清发达国家更新体系的全貌。三是缺少国别比较，不容易分辨不同框架设计的优劣。为弥补上述问题，本文专门围绕城市更新的体系建构展开研究。

纵观国内更新体系的相关研究，虽已有初步积累，但更新体系具体包含哪些内容还未达成共识。笔者根据研究者各自的界定和实际对应的内容稍加梳理，基本可以将城市更新体系归纳为法规、管理、计划[①]和运作四个体系框架（表1）。城市更新法规体系由界定城市更新范畴、约束实施主体和管理流程的各级法律、法规、章程及政策组成，是城市更新体系的核心基石，为其他三个体系提供合法性授权。管理体系包含城市更新的各类各层级机构设置、组织关系及其责权范畴。需要特别强调的是，城市更新事务牵涉主体广泛，管理机构的类型往往覆盖政府行政部门、半公共机构、合作伙伴关系和私有部门的图谱。另外，城市更新的目标、更新计划编制、空间管控隶属于城市更新的计划体系；更新对象、实施模式、资金来源和手段归属于运作体系。四个体系基本囊括城市更新制度设计的结构性内容，可以作为国际比较研究的分析框架。

表1　城市更新体系内容整理

体系分类	内涵	阳建强 1999	吕晓蓓 2009	刘健 2013	范颖 2016	林苑 2016	唐燕 2017	杨毅栋等 2017	唐燕等 2018	钟奕纯等 2019	周俭等 2019
法规体系	法律、法规、章程、政策		√		√	√				√	
管理体系	机构设置、组织管理体系、职能		√	√	√	√	√	√	√	√	√
计划体系	目标体系、规划编制	√	√	√	√		√	√	√	√	√
运作体系	更新对象、实施模式、资金来源	√	√	√		√	√	√	√	√	√

（表格来源：自绘）

① 从西方国家的城市更新内容来看，往往涉及社会、经济方面的非空间政策措施，故而采用Program来界定国家层面的总目标和资金框架；我国城市发展即将进入存量改善为主的发展时期，城市更新与社会发展、经济振兴密不可分，预期面临的问题具有综合性，故笔者认为，“计划”体系比“规划”体系更合适。

3 法德日英美五国更新体系特点

3.1 法规体系

(1) 两种更新法系的组织形式

更新法规体系与各国自身的法律组织形式密切相关。概括起来可分为两种主要类型，一种是大陆法系国家，包括法德[①]，两国均建立了一套独立于城乡规划体系之外的城市更新法规体系，采用"主干法+配套法规"的形式，专法管控，引导性强。其中主干法包括核心法和相关法，配套法规含各部委和地方政府的行政法规和地方法规。中央(联邦)层面颁布专门的城市更新成文法，适用于领土全域，规范更新的一般性流程，如法国的《城市更新计划和指导法》(2003)和德国的《联邦建设法典》(BGB,2004)。主干法内容与我国的城乡规划法所承担的责任类似，主要规定国家城市更新的基本框架，包括负责组织更新的部门、更新的对象、目标等。主干法之外，各权力层级按责权制定配套法规，如法国国家更新局颁布的《旧有退化社区重建计划全国总条例》规范旧有退化社区重建计划的操作流程；德国联邦各州颁布的《城市发展促进资金指引和项目指南》明确地方市镇自主申报和项目立项的规范。"主干法+配套法规"体系的优势在于，中央政府可通过主干法向下传递出于对社会矛盾判断而提出的更新主体意志，落实执政理念，减缓社会矛盾。

另一种是英美等海洋法系(普通法系)国家，没有统一的、全国适用的更新法规体系，重点争端采用高法判例形式解决。尤其在美国，联邦层面几乎没有被授予任何城市更新的管理权限，城市更新的相关法律主要以州议会颁布的"法律束"形式对城市更新进行法权上的干预，且各法律之间相互平行，不存在主次关系，法律成文以判例经验为修改依据，如伯尔曼·帕克尔法案[②]。英国与城市更新相关法律也散落在群组化的法律之中，《地方化法案》(2011)、历版《城乡规划法》、《内城地区法》(1978)、《地方政府、规划和土地法》(2009)、《规划和强制征收法》(2004)、《社区规划法》等法案中均有涉及。与日法德国家带有中央政府意愿倾向的更新法规条目不同，英美国家政府对更新的干预作用很小，更新更多地体现为市场行为，更新过程体现为法无禁止皆可为，由州县议会颁布的法律法规中涉及更新内容的条款则主要以权利和责任界定为主。海洋法系的优势在于在实际案例中总结城市更新的重要矛盾点，且判决更为公平，地方案件均参照以往高法判例执行。由于更新过程多涉及物权，因此即使英美等没有更新法规体系的国家，也都在各州郡议会立法明确约定更新的责权利归属，为更新中极易触发的纠纷预留法律解决途径，这与国内许多城市仅由政府所属部门出台行政规章的办法不同。

在上述两类典型法律体系以外，日本根据自身法系特征和城市更新实际需求，形成了更

---

① 政体上看，法国是中央集权制国家，德国、美国为联邦制国家，英国、日本为君主立宪制国家。

② Berman V. Parker Act, 1954，参考 New York State Legislature. New York Consolidated Laws [DB/OL]. (2018-10-12) [2020-02-01]. http://public.leginfo.state.ny.us/navigate.cgi.

具综合性的法系特征[①]。《都市再开发法》《土地区划整理法》《都市再生特别措施法》等更新相关法律之间相互平行，分别对应不同的更新方式和更新政策工具，具有明显的海洋法系特征；而在法律的具体内容上，每部更新法律均对相应更新方式及政策工具的目标原则、基本流程、运作主体等内容进行详细的界定，呈现出大陆法系的特征(图 1)。

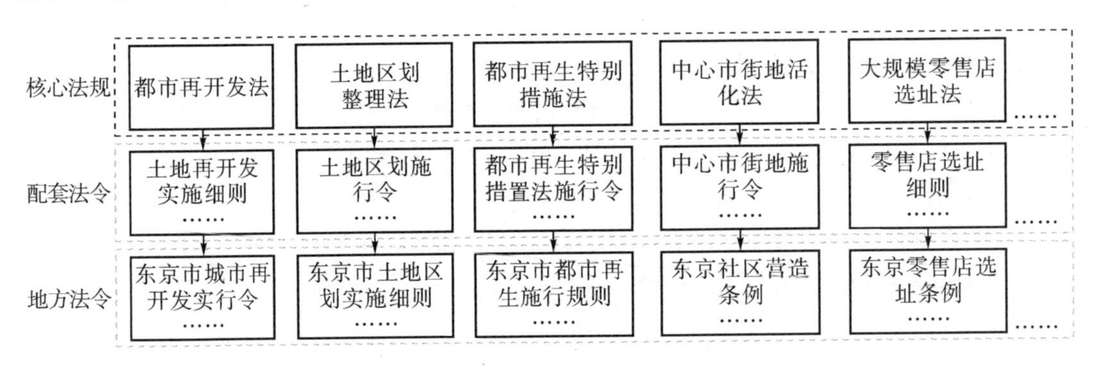

图 1　日本城市更新法规体系示意

(图片来源：自绘)

(2) 两种自上而下的法系分工思路

从法德日等具有独立更新法系的国家来看，现行法系的组织呈现出两种自上而下的分工思路。一种是从中央到地方各级法规逐级细化的分工思路。如日本由中央议会颁布的《都市再开发方针》规定了四类地区的再开发方针，即市街地再开发方针、住宅开发整备方针、商务基地开发整备方针、防灾街区整备方针。道府一级议会则对该四项方针制定本级辖区的细化法规，再到县一级则会出台更为详尽的政策工具和更新实施办法。

另一种则是自上而下的法权内容分工，法德两国采用的都是这种办法，联邦(中央)和州(大区)层面与市镇(法国的为市镇联合体[②])层面颁布法律分别针对更新的不同内容和方面。一般而言，联邦及州层面颁布的更新法主要是制定国家及州的更新配套资金使用方案。而市县层面颁布的更新法主要是包含更新单元划定、更新振兴行动计划等在内的技术工作及社会治理层面的事务工作。

(3) 法系的制度变迁和框架构建

从五国城市更新发展历程来看，更新法律法规的出台与五国各时期政府行政纲领及经济政策息息相关，因此，更新法规体系也呈现出强烈的时代性和长期制度变迁的基本特征。英国自 20 世纪 80 年代以来自由主义背景下的城市更新，到 2010 年后，为纠正经济增长过分依赖私有部门的倾向，政府对更新的监管逐渐加强，更新法权趋于上收。美国从 60 年代政府主导的市区重建逐步转向 80 年代公私合作的城市更新。因此，这些国家的更新法系或

① 日本虽隶属于大陆法系，但由于在二战后受到美国法律的影响，法律体系兼具大陆法系和海洋法系特征，而其更新法律体系则表现为上述两类典型模式的综合。

② 法国地方市镇依据《市镇合作法 1991》自愿投票形成市镇联合体，以改善地方治理碎片化的问题。根据 2017 年的统计，35 902 个市镇合并为 1 242 个市镇联合体，其中包括新集聚区 304 个、市镇社区 699 个、集聚区社区 213 个、都市社区 12 个、大都市区 14 个，作为介于省和市镇行政层级间的管理层级。

是主次搭配留有调整的接口，或是以法典形式为不断的增补替换做好抽换的法系载体，比如法国采用主干法外不断增加补充法规的办法，德国则采用法典形式不断补充新的法条进入，美国则采用各级议会以补充法案及修正案的形式，等等(表 2)。

表 2　五国更新法规体系主要内容比较

法规体系	大陆法系国家			海洋法系国家	
	法国	德国	日本	英国	美国
国家政治法系层级	垂直法系 中央法律/法令/行政命令； 省行政命令； 市镇行政命令	垂直法系 联邦法律/法规； 州法律/法规； 乡村型/城市型地区法规； 市镇章程	垂直法系 中央法律/政府法令/部门条例； 都道府县法令； 市町村管理章程	平行法系 联合王国法律/法规(王国议会)； 细则(地方议会)； 判例法； 政策性文件	平行法系 联邦宪法及其修正案/联邦相关法； 州宪法/法律/法规； 城市宪章/管理规章
更新法系组织形式	主干法＋配套法 主干法：《城市更新计划和指导法》； 配套法：《社会团结与城市更新法》《社会凝聚法》等	主干法＋地方法 主干法：《联邦建设法典》(更新内容：§136～§191) 地方法：州层级向下落实而制定的州法律法规，如《促进城市更新的资金准则和项目指南》等	核心法＋配套法的双维度混合模式 核心法：无普适更新法，针对不同更新方式形成不同的核心法规，如《都市再开法》《都市再生特别措施法》等； 配套法：依托每部核心法规，制定相应的法律法规，如《土地开发实施细则》等	多法平行 联合王国无普适更新法，四个政治实体均由若干法律的法条联合约束	多法平行 联邦无普适更新法，各州各自颁布城市更新相关“法律束”，同级法律之间互相平行
法系分工	按内容和层级分工 主干法：规定城市更新的核心计划、核心管理机构及其职责、更新对象； 配套法：规定不同更新对象的更新原则、方式和措施	按内容和层级分工 主干法：对城市更新进行一般性规定，明确州和地方的立法权限； 配套法：以州和地方立法为主，落实主干法，并指导实际更新工作	按内容和层级分工 核心法：核心法之间相互平行，确定不同类型城市更新的基本框架，互不统属； 配套法：包括中央政府部门的配套法令和地方政府的地方法令，对核心法进行细化	无明确的分工 各法之间无明显的垂直分工或水平分工，以具体事项类别作为立法对象。奉行法无禁止皆可为，不同法律内容有所交叉，通过判例法明确边界	无明确的分工 没有明显的主干＋配套的体系关系，宪法(宪章)明确权利基础和联邦及各州县市的权利分配和边界，法律明确内容，判例法明确权力边界，每部法律自身逻辑完整

续表

法规体系	大陆法系国家			海洋法系国家	
	法国	德国	日本	英国	美国
法系变迁	以补充法令形式逐渐完善和细化 2000年出台《社会团结与城市更新法》后，更新法规逐渐独立；国家更新局组建后，出台更新计划相关的管理条例	以法典形式不断补充丰富 更新相关内容曾在《联邦建设法》《城市建设促进法》中予以明确，后全部归入《联邦建设法典》（§136～§191）	以原法修订＋出台新法形式变迁 根据宏观政策需求，不断出台新法和修订原有法律，如2001年新增的《都市再生特别措施法》	以出台新法形式变迁 随宏观政策转变不断出台新法，如2010年以来行政权力下放的《地方化法案》《邻里规划法案》等新法	以出台新法形式变迁 随宏观政策转变不断出台新法，但在20世纪80年代以后法律变化较少，如1974年《住宅与社区发展法案》等
补充	主干法规定的内容并不完善，采用若干配套法和行政法规方式不断完善	州议会具有立法权，在不与主干法冲突情况下，可增补制定本州法律法规和条例	现行更新法偏政策实操工具。组群化特征突出，系统性在不断弱化	各英联邦议会通过制定法律落实宏观政策，政府部门出台实际操作指引的各类法规	联邦宪法重在权利分配，更新立法权主要在州一级层面，各州虽均以联邦宪法为基础，但各州的更新法律差异性很大

（表格来源：自绘）

3.2 管理体系

（1）更新管理的纵向分权和横向分权

首先是从国家、州省到县区市镇垂直分权的管理体系。从五国实际管理体系来看，更新管理事务呈现出明显的权力下放特征，越是下层级的管理部门，部门职能的独立性越强，与规划管理部门越是分开设置。上级政府部门主要管理中央更新专项资金的地区分配和更新目标原则的制定，下级政府部门主要负责本行政区内更新区的划定和申报计划，基层政府部门负责实施方案的受理和监督。其次，是在项目实施阶段的横向分权，项目实施层级存在广泛的多主体合作伙伴关系，企业、市民、第三方机构广泛嵌入项目实施层级。从五国的更新实践来看，横向分权是强制的，除发挥其监督作用外，社会属性的植入也是保持更新管理可持续的保障，如美国更新实践前期，主推自上而下的贫民窟清除和社会住房重建计划，由于忽视更新的社会属性，导致低收入人群的居住隔离，继而助推了中心区衰败。因此，相比顶层架构建设，五国普遍更加重视更新的基层管理。

（2）中央＋基层头尾两级的更新管理特征

在中央—省—市县三级体系中，头尾两级在实际事务管理中最为关键。如法德两国议会及中央政府集中领导全国的城市更新行动，从基本框架、目标原则的制定到资金额度的设置，州（大区）一级的更新管理部门职权相对弱化，仅负责本州（大区）配置资金和审批下级政府资金使用计划的职能。地区级政府（相当于我国的市县级政府）通过成立地区专门的城市更新协调机构具体统筹审批和管理地方城市更新计划。法国和日本在中央政府层面均设有城市更新管理的专职部委（法国的国家更新局，日本的都市再生部），而法国的大区及省级政府则没有对应的更新专设部门，但法国省级以下的市镇联合体（相当于我国的市县）以及最基层的市镇政府则均设有专职管理部门。

(3) 限制私营化程度的更新管理机制

五国基层政府的更新管理大多采用政府更新管理机构＋授权的市场化/自治合作主体的形式，法德日三国政府在城市更新中是公共利益和弱势群体的维护者，如法国中央政府对社会凝聚的强调，即使以市场为主导的城市更新地区，城市更新的私营化程度也会受到限制(表3)。英美由于政府公共财政紧缩、私有化程度较高(英国的地方城市更新主要授权公司进行管理)，长期来看不利于减小社会分层与贫富差距，因此，英格兰各级地方政府还陆续发起成立了地方企业合作组织①。与此类似，法国各市镇联合体也有市镇间合作公共机构②，旨在制约更新的私营化程度。而日本各市町则普遍采取公共团体和政府合作监督的形式。

表3　五国更新管理体系主要内容比较

管理体系		法国	德国	日本	英国	美国
管理权级架构		中央：国家城市更新局 省：省领土部 市镇联合体：市镇间合作公共机构城市政策部 市镇：市镇的更新委员会	联邦：建设和住房内政部 州：州住房、建设和交通部 地区：地区建设管理处 市镇：地方城市更新处	中央：都市再生本部 都道府县：城市规划审议委员会 市町村：市町村政府城市更新委员会	联合王国：住房、社区和地方政府部 郡和地区：自治市议会型政府＋地方企业合作组织 教区：地方议会型政府	联邦：住房与城市发展部 州：住房与社区发展部(名因州而异) 市县：城市社区发展部
核心管理主体	中央主管机构	国家城市更新局：统筹和制定全国城市更新计划、管理运营资金、干预地方计划	联邦建设和住房内政部：明确联邦年度城市更新促进计划总框架、重点、资金和技术指引	都市再生部：拟定和推进都市再生基本方针、相关立案和宏观规划	住房、社区和地方政府部：制定政策框架、工作指南，与商业能源和工业部、财政部等部门对接	住房与城市发展部：制定促进城市增长和发展的政策，协调全国的住房和城市发展活动
	地方主管机构	市镇间合作公共机构：负责城市协议和预建设协议。 市镇的更新委员会：执行和监督市镇的城市更新项目。具体执行中还涉及代表委员会、技术委员会	地方(市镇/自治市)城市更新处：负责更新地区的调研准备、范围划定，目的目标、成本和融资计划，对具体项目的实施监管。具体执行中还涉及城市规划和建设处、社会工作部门	市町村城市更新委员会： 管理城市更新的各项具体事务，组织成立城市更新促进公司推进城市更新运营	地方企业合作组织：负责企业区划定和规划、分配资金、招商引资和运作	市县城市社区发展部：落实社区复兴和救助项目，为本辖区内各社区提供社区更新的组织运作方案

① 地方企业合作组织(Local Enterprise Partnership)，简称 LEP，是建立在地方政府和企业之间的一种合作关系，在英政府的提倡下自愿建成，由政府官员和地方企业家共同组成，有权在政府授权下分配由政府提供的发展资金，并对地区内的道路、建筑和设施进行投资。目前全英格兰共有 38 个地方企业合作组织，管辖区域实现国土全覆盖。

② 市镇间公共合作机构，简称 EPCI(Etablissement Public de Coopération Intercommunale)，依据《市镇合作法》合作法市镇让渡部分公共管理权给市镇间合作公共机构 EPCI：城市政策、空间规划、交通、住房、社会平等、经济发展促进等；EPCI 相应地拥有规划部、住房部、城市政策等部门。

续表

管理体系	法国	德国	日本	英国	美国
限制私营机制	政府统筹城市更新且为出资主体：国家城市更新三个计划由中央出资约50%，省、市镇联合体、市镇、社会组织承担另外50%	市镇通过空间战略工具、成立公共属性的有限公司统筹更新：更新前首先拟定城市建设综合发展理念，划定更新区并明确要求	业主、NPO/NGO组织与市场主体联合城市公共团体统筹更新：协调多方主体诉求，保证社区公共利益，并接受地方政府的指导和监督	议会授权和监督非政府机构：针对企业区划，地方企业合作组织须通过协议得到自治市议会授权，并接受议会监督	对私有化限制较少：议会授权地方更新主管机构进行审核监督，主要通过地方更新主管部门对PPP（Public-Private-Partnership）组织编制规划的审核
补充	国家和市镇层面均有独立更新管理机构，以次一级基层管理机构为核心，上层的管理机构主要负责统筹资金和战略	各个层级均有独立的更新管理机构，上层的管理机构主要负责统筹资金和战略	三级管理分权，专设更新管理机构	三级分权，地方为主；横纵分权，公私合管	实际管理主要是市县地方政府及社区自治团体

（表格来源：自绘）

3.3 计划体系

（1）更新计划的三级体系

一般由宏观层面的总目标和资金框架、中观层面的综合更新计划、微观层面的更新项目规划和行动计划组成。法德日三国的宏观框架在国家、州或省相应权力层级组织编制，中观计划在州省和地方之间层级组织编制，其中法国出于统筹和资金争取的需要，综合更新计划由市镇联合体城市政策部统一编制，微观更新计划和行动计划由基层单元编制。总体看来，顶层重统筹，基层重实施，内容强调社会、经济、空间的综合性：顶层编制的是资金和战略框架，不涉及具体实施内容；基层编制计划、规划，对实施有直接的指导作用，内容不仅包括住房建设、公共服务设施配给，还有很多社会活动、经济补贴、文化复兴的内容(图2)。

（2）更新计划的两条主线

五国更新体系普遍呈现出两条主线的特征。一条主线是以提升城市竞争力为导向的城市节点地区更新，大多为城市中心区、商业区或交通节点地区；另一条主线是以社会底层保障和住房环境改善为导向的社区更新。如法国更新计划中明显的两条主线，一类是面向提升地区城市竞争力的再开发区，即协议开发区ZAC；另一类则是面向社会凝聚的退化社区改造地区。第一类更新一般通过环境改善和地区容量的增量性开发，绝大多数能实现更新开发的赢利，因此，这类更新开发多以市场主导。第二类地区则大多面向社会问题严重的衰败社区，通过国家和州省市镇层面制订资金援助计划，对衰败社区实行空间改善或再开发，减少社会不平等，增加对社会弱势群体的扶助，这一更新过程，是以国家和州省市级政府作为社会问题协调机构和资金兜底单位，具有极强的社会属性(图3)。

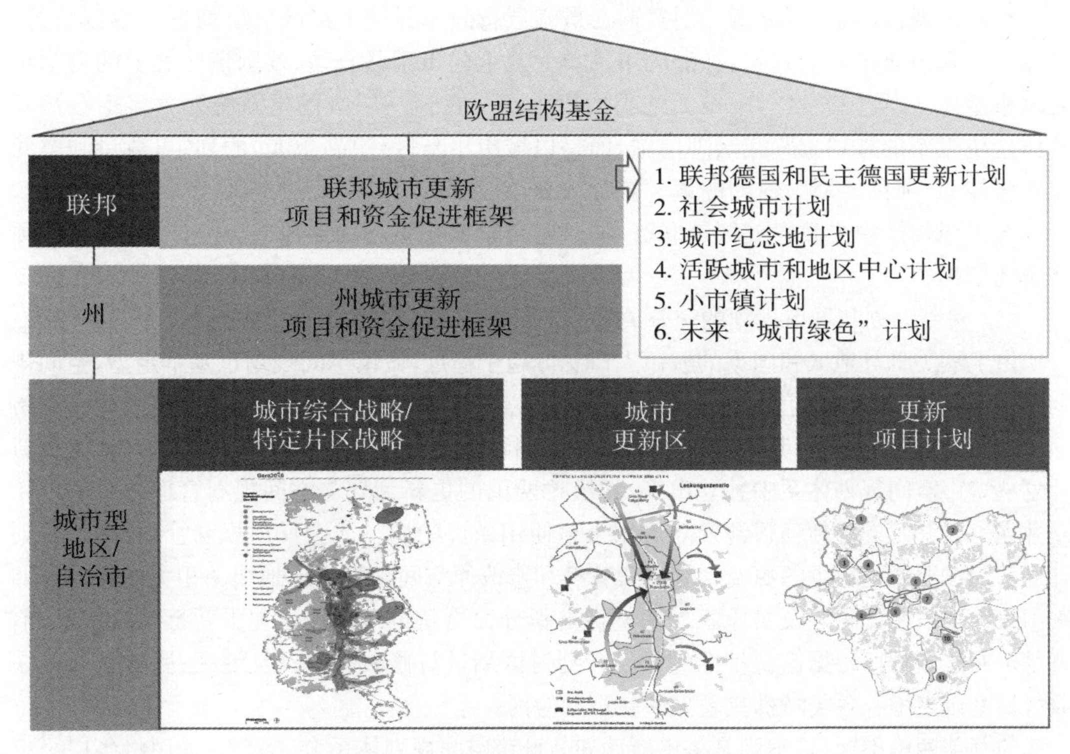

图2 德国城市更新计划体系框架图示

(图片来源：自绘)

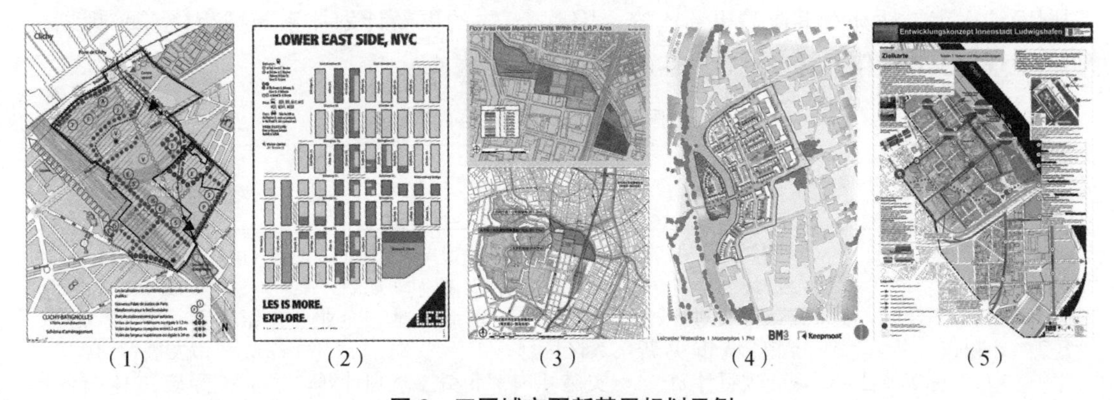

图3 五国城市更新基层规划示例

(图片来源：根据各国网站公开资料整理)

备注：(1) 纳入地方城市规划管控的巴黎协调开发区ZAC：巴黎第17区西北部Clichy / Batignolles。(2) 美国商业改善区规划：纽约皇后东区第18街道。(3) 日本都市再生单元规划图：东京大手町地区。(4) 英国典型企业区划(Enterprise Zone)更新计划平面图：莱斯特滨水区。(5) 德国城市中心区更新计划图：路德维希港内城发展理念图。

图纸来源：法国巴黎地方城市规划(PLU)网站、纽约市政府网站、日本都市再生机构网站、莱斯特和莱斯特郡企业合作组织网站、路德维希港《城市发展理念》2006版。

(3) 更新计划的地区统筹

从五国现行体制看,更新计划普遍在最基层行政单元的上级政府层面进行编制统筹,尤其是更新斑块单元的划定,如法国市镇单元之上的市镇联合体、德国镇区之上的自治市或城市型地区、英国教区行政单元之上的自治市。在这一层级的更新统筹大多不会涉及具体地块更新的规划方案或治理措施,而是以城市更新区(更新单元)的划定、数量和空间分布为核心,项目计划为辅助的地区统筹计划,并以此为材料,经过地区议会审核通过后,作为与上级州及中央政府或区域联盟(如欧盟负责城市更新的专项基金委员会)申请专项基金的依据。

(4) 更新计划与城市规划的交叠关系

由于欧美日等地区和国家的城镇人口总体趋于稳定,城镇空间规划也基本定型,空间规划管理部门偏向于用地信息的收集管理机构,日常事务并非十分繁忙,但城市更新则是城市面对的新的重大课题,且其内涵也远不止于空间物质更新的范畴,因此,许多国家都把更新计划从城市空间规划体系中独立出来,如法德两国的更新计划与空间规划管理体系基本相互独立。仅开发类更新项目涉及对规划土地使用条件的调整才会反馈规划管理部门,规划管理部门按照通过审批的更新计划方案替换和修改原空间规划中该地块的相关内容。再如美国纽约州按照是否涉及对原区划调整将更新分为更新再区划地区和更新特殊政策区,前者是按照法定程序根据已获批准的更新计划对区划进行修改的再开发地区,后者是通过在原区划基础上增补各类特殊更新振兴政策的地区。

与其他四国不同,日本则是将更新计划与城市空间规划体系合二为一,采用将各层级更新计划分别对应纳入不同层级的城市规划之中,如在城市总体规划层面纳入都市再开发方针的规划内容,在控制性规划层面纳入都市再生紧急整备区等更新计划内容,在地区详细规划层面纳入市街地开发事业等更新内容。因此,五国的更新计划体系与城市(空间)规划之间也呈现出上述交错并行和融合一体两种交叠关系(表 4)。

表 4　五国更新计划体系主要内容比较

计划体系	法国	德国	日本	英国	美国
更新计划的层级(类型)	中央:三个城市更新计划; 市镇联合体:城市协议; 市镇:更新项目	联邦:国家城市促进计划; 州:城市促进计划; 市镇:城市更新区+项目计划; 实施主体:更新项目	都道县府:都市再开发方针; 市村町:特别政策区区划; 实施主体:市街地再开发事业/详细计划	郡/地区:地区行动规划; 地方企业合作组织:制订的各类规划计划; 教区:社区规划	社区:社区再开发规划/商业改善街区规划/城市发展行动区; 实施主体:再开发实施规划
更新计划的对象(主线)	1. 衰败社区; 2. 协议开发区	1. 社会城市更新区; 2. 商业改善区和城市更新区	1. 社区/地域再生区; 2. 都市再生特别区	1. 社区; 2. 企业区划	1. 衰败社区; 2. 具有增长潜力的地块(商业改善区、投资发展区、发展行动区)

续表

计划体系	法国	德国	日本	英国	美国
更新计划的地区统筹	中央、大区及省统筹资金； 市镇联合体统筹更新单元划定	联邦及州统筹资金； 自治市层级的城市更新机构统筹更新单元划定	都道县府一级政府统筹划定三类重要更新地区，包括都市再生特别地区、居住调整地区、特定用途诱导地区	LEP和自治市议会分别统筹企业区划和社区规划单元的划定	市镇一级地方政府负责统筹更新地区的划定
与空间规划体系的关系	涉及地块再开发时交错：由规划管理部门按简化流程修改地方城市规划，并颁发建设和规划许可	涉及地块再开发时交错：涉及再开发的更新项目，由规划管理部门编制B-PLAN，并颁发建设许可	融入规划体系：更新规划完全融入城市规划体系中，是法定城市规划体系的一部分	与空间规划衔接的两种模式：一是可根据LEP制定的规划调整地方发展规划（空间规划）。二是社区更新规划均属于空间规划体系	与区划衔接的两种模式：按法定程序更改区划和特殊政策区两种
补充	具有自上而下的计划体系，以城市更新三大计划为顶层计划，以城市协议为次一级更新计划，最下一级为更新项目	更新计划体系由自下而上反馈机制构成，国家和州确定城市更新项目分类指引，市镇层面制订具体的更新计划并上报，州负责拼合统筹	更新计划在城市层面构建了完整的体系，但在国家和地区等宏观层面没有更新计划	不存在自上而下的体系，LEP和社区为代表的非政府部门负责制订两类更新计划	不存在自上而下的体系，基层负责城市各个片区更新规划的制定

（表格来源：自绘）

3.4 运作体系

（1）自上而下的精英决策与自下而上的自主申报相结合

由于土地产权私有化，五国基层市镇更新单元地区的选择大多是以产权人联合自主申报的形式。德国和法国的部分开发单元，是责任部门按照改善需求拣选的。前者按照地方的发展战略，后者由市镇联合体的城市政策部按照市镇社区社会—人口的衰败状况拣选。其他类型的更新单元采用开发主体申报、政府统筹的方式。美国具有典型的政府不干预特点，主要由市场主体或利益主体自主申报，如纽约时代广场更新改造和皇后区第28街区更新，均是当地业主或商业团体自主向地方政府递交请愿书获准后并根据业主表决制定的更新计划。需要指出的是五国城市更新的内容远不止于物质空间范畴，即使自下而上申报的提案被纳入城市更新单元，也有很多是以微更新、微改造、社会救助或公益活动组织的方式来改善原地区。

（2）多样化的融资和运作模式

城市更新融资是保证可操作性的关键，融资方式的选择取决于政府治理理念和财政能力。对于衰败社区更新，法、德政府予以了较大的支持，法国中央设置专项资金支持地方社区改善的项目落实，资金占比高达50%；德国衰败社区的更新一般由联邦、州各出资1/3，其余通过多元化融资补齐。日本、英国、美国的社区更新仍然以自筹资金、多主体运作或公共私营合作方式为主，政府通常不提供或仅覆盖较低比例，城市更新的公共利益考虑不足。竞争力导向的更新由于本身具有溢价空间，市场介入注资运作的动力大，各国的运作方式类似——法国的协议开发区(ZAC)、德美的商业改善区(BID)、日本的都市再生特别区、英国的企业区划地区，均依靠市场部门自主申报、出资和实施，政府给予少量补贴作为激励基金，扮演“守夜人”角色。总体而言，德、法对于城市更新市场主体的管制和监督更强，对衰败地区的照顾更多。

(3) 更新运作中的两类政策创新工具

对于非政府兜底的市场主导型更新地区，即面向提升城市竞争力的再开发地区，往往具有一定的增量空间能够实现再开发收益的平衡甚至盈利，但在实际运作中，为了降低交易成本和鼓励对公共利益的让渡，各国更新及规划管理部门普遍开发了许多政策性工具包。概括起来包括监测平台、土地制度保障、契约协议、空间管控单元和金融促进工具几类。土地制度保障如日本的土地区划整理①、更新种子基地，德国的强制征收权、优先收购权、土地边界调整和重新分配制度；金融促进工具如英国的社区基础设施税②和公共私营合作PPP政策，美国伊利诺伊州的增税融资政策(TIF)，通过对指定的城市更新改善区允许其利用再开发后的地区增值税收作为该地区最初实施再开发的经济抵押支出，芝加哥鹅岛的再开发即是此类金融工具推动的产物。

表5　五国更新运作体系主要内容比较

运作体系	法国	德国	日本	英国	美国
组织形式	管理部门拣选＋市场主体申报 1. 市镇联合体城市政策部按照地区衰败程度选择社区改善类单元； 2. 市场主体可申报协议开发区单元	政府按战略拣选＋自主申报 1. 市镇按照城市发展战略选择需要更新的片区； 2. 地方自治主体自行申报	利益群体申请＋宏观选择 1. 社区居民(自治组织)/社区与其他团体联合申请/都市再生机构决定/业主及市场联合体； 2. 政府依据战略选择	社区组织申报＋LEP确定 1. 社区组织向地方规划部门申报； 2. LEP依据战略和研究选择	多方协商的两种主要组织形式 1. 社区组织＋市场主体； 2. 市场主体＋政府

① 土地区划整理是指按照土地权利人在规划变更前后的土地价值不变为原则，将原本产权不规则的私有土地进行重新划分。

② 社区基础设施税(Community Infrastructure Levy, CIL)，是英国地方政府针对其所在地区的新开发项目征收的税费，主要被用于支持地区发展所需的基础设施建设，具体税率由地方政府确定，由地方规划主管部门负责征收。英国议会于2010年制定《社区基础设施税条例》对该税种、征税流程等进行一般性规定。

续表

运作体系	法国	德国	日本	英国	美国
资金来源	政企为主，各有侧重 1. 衰败社区由政府兜底，中央设置专项资金，市镇政府实施； 2. 协议开发区以开发主体为主，可申请政府资金，开发主体实施	多方合作，多样化融资 1. 问题社区由联邦和州政府各出资1/3，其余通过多样化融资； 2. 城市中心区和商业区以开发主体为主，可申请政府资金，开发主体实施	多方合作，政府有限参与 1. 利益主体（居民/开发主体）自筹资金为主，都市再生机构参与投资，政府通常不提供； 2. 都市再生机构、社区、非营利组织（NPO）、企业等多主体共同运作	利益主体为主，政府有限参与 1. 可向中央政府申请专项资金，各方无固定比例； 2. LEP和社区组织主导实施，政府仅监管	市场为主，广泛采用PPP 1. 市场注资为主体，极少部分来自政府政策资金； 2. 衰败社区由PPP联合主体实施，增长潜力地块由开发主体实施
政策工具	动态监测＋央地协议 1. 全国衰败社区监测平台； 2. 城市更新项目预建设协议	土地管理＋示范性指引 1. 强制征收权、优先购买权、边界调整和重新分配； 2. 联邦、州更新案例示范库	土地管理＋运作方式创新 1. 土地区划整理和市街地再开发； 2. 团地再生和街区再生	契约协议＋税收制度创新 1. 城市协议和增长协议； 2. 社区基础设施税	多样化的市场融资工具 1. PPP模式； 2. 商业改善区和增税融资
补充	政府主导衰败社区更新运作，市场—政府合作主导潜力地区更新运作	政府主导衰败社区更新运作，市场—政府合作主导潜力地区更新运作	多元主体、各类资本共同参与。市场主导下都市再生进程缓慢	完全由利益主体主导和运作，政府仅提供政策和少量资金支持	当前缺乏政府支持，市场是更新运作的核心

（表格来源：自绘）

4 法德日英美经验对我国城市更新体系建构的启示

4.1 制定主干法＋配套法的独立法规体系

借鉴大陆法系国家的立法逻辑，我国宜尽早构建主干法＋配套法的法规体系，保证实践有章可循、有法可依。参考法德日经验，建议由中央政府研究制定《城市更新法》作为主干法，明确城市更新的基本框架，包括更新原则、目的、全国计划、管理主体、更新计划体系、编审流程、土地及规划适用条件、更新实施审批流程、运作实施主体及方式准入等，对相应的土地管理法、住房法、城乡规划法、民法有关条款做出调整。考虑到我国地域辽阔，东、中、西及东北地区城镇化进程不一，各城市当前阶段城市更新的核心任务具有差异性，中央立法还应给予地方层面法规设立的灵活性，允许市级管理部门出台城市更新实施办法和指引，因地制宜，制定本土化规章。

4.2 构建中央+基层为核心的管理体系

我国可借鉴日本和法国的更新管理模式，在中央政府层级设立独立的城市更新主管部门，统筹全国层面的更新总目标，并配套专项资金。鉴于当前物质性更新的需求，宜理清更新管理部门与规划管理部门的职权关系，联合社会保障、发改、工信部门共同支持城市更新的部门建设，保障更新社会效益的综合性。在省市层面，遵循管理权下放原则，省市、县区可分别设置城市更新管理部门，并以区县一级主管部门作为实施责任主体，区县一级更新管理部门与规划管理部门独立设置。重视基层社会组织的培育，吸收非政府组织(NGO)、NPO、行业协会、半公共治理机构等共同参与，扩大城市更新活动的治理基础。

4.3 营建顶层统筹+基层落实的计划体系

在市县中心城区层面构建更新计划体系，形成"总体更新计划—更新单元计划—更新项目实施计划"三级更新体系。国家及省级更新管理部门以框架和资金统筹为主，可参考德国模式按目标划分更新大类，出台城市更新项目分类指引。省级更新管理部门统筹市、县(区)项目计划和空间单元规划。同时配套案例库、计划编制指南、资金使用指南等工具。另外，从发达国家的经验看，各国的计划体系普遍经历了从 Plan 到 Program 的转变，我国的更新计划体系也应逐步将社会救助活动、社区营造等非物质空间更新内容纳入治理计划之列。

4.4 兼顾公共利益与城市竞争力并重的运作体系

城市更新运作应秉承强化公共利益与提升城市竞争力并重的原则，既要保证资金来源充裕、存量盘活可操作，又要保证社会公平，避免矛盾激化。根据五国经验，对社区更新，政府应作为实施方案兜底方，鼓励社区自治主体广泛参与，鼓励社会资本参与。竞争力导向的地区更新应创新政策工具，宜借鉴法国的协调开发区、美国的商业改善区等，划定城市更新单元，积极推动市场参与，并探索发挥金融工具创新的作用，如房地产信托投资基金(RE-ITs)、税收增额融资制度(TIF)等。根据我国商业房地产市场当前的饱和状况，对竞争力导向的更新在土地供应上应有所限制——不鼓励非中心区、非商业区等缺乏增长潜力的地区继续做增量更新。短期内，应将更新的重点主要放在社会凝聚导向的更新上，如老旧社区和棚户区改造、社会住房供给、公共服务设施补给、低收入人群的社会救助。

参考文献

[1] Baugesetzbuch(BGB) § 136～ § 191[EB/OL]. (2004-03-02)[2020-02-01]. https://dejure.org/gesetze/BauGB.

[2] DCLG. Regeneration to enable growth: A toolkit supporting community-led regeneration[M]. London: DCLG, 2012.

[3] DBIS, HCA, HCLG. 2010 to 2015 government policy: Local Enterprise Partnerships (LEPs) and enterprise zones[EB/OL]. (2015-02-01)[2020-02-01]. https://www.gov.uk/government/publications/2010-to-2015-government-policy-local-enterprise-partnerships-leps-and-enterprise-zones/2010-to-2015-government-policy-local-enterprise-partnerships-leps-and-enterprise-zones.

[4] HCLG. Community Infrastructure Levy[EB/OL]. (2019-06-05)[2020-02-01]. https://www.legislation.gov.uk/ukdsi-9780111492390/contents.

[5] HCLG. National Planning Policy Framework[EB/OL]. London: HCLG. 2019. [2020-02-01]. https://www.gov.uk/government/publications/2010-to-2015-government-policy-local-enterprise-partnerships-leps-and-enterprise-zones/2010-to-2015-government-policy-local-enterprise-partnerships-leps-and-enterprise-zones.

[6] Ko Y. The different urban efforts to revitalize urban neighborhoods in the United States and the United Kingdom: comparative case study based on governmental responses focusing on urban neighborhood revitalization[J]. Texas A & M University, 2008.

[7] Loi n° 2003-710 du 1 août 2003 d'orientation et de progra mmation pour la ville et la rénovation urbaine [EB/OL]. (2003-03-07)[2020-02-01]. https://www.legifrance.gouv.fr/affichTexte.do? cidTexte=JORFTEXT000000428979

[8] Lichfield D. Urban Regeneration for the 1990s [M]. London: London Planning Advisory Committee, 1992.

[9] New York State Legislature. New York Consolidated Laws [DB/OL]. (2018-05-07)[2020-02-01]. http://public.leginfo.state.ny.us/navigate.cgi.

[10] Office of the Law Revision Counsel, The United States Code[DB/OL]. (2018-09-03)[2020-02-01]. https://uscode.house.gov/.

[11] Roberts P, Sykes H. (Eds.). Urban regeneration: a handbook[M]. California: SAGe Publications, 2000.

[12] Stöhr W B. Global challenge and local response: initiatives for economic regeneration in contemporary Europe (Vol. 2)[M]. Tokyo: United Nations University Press, 1990.

[13] Stationery Office. Localism Act 2011[EB/OL]. (2011-07-08)[2020-02-01]. http://www.legislation.gov.uk/ukpga/2011/20 /contents

[14] Tallon A. Urban Regeneration in the UK[M]. London: Routledge, 2013.

[15] 日本内务与通信部. 都市计划法(昭和 43 年法律第 100 号)[DB/OL]. (1968-05-07) [2020-02-01]. http://elaws.e-gov.go.jp/search/elawsSearch/elaws_search/lsg0500/detail? lawId=329AC0000000061.

[16] 日本内务与通信部. 都市再开发法(平成 26 年法律第 42 号)[DB/OL]. (1998-03-07) [2020-02-01]. http://elaws.e-gov.go.jp/search/elawsSearch/elaws_search/lsg0500/detail? lawId=478GB0000000049.

[17] 日本内务与通信部. 都市再生特别措置法(平成 30 年法律第 72 号)[DB/OL]. (2002-09-08) [2020-02-01]. https://elaws.e-gov.go.jp/search/elawsSearch/elaws_search/lsg0500/detail? lawId=415AC0000000100&openerCode=1.

[18] 巴里·卡林沃思,艾森特·纳丁. 英国城乡规划[M]. 陈闽齐,等译. 南京:东南大学出版社,2011.

[19] 刘晓逸,运迎霞,任利剑. 2010 年以来英国城市更新政策革新与实践[J]. 国际城市规划,2018,33(2):104-110.

[20] 施卫良,邹兵,金忠民,等. 面对存量和减量的总体规划[J]. 城市规划,2014,38(11):16-21.

[21] 邹兵. 增量规划、存量规划与政策规划[J]. 城市规划,2013,37(2):35-37+55

[22] 邹兵. 增量规划向存量规划转型:理论解析与实践应对[J]. 城市规划学刊,2015(5):12-19.

[23] 赵燕菁. 存量规划:理论与实践[J]. 北京规划建设,2014(4):153-156.

[24] 周俭,阎树鑫,万智英. 关于完善上海城市更新体系的思考[J]. 城市规划学刊,2019(1):20-26.

浅析中日两国城市更新的制度差异及其影响[①]

李晋轩　曾　鹏

天津大学

摘　要:中日两国近代城市更新的宏观进程存在一定的相似性,都展现出政府影响逐渐减弱、多方参与逐步增强等规律。但是,受到土地、税收、法律三方面基本制度差异的影响,两国城市更新参与主体的行为具有较大区别,导致城市更新主导模式中展现出不同的开发尺度、参与激励、治理效率。基于对制度作用机制的解析,建议选择性地借鉴日本经验,即通过"明确土地发展权""增加房产税(费)""引入规划判例"等方式来优化我国现行城市制度。基础性的制度转变可能带来"发展阵痛",但也是推动城市发展客观现实向存量再开发模式转型的最优路径。

关键词:城市更新;土地制度;税收制度;法律制度;日本

1　引言

城市更新是盘活存量用地的重要手段[1],是当代中国城市发展中的关键环节。城市更新包含用途的转变、品质的提升和活力的再造,不仅具有经济意义,更具有丰富的社会和文化内涵[2]。针对我国上海[3]、深圳[4]、广州[5]等城市的研究指出,城市制度通过干预多方参与主体的行为深度介入城市更新实践,明确制度因素对城市更新的作用机制,进一步优化城市更新制度,有助于我国城市从"增量扩张"向"存量挖潜"的转型发展。

不同的近代化历程带来中日两国基本制度的若干差异,导致两国在当代城市更新实践层面具有较大区别。以往研究中,部分学者基于地缘、文化和人口因素的相近性,以日本城市更新的成功实践作为我国学习日本制度的理由。本文认为,对日本经验的借鉴需建立在探明机理的基础上;上述研究没有解决的问题是我国城市更新因何失效?日本城市更新又因何成功?对两国城市制度进行对比研究,有助于解析城市更新的运作机制,选择性借鉴制度经验,最终找到解决中国城市更新矛盾的现实路径。

① 基金项目:国家自然科学基金面上项目(编号:51678393),国家自然科学基金面上项目(编号:51978447)。

2 中日两国城市更新综述

为统一中日两国不同文献中可能存在的定义差异，本文中的城市更新指代“通过增加投资或开发强度等方式进行城市建设、优化特定城市空间的产权配置，从而使相关权利人的利益实现帕累托改进①”的过程。基于此定义，尽管中日两国的城市发展肇始于相近的东亚文化传统并长期相互影响，但在近代化以来的城市更新历程中呈现出一定区别。

2.1 中国城市更新

在数千年的城市史中，以木构建筑为主的中国传统城市，常因战争、迁都、移民等事件而进行较大规模的、国家主导的城市更新。1840 年以来，中国城市近代化的整个进程被压缩在较短的时间内，呈现出“嫁接型规划、跳跃式发展”等特征[6]，其间传统城市更新濒于停滞。新中国成立后，在城镇化率快速提升的同时，中国城市更新实践进入新的发展时期，可分为以下三个阶段：

(1) 计划经济阶段。新中国成立初期，整体城市制度向苏联模式倾斜，建立在“计划、规划”两分的基础上[7]。限于经济实力和快速工业化的战略目标，旧城的改造与再利用被视为建设社会主义共和国的重要举措。这一阶段，为解决基本的住房需求，或为落实城市发展的重大项目，进行了“计划性拆除重建”。拆建过程中城市规划在发展计划的指导下作为“总图”而存在，所涉及的城市土地由政府统一划拨使用。

(2) 一级土地市场垄断阶段。改革开放后，国家对计划体制展开分税制、分权化、土地有偿使用、住房市场化等渐进式改革，形成了计划与市场并存的“双轨制”局面。随着“央—地”关系的微妙改变，更多增长压力转移至地方，形成“增长主义”的城市发展环境[8]。这一阶段，地方政府通过垄断一级土地市场，大量收储建成区内的低效土地(如工厂和城中村)，通过土地使用权的出让与开发商一同推进大规模“集中拆建”，在改善城区品质的同时也带来密度过高、历史破坏等问题。

(3) 政策创新阶段。2008 年全球金融危机爆发后，出口导向型经济逐步萎缩，城市发展动力进一步由空间扩张转向品质提升。作为对中央政府加强再集权化步伐的回应[9]，深圳、上海等高度城镇化地区开始尝试(获得授权后)颁布试验性政策，在参与主体、组织形式、产权分配等方面突破上级政府的规制。这一阶段，在“集中拆建”持续推进的同时，“存量盘活”取得较大发展，出现了“非正式更新②”[10]、土地整备③等区别于“收储—转用—出让”逻辑的城市更新实践。

综上，当前我国城市中存在“集中拆建”和“存量盘活”等两种更新模式在时间和空间上的分离，前者导致社区层面的分异和邻里结构解体，后者则效果不显著、整体参与度不高[11]。城市更新在我国仍有较大发展空间，多方协调、高效融资、收益共享等问题仍待突破。

2.2 日本城市更新

日本城市更新由来已久，有其独特的传统，可追溯到伊势神宫等传统木结构建筑面临火灾及地震所采用的基于安全防灾的周期性重建[12]。明治维新后，日本加速西化，先于中国开启了城市现代化的进程。现代意义上的城市更新活动，则主要发展自二战结束后，本文将聚焦这一节点之后的日本城市更新，并将其分为以下三个阶段：

（1）政府主导的集中重建阶段。20世纪中叶，战争、震灾、次生火灾对传统木结构建筑造成巨大破坏。为了改变破败不堪的城市，日本于二战后开始城市重建活动，逐步清拆失修建筑、清除贫民区，以提升房屋的防灾能力和土地利用效率。这一阶段，出现了“土地区划整理事业”，即由政府出面协调贫民区、废墟等存量土地，用换地、腾退等方式进行统一规划和开发，重建为大规模居住区[13]。1955年成立的日本住宅公团④参与了其中的部分建设。

（2）政府协调的都市再开发阶段。1969年，颁布《都市再开发法》。70至80年代，该法修订以进一步推进市场资本的参与，政府角色转为设置基金与提供服务[14]。70年代起，日本经济快速发展，在相关政策法规导控下大力推进理性导向、设计导向的城市再开发事业。住宅公团于1981年改作“住宅、都市整备公团”，参与到整体都市机能更新中，逐渐转向地方与市场资本的协调人。这一阶段，在政府部门指导下展开了“市街地再开发事业”，即通过激励机制⑤提高容积率，并由一个实施主体自始至终推进整体化建设。这一模式大幅度改变了城市建成区的容积率和风貌，也导致了一些反对意见。

（3）上下结合的都市再生阶段。经济泡沫破裂后，中央政府出于对国际竞争力的担忧，集中力量推动三大都市圈内的都市再生。日本政府于2002年颁布《都市再生特别措施法》、于2004年成立由“住宅、都市整备公团”调整而来的UR都市机构⑥，通过政策鼓励私人机构等多元主体的参与[15]。这一阶段，除“市街地再开发事业”外，主要模式为“社区营造⑦”和“紧急整备区”。“社区营造”兴起于70年代，针对历史街区或早期建设的公团住宅进行更新，一般自下而上开展[16]。“紧急整备区”的设置大大放宽可更新区域的限制条件，意在通过多方参与的手段来推进以经济复苏为目标的大规模都市再生实践。

综上，在战后70余年的城市更新中，日本根据不同时期的发展需求颁布相应的政策，创造了多种有效的更新模式。尤其进入21世纪后，日本集中力量于东京、大阪等核心城市，成功地将私人资本和社区力量融入城市更新实践中。

3　中日两国城市更新相关制度的差异与影响

20世纪50年代后中国城市更新的宏观进程总体上与日本相近，都展现出政府影响逐渐减弱、多方参与逐步增强等规律。但是，在城市更新的主导模式方面，当前两国仍具有较大差别，通过基本制度的对比或许可以提供部分解释。

制度的每一次调整，都是对城市更新现状秩序的一次重塑。相关研究指出，通过对政策导控方向的影响，制度演进深度介入城市更新的历程[17]。城市更新的参与对象包括城市政府、权利人（含所有权人与使用权人）、市场资本、规划设计单位、其他城市公众等多方主体，其中“城市政府”和“权利人”的行为明显地受到制度演进的影响（图1）。因此，下文将从“开发尺度、参与激励、治理效率”三个方面，透过制度差异视角来解析中日两国城市更新主导模式的差异。

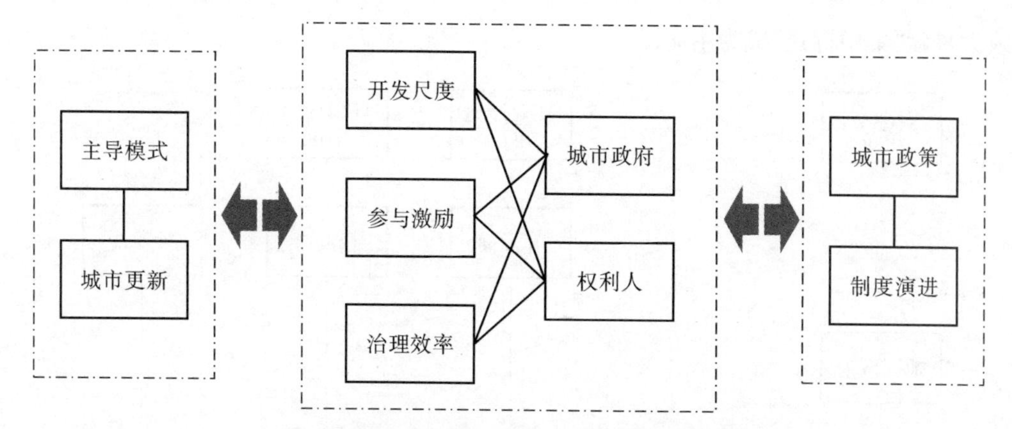

图 1　城市更新主导模式与制度演进的相互关联

（图片来源：自绘）

3.1　土地制度

3.1.1　中日两国土地制度对比

中日两国在基本土地制度方面具有一定差异。明治维新后，日本从封建领主土地所有制转向资本主义土地私有制，全部国土可分为“国家所有、公共所有、个人与法人所有”三种形式，土地使用权从属于土地所有权。其中，国有和公有的土地大部分是山林、河川、海滨地，占土地总资源的比例很小，对于这些土地的使用主要以国家和国民的利益为主导，主要强调生态保护。除个人或公司等法人外，都道府县、市町村等地方公共团体，可以作为独立法人来占有并使用土地。1950 年新中国颁布《土地改革法》，自此全部土地实行社会主义公有制，包括全民所有制和劳动群众集体所有制。改革开放后，通过 1982 年《宪法》、1988 年《土地管理法》等修正案，我国逐渐实施土地有偿使用制度，所有权和使用权分离。其中，全民所有制土地的所有权由社会主义国家所有，使用权可以依法转让；劳动群众集体所有制土地的所有权由农村集体经济组织的农民集体所有，与承包权和经营权分离（三权分置），其中经营权可以依法转让。

尽管土地所有制不同，但两国城市土地发展权的管理模式较为相似，均由城市政府所有并受相关部门的直接规制。日本城市的规划主管部门具有批准城市再开发的权利，并可通过“奖励容积率、新增公共设施”等手段为土地发展权设定交易对价；中国城市土地的发展权则被隐性垄断在地方政府所有的“控规调整权力”中[18]，一般通过“存量土地收储再出让”的模式实现新的发展权与使用权在同一权利主体上的统一⑧。

3.1.2　土地制度差异影响城市更新的开发尺度

受土地所有权制度的影响，中日两国城市更新中各参与主体的话语权有所区别，进而分别导向不同的开发尺度。在日本的土地私有制度下，包括土地所有人和开发商在内的私人资本力量对于再开发实践具有主导性影响。城市主管部门的职责在于通过参与协调“容积率奖励条件、参与主体利益平衡⑨、产权返还形式⑩”等核心内容，逐步引导相关各方形成有效的再开发组合（图 2），并根据相关权利人的实际需要确定更新边界。相比之下，中国城市政府长期深度介入城市更新实践，除划拨土地的用地企业外其他权利人在更新中较为被动，导致大尺度“集中拆建”成为主流。

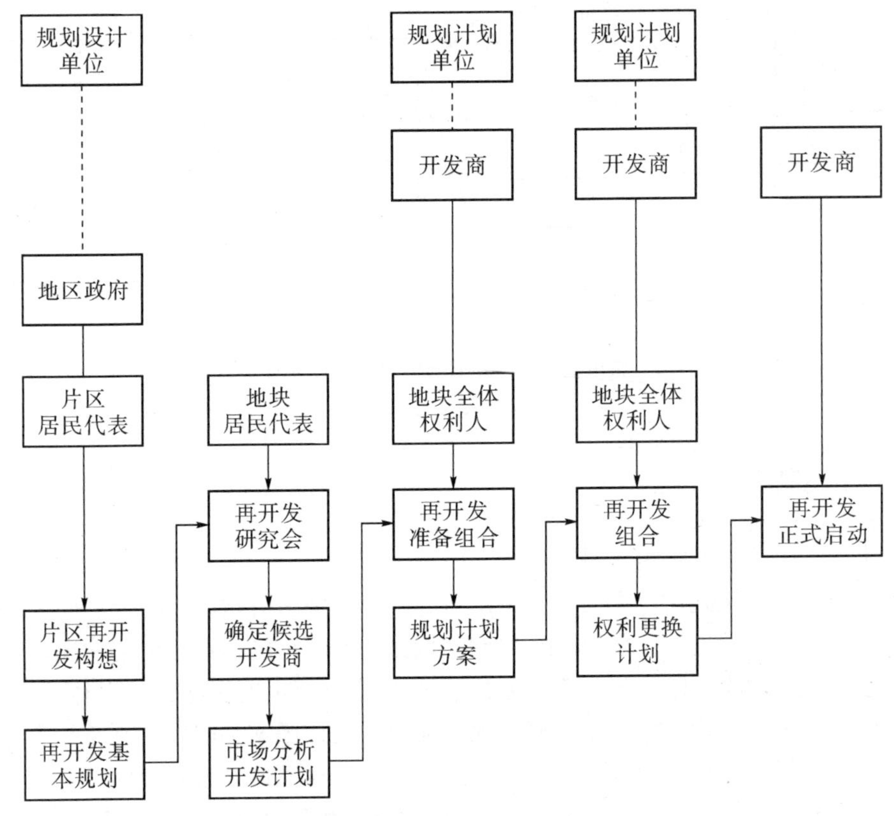

图 2　日本城市更新再开发组合运作流程

(图片来源:自绘)

(1) 城市政府层面——基于对土地所有权的占有,《土地管理法》等相关法规赋予国家“因公共利益需要”而征收土地的权力;由于公共利益的指涉范围并不明确,城市政府倾向于优先更新“权属明晰、收益率高”的大宗地块,造成内城发展的不均衡。例如,2014—2018 年,天津市中心城区内超过 1 hm^2 的存量工业用地更新案例共 57 宗,其中地块面积超过 10 hm^2 的案例共 34 宗,占比 59.6%[19]。

(2) 权利人层面——绝大部分个人与民营单位在拆迁中议价能力有限,无法主动参与到城市再开发的进程中;只有部分工业、仓储、交通等用地的国有企业权利人,能够凭借划拨土地所有的“三无⑪”“模糊产权”等特征,有意阻碍存量更新的发生,直至能够以协议开发、收益分享等的方式深度参与到政府主导的溢价分配中。例如,90 年代上海试点允许国有企业利用所占划拨土地从事再开发后,此类更新实践剧增,其间超过 48.7%的建筑面积更新由原权利人与政府合作完成[20]。

3.2　税收制度

3.2.1　中日两国税收制度对比

中国和日本同为单一制国家,同采用中央与地方分税制的模式,但两国基本税收制度仍具有较大差别。日本是以直接税为主的国家，对个人与公司的所得征税是主要的税收来源，自1989年起开始征收的消费税的地位也在不断上升。财产税方面，政府直接向房产的权利人征税，其中固定资产税和都市计划税共计为"固定资产税评估额⑫"的1.7%（每年）。中国的税收制度在改革开放后经历了长足的进步，税种逐渐减少。但是，当前我国税收结构尚不均衡，其中间接税贡献占比超过70%，由居民缴纳的税收不足8%[21]，不利于构建公正合理的社会环境⑬。由于信息收集难度大、税务系统征管能力有限，再加上改革开放后制度创新中的若干历史遗留问题⑭，以房产税为代表的财产税尚未征收，无法发挥其积极作用。

城市政府一般通过税收和土地出让这两个途径获得收益[22]。在日本，大规模城市开发逐渐减少，财产税构成了地方政府提供持续性公共服务⑮的主要资金渠道。相比之下，由于缺少财产税这一经常性税源，中国的城市政府需要依靠土地出让金作为发展引擎，并因此在不同市场上表现出完全相反的行为[23]。在工业土地市场上，由于工商业可以产生长期持续的税收现金流，城市政府大力招商并通过降低地价和减免税收等方式取得竞争优势；而在商品住房土地市场上，城市政府垄断变更土地性质与开发强度的权利，尽可能推高土地出让价格以支撑基础设施和公共服务，并谋求额外的收益来支撑工业用地的价格补贴。

3.2.2 税收制度差异影响城市更新的参与激励

在直接税与间接税这两种制度下，城市政府与权利人参与城市更新实践的激励不同。在实行直接税制的日本，城市政府一方面可以通过财产税的提升来回收公共产品的投资成本，另一方面可以借助容积率奖励吸引市场资本投资于公共服务最终实现多赢。同时，需为房产纳税的城市居民构成实际的"利益相关人（Stakeholders）"角色[24]，他们对于城市更新中的公共支出与服务提升更为敏感，更易发挥出公众参与的优势⑯。例如，在东京市丰岛区"政府办公楼与住宅综合体"项目中，相似的利益诉求促成土地权利人与区政府经过12年的谈判最终组成再开发组合，并在更新后搬入同一栋高达49层、共享物业管理的综合体建筑中。在我国当前的间接税制下，城市更新中的公共产品投入主要由一次性土地出让收益来承担，城市政府与权利人均缺乏促成更新的内在动机：

（1）城市政府层面——由于无法通过对公共产品的投资来取得持续的现金流回报，城市政府往往减少"非必要"的城市更新以节约资金。作为代替，有必要新建基础设施或提升公共服务时，城市政府更倾向于借助"土地金融"模式推动"存量重建"，通过垄断的一级土地市场实现"增量逻辑的城市更新"。

（2）权利人层面——财产税的缺位，降低了我国城市居民在购买物业后谋求房产持续升值的欲望。尤其在土地财政的宏观背景下，无须缴纳财产税的房产一度被认为是能带来大量收益的"可分红城市股票[21]"，越来越多闲置资金被用于购买增量房产而非推进存量更新。

3.3 法律制度

3.3.1 中日两国法律制度对比

严格地说，中国与日本同属于大陆法系⑰。近代化早期阶段，日本根据当时的发展需求，深度学习法、德等国的法律制度，反映在历次编纂的《日本民法典》中[25]。而在晚于日本开始近代化进程的中国，奠定法律制度基础的先驱多为海归派，留学法、德、日等国家，亦深受大陆法系影响。但是,二战结束后日本法律制度逐渐向英美法系转变。驻日美军将“现实主义法学”思想带进日本,产生两方面变革。第一,民法解释学方面提出“利益衡量论⑱”,认为裁判结论不应单方面取决于法律,而应基于普通人的立场和逻辑思维对案件中所涉及的利益、价值进行评价。第二,通过“违反判例是上告理由”和“判例变更程序严格”的制度设计,赋予判例以其“先例约束力”,使其成为事实上的法源之一[26]。

两种法系的融合,同样在《都市计画法》等行政法的修订中有所体现,造就日本城市治理模式的一些特征。尽管日本仍以成文规范作为城市治理的最终依据⑲,但在行政过程中通过“上告、复议”等途径解决纠纷后,往往依据形成的判例即时修订相关治理规则,为后续评判提供新的标准。相比之下,中国城市治理以成文的规划法规体系为准则,规划法规的修订需要经历自上而下的行政流程,在“摸着石头过河”的试点地区也以“先立法后实践”的形式为主。发达地区成功推行的试验性政策被推广到全国,有时导致自下而上的差异化发展诉求和自上而下的国家规制之间缺乏平衡[27]。

3.3.2 法律制度差异影响城市更新的治理效率

上述法律制度差异,对中日两国城市更新的治理效率产生一定影响。在高密度城市的发展转型进程中,不同空间区位的更新诉求相继产生,并呈现出差异化的特征。在日本,城市规划主管部门会依据对具体情况的研判,在利益衡量之下适度突破已有规制,形成可供参考的城市更新判例⑳。1997 年启动的东京日本桥“三井总部大厦㉑”街坊更新,在政府、市民、三井集团的共同努力下,通过改变容积率奖励政策的认定标准㉒,为历史建筑保护与再开发利益平衡问题提供了新的法律依据[28]。相较而言,中国城市更新治理尚缺乏此类机制,因而带来两方面的困境:

(1) 城市政府层面——在容积率补偿、混合用地等方面,城市规划主管部门无法突破现有政策形成判例;当自下而上的更新诉求出现时,需要通过完整的立法程序来推动更新,政策响应滞后的情况时有发生。例如,21 世纪初期,上海中心城区中部分划拨土地上的工厂长期闲置,一些“大胆的”国有企业开始自发将其转为商服功能对外出租,以变现城市发展带来的正外部性。经过多次博弈,2005 年上海市经济委员会颁布试验性政策《上海市“十一五”创意产业发展规划》,允许在“三个不变㉓”的条件下发展创意产业园,从制度层面认可自 2000 年自发出现的 M50 等创意实践[29]。

(2) 权利人层面——针对某种特定更新类型的试验性政策,对不同发展程度的城市中不同类型的权利人产生差异化的激励,部分权利人的政策投机可能会损害城市利益。在上例中,2008—2014 年间国务院和原国土资源部先后多次将类似政策推广至全国㉔,导致在以天津为代表的老工业城市中,大量国有企业为避免土地被收储而集中建设文创园,从而导致陷入同质化的更新困境[30]。

4 中国城市更新相关制度的优化策略

参考日本城市更新的发展历程可知,我国城市发展的下一阶段将会更加聚焦“上下结合、多方参与”的建成空间再开发实践,更为关注“综合整治、功能改变、存量再开发”等城市更新形式。

我国现行基本制度中的部分设定无法有效应对精细化城市更新中不断提升的交易成本与导控难度。为此,建议结合我国基本国情,适度借鉴日本在“土地制度、税收制度、法律制度”三个方面的制度经验,创新相关城市制度以回应城市更新发展的潜在诉求。

4.1 明确“土地发展权”的归属与交易规则

我国城市更新中“城市政府干预过度”和“非国有权利人参与不足”的现实情况,导致已实施的存量再开发一般基于工业仓储、交通场站、棚户区、城中村等地块,大尺度集中拆建进一步加剧了城市建成区内的发展失衡和“绅士化”现象。由于许多自下而上的更新诉求无法在已有制度框架内合理地表达,社会多方主体参与更新的积极性不足。在坚持“所有权国有”和“使用权依法出让”的基础上,应进一步清晰地确认土地所具有的发展权,并以其价格作为市场资本和权利人表达更新意愿的媒介或价值标尺。

当前,土地发展权被城市政府隐性垄断,只能通过调整控规或新编规划来修改相应的土地用途管制指标。由于土地发展权的重构涉及土地增值的利益协调问题[31],可从通过“确权”与“设定交易规则”这两个步骤来优化已有制度。

首先,应将土地所具有的发展权,即“变更土地用途或提高土地开发强度”的合法权利抽象出来。在不违反历史保护、城市安全等其他相关法规的基础上,拥有发展权的主体可以将相应的发展权利运用到其所拥有(使用权)的土地上,主导城市更新实践。

其次,要为土地发展权设立公开交易的规则。一方面,社会主体可以通过支付清晰的“对价”向城市政府购买发展权,该“对价”除现金㉕外也应包括“新建开放空间、优化公共服务、保护历史建筑”等多样化形式㉖。另一方面,土地发展权应被允许在不同市场主体和权利人之间受保护地交易,从而使城市更新发生于能产生最大空间效益的区位上。

4.2 增加“房产税(费)”等财产性税收的比重

直接税的缺位,一方面导致城市更新中政府投资的正外部性无法有效内化,另一方面降低相关权利人持续提升物业价值的经济动机。增设针对土地或房产的财产性税收,可以在解决这一问题的同时带来持续的现金流,减少未来城市发展中对土地财政的依赖。进入存量发展阶段后,这一直接税收可用于支撑公共服务所需的长期投入,带来城市进一步发展的持久动力。

当前我国土地使用权以一定的年限对外出让,从法理上讲不应于出让期内再收取额外的税费;此外,切换至直接税制的过程中纳税人面临着较为明显的税负痛感。因此,建议采用两个步骤的渐进式改革。首先,对于尚未转为永久使用权的房产,可针对不同的公共服务类型设置多样化的“非财政性税费㉗”,将其打造为有城市政府介入的升级版住区或商区物业费㉘。随后,依据使用权私有化的不同程度,将不同类型的城市房产分批次地转换为永久使用权,并在确权后收取统一标准的房产税(费)。相关措施示意如下:

(1) 优先对永久产权物业(划拨土地、侨房、公房等)推动“费改税”。

(2) 现有房产使用权到期后,转为永久使用权并征收房产税。

(3) 现有房产在使用权年限内参与城市更新时,还迁房产为永久产权,但在原剩余使用权年限内享受折扣税率。

(4) 城市更新的新增房产以永久使用权出让，并征收房产税。

(5) 针对囤地行为，向“供而未建”的土地收取逐年递增的持有税(费)。

(6) 小产权与城中村等模糊产权地块，予以确权并开始征收财产税。

(7) 权利人可以在获得土地发展权后自行更新或参与单元更新；更新活动对城市产生正外部性时，由主管部门依据标准给予发展权(如容积率)奖励；因公共利益因素确需进行拆迁时，应给予权利人不低于市场价值的补偿。

4.3 引入“规划判例”的更新治理机制

城市更新的对象随着城市发展转型的过程而动态变化，需要即时反馈的政策来应对。此外，对于存量空间资源而言，不同职能定位的城市对其价值的理解和应用方式不尽相同[32]，以同等上位政策应对全国发展水平各异的城市，容易产生规划实施的“逆向”效应[2]。因此，可以参考日本的模式，结合我国当前基于控制型规划体系[33]的规划治理模式，区分中央和地方两个层次引入基于“规划判例”的更新治理制度。

新的城市更新诉求需要适度突破现有政策时，地方政府应向中央政府提出申请，由国家级规划主管部门(国务院和自然资源部)负责判断。“央—地”两级政府在判例形成过程中的相互举证过程，恰好再现了传统经验下形成“试点城市”与“试验性政策”的摸索过程。中央政府针对城市更新诉求能否突破已有政策所做出的仲裁结果，应作为有效判例供全国其他城市参考，并作为未来的同类型更新的支撑。判例形成后，相关结论可不以政策法规的形式下发，而是形成专题规划导则，作为确定条件下对已有法定规划的替代或修正。专题规划导则的重点在于明确城市更新的总体目标和政策导向，实施中的细节判断则由城市政府决定，为其留下一定的自由量裁空间。

对于地方政府而言，判例的权限在于对全国性政策和专题规划导则做出地方性解释，并在其框架下根据不同城市的具体情况颁布更为详细的规定，因地制宜地引导城市更新。例如，“容积率转移”制度㉙是推进市场主体参与城市更新的有效机制，但不同发展阶段适宜采用不同的容积率转移幅度。因此，城市政府可通过“规划判例”来逐步明晰容积率转移的具体实施标准，并针对不同发展下城市更新正外部性的动态变化㉚，相应修改容积率奖励和补偿的幅度，保障城市更新中的公共利益不受损失。

5 结论与展望

近代化以来，日本在长期的城市更新实践中展现出一批举世瞩目的成果。这些城市更新的成功实现，与日本在土地、税收、法律三个方面的基本制度息息相关。随着我国空间规划体系改革进一步推动城市从“以需定供”转为“以供调需”，有必要选择性地借鉴日本城市更新中的部分机制和经验。

值得指出的是，本文提出的“明确土地发展权”“增加房产税(费)”“引入规划判例”三方面策略涉及基本制度的优化调整，其实现必然需要经历相对漫长的过程。但是，只有通过基础性的转变、经历改革可能带来的“发展阵痛”，才能推动我国城市发展的客观现实向存量再开发的模式转型。

注释

① 本文语境下,“为批而未供的工业用地更换用地企业”不属于城市更新。

② 根据相关政策,存量工业空间更新为文化、创意等相关功能时,原权利人可以暂不办理用地变更手续。部分学者称此类更新为“非正式更新”,因其未涉及土地功能转用中的行政审批。

③ 为盘活农村集体存量土地资源,深圳市 2015 年提出建立规划引导、利益共享、运作高效的土地整备机制,通过协议出让与农村集体共同进行存量盘活。

④ 住宅公团是介于政府与私人之间的独立法人机构,但其最高主管及预算均由日本政府分配。

⑤ 激励机制包括《都市再开发法》确定的“地区规划”制度、“特定街区”制度,以及《建筑基准法》的“综合设计”制度等。

⑥ 1997 年,“住宅、都市整备公团”调整为“都市机构整备公团”,后者于 2004 年调整为“UR 都市机构”。

⑦ “社区营造”为中译,日语写作“街作り”,即“まちづくり(Machitsukuri)”。

⑧ 近年,亦有部分试验性政策针对特定情况开展土地发展权交易。例如,2015 年《上海市城市更新实施办法》中提出,物业权利人“进行更新增加建筑量和改变使用性质的,可以采取存量补地价的方式”。

⑨ 再开发组合应满足三重核心利益的平衡:对于城市政府而言,城市更新为片区(乃至整个城市)所带来的正外部性,不小于给予再开发组合的“容积率奖励”的价值;对于原有土地权利人,需获得不少于其物业价值的“建筑面积返还”;对于开发商,需获得不少于建设投资总成本的“新增建筑面积”。

⑩ 返还建筑面积时倾向于采取以下产权安排形式:对于新建住宅部分,延续独立产权;对于办公与店铺,采用共有产权,不做明确的边界分割,确保运营和管理保持统一的高水准,追求租赁型空间的价值最大化。

⑪ 即无偿取得、无期限、无流动。

⑫ 此评估额,由政府部门每三年进行一次评定。

⑬ 在以流转税为主的间接税制下,不同收入的人购买同等劳务或商品所缴纳的税款相同,对高收入者的调节作用甚微。

⑭ 例如,70 年土地使用权出让后国家是否有权利在其间征收土地使用“费”的问题。

⑮ 包括城市居民所享受的教育、医疗、治安、消防等服务。

⑯ 公众(权利人)参与城市更新的优势包括:集思广益确定再开发的总体方向,减少调研与规划设计服务的成本;增强相关权利人的参与感,减少再开发中的交易成本;通过产权置换,每位权利人以“自宅”入股,减少再开发的资金压力。

⑰ 大陆法系(成文法)源于法德等欧陆国家,其中正式的法源只有制定法,判例在法律上不被认为是具有正式意义的法源,法被理解为抽象规范。与之相对的是源于英国、盛于美国的海洋法系,其中制定法和判例法都被看作正式的法源。

⑱ 该理论提出的标志包括《法解释学中的逻辑和利益衡量》(加藤一郎,1966)和《民法解释论序说》(星野英一,1967)。

⑲ 不同于英国,日本的城市规划管理部门在审理开发申请时不具有自由量裁权。

⑳ 这一过程中会对已有法规进行修订,以兼容新的更新诉求。如东京"上目黑一丁目"更新中涉及的"公营住宅加入再开发组合后的补贴方案"问题。

㉑ 由美国事务所 Trowbridge&Livingston 设计,1929 年竣工。

㉒ 形成了"重要历史文化遗产保存型特定街区制度"。

㉓ 即房屋产权关系不变、房屋结构不变、土地性质不变。

㉔ 例如国务院颁布的《关于推进文化创意和设计服务与相关产业融合发展的若干意见》和原国土资源部颁布的《节约集约利用土地规定》《关于推进土地节约集约利用的指导意见》《关于深入推进城镇低效用地再开发的指导意见(试行)》等政策。

㉕ 传统的"收储—调规—出让"流程中,开发商即通过招拍挂程序以现金形式购买到制定使用对象的一次性土地发展权。

㉖ 多样化的形式不仅限于"容积率奖励"。例如,在合适的条件下,允许旧住区的沿街住宅进行商业活动,可能有利于片区的全方面振兴。此外,深圳市在其试验性政策《深圳市城市更新办法》(2009)中提出,允许业主自发申请组成"城市更新单元"并通过编制能够带来显著正外部性的"城市更新单元规划"来替代相应法定图则的用途管制职能。

㉗ 例如,针对出让期内的营利性土地收取基于建筑面积的城市环境管理费,并通过抵扣营业所得税予以返还。由此,通过为使用土地的机构设立纳税底线,可完善低效利用地块的功能退出机制。

㉘ 一个效果较好的案例是美国的商业改良区(BIDs)。

㉙ 容积率转移,包括容积率的奖励与补偿。其本质是对城市建设活动对整个城市带来的正外部性(如在更新中保留重要历史建筑有利于延续城市文脉)的补偿。

㉚ 例如,随着城市建成区建筑密度的进一步提高,提供开敞空间带来的城市效益逐渐大于提供独立的公共设施用地。因此,应减少单独建设公共设施的容积率奖励,将其导向多功能综合体。

参考文献

[1] 林强. 城市更新的制度安排与政策反思:以深圳为例[J]. 城市规划,2017,41(11):52-55,71.

[2] 邹兵. 存量发展模式的实践、成效与挑战:深圳城市更新实施的评估及延伸思考[J]. 城市规划,2017,41(1):89-94.

[3] 匡晓明. 上海城市更新面临的难点与对策[J]. 科学发展,2017(3):32-39.

[4] 王艳. 人本规划视角下城市更新制度设计的解析及优化[J]. 规划师,2016,32(10):85-89.

[5] 王世福,沈爽婷. 从"三旧改造"到城市更新:广州市成立城市更新局之思考[J]. 城市规划学刊,2015(3):22-27.

[6] 许皓,李百浩. 从欧美到苏联的范式转换:关于中国现代城市规划源头的考察与启示[J]. 国际城市规划,2019,34(5):1-8.

[7] 孙施文. 解析中国城市规划:规划范式与中国城市规划发展[J]. 国际城市规划,2019,34(4):1-7.

[8] 张京祥，赵丹，陈浩. 增长主义的终结与中国城市规划的转型[J]. 城市规划，2013，37(1)：45－50，55.
[9] 张京祥，陈浩，王宇彤. 新中国70年城乡规划思潮的总体演进[J]. 国际城市规划，2019，34(4)：8－15.
[10] 冯立，唐子来. 产权制度视角下的划拨工业用地更新：以上海市虹口区为例[J]. 城市规划学刊，2013(5)：23－29.
[11] 程亮，王伟强. 人与地区的整合：英国新工党以地区为基础的邻里再生及启示[J]. 国际城市规划，2016，31(5)：108－114，131.
[12] 施媛."连锁型"都市再生策略研究：以日本东京大手町开发案为例[J]. 国际城市规划，2018，33(4)：132－138.
[13] 李燕. 日本新城建设的兴衰以及对中国的启示[J]. 国际城市规划，2017，32(2)：18－25.
[14] 早田俊広，井上成，久末秀史. OECDの日本の都市再生に対する視点[J]. 都市計画協会，2003(57)：49－56.
[15] 张贝贝，刘云刚."卧城"的困境、转型与出路：日本多摩新城的案例研究[J]. 国际城市规划，2017，32(1)：130－137.
[16] 樊星，吕斌，小泉秀樹. 日本社区营造中的魅力再生产：以东京谷中地区为例[J]. 国际城市规划，2017，32(3)：122－129.
[17] 曾鹏，李晋轩. 存量工业用地更新与政策变迁的时空响应研究[J]. 城市规划，2020，44(4)：43－52.
[18] 何鹤鸣，张京祥. 产权交易的政策干预：城市存量用地再开发的新制度经济学解析[J]. 经济地理，2017，37(2)：7－14.
[19] 曾鹏，李晋轩. 存量工业用地更新的政策作用机制与优化路径研究[J]. 现代城市研究，2020，35(7)：67－74.
[20] 朱介鸣. 模糊产权下的中国城市发展[J]. 城市规划汇刊，2001(6)：22－25，79.
[21] 赵燕菁. 土地财政：历史、逻辑与抉择[J]. 城市发展研究，2014，21(1)：1－13.
[22] 赵燕菁，刘昭吟，庄淑亭. 税收制度与城市分工[J]. 城市规划学刊，2009(6)：4－11.
[23] 赵燕菁，庄淑亭. 基于税收制度的政府行为解释[J]. 城市规划，2008，32(4)：22－32.
[24] 赵燕菁. 公众参与：概念·悖论·出路[J]. 北京规划建设，2015(5)：152－155.
[25] 于佳佳. 日本判例的先例约束力[J]. 华东政法大学学报，2013，16(3)：41－53.
[26] 文超祥，何彦东，朱查松. 日本利益衡量理论对我国城乡规划实施制度的启示[J]. 国际城市规划，2019，34(3)：118－123.
[27] 何丹，王梦珂，瀬田史彦，朱小平. 2000年以来日本行政管理与规划体系修正的评述[J]. 城市规划学刊，2011(2)：86－94.
[28] 同济大学建筑与城市空间研究所，株式会社日本设计. 东京城市更新经验：城市再开发重大案例研究[M]. 上海：同济大学出版社，2019：1－24.
[29] 赵民，王理. 城市存量工业用地转型的理论分析与制度变革研究：以上海为例[J]. 城市规划学刊，2018(5)：29－36.
[30] 李晋轩. 城市存量工业用地更新政策的空间响应与制度优化研究[D]. 天津：天津大学，2019.
[31] 田莉，姚之浩，郭旭，等. 基于产权重构的土地再开发：新型城镇化背景下的地方实践与启示[J]. 城市规划，2015，39(1)：22－29.
[32] 尹稚. 完善规划程序，建立健全存量空间政策法规体系[J]. 城市规划，2015，39(12)：93－95.
[33] 于立. 控制型规划和指导型规划及未来规划体系的发展趋势：以荷兰与英国为例[J]. 国际城市规划，2011，26(5)：56－65.

有限推进的城市更新探索

——关于《南京老城更新保护工作导则》的思考

陶　韬　谷雅菲　许铃琳

南京长江都市建筑设计股份有限公司

摘　要：基于南京城市更新保护的现实和特点，文章阐述了《南京老城更新保护工作导则》对于目前复杂的、不确定的城市更新工作的有限推进作用，即在细分更新方式的基础上，通过创新将分类评估、分区指引、年度计划、实施方案形成具有南京特点的更新保护的工作机制，完善了常态化更新工作的指引，并在南京更新制度建设的长远方面提出了迫切而务实的建议。

关键词：城市更新；工作指引；制度完善

我国已进入城镇化发展的下半场，由高速增长阶段转向高质量发展阶段[1]。近年来，在社会经济发展影响、国家政策的指引下，城市更新更成为城市发展的重要主题，是城市实现“新陈代谢”“永葆青春活力”的重要手段[2]。南京是国家历史文化名城、区域中心城市，作为南京悠久历史的主要承载地、古都特色的代表地，今天的南京江南六区集中了各种现代城市功能，其占市域不到15%的面积集中了约一半的人口和80%以上的高层建筑。因此在城市进入更新驱动城市发展的新时代、提质增效的新时期，务实、有序地推动城市更新保护工作显得尤为重要。

1　城市更新的历程及问题

与全国最早在法律规划层面颁布了城市更新(实施)办法的三座城市深圳、广州、上海相比，南京的土地资源约束压力相对较小。深圳自2016年至2020年五年仅有共30 km² 的新增建设用地指标；广州由于30多年的快速城市化发展，城乡用地低效粗放，存量利用的潜力巨大；上海在城市总体规划(2016—2035)中要求实现城乡用地规模减量增长，存量用地成了土地供给的直接来源[3]。客观上讲，土地资源约束倒逼促使以上城市在城市更新的制度建设方面走在了全国的前列。而南京从2016年至2020年的年均建设用地增量由以往的26.6 km² 降至23.4 km²，总体减小幅度并不太大，但整个过程中增量用地供给下降，存量用地供给增长的趋势日益明显(图1)。长期较为持续平稳发展的南京，土地资源的压力和存量土地所产生的利益刺激在目前尚未成为主导因素，城市更新的根本原因将是完善优化城市功能，提高人民群众的生活品质，打造古都形象、彰显文化辨识度，接轨国际化标准、展现国际化形象等层面的要求。

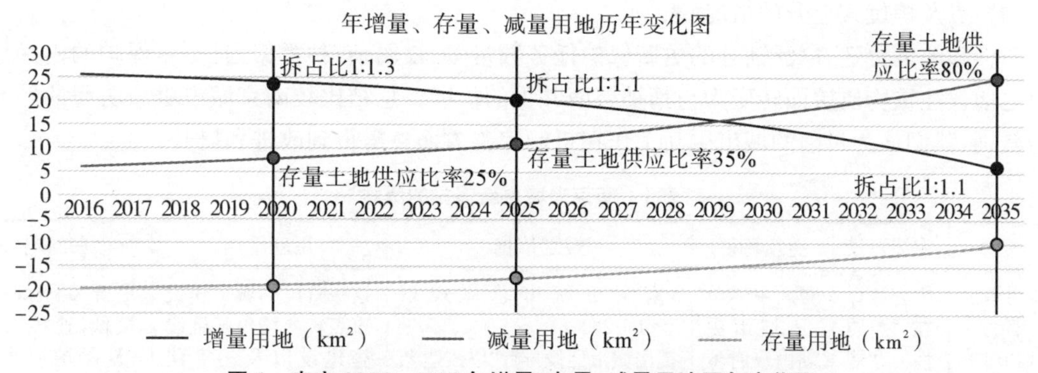

图 1　南京 2016—2035 年增量、存量、减量用地历年变化图

（图片来源：根据《南京市城市总体规划》相关数据自绘）

历史悠久的南京城建始于公元前 472 年的越城，在近 2 500 年的建城史中，六朝、南唐、明朝、民国无疑是南京历史上最重要的四个时期。作为都城形成的城市格局、街巷肌理以及大量古迹遗存，都影响着后续的建设发展[4]。自 20 世纪改革开放以后，南京市跳出了明城墙所围合的古都范围，在不同时期分别向江北、仙林、河西、江宁四个方向迅猛拓展，新区、新城多级发展成为城市蓬勃的标志(图 2)。同时，在改革开放之后，南京的老城更新经历了起步探索阶段(1978—1990 年代)、更新调整阶段(1990—2000 年)、结构优化阶段(21 世纪后)三个阶段[5]，这三个阶段更新由于经济水平的不同、指导思想和规划要求的不同，呈现出不

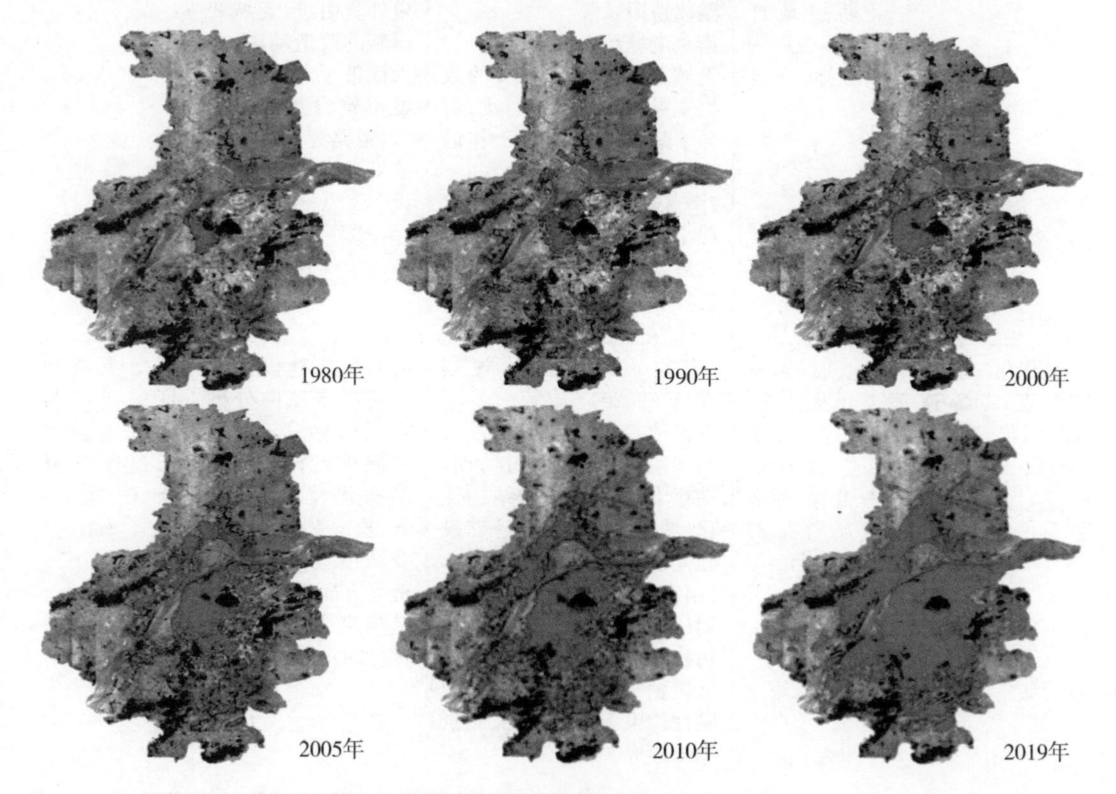

图 2　20 世纪 80 年代以后南京城市拓展历程

（图片来源：自绘）

同的特点及螺旋式上升的情况（表 1）。

伴随政策更迭，广泛铺开的更新保护任务数量多、权属杂、种类繁，且更新保护的内涵也由之前仅注重物质层面转变为与精神层面并重的扩展。总结比较南京城市更新历程的经验与教训，我们认为目前的城市更新工作在机制完善方面急需得到改进和提升。

表 1　南京老城更新保护的历程

	发展背景	更新特征	规划依据	更新重点	存在问题
起步探索阶段（1978—1990 年）	中心区存在物质性、功能性老化双重问题	更新主体单一，城市更新由政府主导，政府给予大量的资金、政策支持更新，更新速度慢，数量少	《南京市城市总体规划 1981—2000》 提出城市建设方针"以改造老城区为主，全市统一开发"。 《历史文化名城保护规划》1984 版 以地方政府为主体，划定了比较集中的重点保护区	这一阶段的城市建设重点转向城市基础设施建设以及住宅建设。人口、工业、交通等超负荷的问题没有得到解决，基础设施水平建设较低	更新水平标准较低，速度缓慢，保护要求缺乏
更新调整阶段（1990—2000 年）	城市化加速期，土地、住房制度改革	企业参与到城市更新中来，政府给予政策支持，更新以地产开发为主导	《南京市城市总体规划 1991—2010》 提出"城市建设的重点应有计划地逐步向外围城镇转移""集中建设河西新区，调整改造旧城"。 南京老城环境整治行动 老城范围内规模最大的政府主导的环境整治行动，引导了后续更新保护工作的有序展开。 《南京老城保护与更新规划》 提出老城"保护优先、适度发展、改善环境、提升品质"的发展思路	土地使用制度的改革、房地产业的发展，住房商品化、级差地租的产生、第三产业的兴起以及大量外资引进，老城获得新的改造动力，大大推进了老城更新。城市建设重点转向"以道路建设为重点的城市基础设施建设"	违规建设较多，古街巷拆毁较多，古都风貌受到严峻挑战
结构优化阶段（21 世纪以后）	城市化高速发展期，阶层分化、文脉丧失	政府、国有开发公司、私企、专家以及社会居民的多方利益群体参与	《南京市城市总体规划 2011—2020》 真正改变现代化建设重心与老城多年重叠的局面。南京老城发展转向结构优化、城市品质提升、基础设施完善。 《南京历史文化名城保护规划（2010—2020）》 构建了"五类三级"的名城保护框架。但老城保护的刚性约束不足，历史文化氛围未形成	南京城市建设的中心跳出老城向外围新区转移。老城的发展重点转向用地结构优化、功能提升、轨道交通建设以及城市空间特色塑造等方面，城市空间结构进入逐步调整优化的阶段	城市更新制度的建设与城市更新增长速度和复杂程度不匹配

表格来源：自制

(1) 规划与政策不完善,实施细则无规可依。具体表现在,专项综合的更新规划偏少、针对城市更新的配套法规政策偏少,且现有的规划和政策多聚焦于研究层面,对实施操作支持较少,使城市更新保护缺乏相应规范性的引导和管理。

(2) 管理体系架构不清,实施路径不明确。由于部门更新工作各自为政,缺乏组织统筹,且各相关部门间联系交流不足,使得管理多头、流程复杂、办事效率低下。

(3) 点状更新,缺乏连片统筹。表现在各类型更新工作独立开展,相互直接缺乏联系,没有形成合力,碎片化的行动无法达到城市更新的整体要求。

(4) 更新模式较少,更新缺乏活力。目前南京老城更新模式较为单一,以政府主导的更新模式为主,尚未激发市场及其他多元主体的更新活力。

(5) 多元主体参与机制不健全,过于强调政府专家自上而下的引导决策,真正的社会公正和公共利益难以保证。

2 有限的推进

面对南京老城更新的复杂性与不确定性,受市建设主管部门委托的"工作导则"在一年之内不可能完成一个理想、完善的终极成果。只能从更新保护的实际工作出发,一方面在有限的时间和有限的空间内,提供一个务实、可操作、创新的工作指引;另一方面则是通过优化管理制度、明晰职责与任务、明确实施路径,进一步规范南京老城更新保护行为,提高城市更新保护工作的针对性和落地性。

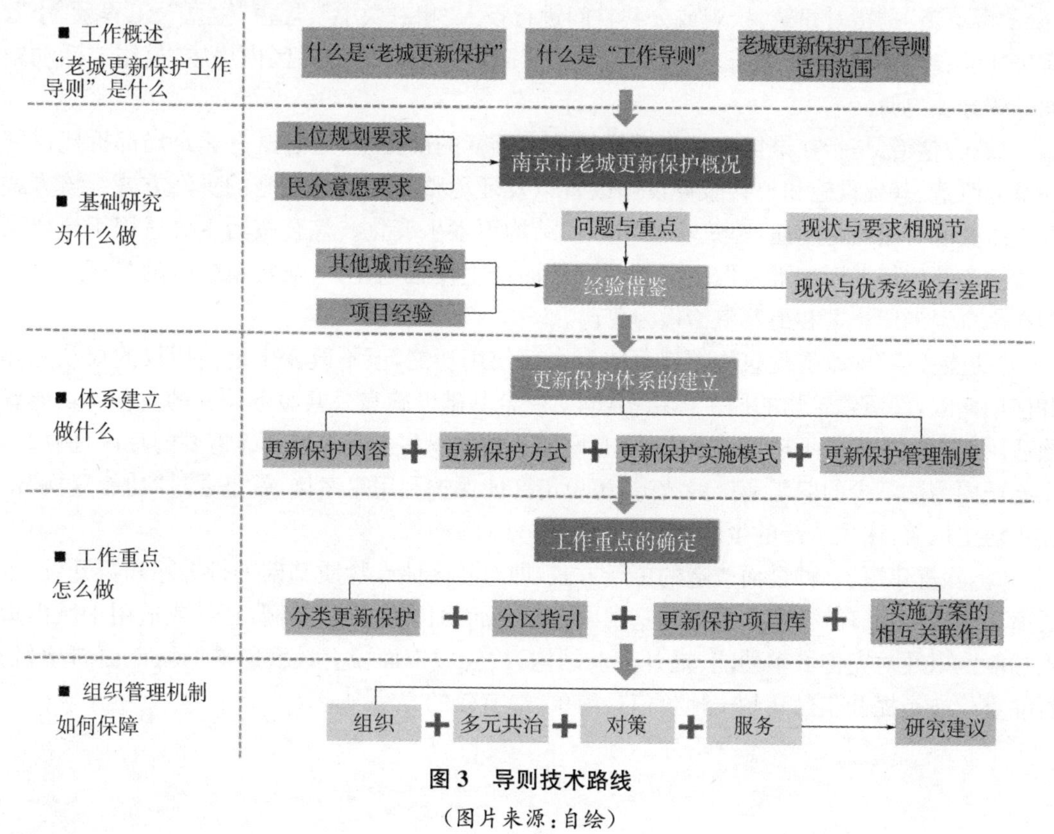

图 3 导则技术路线

(图片来源:自绘)

导则针对本市鼓楼、玄武、雨花台、栖霞、建邺、秦淮六区行政区域内的城市更新保护活动制定。老城特指位于以上建成区中形成或建设发展较早的地段，在城市化发展的过程中逐步走向衰退，其物质空间环境、经济产业结构都无法满足现代社会发展需求的区域。城市更新保护既是指对城市中一些较为衰退的区域进行保留、整治、改造、拆迁或者重建，以寻求物质、社会、环境等方面持续改善的措施或行为，又是物质环境的更新与文化内涵的保护，是发展与保护的辩证统一。实际操作中它大多表现为谨慎渐进式的改造，延续城市历史文化环境，保持城市活力与特色，根本上区别于简单粗暴的大拆大建方式。

导则的制定遵循了工作概述、基础研究、体系建立、工作重点、保障机制的技术路线（图 3），其核心内容是在细分更新保护方式的基础上，通过分类更新保护、分区指引、更新保护项目库、实施方案的相互关联作用所形成的务实的更新机制[6]。

2.1　细分更新保护方式

更新保护活动可以分为保护、微更新、综合整治、功能置换和拆除重建五类方式。五种方式在更新力度和对环境的影响程度上呈逐步上升的态势。在城市更新保护的实际操作过程中，视具体情况，常将几种方式复合使用。

“保护”即不改变对象的传统风貌和整体环境，保留建筑结构与肌理，延续片区居民生活习性，且需遵循相关法律法规的规定，通常适用于历史建筑或环境状况保持良好的历史地段。保护是社会结构变化最小、环境能耗最低的“更新”方式。对于南京这样历史遗存众多的城市，“保护”也是一种预防性的措施。

“微更新”是指对建筑、景观或公共空间进行投入“相对微小”、规模“微型”、工程量“小”、实施性强、施工周期短的更新。例如，老旧小区微更新表现为针对区内房屋、道路或活动空间等的分项更新。

“综合整治”是指在维持现状建设格局基本不变的前提下，通过既有建筑局部拆建修缮和节能改造、基础设施和公共服务设施改善以及环境整治等措施实施的更新方式。该方式并未改变既有建筑物用途，建筑功能和本体结构不发生变化。综合整治主要适用于建成区中对城市整体格局影响不大但由于缺乏维护而产生设施老化、人居环境较差的片区。该类型在南京以老旧小区和街巷整治最为普遍。

“功能置换”即改变建筑物的部分或者全部使用功能，但不改变土地使用权的权利主体和使用期限，保留建筑物的原主体结构，同时配合基础设施和公共服务设施的改善。功能置换适用于原有功能已不适应城市发展、有增加公共空间和产业转型升级需要的片区，例如南京老城内为数不少的旧工业区的改造、历史街区的保护利用等案例，就是通过“功能置换”留住了历史风貌，注入了新的生命活力。

“拆除重建”是一种全面改造的更新方式，即对片区原有物质基础进行拆除和再开发，主要适用于建筑物、环境、公共服务和基础设施等全面恶化的地区，如棚户区，或适用于城市重点功能区以及对完善城市功能、提升产业结构、改善城市面貌有较大影响的城市更新项目。拆除重建亦是提升获得高额土地价值最简单、最有效的方法[7]。

2.2 明确分类和量化评估标准

"分类"是指对城市更新保护对象进行类型区分,分类的直接依据首先是近几年的30多项最为重要的更新政策条例的种类。其次包含了不同部门常态化进行的各种更新工作。在叠加综合之后可分为五类,分别为历史地段、棚户区、老旧小区、旧工业区和公共空间片区。其中公共片区可细分为道路、河道水系、绿地广场三类。确立的五种类型继承并突破了传统"三旧"改造范畴,总体塑造了南京不同于其他城市的更新保护体系。为了公平、高效地开展更新工作,除了定性地判断是否有更新的需求外,导则参照各部门或行业的相关规定和操作要求,对棚户区、老旧小区、公共空间片区中的道路、河道水系、绿地广场等类型制定了相关指标内容和评价标准,通过综合计算可以得出分值进行相对客观的评估。根据评估结果明确更新保护项目的必要性和迫切性,为具体更新工作的推进提供了较大便利。以老旧小区为例,建成投入使用时间在20年以上(含20年)且在2020年以前尚未整治的非商品房老旧小区为城市老旧小区必须更新保护的对象;对于不满足以上条件的小区按以下标准进行评估,通过评估人对表2中某一指标进行打分累加求和,并除以评估人数,得出该项指标的得分,最后将各项指标的得分相加,得到该小区的综合得分,≤60分即为需要整治的小区。

表2 老旧小区综合整治评分表

一级指标	二级指标	评估标准	等级分值			
违章建筑(20分)	立面无违建	完全无5,少量3,一般1,较多0	5	3	1	0
	屋顶无违建	完全无5,少量3,一般1,较多0	5	3	1	0
	院落无违建	完全无5,少量3,一般1,较多0	5	3	1	0
	公共区域无违建	完全无5,少量3,一般1,较多0	5	3	1	0
房屋质量(20分)	不存在有安全隐患的房屋,屋面完整不渗漏	优10,良5,一般3,差0	10	5	3	0
	沿街立面、房屋立面规整整洁,无破损门窗	优5,良3,一般1,差0	5	3	1	0
	楼道内墙面干净平整,楼梯栏杆、扶手无起皮和脱落现象,无杂物堆放	优5,良3,一般1,差0	5	3	1	0
道路交通(15分)	小区道路通畅方便,边沿整齐,路牙完好,路面平整	优5,良3,一般1,差0	5	3	1	0
	小区车辆(含机动和非机动)停放有序,非机动车有车棚(库)	优5,良3,一般1,差0	5	3	1	0
	有电动车(含机动和非机动)充电设施	优5,良3,一般1,差0	5	3	1	0

续表

一级指标	二级指标	评估标准	等级分值			
绿化环境与休闲空间（15分）	小区公共场所清洁，草坪、路面、河道、水沟无杂物	优5，良3，一般1，差0	5	3	1	0
	绿化配套到位，无破坏、裸露、枯死及随意占用现象，有景观小品	优5，良3，一般1，差0	5	3	1	0
	有必要的居民休闲场所和体育运动器械	优5，良3，一般1，差0	5	3	1	0
市政基础设施（15分）	雨污管道疏通无破损，排放通畅、合规	优5，良3，一般1，差0	5	3	1	0
	杆线有序，线路合理	优5，良3，一般1，差0	5	3	1	0
	配置路灯	设施完备完好5，设施较好3，设施损坏1，无设施0	5	3	1	0
管理与安全防护（15分）	有明确的小区管理形式（如物业），落实管理责任内容	优5，良3，一般1，差0	5	3	1	0
	配备门房，有安全监控系统	设施完备完好5，设施较好3，设施损坏1，无设施0	5	3	1	0
	配消防设施	设施完备完好5，设施较好3，设施损坏1，无设施0	5	3	1	0
综合得分			≤60即为需要整治的小区			

（表格来源：自绘）

2.3 强化分区指引导向作用

南京老城的更新保护一直致力于探索整体性的方法，在促进现代化发展的同时兼顾传统，始终把老城各类资源及其所依托的城市作为有机整体，统筹历史文化资源本体和周边环境，保护老城及其所依存的自然景观和环境，提升人居环境品质，激发城市活力。南京江南六区都具有独一无二的特质，有的体现古都风貌，有的展示现代文明，有的呈现绿色生态，还有的表达创新活力等。因此导则依据鼓楼、玄武、秦淮、建邺、栖霞、雨花台六区不同的更新保护现状和城市发展目标，基于更新保护的共性与特性问题，进行因地制宜、重点突出的分区引导，凸显各区特色。就各区而言，更新类型及项目的优先安置和计划与区内的突出问题、发展目标相呼应（表3）。

表3　南京老城分区更新保护分区指引

分区	发展目标	空间结构		五年更新保护重点	远期更新保护任务
鼓楼区	首善之区 ——宜居宜业宜游的活力城区 品质鼓楼 ——古今文明相融的滨江城区		两带 三轴 四片 九区	以老城、铁北片区的老旧小区、棚户区更新为重点	1. 注重人文品质提升 2. 促进滨江及铁北的产业更新转型
玄武区	"强富美高" 人文生活宜居、绿色自然生态、产业创新转型的样板城区		一区 四片 双心 四轴	1. 以铁北新城整体更新改造为主，孝陵卫片区棚户、工业更新为次重点。 2. 玄武大道更新重点轴、珠江路—中山门大街 更新重点轴沿线公共空间更新提升	1. 注重人文宜居 2. 强调绿色生态 3. 促进产业转型，设施配套
雨花台区	南京创新活力城		两轴 两带 三心 三片	1. 居住品质提升 2. 注意自然环境生态修复	促进产业创新转型
栖霞区	更具竞争力的南京先锋城区 区域协同示范之城 科技智造枢纽之城 滨江幸福人文之城		一体 两翼 两带 四心 多组团	1. 优先更新迈燕、新尧新城组成的新城片区住区环境。 2. 更新保护区域内历史地段	1. 促进产业升级 2. 塑造滨江人文空间，更新沿明外郭保护休闲绿带及滨 江岸线的公共空间
建邺区	影响力更强、幸福感更高的现代城市中心		一核 三心 多节点 两带 四轴 四板块	北部人文活力区的整体更新改造，以老旧小区更新和公共空间提升为主	更新保护公共空间、完善公共设施配套
秦淮区	南京历史与现代融合的活力特色宜居城区		两核 一副 两心 三带 四大 板块	1. 城墙范围内整体更新保护。 2. 重要轴线的公共空间品质提升	1. 持续的功能织补，完善全区的公共设施配套 2. 逐步对大校机场用地更新改造

（表格来源：自绘）

2.4 统筹落实更新项目保护库

南京市各部门、各区按照国民经济和社会发展规划、城市总体规划、历史文化名城保护规划等重要上位规划要求(图4),结合资源要素条件和现实发展需求,超前谋划,研究提出中长期(5—10年)更新保护项目规划设想,按储备项目实施进度滚动申报纳入市更新保护项目库。市城市更新保护主管部门对各区申报项目进行统筹、协调,经征求相关部门意见后,拟定年度城市更新保护项目计划;城市更新保护项目年度计划可以结合推进更新保护项目实施情况报市有关部门进行逐年调整。当年计划未能完成的,可在下一个年度继续实施。在制定的近期(五年)更新保护项目库中,六区共筛选了513个项目。其中历史地段49个,棚户区172个,老旧小区135个,旧工业区73个,公共空间片区84个(表4)。

图4 上位规划示意图

(图片来源:自绘)

表4 近期(2020—2024年)项目保护库 (单位:个)

	鼓楼区	玄武区	栖霞区	秦淮区	雨花台区	建邺区	小计
历史地段	7	7	10	21	4	0	49
棚户区	52	36	25	38	20	1	172
老旧小区	23	37	10	28	21	16	135
旧工业区	2	14	24	7	23	3	73
公共空间片区	12	19	16	19	9	9	84
合计	96	113	85	113	77	29	513

(表格来源:自绘)

2.5 优化实施方案

更新保护项目实施方案应当结合相关规划,落实城市更新保护评估的各项内容和要求,确定编制范围，明确更新保护目标、任务、时序等，同时统筹协调各地块的具体要求，平衡各更新保护项目相关利益主体的诉求，做好具体安排。在此基础上，导则提出了推动连片更新保护、多元主体参与、多元共治形式的创新要求。

“推动连片更新保护”要求以控制性详细规划单元为基础，适当扩大各更新保护地区的范围，制定更新保护片区实施方案，统筹引领片区内各项目实施。充分整合分散的土地资源，推动成片连片更新保护，防止点状的城市更新保护带来城市功能和空间形象碎片化。同时，注重区域统筹，加强政府引导，坚守公共利益底线，使各更新保护项目及其周边地区在功能、公共开放空间、基础设施和公共服务设施、建筑形态等方面具备统筹性的规划控制和城市设计指引[8]。

“多元主体参与”是城市更新社会效益最大化的良好方式。城市更新保护的参与主体涉及政府和社会的方方面面，主要有居民、业主、居委、专业人士、企业、社会组织、民意代表、街道、政府部门等。九类参与主体形成“上、中、下”的“三层宝塔结构”。下层为居民、业主、居委、专业人士、企业、社会组织，是更新保护的具体操作主体；中层为民意代表和街道，起到传导作用；上层为政府部门，为更新保护提供指导与支持。城市更新保护不仅是“自上而下”的顶层设计，业主自改及微更新项目更涉及“自下而上”的基层自觉，两者相辅相成。因此针对不同更新保护类型的特性，参与的多元主体及其参与深度会相应变化。

“多元共治形式”以民主更新、更新为民为原则，建立了相对稳定、持续的更新治理模式。通过多元共治平台、社区规划师、群众监督员、专家库等制度的建立，重点加强城市更新保护各层级之间的信息传递和反馈效率(图5)。如借鉴社会治理工作中较成熟的经验，建立“两会一网”多元共治平台。“两会”即项目联席会和居民(业主)议事会。项目联席会对工作中的共性问题进行协商，居民(业主)议事会则是自下而上的决策听证、矛盾协调和政务评议；“一网”是以群、微信公众号等搭建的平台，定期推送参考案例、工作进展、活动预告和回顾[9]。

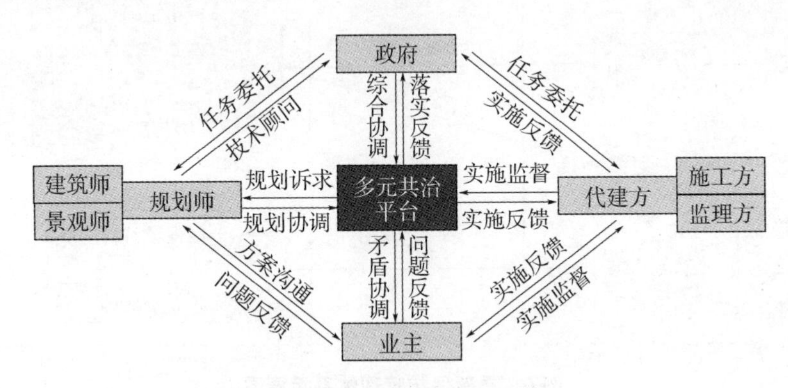

图5　多元共治形式示意图

(图片来源：自绘)

3　研究建议

城市更新日益成为南京城市建设的主要工作内容，在导则研究编制的过程中，我们觉得“摸着石头过河”存在较大的风险性和不适应性，城市更新工作的制度建设显得关键而紧迫。

其中机构、政策、规划的设置和完善,并形成行之有效的更新管理体系无疑是重中之重(图 6)。

(1) 设立专职机构

确立更新保护专职管理机构,确定其地位层级、职权范围,管理制度是完善城市更新机制的前提,在南京尤其要统筹好"更新"与"保护"的关系,目前其执行机制和主管部门各自为政,缺乏有效的沟通机制,相关工作纳入更新专职管理机构的统筹是适时之举。

(2) 完善配套政策

在现有政策和经验的基础上,借他山之石,抓紧实施办法、实施细则类法规的编制,配套相应技术标准、审批操作、监督评估等更为细致的政策,从核心法规到具体操作指引层面,创建一套南京适用的更新保护政策体系,促进精细化管理覆盖城市更新保护实施过程中的各个环节。

(3) 强调规划引领

突破现有城市规划思维和套路,以规划指导计划。宏观层面以更新保护专项规划对接南京正在进行的首轮国土空间规划,中观层面增加地区层面的更新综合规划及更新片区策划,微观层面将更新图则纳入规划体系,加强地段具体管控,考虑开发激励、社区规划师等新手段的引进。

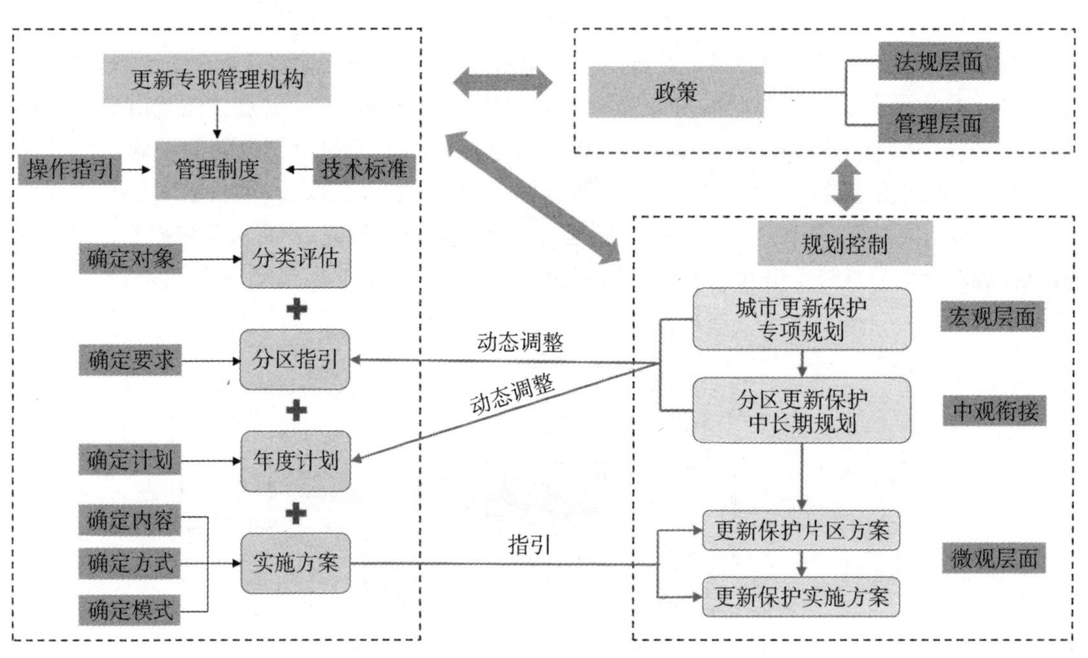

图 6　更新保护管理体系示意图

(图片来源:自绘)

4　小结

我们期待未来的南京将以前瞻、独特、精细、协调、国际、宜居为导向,通过持续而复杂的城市更新工作的开展,使更新保护与现代化建设各得其所、相得益彰,从而提升城市核心竞争力，提高人民群众的满足感、获得感和幸福感，实现“创新名城、美丽古都”的总目标，成为富强、民主、文明、和谐、美丽的社会主义的典范城市。

参考文献

[1] 阳建强. 西欧城市更新[M]. 南京：东南大学出版社，2012.

[2] 中国城市科学研究会. 中国城市更新发展报告 2017—2018[R]. 北京：中国城市科学研究会，2018：447-448.

[3] 唐燕，杨东，祝贺. 城市更新制度建设[M]. 北京：清华大学出版社，2019：4-9.

[4] 苏则民. 南京城市规划史稿[M]. 北京：中国建筑工业出版社，2008：8-10.

[5] 李欣路. 南京老城更新 30 年[D]. 南京：东南大学，2016：44-48.

[6] 南京市城乡建设委员会. 南京市老城更新保护工作导则研究报告[R]. 内部资料，2019.

[7] 深圳市人民政府. 深圳市城市更新办法(深府〔2016〕290 号)[Z]. 2016-11-12.

[8] 陶韬，李冬梅，桂政. 复杂性城市更新策略的探讨[C]//持续发展 理性规划：2017 中国城市规划年会论文集(02 城市更新). 东莞：2017 中国城市规划学会，2017.

[9] 赵波，多元共治的社区微更新：基于浦东新区缤纷社区建设的实证研究[J]. 上海城市规划：2018(4)：37-42.

人口流动背景下城市公共服务水平匹配度研究

岳文静　董继红

中国国际工程咨询有限公司

摘　要：明晰城市公共服务与人口分布的供需匹配关系，是城市公共服务合理配置与更新优化的前提，事关社会公平正义与城市健康发展。以大规模的人口流动为背景，系统总结重庆市域人口流动与公共服务供给特征，结合离散模型计算38个区县人口与公共服务水平之间的匹配度，得到均衡适配型、低值适配型、高值失配型、低值失配型四种匹配类型。在此基础上，选取典型人口流入地区重庆中心城区进行城市层面的供需匹配关系分析，研究发现中心城区的人口分布与公共服务设施布局均呈现"多中心组团式"特征，但两者存在空间失衡，总体表现为中心城区核心区内大部分区域以及少量外围核心组团公共服务设施供大于需，核心区外围大部分区域呈现不同程度的供小于需。

关键词：人口流动；城市公共服务；供需匹配；重庆市

城市公共服务设施的合理配置是新时代促进社会公平正义、增进人民福祉的重要标志，对于增强人民在共建共享发展中的获得感和幸福感具有重要意义。改革开放以来的快速城镇化与经济发展引发了大规模的跨区域人口流动，造就了全新的人口分布格局，对城市公共服务设施的更新与配置提出了新的需求和挑战。人口分布与城市公共服务设施的供需匹配关系成为当下社会各界关注的焦点。

梳理城市公共服务设施配置的相关研究，大致可分为地域均等、空间公平和社会公平三个研究阶段。地域均等更多关注空间单元（一般为行政区）之间的人均公共服务量是否均等；空间公平强调服务设施配置的效率和经济性，关注使用者所在单元与公共服务设施之间的距离关系；社会公平提倡从"地"的公平转向"人"的公平，关注不同阶层群体的多样化需求。目前，国内关于公共服务设施配置相关文献汗牛充栋，但多集中在公共服务设施配置的空间格局、布局优化、可达性、需求与满意度、影响因素等方面，少有研究探讨人口分布与公共服务设施的匹配关系。既有探讨两者匹配关系的研究大多定性描述人口流动与公共服务设施配置之间的相互作用关系，分析人口流出地或人口流出地的公共服务设施配置现状，或聚焦流动人口探讨基本公共服务的均等化问题。多数研究仍基于更新较慢的统计数据进行分析，且城市社区、小区人口统计数据往往难以获取，导致无法在更精细的层面反映城市公共服务设施与人口分布之间的匹配全貌。

公共服务设施体系应该在某一空间单元内构建相对独立、稳定的供需匹配关系，否则可能因为某一空间单元的供需不匹配而导致"城市人"根据自身偏好流向其他空间单元，造成其他空间单元的供需不匹配，从而破坏整个区域的供需关系。但人口流动是一个连续、系统、不可避免的动态过程，人口流出地区与人口流入地区公共服务与设施配置势必从“独立单元”逐步走向互相联系、相互影响，否则将会造成公共资源的浪费或者挤兑。因此，公共服务设施配置应兼顾区域统筹与独立适配，从宏观、中观层面把握空间单元内的供需匹配关系显得尤为重要。重庆作为行政面积最大的直辖市，兼具“大城市”“大农村”的特征，随着经济社会加速发展，跨城乡、跨行政区的人口流动不断加强，2019 年全市市内流动与市外流入共计 886.69 万人，与常住人口比值为 0.28。“十四五”时期，重庆提出创造高品质生活、推动高质量发展的“两高”目标，城市公共服务设施的合理供给与均衡配置是创造高品质生活的重要保障。基于此，本文拟在人口流动的大背景下，从宏观层面探讨重庆市域公共服务的供给特征以及与人口分布之间的匹配关系，并聚焦中心城区这一人口流入地区，利用大样本 POI 数据、手机信令数据等从更精细层面测度城市公共服务设施与人口分布的供需匹配关系，以期为未来制定相关规划与政策提供参考依据。

1 研究思路与方法

研究分为市域和中心城区两个层面。在市域层面，首先系统总结重庆市人口流动与公共服务供给特征；其次，构建人口与公共服务发展水平的指标体系并确定权重；再次，通过综合指数方法分别计算两系统的综合水平；最后，基于离散系数构建区县单元匹配度模型测度各区县人口与公共服务之间的匹配情况。在中心城区层面，首先采用手机信令数据识别居住人口分布；然后，基于 POI 大样本数据客观分析公共服务设施的分布特征；最后，构建网格单元匹配度模型测度中心城区人口分布与公共服务设施的匹配情况。

1.1 区县单元匹配度模型

采用极差法消除各指标量纲，将数据进行标准化处理，然后利用加权求和法集成，得到综合水平指数 U_1、U_2。离散系数能够衡量不同单位资料数据间的变异程度或离散程度，其定义为标准差 σ 与平均值 μ 之比，可利用其反映市域层面人口发展与公共服务水平之间的匹配度(C)，但匹配度仅能表示人口分布与公共服务水平之间的匹配强度，无法反映两者的协调程度，故引入匹配协调度(D) 以反映匹配协调发展水平。公式如下：

$$U_1 = \sum_{i=1}^{n} w_i x'_{ij}, U_2 = \sum_{i=1}^{m} w_i x'_{ij} \quad \text{(式 1)}$$

$$C = \left\{ \frac{U_1 \times U_2}{[(U_1 + U_2)/2]^2} \right\}^k \quad \text{(式 2)}$$

$$T = \alpha U_1 + \beta U_2 \quad \text{(式 3)}$$

$$D = \sqrt{C \times T} \quad \text{(式 4)}$$

其中，D 为匹配协调度；C 为匹配度($0 \leqslant C \leqslant 1$)；$k$ 为调节系数，一般 $k \in [2,5]$，本文取 $k = 3$；T 为人口与公共服务水平综合评价指数；U_1、U_2 分别为人口发展、公共服务水平综合得分，x'_{ij} 为经标准化处理后的数值，W_i 为各项指标的权重；α、β 为待定权数，因为人口发展、公共服务发展同等重要，因此，均取值为 0.5。

1.2 网格单元匹配度模型

首先，构建中心城区范围250米×250米网格作为分析的基本空间单元。采用核密度估计法对筛选后的四大类POI数据进行空间平滑处理，再以计算平均值的方法将密度值统计到网格中，并计算各类设施的权重，采用加权求和方法得到网格单元公共服务设施的综合指数(C_i)。然后，运用SQL语句对手机信令数据进行计算、扩样、归一，得到识别的居住人口。最后，采用网格中公共服务设施归一化综合指数与手机信令识别居住人口归一化值的差值表示公共服务设施的供需匹配度(D_i)。若该值为正数，表明该网格中公共服务设施的相对供给量大于相对人口数，可视为网格单元内处于公共服务设施供过于需的状态；反之，若该值为负数，表明网格单元内公共服务设施供给不足，处于失配状态；若该值接近0(本文认为D_i绝对值小于0.05即为接近0)，表明网格单元内公共服务设施供需基本平衡。公式如下：

$$C_i = \sum_{i=1}^{m} w_j x_{ij} \quad (式5)$$

$$D_i = C_i - L_i \quad (式6)$$

其中，D_i为网格i的公共服务设施供需匹配度，C_i为网格i的公共服务设施归一化综合指数，L_i为网格i的人口分布规模归一化指数，W_j为第j类指标的权重，x_{ij}为网格i的各类公共服务设施归一化指数。

2 研究范围与数据来源

2.1 研究范围与对象界定

本次研究范围包含重庆全域、重庆中心城区两个层面，重庆市全域涵盖38个区县(自治县)，地域面积8.24万km^2，2020年常住人口3 205.42万人。重庆市中心城区包括渝中区、九龙坡区、沙坪坝区、大渡口区、江北区、南岸区、渝北区、北碚区、巴南区9个区，地域面积5 467 km^2平方公里，2020年常住人口1 034.35万人(图1)。

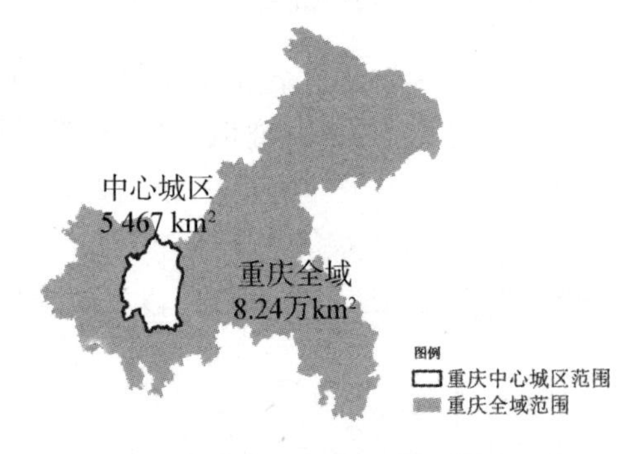

图1 重庆市全域与中心城区范围示意

(图片来源：作者自绘)

《中华人民共和国城市公共服务设施规划标准》将城市公共服务设施划分为公共文化、教育、公共体育、医疗卫生和社会福利设施五类。《重庆市城乡规划公共服务规划设施导则》将公共服务设施划分为教育、医疗卫生、文化体育、社会福利与保障、行政管理与社区服务设施五类。基于公共服务设施的重要程度与数据的可获得性，本文主要针对教育、医疗卫生、社会保障与养老、文体四大类进行分析。

2.2 数据来源

本次研究采用数据主要包括统计数据、POI数据、手机信令数据等。各项统计数据分别来自不同年度《重庆市统计年鉴》《中国城市统计年鉴》《中国县域统计年鉴》、部分区县统计年鉴、部分区县国民经济和社会发展统计公报等。POI数据为2020年12月从高德地图平台获取的重庆中心城区范围内公共服务设施相关兴趣点，并经过进一步清洗、纠偏、筛选和重分类，以适应研究的需要，包括教育、医疗、养老、文体设施四大类共计12 262条数据。手机信令数据来源于某运营商，获取时间为2020年11月。

3 全域人口分布与公共服务供给的匹配度分析

3.1 重庆市人口流动和公共服务供给特征

3.1.1 重庆市人口流动与分布特征

从整体层面来看，重庆市2019年外出流动人口总和为1 178.66万人。其中，外出到市外人口为474.02万人，占户籍人口的13.9%；外出到市内人口为704.64万人，占户籍人口20.6%；市外外来人口为182.05万人。整体上呈现较严重的人口外流现象，且市内人口流动保持较高强度。从历时性视角来看，重庆外出人口总量逐年增加，但外出市外人口逐年下降，外出市内人口逐年增加，同时，市外外来人口逐年上升，人口流出整体情况有所好转(图2)。从区县层面来看，2019年人口净流入有12个区县，人口净流出有26个区县。其中，人口净流出区县主要集中在渝东地区，开州区排名第一，外流人口50.45万人；人口净流入区县主要集中在中心城区及其周边，流入人口超过25万人的有沙坪坝区、江北区、九龙坡区和渝北区。

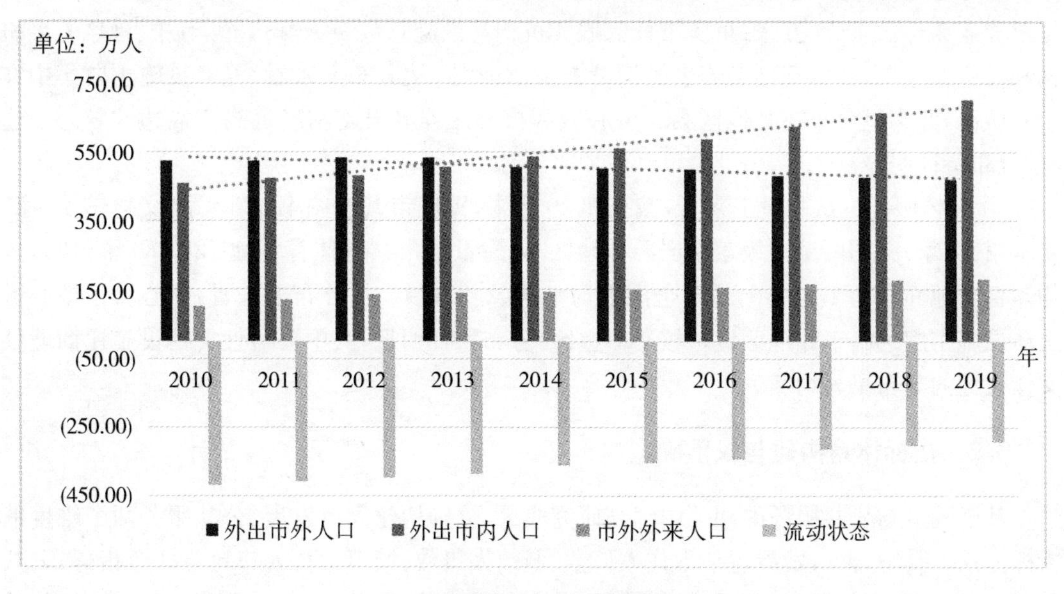

图2 重庆市历年人口流动情况

(图片来源：作者自绘)

从各区县之间的日常出行流动来看，无论工作日还是周末，人口出行流动最强的区域均集中在中心城区范围内，尤其是渝北区与江北区之间的流动。工作日的跨城出行流动大多集中在相邻区县，而周末各区县与中心城区（9 区）的人流联系明显加强，主城新区（12 区）、渝东北城镇群与渝东南城镇群的跨城周末出行联系与工作日相差不大，联系不强。说明中心城区的周末实际服务人口往往高于常住人口，增量主要源于区县前往中心城区的短暂流动人口，这将对医疗设施、体育设施等公共服务设施的供给带来新的压力。

3.1.2 重庆市公共服务供给特征

① 教育服务。从总量上来看，截至 2020 年末，重庆市共有普通高等教育学校 68 所、普通中学 1 132 所、普通小学 2 754 所、幼儿园 5 704 所。从分布上来看，幼儿园空间分布较为均衡，义务教育设施空间分布差异显著，每千人中小学数、每千人中小学专任教师数和每千人中小学学生数均呈现东高西低的空间特征。渝东南城镇群、渝东北城镇群区县人口流出，人均资源较高；主城都市区人口流入多，人均资源减少，教育资源相对紧张。

② 医疗卫生服务。从总量上来看，截至 2020 年末，重庆市医疗卫生机构总数 20 922 个，其中，医院 859 个，基层医疗卫生机构 19 838 个。与全国对比，重庆万人医院数、万人综合医院均排名全国第四，但基层医疗卫生机构数量排名第 21 位，低于全国平均水平 1.376 个百分点。重庆市卫生技术人员 237 726 人，其中执业（助理）医师 88 728 人，注册护士 109 428 人。与全国对比，千人卫生技术人员数量排名 14 位，略高于全国平均水平。从分布上来看，每千人医院数东部明显高于中心城区；对于每千人医院床位数，渝中区（22.7 张/千人）远高于其他区县，其次是江北区（10.4 张/千人），该指标较低的区县为渝北区（4.3 张/千人）、合川区（4.8 张/千人）。对于每千人医师数，渝中区（10.5 人/千人）仍远高于其他区县，其次是江北区（4.5 人/千人）。

③ 社会福利与养老服务。从总量上来看，截至 2020 年末，重庆市养老机构共 1 021 个，提供养老床位数 10.9 万张；重庆市社区服务机构与设施总数为 14 185 个，其中，社区养老机构和设施 911 个，社区互助型养老机构设施 1 781 个。从分布上来看，养老设施主要集中在中心城区，并零星分布在其他区县。中心城区核心区养老设施密度远高于周边，“核心—边缘”分布特征明显。

④ 文体服务。从总量上来看，截至 2020 年末，重庆市共有图书馆 43 家、文化馆 41 家、美术馆 12 家，文图两馆一级馆率居西部地区第一；重庆市共有体育场地 126 189 个（块），人均体育场地面积为 1.89 m^2，低于全国平均水平（2.2 m^2）。从分布上来看，中心城区核心区文体设施密度远高于其他区域，“核心—边缘”分布特征明显，其中公益性文体设施比商业性文体设施的分布更为均衡。

3.2 指标体系构建与权重确定

基于人口与公共服务的相关内涵与研究成果，分别构建人口发展、公共服务两个维度的指标体系。其中，人口发展包括常住人口数、城镇人口数、城镇常住人口比重 3 个指标；公共服务主要包括教育服务、医疗卫生服务、社会保障与养老服务、文体服务 4 个维度，共计 20 个指标。采用熵权法计算权重。具体见表 1。

表1 重庆人口与公共服务发展水平评价指标体系

目标层	准则层	指标层	指标效应	权重
公共服务	教育服务	财政教育支出(万元)	+	0.027 5
		中学校数(个)	+	0.048 8
		普通中学专任教师数(人)	+	0.028 5
		普通中学在校学生数(人)	+	0.035 4
		小学校数(个)	+	0.031 8
		普通小学专任教师数(人)	+	0.033 0
		普通小学在校学生数(人)	+	0.041 5
	医疗卫生服务	财政医疗支出(万元)	+	0.031 4
		医院数(个)	+	0.048 4
		医院床位数(张)	+	0.037 0
		执业医师数(人)	+	0.053 9
		注册护士(人)	+	0.068 3
	社会保障与养老服务	财政社会保障支出(万元)	+	0.024 5
		提供住宿的社会服务机构(个)	+	0.061 9
		提供住宿的社会服务机构床位数(个)	+	0.072 5
	文体服务	财政文体事业支出(万元)	+	0.067 4
		公共图书馆总藏书量(万册)	+	0.159 9
		剧场影院数(个)	+	0.105 0
		广播覆盖率(%)	+	0.011 3
		电视覆盖率(%)	+	0.012 0
人口发展	人口分布与构成	常住人口(万人)	+	0.233 9
		城镇人口(万人)	+	0.356 7
	城镇化水平	城镇常住人口比重(%)	+	0.409 4

(表格来源:作者自绘)

3.3 人口与公共服务发展水平计算

利用综合水平指数公式计算2019年重庆市各区县人口与公共服务发展水平(图3)。可以发现渝北区(0.898 2)人口发展水平最高,城口县(0.007 9)人口发展水平最低,两者相差约110倍。大部分区县人口发展水平低于0.4,多位于渝东南城镇群和渝东北城镇群,中心城区及周边人口发展水平普遍较高。对于公共服务水平,万州区(0.742 1)最高,城口县

(0.086 4)最低。值得注意的是,大渡口区作为主城九区之一,其公共服务水平低于 0.2,排名靠后。2020 年,大渡口区的地区生产总值 266.46 亿元,排名全市第 30 位。大渡口区应加强对于公共服务的资金投入和空间供给。

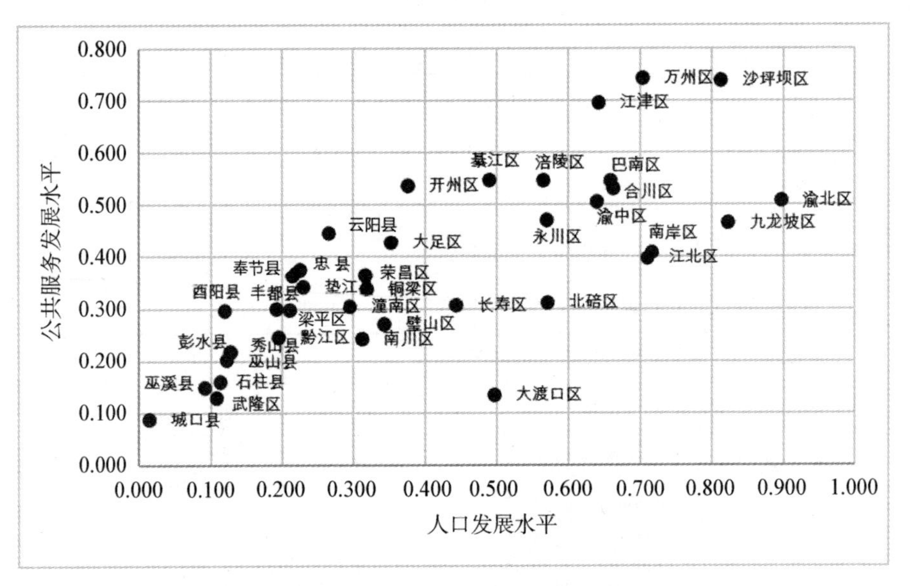

图 3　重庆市人口、公共服务发展综合水平测度

(图片来源:作者自绘)

3.4　匹配度计算与特征分析

利用匹配离散模型计算重庆市各区县人口与公共服务水平之间匹配度与匹配协调度,可以发现,各区县的匹配度和匹配协调程度差异明显。就匹配度而言,潼南最高(C=0.999 5),城口县最低(C=0.145 4),涪陵区、万州区、铜梁区等 21 个区县匹配度处于 0.9～1.0 之间。就匹配协调度而言,沙坪坝区(D=0.877 8)最高,城口县(D=0.086 2)最低。在匹配度较好的区县中,有 25 个区县匹配协调度超过 0.4,其中,沙坪坝区、万州区、江津区超过 0.8;在匹配度较差的区县中,大渡口区、城口县等匹配协调度处于 0～0.4 之间,渝北区、九龙坡区、南岸区、江北区等匹配协调度处于 0.4～0.8 之间。

根据匹配度计算结果,以 0.8 为分界线,可划分为适配型(匹配)和失配型(不匹配);根据匹配协调度计算结果,以 0.4 为分界线,可划分为高水平协调和低水平协调。因此,根据计算结果可将重庆市 38 个区县划分为四种匹配类型(图 4),即均衡适配型(高水平匹配)、低值适配型(低水平匹配)、高值失配型(高水平不匹配)、低值失配型(低水平不匹配),且不同的匹配类型表现出不同的特征(表 2)。其中,低值失配型包括大渡口区、城口县、酉阳县。大渡口区公共服务设施水平落后于人口发展水平。城口县、酉阳县人口发展水平落后于公共服务设施水平,同时公共服务发展水平较低。高值失配型主要集中在中心城区,包括渝北区、九龙坡区、南岸区等,这些地区人口大量流入,对原有较为完善的公共服务设施体系造成冲击,形成了较高公共服务水平下的失配。

表 2　重庆市各区县人口与公共服务水平匹配类型表现特征

匹配类型	表现特征
低值失配型	公共服务设施数量较少、质量较低，且不满足于常住人口的正常需求，一般出现于经济社会发展水平较为落后的区域
高值失配型	公共服务设施数量较多、质量较高，但人口密度过大，居民享用公共服务的优势大幅下降
均衡适配型	公共服务设施数量较多、质量较高，且与人口分布情况匹配较好，居民可以公平享用公共服务
低值适配型	公共服务设施数量较少、质量较低，但人口规模较小和城镇化水平较低，基本满足居民享用公共服务的需求，但综合效益不高

（表格来源：作者自绘）

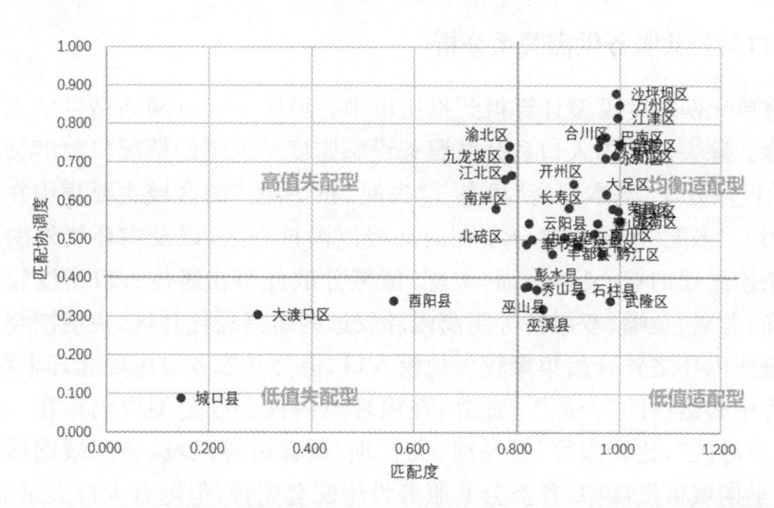

图 4　重庆市人口分布与公共服务发展水平匹配度、匹配协调度测度及匹配类型划分

（图片来源：作者自绘）

4　中心城区公共服务匹配供需关系分析

4.1　中心城区人口与公共服务分布特征

4.1.1　中心城区人口分布特征

对手机信令数据进行计算、识别，各行政区单元常住人口和识别居住人口线性回归分析的相关系数 R^2 为 0.93，表明识别居住人口的分布与统计人口的分布高度契合。此外，重庆市居住人口呈现明显的组团化空间分布，以缙云山、中梁山、铜锣山、明月山为界线，划分为东、中、西三个大组团。中部组团人口最为集中，尤其是内环以内区域；东部组团人口主要集中在西永片区、北碚片区和西彭片区；西部组团人口主要集中在茶园片区、鱼嘴片区和龙兴片区。

4.1.2 中心城区公共服务设施分布特征

对中心城区四类公共服务设施进行核密度分析可以发现,各类公共服务设施大体上呈现“多中心”的分布特征,但也有所差异。教育类和文体类公共服务设施的空间分布特征类似,除在中心城区内环内形成主中心外,均在西永、北碚组团形成次核心。在规划中,北碚片区定位为市级教育科研基地,西永片区定位为市级教育科研拓展区,两个组团在近年发展中集聚吸引了较多高等院校、职业技术学校校区及相关教育设施;医疗类公共服务设施集中于中心城区内环以内范围;养老类公共服务设施主要分布在南山、歌乐山、渝中半岛区域,形成东西延伸的养老带。采用前述方法计算中心城区公共服务设施的综合指数,可以发现,中心城区范围内形成“一主五次”的公共服务设施分布格局,内环以内集聚大量公共服务设施,形成主核心,并于内环以外在北碚、西永、鱼洞、空港、茶园组团形成次核心。

4.2 人口与公共服务供需关系分析

利用网格单元匹配度模型计算得到重庆市中心城区 250 m 网格精度的人口与公共服务设施匹配度。除去网格内人口和公共服务设施密度均为零的情况(12.87%),中心城区约 79.92%的区域处于“基本平衡”状态。“失配”和“多配”的区域主要集中在内环以内和外围新兴组团。“多配”区域主要分布在内环线以内核心区,以及内环线外的北碚、西永、空港、鱼洞、茶园组团的核心区域;而“失配”区域分散分布在居住人口密度较大地区的外围以及蔡家岗、龙兴、鱼嘴、双凤桥等距离内环较远的新兴居住片区,说明围绕成熟公共服务中心以及重庆内环之外开始集聚较大规模人口,但公共服务设施配套却未跟上,形成了城市拓展过程中必然性的“失配”。此外,在内环以内核心区范围内仍存在一定规模的公共服务设施“空心区”,比如南坪、石马河、大石坝、观音桥等区域,该区域则属于典型的高值失配型,即早期城市发展中,各类公共服务设施配套完善,但随着人口大量流入,享有公共服务设施的优势大幅下降,出现“供小于需”的情况。需要注意的是,虽然大部分区域呈现“供需平衡”状态,但仍存在较多区域人口、公共服务设施分布密度均较低而处于“低值适配”状态。

单独对四类公共服务设施供需匹配度进行计算与分析。从空间上看,大部分区域的公共服务设施与人口呈现“基本平衡”状态,除去网格内人口和公共服务设施密度均为零的情况,医疗(77.37%)和教育设施(75.34%)匹配度较好,其次是文体设施(74.58%)和养老设施(73.67%),这与教育、医疗设施多由政府主导,而养老、文体设施市场化程度更高存在一定关系。对于失衡区域,不同类型公共服务设施呈现出不同的空间分布特征。由于养老设施市场化程度较高,除去街道、社区养老设施等外,民营养老机构布局逻辑并非基于常住人口分布,而是从养老人群看重的生态环境、空气质量等出发,因此在南山、歌乐山等风景区形成了养老设施群落,而大部分居住聚居区却出现“失配”的情况。教育设施除了在西永、北碚、南山、空港等区域出现“供大于需”的情况之外,在中心城区内环内较多地区均呈现“供小于需”的情况,说明随着大量人口流入,优质教育资源供给不足。文体和医疗设施的供需匹配关系与综合匹配关系类似,但文体设施“供大于需”的区域更多,主要集中在两江四岸沿线以及西永、北碚等片区,医疗设施在内环内的“失配”与“多配”的片区相互嵌套,而在内环外则出现较多“失配”的情况。此外,从公共服务设施缺口上看,中心城区范围内养老设施的缺口最大，其所有网格相加的供需匹配度总和最小，为−1 199.51，其次是教育设施(−975.64)、医疗设施(−432.78)和文体设施(158.24)。

5 结论与讨论

5.1 结论

城市公共服务设施的优化配置与更新是当前宜居城市建设的重点任务，对于实现人民群众美好生活愿景具有重要作用。然而，配置公共服务设施前势必需要摸清各类型、各地区公共服务设施的供需匹配情况。因此，本文从重庆市域和中心城区两个层面着手，利用传统统计数据和手机信令、POI等高精度大样本数据，对人群分布、公共服务设施供给特征以及两者的供需匹配情况进行识别分析，得到以下结论。第一，重庆市各区县公共服务水平与人口匹配情况差异明显，约58%的区县属于均衡适配型，失配型区县主要集中在中心城区与周边，且多为高值失配型；第二，重庆市中心城区公共服务设施布局呈现"一主五次"多中心格局，人口空间分布呈现明显的组团化，与城市空间结构基本匹配，但人口与公共服务设施两者本身在空间上却存在一定的空间失衡现象，且不同类型设施的空间失衡特征有所差异，养老类和教育类设施在内环以内呈现不同程度的"失配"现象，文体设施"多配"片区集中于两江四岸沿线，医疗设施在内环内的"失配"与"多配"片区呈现相互嵌套格局。

5.2 讨论

本文在区县单元层面划分为四种匹配类型，包括低值失配型、高值失配型、低值适配型和均衡适配型。针对不同类型区县，需要因地制宜，分类引导。比如，低值失配型区县指人口或公共服务设施较大程度滞后于另一系统的区县，应注重补齐公共服务供给端短板，并在扩大供给的同时优化供给结构。高值失配型指公共服务资源水平或人口发展水平较高，但公共服务设施水平仍然滞后于人口发展的区县。该类型区县应该适应人口增长趋势，补齐公共服务资源短板，适应人口集聚趋势优化公共服务资源空间布局与供给等级结构。就具体区县而言，中心城区的几个区可引导人口、产业向中心城区东西槽谷新兴组团和郊区新城转移，并相应增加公共服务设施配置，减轻核心区公共服务供给压力，提升整体发展能级。

在中心城区层面，可以结合山水分隔的山地城市特点，推动形成"分层级分类型+分组团"的公共服务布局模式，实现局部区域公共服务"三循环"。依托山、水等自然条件分隔形成的城市组团，在内部推动形成公共服务自我循环(中循环)，基本实现组团内享有大部分公共服务的目标，在中心城区总体层面形成"大循环"，促进城市级公共服务设施或者组团内闲置的公共服务设施得到合理利用；其次，在社区内形成"小循环"，打造15分钟服务圈，推动让公共服务资源充分延伸覆盖、下沉社区，让市民在家门口便可获取日常所需的公共服务。

此外，可以在如下方面开展进一步的创新研究。首先，本文通过市域层面的匹配度计算得到各区县的供需匹配情况，并选取人口流入较多、失配较集中的中心城区进行城市层面的分析，相应的，后续可结合城市层面的供需匹配结论，将视角下沉到社区，结合实地调研、问卷访谈、微观出行数据等探讨社区内部的供需匹配关系，同时还可反向验证城市层面的供需匹配结论是否正确。其次，本文仅对四种大类公共服务设施进行供需匹配分析，但不同公共服务设施的特征不尽相同，且不同人群对不同公共服务设施的需求可能存在差异，后续可结合不同人群、划分时段等，细分公共服务设施类型进行供需匹配研究，使研究结论更有针对性。最后，本文考虑了公共服务设施的空间点位，但未考虑其实际服务能力以及目前的使用效率等，有待获取相关详细数据后进一步深入研究。

参考文献

[1] Richard Rich. Neglected Issues in the Study of Urban Service Distributions: A Research Agenda[J]. Urban Studies, 1979, 16(2): 143-156.

[2] E Talen, L Anselin. Assessing Spatial Equity: An Evaluation of Measures of Accessibility to Public Playgrounds[J]. Environment and Planning A, 1998, 30(4): 595-613.

[3] 江海燕，周春山，高军波. 西方城市公共服务空间分布的公平性研究进展[J]. 城市规划，2011，35(7)：72-77.

[4] 汪来杰. 西方国家公共服务的变化：轨迹与特征[J]. 社会主义研究，2007(6)：89-92.

[5] 周亚杰，吴唯佳. 北京居住与公共服务设施空间分布差异[J]. 北京规划建设，2012(4)：58-63.

[6] 张莉，陆玉麒，赵元正. 医院可达性评价与规划——以江苏省仪征市为例[J]. 人文地理，2008，23(2)：60-66.

[7] 唐子来，顾姝. 上海市中心城区公共绿地分布的社会绩效评价：从地域公平到社会公平[J]. 城市规划学刊，2015(2)：48-56.

[8] 许婧雪，张文忠，谌丽，等. 基于弱势群体需求的北京服务设施可达性集成研究[J]. 人文地理，2019，34(2)：64-71.

[9] 刘合林，郑天铭，王珺，等. 多样性视角下城市基本公服设施空间配置特征研究：以武汉市为例[J]. 城市与区域规划研究，2020，12(2)：102-117.

[10] 黎婕，冯长春. 北京城市公共服务设施空间分布均衡性研究[J]. 地域研究与开发，2017，36(3)：71-77.

[11] 王兴平，胡畔，沈思思，等. 基于社会分异的城市公共服务设施空间布局特征研究[J]. 规划师，2014，30(5)：17-24.

[12] 陶卓霖，程杨，戴特奇，等. 公共服务设施布局优化模型研究进展与展望[J]. 城市规划，2019，43(8)：60-68，88.

[13] 陈旸. 基于GIS的社区体育服务设施布局优化研究[J]. 经济地理，2010，30(8)：1254-1258.

[14] 王法辉，戴特奇. 公共资源公平配置的规划方法与实践[J]. 城市与区域规划研究，2020，12(2)：28-40.

[15] 王侠，陈晓键，焦健. 基于家庭出行的城市小学可达性分析研究——以西安市为例[J]. 城市规划，2015，39(12)：64-72.

[16] 何芳，李晓丽. 保障性社区公共服务设施供需特征及满意度因子的实证研究——以上海市宝山区顾村镇“四高小区”为例[J]. 城市规划学刊，2010(4)：83-90.

[17] 邵磊，袁周，詹浩. 保障性住区公共服务设施的不同人群需求特征与满意度分析[J]. 规划师，2016，32(8)：106-111.

[18] 郑文升，蒋华雄，艾红如，等. 中国基础医疗卫生资源供给水平的区域差异[J]. 地理研究，2015，34(11)：2049-2060.

[19] 刘敏. 人口流动新形势下的公共服务问题识别与对策研究[J]. 宏观经济研究，2019(5)：42-50.

[20] 孟兆敏，吴瑞君. 人口变动与公共服务供给的适应性分析——以上海市为例[J]. 南京人口管理干部学

院学报,2013,29(1):17-21+33.

[21] 姜莘.基于人口流出地视角的乡镇公共服务设施需求研究——以肥西县M乡为例[J].安徽农业科学,2021,49(14):246-249,253.

[22] 邵琳."人人享有"基本公共服务的现实悖论和未来之路——人口流动视角的实证研究及延伸探讨[J].《规划师》论丛,2020(1):231-240.

[23] 赵静,马晓亚,朱莹.外来人口聚居社区公共服务设施供需特征及影响因素——以南京殷巷社区为例[J].现代城市研究,2017,32(3):14-21.

[24] 魏伟,洪梦谣,周婕,等."城市人"视角下城市基本公共服务设施评估方法——以武汉市为例[J].城市规划,2020,44(10):71-80.

[25] 尹鹏,李诚固,陈才,等.新型城镇化情境下人口城镇化与基本公共服务关系研究——以吉林省为例[J].经济地理,2015,35(1):61-67.

[26] 袁丹,欧向军,唐兆琪.东部沿海人口城镇化与公共服务协调发展的空间特征及影响因素[J].经济地理,2017,37(3):32-39.

[27] 曹现强,姜楠.基本公共服务与城市化耦合协调度分析——以山东省为例[J].城市发展研究,2018,25(12):147-153.

[28] 曾繁荣,李玲蔚,贺正楚,等.基本公共服务水平与新型城镇化动态关系研究[J].中国软科学,2019(12):150-160.

[29] 傅利平,刘凤,孙雪松.京津冀城市群公共服务与新型城镇化耦合发展研究[J].城市问题,2020(8):4-13.

第二章
城市更新与城市创新

新旧功能转换系统化、LTOD概念和空间网络化优化配置

李　力

青岛腾远设计事务所有限公司

摘　要：注重城市更新、新旧功能转换功能自身的系统性，强化功能空间体系的完整性。城市主动和配套生成的功能系统、空间体系是城市形成和持续的要素。高品质的城市基本功能是维持城市可持续繁荣的条件。关注系统的转化趋势，探讨系统优化转换的优先项，在持续的城市更新和新旧功能转换过程中，保持从系统上进行优化整合来不断提升城市功能的品质和效率。尝试提出快速专线往返"物流基础设施网络交通导向开发LTOD"的新概念以逐步构建连接城市功能空间，为城市提供高效的信息流、资金流和物流的虚拟空间网络与实体空间网络结合的基础设施系统平台，使城市功能空间网络化，城市功能响应趋向实时化，实现有实用城市功能内涵的智能化物联网（不仅止于现有"物联网"定义的表达），最终达到追求的经济和社会目标。

关键词：城市更新、新旧功能转换系统化；线路和节点，相关城市功能空间与LTOD；功能空间网络化，功能系统实时化

1　系统和方法、系统的"范式转变"及城市功能模式转变

无论在二元关系还是三元关系世界中，所有自然的和人造的系统体系都具有系统的具体组成或构成。具体组成或构成按功能需求形成体系成为系统。其各种具体组成或构成如何按功能需求构成系统体系以及各部分如何运作是实现功能的方法。各部分具体组成或构成依赖系统体系而存在并通过整个完整的系统来发挥其作用。

系统体系演化过程中新的不同的思想或模式取代其原有旧的思想或模式，则该系统体系的思想或模式发生了"范式转变"。

城市正在和已经发生所谓"范式转变"的两个系统或方面：商业和广义上的交通。城市这两个子系统正在和已经发生的转变最终很可能导致其他子系统甚至整个城市系统发生某种转变。城市原有旧的功能空间体系会随之出现系统化的某种相应转变。即便城市整体上的转变达不到"范式转变"的程度，这些转变引起的城市新旧功能转换也会对城市改建更新及相关理论有某种程度的影响。

直到今天，20世纪90年代引起许多方面发生转变的互联网技术的开发和应用依然在持续促成社会各方面发生转变，包括城市新旧功能发生系统的转变。从广义的交通看，人类从

徒步到借助交通工具，从长期使用马匹牲畜拖拉的交通工具，再到燃烧化石燃料的机动交通工具汽车、火车、轮船，直到飞机的出现。人类的通信也从古时的驿站书信发展到有线电话、电报到无线电卫星，再到互联网网络时代。通信设施系统并没改变其最初的功能，但每次技术的跃升和转变都使交通和通信发生系统模式和构成的巨大转变。互联网技术的成熟使千万兆的数据以光速不间断在世界范围传输。同时，这些转变促成了与其关联的人类社会各个方面，包括对功能系统具体组成或构成的城市改建更新及城市新旧功能的转换。尽管转换或转变有时是被动、滞后和局部的。已经没人再跑到邮局打长途电话或拍电报了。传统邮局似乎已成了不应该的存在，电话亭则已基本消失。成为城市基础设施子系统的互联网通信基础设施系统在不断地迅速有效地与其他系统体系结合。这种结合为一些与之相关的城市功能带来系统的转换和转变并逐渐形成各种新模式和设施。这些创新模式是经济和科技发展趋势导致的必然结果。

由于经济技术的发展，作为城市形成因素之一的商业，其模式已从最初的露天集市(Marketplace)，演变成大型商店，如梅西(Macys)，又出现沃尔玛大型超市(Walmart)，再到目前独霸网上购物的亚马逊(Amazon)。亚马逊相较传统商业的形式和模式，其模式系统在空间分布上发生了巨大的变化。作为城市形成因素，商业自身模式和构成发生的转变也影响城市其他因素并伴随使其发生系统性的转变。亚马逊模式是一个不同于传统市场的新商业模式，借助广义的交通网络在互联网网络上形成了一个虚拟市场(图1)。亚马逊把生产和消费联系在一起并通过实体物流网络运输货物。亚马逊模式是互联网通信基础设施系统有效地与其他系统体系成功结合并形成新系统模式和构成的实例。新的模式和构成使商业模式再次发生了“范式转变”。物流、信息流、资金流紧密关联运作运行。

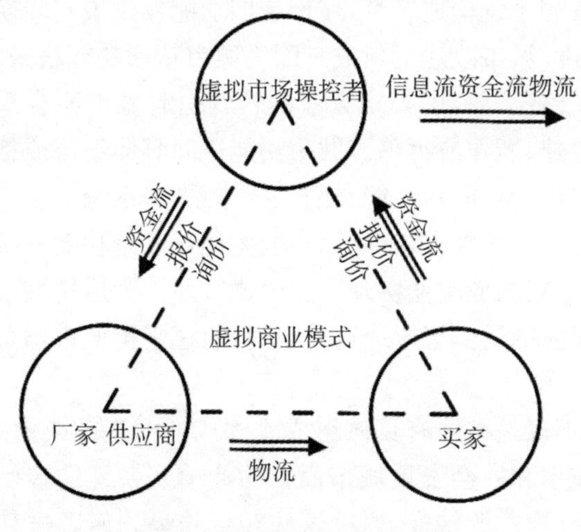

图1 信息流、物流和资金流

(图片来源：自绘)

亚马逊商业模式系统的结构具有物质作用模式典型的“金字塔式结构”。虚拟市场操控者(Marketplace Operator)位于其结构顶端并通过该结构对其他各层构成(供应商 Sellers 和买家 Buyers 等)传递其作用和影响：亚马逊，虚拟市场操控者以实际上的市场主导地位通过互联网接受买家(Buyers)订购信息(Orders)，在互联网上根据买家的订购信息(Orders)匹配相应供货者(Sellers)和报价(Offers),匹配后由买家按完成订货;供货者(本应该是自己)将货物商品产品服务通过物流网络递送(Ship the Product,实际操作中越来越多的是由亚马逊自身完成了递送!)给买家 Buyers 完成一个完整的模式循环。这种系统体系模式实际上能够影响包括参与的利益相关社会构成及产生的利益分配等。甚至某种程度上影响社会其他方面。虚拟市场操控者主导的市场其模式本质上不同于传统实体市场,其交易行为是在虚拟网络市场进行的。

2 城市新旧功能转化和系统地改建更新

城市更新的目的是对城市中某一衰落的区域进行拆迁、改造、投资和建设,以全新的城市功能替换功能性衰败的物质空间,使之重新发展和繁荣。它包括两个方面的内容:一方面是对客观存在实体(建筑物等硬件)的改造;另一方面是对各种生态环境、空间环境、文化环境、视觉环境、游憩环境的改造与延续,包括邻里的社会网络结构、心理定式、感情依恋等软件的延续与更新。通过这样的更新"解决城市中影响甚至阻碍城市发展的城市问题,这些问题的产生既有环境方面的原因,又有经济和社会方面的原因"。

城市是由多个子系统组成的综合系统体系。其各系统的具体组成或构成随政治、经济、新技术变化而转变。城市从形成之初就伴随人类对其存在的具体组成或构成进行的改建更新活动。政治、经济、新技术的因素通过动力机制、设计形式和空间认知使用方面的作用机制,最终影响作为规划经典问题的城市改建更新努力以及与此相关的城市学、城市和建筑设计理论。科技发展带来新技术变化,引起城市系统功能的各部分具体组成或构成的系统转变,即系统的方式方法按照系统构成转变,城市新旧功能发生模式转换。

从(系统)方法的角度,城市改建更新或是因为城市新旧功能增减对空间体系的需要,或原有功能系统自身模式转变需要,即模式方法的转变引起城市原有系统功能具体组成或构成空间的扩建、翻新或改建、新建或拆除。城市功能空间具体组成或构成的转变应按所属系统进行,并能够完善模式转变后的新功能空间系统体系,即系统方法(具体组成或构成)组成的相对完整;从系统(功能)的角度,城市新旧功能变化可能是功能系统的增减或功能系统需要通过某些局部具体组成或构成改变实现功能模式转换。为适用城市系统新旧功能模式的转换或转变,应对城市相应的具体组成或构成空间,通过平衡城市增量存量进行系统化地改建更新来实现。

城市进行改建更新不仅是在原有具体组成或构成空间基础或模式上的局部改建更新,而是应意识到随经济、技术和社会发展城市面临功能模式系统的转换趋势。这些趋势会如何影响各种城市功能系统模式的转变,以及这些转变趋势如何影响其相关具体组成或构成(系统方法)。进一步探讨其转变对城市其他相关系统带来的影响并能对相应的具体组成或构成进行主动系统地改建更新。通过系统地改建更新,即对具体组成或构成进行系统整合完善来完成某些基础设施系统的"范式转变"。城市改建更新需要从系统和方法的概念上加以解决,即通过系统的改建更新来实现城市新旧功能转换,达到完善提高城市功能效率,从系统上整体提升城市品质,使城市成为对未来更有应变力、可持续发展的适合人类生存的"理想"环境。

3 通过对城市功能转换某些趋势的探讨——提出“物流基础设施网络交通导向开发”(Logistics Transport Oriented Development,LTOD)概念

城市新旧功能转化涉及城市许多方面。从城市规划角度对某些城市新旧功能系统的转换趋势进行探讨,目的不仅在强调转变的系统性,也有必要具体地、有针对性地提出和探讨当下可能的转变趋势。如前面谈及的包括广义的交通方面和城市形成因素之一的商业,以及其相互结合、发展和演化趋势对城市规划的影响。城市规划改建更新和新旧功能的系统转换应感知到可能的发展和演化趋势,尤其是主导转换趋势的功能方面。通过主动、系统地转变来满足新功能模式的系统功能空间体系构成,并为相关子系统间的结合创造条件。

亚马逊商业模式利用网络系统的虚拟市场并未着眼于单独某实体商店甚至某实体行业,其自身实际上并非也很难成为一个完全独立的系统体系(图 1),而是不断拓展其商业模式系统的空间边界,在目前的基础上通过逐步系统地构建完善的子系统来拓展其商业系统模式的边界,通过模式最大限度地覆盖和控制网络虚拟市场。目前,亚马逊的物流主要利用已有的各种运输工具和组合现有的物流运输系统作为其物流子系统。尤其在市区范围内,尚无专有物流实体基础设施(专线)网络是亚马逊模式的重大缺口。但最近几年,亚马逊已成功通过了一项涉及某种物流实体基础设施运输工具和模式的长达 260 页左右的专利申请。然而它目前使用的和申请专利通过的模式都是单向的运输系统和模式,是不具备往返运输的物流实体基础设施(专线)网络系统和模式。不具备往返的单向运输,会造成该专利运输系统营运成本极高而无法实际实施。亚马逊很有可能仅提出专利而并不实施,意图利用实用专利规定来防止将来被动的策略。资本的本性驱使亚马逊并未从城市背景和城市规划角度来考虑形成整个城市物流运输为目的的基础设施系统。

从整个城市背景和城市规划角度,亚马逊专利中提出的物流运输方式实际无法成为一项具备完整功能的城市基础设施系统。然而,若从城市新旧功能系统地转换趋势角度,城市物流运输需要一个最终解决方案。本文尝试提出一个与交通导向开发 TOD(Transit Oriented Development)相对的概念来探讨应对如城市商业模式转变带来对物流模式的需求。与 TOD 不同,这个概念里的交通运输不是指人流交通的大众运输(Transit),而是指物流运输(Logistics Transportation)。在此“交通导向开发”则指具有往返物流运输功能的基础设施网络运输的交通导向开发的概念,即 LTOD。首先,实体城市交通运输的主要构成是物和人的运输。两个运输的交通基本使用同一条城市道路从而造成空间上重叠。而其各自主要特征却是:物流交通运输一般为可全时的货物流的单向目的的运输;人流交通运输则一般表现为有不定时高峰的人流往返目的的运输。针对不同交通运输特征,提出连接城市相关功能空间,与提供信息流资金流的互联网结合的快速专线往返运输的“物流基础设施网络交通导向开发 LTOD 概念”。目的是“最大化货物流动,形成城市全时全天候自动快速专线往返物流基础设施网络;最小化城市生产活动中的人员流动”,以改变城市运输交通模式,使物流与人流尤其从事生产的通勤人流基本分离并达到一个新的平衡(如城市交通可能因此不再有通勤高峰时的严重交通堵塞现象),通过转变城市运输交通模式来降低相关社会损耗消耗。

同时,模式会使城市各相关功能空间网络化,功能作用响应趋向相对实时,以争取最大限度地发挥城市各相关功能和效率。应用 LTOD 导向开发使城市通过新旧功能转换过程逐渐优化生成新模式的城市布局。其意义或促成城市功能、布局和环境在新经济技术条件下达到最佳状态,并提供一个去中心化、有应对未来功能创新和技术应用潜力的集物流、资金流、信息流的基础设施平台。如绿色能源交通运输,最小化(量和距离)通勤,使网络化的各城市功能保持最大限正常运行,又如可为最大化实现居家养老服务提供条件等等(举例餐饮等可全时全天候及时送达)。

《物流基础设施网络》定义物流基础设施网络为:"主要由物流节点和线路两个基本元素组成,物流节点包括物流专业设施和物流功能设施。前者指在特定区域,因具有上下游业务关系和产品生产过程联系的企业相对集中,或作为一定区域货流较为集中的节点地区,包括物流园区、物流中心、配送中心;后者指在物流基础设施网络的不同环节,在不同的空间位置上满足物流运作单个功能,或以单个功能为主兼具其他辅助功能的功能设施,主要包括分散在不同运输领域和商贸领域的货场、仓库、港口等设施。线路主要是指铁路、公路、水运、航空和管道运输线路。"

物流基础设施网络交通导向开发 LTOD 的概念是:通过专线线路将城市社区邻里和其他功能空间等作为节点连接形成网络化城市功能系统。城市改建更新可系统考虑城市通过物流基础设施网络快速往返专线的实体物流运输线路,将城市社区邻里和其他功能空间等作为节点连接形成网络化城市功能系统。

物流基础设施网络交通导向开发 LTOD 的组成和方法是:由提供信息流、资金流的虚拟互联网支持的实时响应的快速专线往返实体物流运输分层覆盖网络(Mesh)的线路,连接城市社区邻里、其他相关城市功能空间范围内的,以及城市对外交通的铁路、公路、水运、航空等运输网络上的"物流专业设施和物流功能设施"节点,实现城市功能网络化。实体物流基础设施网络系统连接的相关城市功能空间形成"平行式结构"的兼容开放的网络系统。系统中"物流节点"不仅局限于"物流园区、物流中心、配送中心",而是主要包括城市社区邻里和其他功能空间内的多功能综合"物流专业设施和物流功能设施"。系统使城市功能空间串连于类似"装配流水线路"之上。结合提供信息流资金流的互联网支持的开放性专用运输工具和线路,连接城市功能空间包括社区邻里、城市对外交通枢纽的综合功能设施节点之间(如使用某种自动轨道运输系统,图 2)。通过线路上位于社区或邻里及其他相关城市功能空间尺度范围内不同覆盖层面不同形式快速物流货运线路节点、终端或分支终端的"物流专业设施和物流功能设施",即综合混用功能公共空间设施节点内进行收发货物、分拣、转运、加工、生产制造和短期存储等。不同形式不同覆盖层网络系统,包括使用的专用运输工具之间,可在节点的"物流专业设施和物流功能设施"进行不同覆盖层网络的物流货物某种程度标准化的转运转换分配收发。该系统实体网络覆盖层对应可分为本地、市域和地区。本地指连接社区邻里空间范围及相邻社区邻里之间的快速往返物流货运网络系统,连接所谓处于"最后一公里"线路末端或节点,即社区邻里空间内混用综合公共空间。作为基础层的网络系统可采用如传送带等形式。市域是指市区范围内连接城市各功能空间,包括社区邻里空间节点的专线快速往返物流网络系统末端或节点,即各社区邻里空间和其他功能空间的网络系统枢纽和城市对外交通枢纽,包括机场、港口、铁路以及公路枢纽等。市域层网络系统可采用如自动轨道等形式。地区是指大都市区或城市群范围以及国家和国际范围。形式包括海、陆、空运。层级之间以物流节点"物流专业设施和物流功能设施",即综合社区或邻里的多功能公共空间设施、物流运输系统网络节点或终端作为物流收发、分拣、转换点、加工和储存等。使用互联网网络为系统提供虚拟市场服务,如提供与亚马逊网上销售网页不同的多个地区行业网页等进行虚拟市场的商品交易和资金信息服务等。

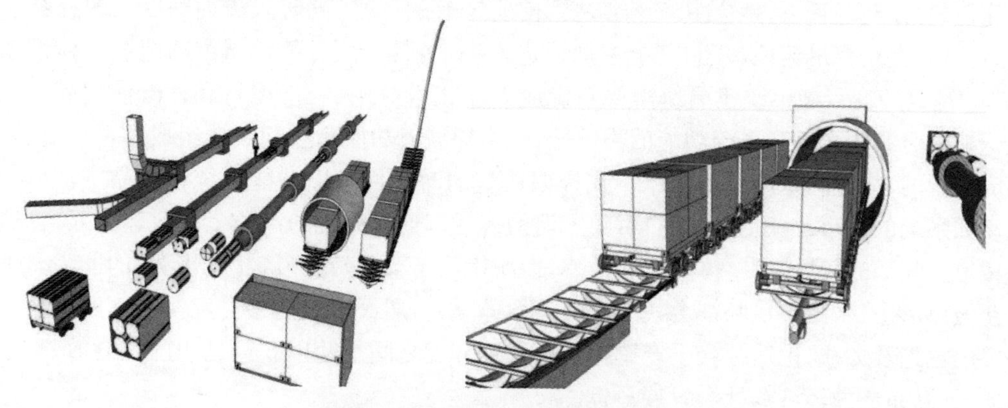

图2　LTOD的某种具体方法示意

(图片来源:自绘)

4　总结

福特的装配线改变了世界,而不是T型车改变了世界。目前商业模式自身已经发生了系统"转变"并在某种程度上影响城市改建更新,某些原有的功能空间出现了通过规划增、减、扩、转的系统重组和转变。而城市近期通过改建更新形成的商业设施空间是否跟随趋势而满足正在发生的转变?对于商业模式,LTOD的概念或会减弱市场操控者的虚拟市场控制。如将原来的只有一个网页的虚拟市场垄断的情况,通过规定不同产品和服务的专营权限,代之以按区域、特产或行业划分的不同的虚拟网络网页。通过这样的系统模式或许能使全社会都有去中心化更平行地参与城市、地区乃至世界范围经济活动的条件。在这样的系统中,生产与消费两者身份实现某种程度的统一,生产者同时也是消费者并使用同一物流系统势必形成双向物流运输模式。虽说物流快递目前已形成某种体系,但使用的运输工具并未完全适应经济技术带来的商业模式和生产生活方式的改变和需求。目前城市物流快递工具混杂,行业化但各分层运输系统间转换不够标准,不利于技术提升且与其他交通冲突,固无品质可言。然而,专门的物流基础设施网络系统建设则存在投入大、运行成本高的问题。城市的改建更新应结合新商业模式等趋势,通过更新改建平衡增量存量,形成并通过新的专用物流网络基础设施系统连接各城市功能空间来完善优化空间体系使城市相关空间网络化功能实时化。城市垃圾收集若都使用这一专线运输系统,系统的实施和其摊薄的运行成本希望会接近于可实际实施操作的水平。LTOD概念的提出是为了抛砖引玉,其可行性和潜力需各参与方的科学研究和严谨评估,乃至需要局部的试验。它可能会改变城市现有生活、生产等模式而呈现新的模式。

目前世界范围内城市改建更新都处于转折点，抑或面临门槛的情况。技术经济和社会发展使“经典的规划问题”——城市改建更新问题变得似乎不那么传统。然而，必须保证城市的四大基本功能：居住、工作、游憩和交通（运输）的质量和效率。城市能为居民提供舒适的居住和游憩、有应变力的稳定工作、优美的环境和设施以及方便的交通，才可保持自身可持续的繁荣。相对于工业革命对社会生产率的促进带来的社会压力，互联网的大量信息以光速传递，在此背景下，社会生产率会达到前所未有的水平，同时人类面临巨大的社会生存压力。“人类正在迅速地，并非完全主动地进入一个新世界”。某些城市功能系统体系模式面临“范式转变”，城市改建更新需要系统应对新技术应用、经济运行和社会演变需求。有意识地应对经济技术对系统功能的需求趋势，主导城市功能和空间具体组成的系统更新，以形成新型的、完整的基础设施体系。在提倡质量的时代使新旧功能系统化高品质，以适时、主动和系统的城市改建更新应对“百年不遇的挑战”，通过系统的高质量的改建更新“创造新的城市空间”和提升城市整体功能和效率，使城市具备“回应新经济状况需要”的能力。进一步使城市形态、生活质量和社会效率有突破性的提升，居民有广泛参与经济活动的机会且经济发展也惠及大众，也使社会生产率提高与合理分配之间平衡以获得理想的社会效益，取得高质量、高品质的经济和社会发展目标。

参考文献

张庭伟. 从城市更新理论看理论溯源及范式转移[J]. 城市规划学刊，2020(1)：9－16.

基于LDA主题模型的新都城区城市更新问题研究

黄梦瑶　胡艳妮　王　珺　李洁莲

重庆大学

摘　要：“城市是人民的城市，人民城市为人民。”但现今由于无法精准把握“城市病灶、病因”导致规划工作面临难以将以人为本的核心理念落到实处的困境，城市规划的编制、实施与评估过程仍依靠传统经验判断。互联网＋背景下的网络问政不断深化国家治理体系，改进政府治理方式，提高了政务效率，网络问政中意见诉求是民众对美好生活需求，暴露出城市建设、规划的相关问题，是城市规划研究难得的样本信息。本次研究以自然语言处理技术中的隐含狄利克雷分布(Latent Dirichlet Allocation，以下简称LDA)主题模型为工具，新都区政务平台民众意见与诉求反馈为研究对象，研判阻滞新都城区发展的痛点所在，高效识别新都区现有城市更新问题，并提出相应的规划措施，实现城市规划的管理决策由单向式的规划师主导向多元主体共同谋划的转变。

关键词：主题模型；城市更新；语义挖掘；公众参与

1　引言

互联网＋背景下，信息技术的不断发展衍生出多元化、便捷化的公众参与途径，越来越多的文本信息成为民众参与城市治理的产物。利用网上政务公众留言文本等进行主题划分并进行情感分析，认知城市现状、辅助城市规划的实施，填补传统城市规划调查依靠问卷、访谈形式导致规划前期调查工作量大的短板，减少规划调查中依靠规划师个人经验来进行规划工作的不利影响，扩宽公众参与城市治理的途径，提高规划决策与管理的科学性和针对性。同时大量的网上政务公众留言文本真实反馈日常活动空间利用情况，以留言文本为媒介研判阻滞城市空间再生产力的问题，寻找激活城市空间再生产力的要素。

本次研究以提升“优化城市功能和土地资源配置、公园化城市环境、完善便民服务设施、提升人居环境和城市品质”等方面的城市空间再生产力为目标，通过新都区政务平台中96 736条民众意见与诉求反馈，结合LDA模型结构化认知新都区现有的城市更新问题，扩宽民众公众参与的途径，从而精准把脉新都区增存并行现状下的城市问题，决策支持新都城区有机更新策略制定及建设活动的精准安排，推动新都城区实现“高质量发展、高品质生活、高水平治理”的目标。

2 相关研究概述

在互联网中，每个人的行为都是随机的，但其实这些表面的行为隐藏着众多的规律。LDA 主题模型通过主题聚类，挖掘文本背后隐藏的关键信息，成为结构化认知文本信息的有效工具。LDA 主题模型研究主要围绕以下三个方面展开：① 网络舆情监控研究。通过分析网络评论文本内容，了解群众对政府管理者、企事业单位、各类组织及其在政治、社会等方方面面所持有的观点态度，把握其情感倾向，从而预测网络舆情发展态势，发现敏感舆情急速预警并持续跟踪，提高网络舆情应变能力，及时化解矛盾冲突，降低由舆论引发的负面效应。② 商务智能领域研究。随着电子商务规模不断扩大，商品个数和品类成指数式增长，大量无关过载的信息和产品使得消费者不断流失。LDA 主题模型可以有效通过客户留言评论挖掘与情感分析，了解客户需求与产品服务反馈，提供精准化的决策支持、多元化的信息服务，提升用户体验感。③ 基于机器学习的研究。机器学习涉及概率论、统计、算法复杂度理论等多学科领域交叉融合，是人工智能的核心技术。[1]评论挖掘与情感分析领域目前运用较为广泛的神经网络模型，属于机器学习领域中的新兴研究方向。

上述研究表明，主题模型研究大多以情报学、计算机科学研究为主，以挖掘用户情感偏好为主要目的，辅助政府部门及企业的决策支持，城市更新领域的运用仍处于空白阶段。现今社会矛盾逐渐呈多样化发展趋势，城市发展由增量扩张转向存量提质，提倡关注民生、重视内涵。传统的城市问题挖掘主要来源问卷调查、民众访谈，但往往因为样本有效，收效甚微。利用 LDA 主题模型挖掘城市更新问题所在，结构化认知城市，厘清城市发展顽疾所在，是实现高质量发展、高水平治理、高品质生活的重要手段。

3 LDA 主题模型

3.1 主题模型

主题模型是以无监督学习方式对文本信息进行聚类分析，挖掘潜在语义的统计模型。主题模型研究源于 Papadimitriou、Raghavan、Tamaki 和 Vempala 提出的 LSA 潜在语义分析(Latent Semantic Analysis，以下简称 LSA)检索。LSA 基本思想就是通过对高维的文档集合进行降维，去除无关信息，解决一词多义和一义多词，凸显文章语义结构。1999 年，Thomas Hofmann 提出了 PLSA 概率性潜在语义分析(Probability Latent Semantic Analysis)索引，在 LSA 基础上引入概率计算，通过多项式分布，描述词频向量。LDA 隐含狄利克雷分配是一般化的 PLSA，由布莱在 2003 年首次提出，在 PLSA 基础上加上贝叶斯框架，是最具代表性的主题模型(图 1)。在 PLSA 中，分析样本随机，主题参数未知但是恒定，而 LDA 主题模型中样本恒定，参数未知，服从一定概率分布。在 PLSA 中，一篇文章只有一个主题生成，而实际中，一篇文章往往有多个主题，主题出现的概率也不尽相同。例如介绍城市的文章中，分别从其社会、经济、人文多维度展开，只是主题有所侧重。

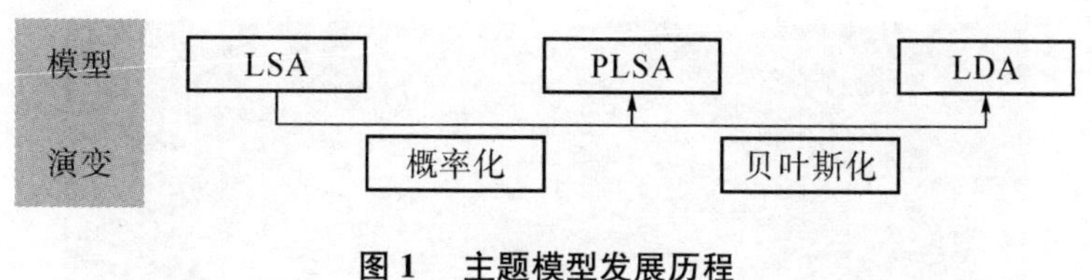

图1　主题模型发展历程

（图片来源：自绘）

3.2　LDA主题模型

在LDA主题模型中一切参数都是随机变量，其认为一篇文档其实是由一组词汇的集合构成，文档可以包括多个主题，文档中的任意一个词汇都由该文档中的某一个主题生成。词汇之间没有先后顺序的差别，只关注词汇出现的频率次数。因此，在LDA主题模型中，一篇文档的生成是通过以一定概率选择了某个主题，并在这个主题中以一定概率选择某个词汇。文档中每个词汇出现的概率满足以下公式：

$$P(\text{词汇} \mid \text{文档}) = \sum P(\text{词汇} \mid \text{主题}) \times P(\text{主题} \mid \text{文档})$$

LDA主题模型中，文档和单词是可被观察到的，但主题却是隐藏的。LDA主题模型利用贝叶斯算法，实现词汇特征维度降低，从而挖掘文本信息的潜在主题和实现语调分类。

4　新都区城市更新问题研究

城市更新问题的识别涉及城市规划、人工智能、规划管理等众多领域。本次新都区城市更新问题研究运用LDA主题模型，分析新都区人民政府政民互动中的96 736条民众意见与诉求反馈的主题构成，并结合意见诉求所指向的地理位置，实现了城市更新问题高发区的识别，有效提高城市规划的科学性与针对性。

4.1　研究区域

本次研究区域北至北一路，东南至绕城大道，西至金芙蓉大道的新都城区，用地面积约为34 km^2，人口规模约为50万人。其中，蓉都大道（原大件路）以西、兴城大道以北、宝光大道以南的区域为老城，大件路以东、新都大道以南、工业大道以北的区域为新城，其余区域为特殊功能区或尚未城市化开发的用地（图2）。

新都城区因川陕驿站而建，经历计划经济时期的小行政单位制住区建设和城市化初期的工业化带来的大单位制住区建设，形成了以不同大小单位制住区为主、历史留存街巷商住穿插其中的老旧住区状态。2019年新都区常住人口城镇化率72.8%，处于从增量主导外延式到增存并行内涵式的发展方式转变阶段，美好生活与不平衡不充分发展间的矛盾愈加凸显。

4.2　研究数据

网络信息的日益普及，助推各地政府自设公众留言平台，推进治理体系现代化建设。留

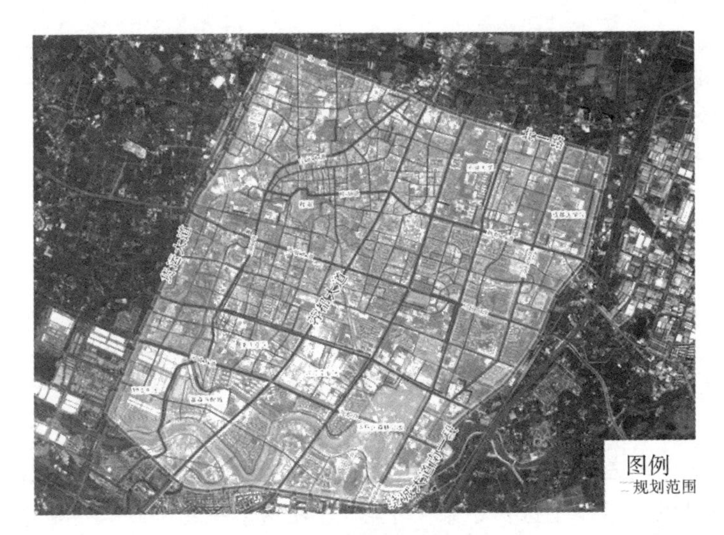

图 2　研究范围

（图片来源：根据高德卫星图片改绘）

言平台保留了大量真实历史数据，完整公开原始信息，是系统研究民众意见诉求反馈及其价值观念的难得文本资料。从 2008 年起至今，新都区人民政府政务平台中提供了大量的真实的民众意见诉求，是对城[3]市空间利用情况最好的反馈。利用爬虫爬取新都区民众意见与诉求，总计有 96 736 条民生问题，主要包含数据来源网站、民众意见诉求、反馈者、反馈时间、信访回复时间及内容等。将获取原始数据中重复文本信息、广告推销、10 个字以内的超短文本进行删除。同时，通过提取意见诉求反馈中所提地点名称，匹配高德所爬取得 POI 点的地址，实现问题诉求空间化（图 3），最终得到新都区民众意见与诉求反馈有效信息空间化 73 642 条，作为本次研究的数据。

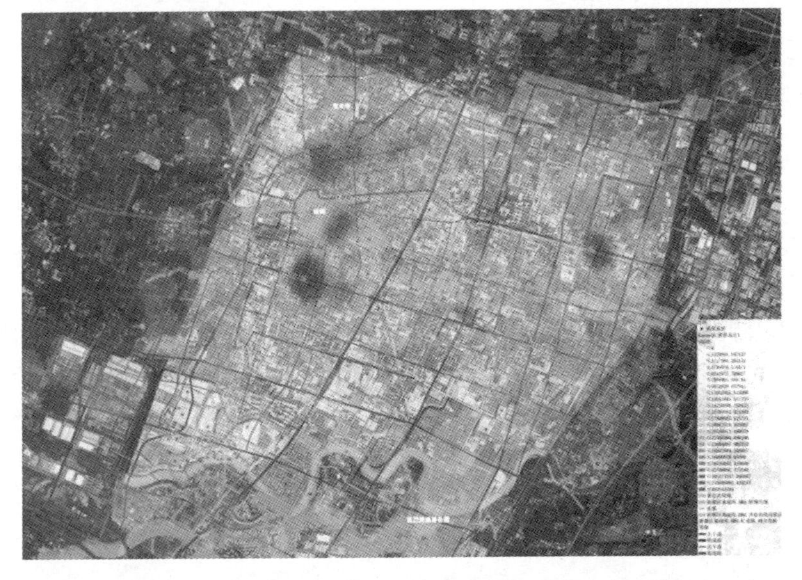

图 3　新都区人民政府政务平台中的民众意见及诉求反馈空间分布示意

（图片来源：根据高德卫星图片改绘）

4.3 操作流程

通过 LDA 主题模型建构，有效分析民主意见诉求的主题构成，把脉新都区城市更新，探讨核心问题所在，提出相应的解决方法。

4.3.1 数据预处理

实际操作过程中，为提升主题模型训练结果，往往先通过数预处理，减少、降低无关信息干扰，而后再对文本信息进行聚类分析，提升模型处理效率。数据预处理，首先抽取部分的样本信息，利用词库对民众意见与诉求进行初步分词。根据初步分词结果，去除语气助词、副词、介词、连词等没有实际意义或出现频数低的词，初步得到关于新都区城市问题相关的特征关键词，再将意义相同或相近的词转化为同义词，进一步减少有关城市问题的特征关键词。

(1) 分词：抽取新都区民众意见诉求中反馈内容 100 条，利用现有搜狗细胞词库中城市规划、城市信息等细胞词库进行分词，观察分词结果，进一步优化现有的分词词库。在优化后的分词库上，对反馈内容进行分词处理，分词后的文本信息由单词组成，即一条意见诉求反馈映射成多维的词汇向量，并计算词汇词频(表 1)。

表 1　新都区人民政府政务平台中的民众意见及诉求词频统计

词频特证词	居民 7683	老城区 6892	交通 6125	车辆 5342	人行道 3215	蜀龙大道 3651	堵车 2136
词频特征词	车站 1356	收费 1248	环境 1232	交通 1239	活动 1216	路线 1056	公交 1034
词频特征词	香城 982	停放 961	污染 754	公园 732	摆摊 459	城管 421	噪音 352

(表格来源：自制)

(2) 停词：观察分词结果并统计词频，将以下两种情况中的词汇列为停用词。① 词频低于 100 的词汇，此类词汇出现频率低，取出后可以有效提高特征词词频，突出新都区民众意见诉求反馈的主要问题。② 利用百度停词库过滤无关信息，去除语气词、数字、标点符号等一系列无具体意义的词汇，如的、但是、左右、200 等，降低无关信息干扰。

(3) 同义词转化：将词义相同或相近的词语转化为同义词，有助于避免语言表达过程中产生的差异，针对新都区城市有机更新项目，合理确定同义词库，将词义相近的词定义为同义词，以便在数据处理过程中识别替换同义词，进一步降低有关日常活动的特征关键词。如汽车、卡车、货车、公交车转化为车。本次研究所采用的同义词库为 CSDN(中国专业 IT 社区，Chinese Software Developer Network)上下载的中文同义词词库与根据规划需要增加同义词表，对新都区人民政府政务平台中的民众意见及诉求反馈进行去重处理。

4.3.2 确定主题数

通过数据预处理后，民主意见诉求将有效实现文本特征降维，形成一个包含民众意见诉求反馈的特征词向量空间矩阵。将特征词向量空间矩阵代入 LDA 主题模型训练，通过不断调整主题数、关键词数，得出最佳 LDA 主题分布，并计算不同主题的词频，最终形成文本—

主题—特征词的概率分布。

LDA 主题数的确定是主题模型训练的关键。由于 LDA 主题模型无法直接获得参数，一般通过参数估计推理参数数值。本次研究通过假定主题数 K，探究民众意见与诉求的关注重点，结构化认知新都区城市更新的主要问题。主题数的确定主要有如下方法：基于经验主观判断、基于困惑度、使用 Log—边际似然函数的方法、非参数方法、计算主题向量之间的余弦距离等。

其中基于经验主观判断最为常用，其通过不断调试主题词数，分析主题结果。本文研究利用 Python 编程处理分词结果，分别将主题个数 K 定义为 5、10、15，依次带入 LDA 主题模型中，得到不同 K 值下的每一个主题中特征词分布情况，发现 K 值越大，不同主题中重叠的特征词越多，难以识别出既独立又相关性小的主题维度[5]。观察研究结果，调整主题数 K 为 3、4、5、6、7、8、9，利用 Python 编程调试主题数。当主题数 K 取值为 3、4、5 时，特征词在每一个主题中分布概率逐渐提升，但同时由于主题数有限，每个主题中所包含的特征词相关性弱，当主题词 K 取值为 7～9，特征词在不同主题下分布的概率逐渐降低。比较主题数测试结果，最终确定主题数为 6 时呈现最佳主题分布，其特征词的分布情况概率适中，特征词之间的相关性大，重复性小（表 2）。

表 2　民众意见及诉求反馈主题分布

主题 1	油烟	摊贩	广场舞	麻将	大排档	噪音
概率	0.0245	0.0194	0.0157	0.0108	0.0094	0.0079
主题 2	网络信号	手机	垃圾	路灯	无障碍	红绿的
概率	0.0345	0.0289	0.0156	0.0127	0.0090	0.0058
主题 3	停车	堵车	占道	乱停放	拥堵	收费
概率	0.0618	0.0584	0.0424	0.0410	0.0317	0.294
主题 4	公园	环境	活动	绿地	空地	锻炼
概率	0.0367	0.0258	0.0194	0.0163	0.0138	0.0087
主题 5	公交	公交线路	地铁	公交站点	接驳	时间
概率	0.0138	0.0107	0.0096	0.0071	0.0061	0.0048
主题 6	农贸市场	社区	老人	药店	文化	运动
概率	0.0468	0.0448	0.0357	0.0312	0.0238	0.0159

（表格来源：自制）

4.3.3　构建主题模型

根据 LDA 主题模型分布结果，总结归纳新都区主要的城市更新问题所在。新都区城市更新问题主要有设施服务水平问题与短板、人居环境问题与短板、非正规活动问题与短板三大斑块，六大主题构成（图 4）。

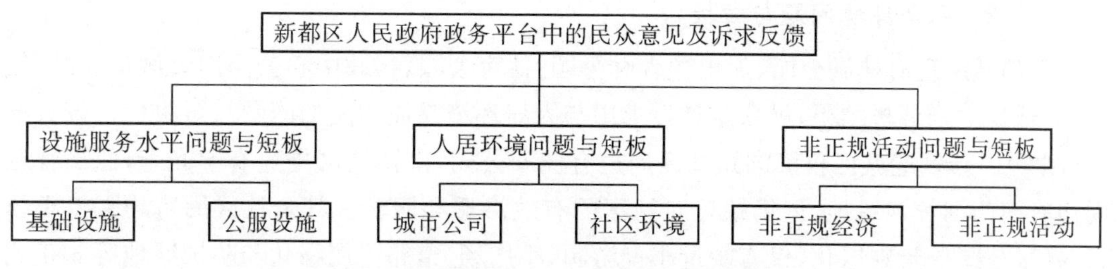

图 4　新都区民众意见及诉求反馈主题模型

（图片来源：自绘）

5　新都区城市更新问题研究

5.1　新都区城市更新问题

5.1.1　设施服务水平问题与短板

新都城区内由于建设年代久远，在城市发展过程中“设施规模小、覆盖范围有限”问题较为突出。① 基础设施服务水平问题与短板：新都老城内的旧城老路由于机动化水平提升，机动车交通问题频发。停车问题主要集中在旧城老路。其中由于旧城老路机动车数量较多，存在的停车问题最为严峻，主要围绕违章停车、占道停车、停车位不足等方面。城市次干道桂湖路、支路建设路等附近由于汇聚众多的商业服务业设施用地，路边占道停车情况严重(图 5)。同时，新都区的公共交通体系建设有待完善，随着生活水平的提高，居民对绿色出行更为重视。依据主题分析结果，新都区公共交通站点设置、路线规划调整亟须结合慢行系统统一考量。② 公共服务设施服务水平问题与短板：新都城区由于建设时限较长，大型的公共服务设施数量较多，但社区内部小型的服务设施，如老年人日间照料中心、活动中心等设施均存在规模设置不合理、设施配套不完善、公共活动空间不足等问题和短板(图 6)。

图 5　基础设施服务水平问题与短板空间分布图

（图片来源：根据高德卫星图片改绘）

图 6　公共服务设施服务水平问题与短板空间分布图

（图片来源：根据高德卫星图片改绘）

5.1.2 人居环境问题与短板

新都城区现有桂湖公园、泥巴沱森林公园、体育公园、行政中心公园四大城市、片区级公园，依据主题分析结果，民众意见诉求中与人居环境品质相关的问题与短板仍占较大部分(图 7)。新都老城区仅滨湖路社区周边有桂湖公园，南街社区周边有宝光寺，西街社区周边有南门河滨河绿地，但仍缺乏对社区的有效渗透和服务。其余社区周边均无专类公园、社区公园等景观绿化，仅有少量小型游园、小广场、道路附属绿化与防护绿地等非正式绿地散布，且景观环境质量不高，居民使用率低。承载居民日常生活交往的社区景观环境严重不足。

图 7 人居环境问题与短板空间分布图

(图片来源：左图根据高德卫星图片改绘，右图照片笔者自摄)

5.1.3 非正规活动问题与短板

城市人口常年聚集积累的旺盛人气与碎片化生活活动，创造出社区空间复合利用的价值、自发生长的动力和旺盛的生命力，衍生出临时摊贩、大排档等非正规商业服务活动和广场舞、路边摊等非正规活动。正规活动空间不同于官方规定的、精心规划过的、有序的、容易辨识的公共空间，而是具有永恒、谦虚、自然、重复、平凡的品质，是居民日常活动经常和反复出现的地方，由一系列社会交往、经济交易等日常生活活动交汇在一起相互碰撞和影响，所形成的城市中活力点，但同时也是无序、混乱的代名词。

新都虽然有新区的七一广场、苏宁易购广场、新城市购物广场、旭辉广场等大型商业综合体奠定出的城市消费空间格局，但一方面，老城长期积淀的“新都味”“新都情”传统消费业态缺乏显示度，老城中心区的桂湖街道非正规活动问题与短板仍较为突出。与居民日常生活最贴近的早点摊、小茶铺等往往受到“马路经济”的指责而处于“游击队”的状况，居民日常休闲的娱乐空间、放松场所——广场舞活动，演变成了一场场“空间争夺赛”(图 8)。

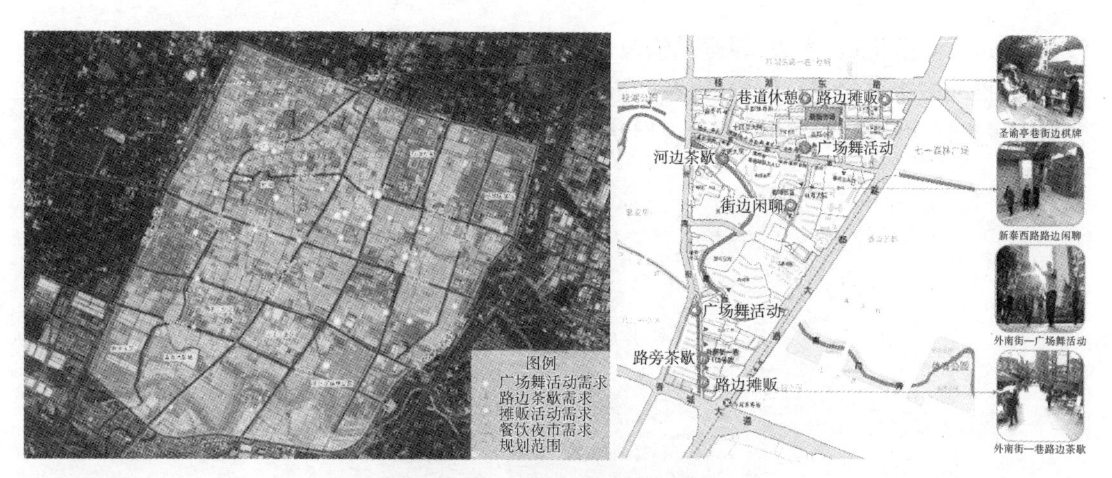

图8　非正规活动空间分布图

（图片来源：左图根据高德卫星图片改绘，右图照片笔者自摄）

5.2　新都区规划改造思路

以新都城市居民诉求和有机更新面临的问题为靶向，“优化城市功能和土地资源配置、公园化城市环境、完善便民服务设施、提升人居环境品质”为目标，制定新都区城市更新战略。

增设施：因地制宜补齐新都城区建设短板，是城市更新建设的首要前提。新都区设施短板问题的解决，不仅要依据现有的生活圈的设施设置标准，标准化补齐现有设施短板，更要因地制宜，寻找不同人群对设施的差异化需求，依据主题模型可视化结果，挖掘主要设施短板问题所在，落位空间，精准补齐、补准现有设施服务水平的问题与短板（图9、图10）。

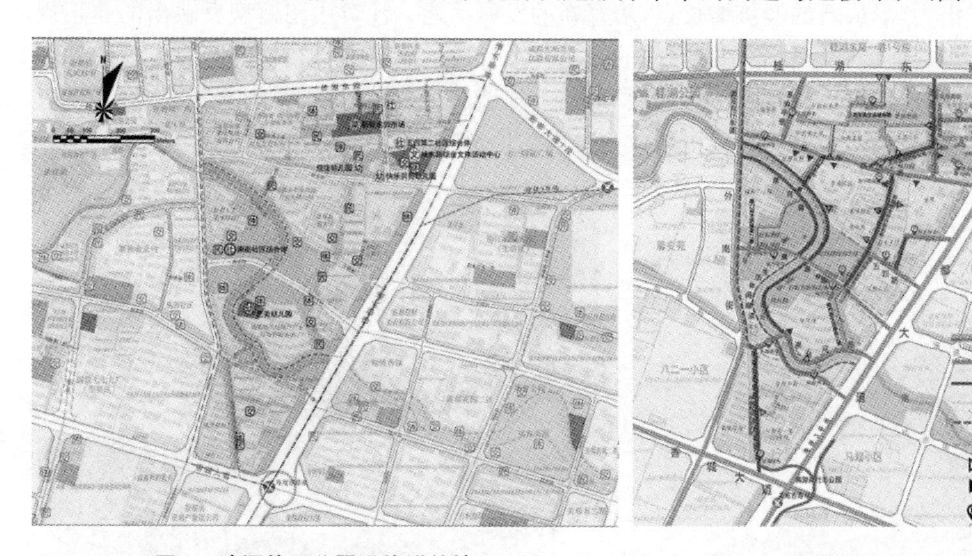

图9　清源片区公服设施增补情况

（图片来源：自绘）

图10　清源片区道路交通梳理

（图片来源：自绘）

塑环境：人居环境质量提升，是人民群众获得感幸福感的直接体现。影响人居环境质量的最主要原因是城市发展在历史时期注重追求速度和规模后，留下的生态环境、居住品质、公共供给短板。针对新都城市存在的“零距离”公园绿地不足的短板，生态修复河流、沟渠，整备“多边”绿地(街边、水边、邻避设施边)非正式绿地,构建网络化共享景观,承载非正规交往活动,推动城市结构调整优化,提升城市品质,聚合社区邻里凝聚力,使城市有机更新成为营造人民美好生活高品质环境的有力推动(图 11)。

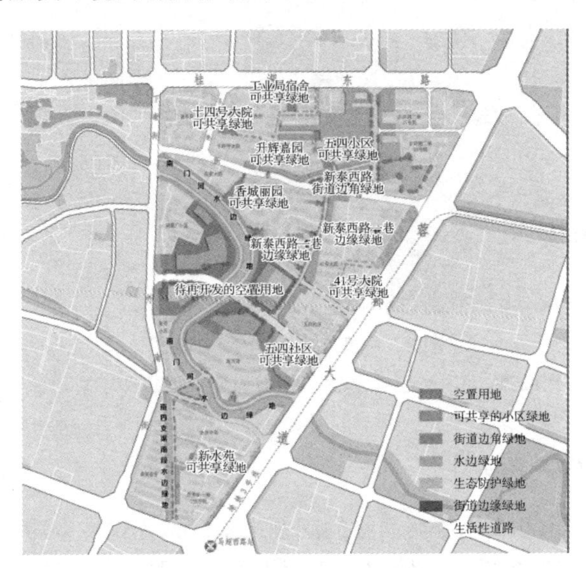

图 11　网络化共享景观图

(图片来源:自绘)

扩内需:研判新都步入城镇化较快发展的中后期,城市是扩内需补短板、增投资促消费、建设强大国内市场的重要战场,以城市有机更新为抓手,谋划推进民生工程建设,有助于充分挖掘发展潜力,形成新的经济增长点,培育新的发展动能。针对主题模型反映出的非正规经营活动诉求旺盛但缺乏相应承载空间的问题以及针对主题模型可视化中的非正规活动高发处,施行布局夜市、设置摊位、整治铺面等措施,规训非正规经营活动,创造新都城市“全时间、多路段”就业机遇,使城市有机更新成为扩内需促消费的重要路径(图 12)。

图 12　非正规活动植入示意

(图片来源:左图自绘,右图来自网络)

共享共治：在全球城市从政府单方面自上而下的管理向政府、资本、居民共同参与的治理转变趋势下，城市更新的一项重要任务是通过城市治理，以合作的方式提供公共服务，将具有高度流动性和灵活性的生产、金融和消费吸引到自己的地域来。城市更新的根本不局限于对原有空间的修补，而是要创造新的共享空间，以及新的对于共享资源的管理模式。吸引多方共同参与城市共享空间创造，遵循"使用共享资源的权利必须属于所有创造这份共享资源的人们"的原则，将参与者的权利以"权责利挂钩"的形式分配到相应的空间中，实现城市自主治理，使城市更新成为激发自主治理潜力的新机能。

6 小结

LDA 主题模型将海量的文本信息结构化，挖掘文本信息的潜在语义，辅助城市规划调查的编制与实施。因此，以 LDA 主题模型为工具分析新都区政务平台民众意见与诉求，探究新都城区现阶段病因病灶，有效解决传统城市规划精确性不够、对分析者经验依赖性强等问题，同时其分析的快速性、呈现的直观性以及数据演化的动态性，有助于我们将"以人为本"核心理念落到实处，精准把脉城市病灶，高效研判城市病因，制定城市规划管理策略，不断提升新都城区城市人居环境质量、人民生活质量。

参考文献

[1] 罗达强. 浅议机器学习技术在政府网站中的应用[J]. 现代经济信息，2017(21)：298 - 300.
[2] 唐晓波，顾娜，谭明亮. 基于句子主题发现的中文多文档自动摘要研究[J]. 情报科学，2020，38(3)：11 - 16，28.
[3] 张延吉. 公众规划价值观的差序格局：基于城市规划领域中公众留言的内容分析[J]. 城市规划，2019，43(8)：108 - 116.
[4] 陈宣雨. 自然语言处理在企业语调领域的应用与展望[J]. 新经济，2021(2)：59 - 63.
[5] 董爽，汪秋菊. 基于 LDA 的游客感知维度识别：研究框架与实证研究：以国家矿山公园为例[J]. 北京联合大学学报(人文社会科学版)，2019，17(2)：42 - 49.
[6] 赵虎，李飞，陈宇. 文本分析在规划公众参与中的应用研究：以"济南城市发展战略规划"之愿景填写分析为例[J]. 城市发展研究，2019，26(11)：27 - 33.
[7] 邱明月，李效峪. 基于自然语言处理的警情特征分析与可视化研究[J]. 信息通信，2020(8)：178 - 180.
[8] 陈健瑶，夏立新，刘星月. 基于主题图谱的网络舆情特征演化及其可视化分析[J]. 情报科学，2021，39(5)：75 - 84.

中心城区浅层地下空间枢纽导向开发模式研究

张鹤年[1]　黄　颖[1]　寿烨莎[2]

1　南京市南部新城开发建设集团

2　南京工业大学建筑学院

摘　要:本文首先以南京市新街口区域为例,对中心城区既有地下空间的现状和问题进行分析。在此基础上,提出中心城区浅层地下空间枢纽导向开发模式,并以南京市大校场机场跑道地下空间为例,阐述其空间再生的原则及要点,为国内中心城区浅层地下空间的开发利用提供借鉴。

关键词:中心城区;浅层地下空间;枢纽导向;空间再生

1　引言

随着城市化的不断推进,城市发展与城市空间之间的矛盾日益尖锐,尤其在中心城区,地下空间资源的合理开发成为城市建设的热点,在学术领域也掀起了地下空间研究热潮。Oreste、Soldo提出城市地下空间的有效利用能改善城市布局,促进城市可持续发展[1];吉迪恩、尾岛俊雄出版了地下空间设计专著《城市地下空间设计》[2];Hunt从可持续发展及抗灾性角度分析了发展地下空间与实现更宜居城市的关系[3];束昱团队持续多年研究地下空间规划设计理论及方法,构建了"城市地下空间和谐发展"的基本理论与框架[4];陈志龙提出处理好地下地上空间一体化是地下空间规划的关键[5];袁红对城市地下空间的属性与本质进行剖析,提出地下空间需与地面城市相对应,形成"双层"城市空间系统[6-7]。以上研究为地下空间的开发利用奠定了理论基础,但均着眼于地下空间整体与城市的关系,需要在地下空间分层化趋势下对其进行进一步研究。地下空间按用地性质划分,浅层(－10 m以内)主要为人的活动空间,中层(－10 m至－50 m)主要为人的交通空间,深层(－50 m以上)主要为物的交通空间。本文主要研究对象为－10 m以内,以人的活动为主的中心城区浅层地下空间,提出其枢纽导向开发模式,对浅层地下空间开发进行针对性理论指导。

2 中心城区既有浅层地下空间开发利用概况——以南京新街口为例

2.1 开发规模

新街口是南京市城市总体规划确定的城市一级中心区，作为南京市地下空间建设最早、开发最集中的区域，新街口地下空间是典型的中心城区既有地下空间。截至 2019 年，地面建筑总量为 1 072.5 万 m^2，范围内开发强度为全市最高，地面平均容积率 6.3，在国内处于较高水平(图 1)。地下空间总覆盖面积为 28 万 m^2，半数以上建筑地下室开发为一层(65%)，除德基二期、金鹰三期等开发至地下五层外(−20 m)，其余地下室集中在浅层(图 2)。

图 1　新街口中心区规划范围
(图片来源：自绘)

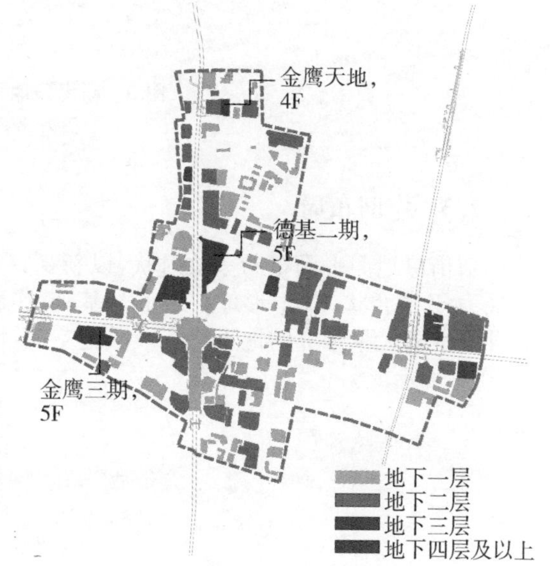

图 2 新街口地下空间开发规模
(图片来源：自绘)

2.2 功能分区

新街口地面建筑功能混合，以商办混合(53.4%)为主，集中了全市主要的商业综合体。地下空间主导功能为地下停车(57%)与地下交通(26%)。停车功能在地下各层均有分布，交通功能分为轨道交通与步行交通，轨交位于地下一、二层，共 3 条轨道线，4 个地铁站点，主要集散点为新街口站，设 24 个出入口，平均间隔 50 m 设置 1 个；步行交通主干道为 T 字形，以新街口站为交汇点联通各大商场的地下层。地下商业约占 14%，位于地下一、二层，主要为 T 区商业街及商业综合体地下层，以流动餐饮、商品零售为主，与地上中高端商业形成互补。地下文化设施及其他占 3%，位于地下一、二层，多为文娱类建筑附属，以及一些地下市政、防灾、贮存设施，埋深在地下 3 m 左右(图 3)。

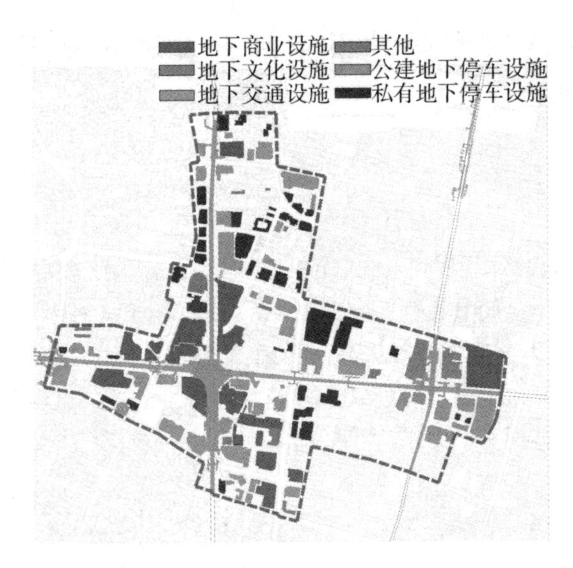

图 3　新街口地下一层功能分区

（图片来源：自绘）

2.3　空间布局

新街口地面平面布局呈放射状，以新街口站周围综合体聚集区为中心。核心地下空间布局为 T 形脊状，以 T 形地下通道为基础，连通整合地铁站、地下综合体、地下过街设施，并在外围散落大量独立的地下停车及其他空间(图 4)。

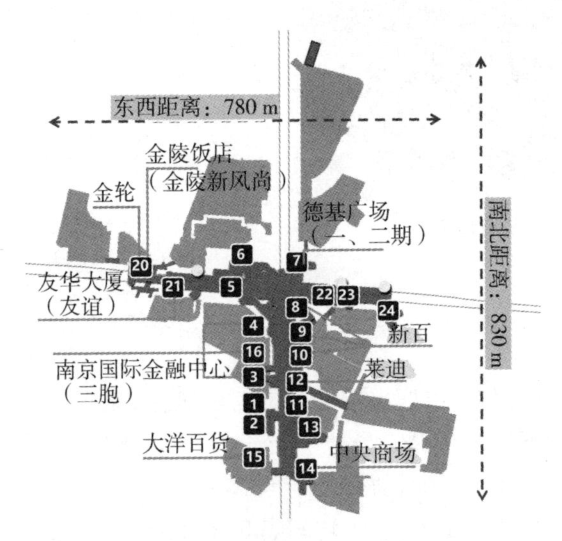

图 4　新街口地下空间布局

（图片来源：自绘）

2.4　交通组织

新街口地面车流在城市支路与地下停车出入口处较拥堵，人流以新街口站为聚集点向外分散。地下空间T形公共区域为人群密集区，汇聚出行、过街、购物等各类人群，多种流线交织，堵塞通道现象严重，竖向交通依靠大量的步梯且高差多，上下不便，对消防、疏散、急救、安保等提出更高要求。

2.5 环境建设

新街口地面建筑密集，缺少独立的公共空间，环境建设主要为点状城市广场与绿地。地下空间由于建设较早，环境陈旧，采光以人工照明为主，亮度不均，通道昏暗；地铁运行及商业活动带来一定的噪音问题；开放餐饮及零售导致气味直接在公共空间扩散，影响空气质量；绿植覆盖严重不足；界面装饰单一，缺少特色艺术营造；标识系统指向信息不明确、位置不合理、可读性不高；缺少休憩设施以及厕所；无障碍设施布置不合理，使用率低[8-9]。

3 中心城区浅层地下空间开发利用存在问题及原因分析

3.1 存在问题

通过对新街口地下空间的现状分析，可见虽然城市地下空间开发的进展很快，但总体尚不能满足城市发展的要求，尤其是重点兴建的中心城区浅层地下空间仍存在诸多的不足：

(1) 功能类型单一、滞后。

(2) 空间布局存在地上地下脱节以及周边地下空间互联互通不足的问题。

(3) 流线交织，交通组织不善。

(4) 环境建设人性化不足。

3.2 原因分析

究其原因，大致可归结为以下几个方面。

3.2.1 发展阶段侧重点不同

地下空间开发初期，经济实力有限，商业和停车需求较高，资金回报周期短，文化体育等休闲需求不高，市政设施建设前期投入高，资金回报周期长，故地下空间早期开发侧重于商业功能与停车功能。随着经济实力的增强，地下空间开发的需求增多，在商业与交通功能进一步完善的同时，逐渐开始重视休闲及其他功能的开发，以及空间环境的建设和改善。

3.2.2 前期未进行统筹开发

在"地下空间开发热"趋势下，城市地下空间开发利用存在孤立分散、盲目冒进的现象。各区域地下、地上空间各自设计、各自开发、各自管理，在开发初期未考虑后续发展，后期需求增长，才联通成为一个大规模的地下空间。前期未进行统筹开发，导致地上地下脱节，地下空间之间联系不足，空间利用效率低，交通不便。

3.2.3 基础性地质工作比较薄弱

国内大多数城市的基础性地质工作还比较薄弱，地质数据的管理尚未实现互通共享，离地质体透明化显示的要求还存在较大差距，导致地下空间开发有区域片面性，相互之间联通程度不高。

4 中心城区浅层地下空间更新与开发——枢纽导向模式

4.1 枢纽导向模式的定义

枢纽导向模式：耦合商业、交通、科教及文体娱等功能要素，锚固综合交通网络、地上城市结构和地下空间体系节点，以地上、地下一体化的枢纽为导向进行地下空间更新与开发。

4.2 枢纽导向模式的原则

结合功能、布局、形态、交通、环境等要素，枢纽导向模式提出四个原则：复合利用、上下一体、要素集聚、合理高效。复合利用包括用地性质的复合以及地上地下功能的连续、共存或互补；上下一体指地上、地下的布局要有呼应，形成一体化的空间和形态；要素集聚着重于环境建设要集聚光、气、风、水、绿化各要素，来营造满足人的生理及心理需求的空间场所；合理高效指在浅层地下空间内部以及与地面空间、中层地下空间之间实现安全、高效的交通组织。这四条原则应该被当作一个有机的整体来看待、分析和实现，从而全面地应对日益紧迫的城市问题。

4.3 基于枢纽导向的中心城区浅层地下空间更新与开发——以南京市大校场机场跑道地下空间为例

4.3.1 开发规模

南京市南部新城区域地处主城东南，是南京城市建设发展的重要功能板块，以枢纽经济平台、智慧城市典范、人文绿都窗口为主要特征。南京市大校场机场跑道及周边地区位于南部新城核心区，北临机场路，东接苜蓿园大街，南邻机场二路，西至夹岗二路，总面积约104.6万 m^2。大校场机场区域具有浓厚的文化资源，在明代是“大教场”，为古时练兵、训马、检阅、比武的专门场所；在民国时期作为首都机场，是中国历史上最大的航空基地之一，抗战前被定为中国最高级别的航空总站；新中国成立后一直作为南京重要的机场直到21世纪初。未来计划建设成以机场跑道为载体、丰富多彩公共活动为内容的城市文化公园，强调空间的长距离、水平性、纵深感，并以跑道公园为中心，与南京博物院、省文化艺术中心、神机营文化公园等公共场所相连接，成为一条新的文化路线。机场跑道地下空间总建筑面积约为129 381.8 m^2（含轨行区37 326.54 m^2），分为三个区域，A区为位于机场路、明匙路、机场跑道及三角绿地下的地下空间，总建筑面积101 337.9 m^2，B、C区为两区间公共通道，B区总建筑面积29 909.2 m^2，C区总建筑面积15 990.17 m^2（图5）。

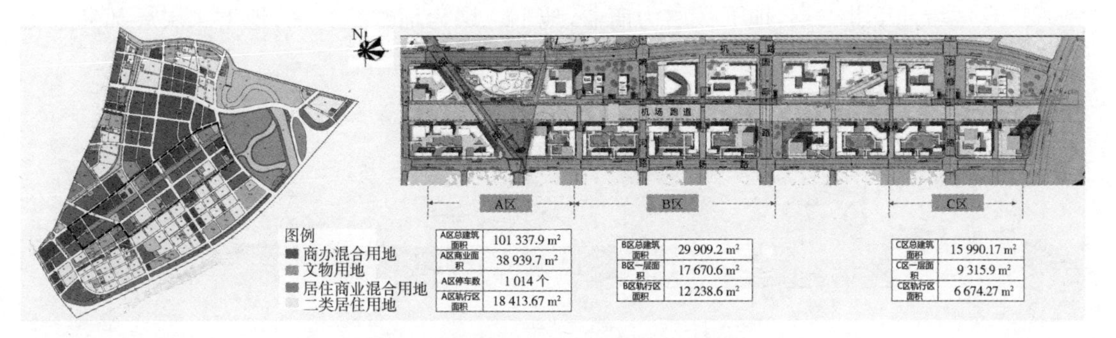

图 5　机场跑道周边及地下开发概况

（图片来源：自绘）

4.3.2　功能分区

平面上，根据“复合利用”原则，一方面，地上地下功能利用保持连续、共存或互补。机场跑道周边分布大量住宅、商办建筑，人群消费力强，规划中文化类建筑占比颇高，故地下空间规划考虑将部分商业放置在地下，上下商业共存，地上是城市外向型商业，地下定位为主题商业作为互补，同时延续地上文体娱功能。通过组合这些类型的土地利用，地上和地下两个城市将会融合到一起。另一方面，将部分地面交通、市政及传输功能逐步转移到地下空间，5 号线、6 号线、10 号线、16 号线四条轨道线穿过地下空间，承担了机场跑道区域的大部分交通压力，综合管廊系统、区域能源系统、真空垃圾收集系统也在建设中(图 6)。

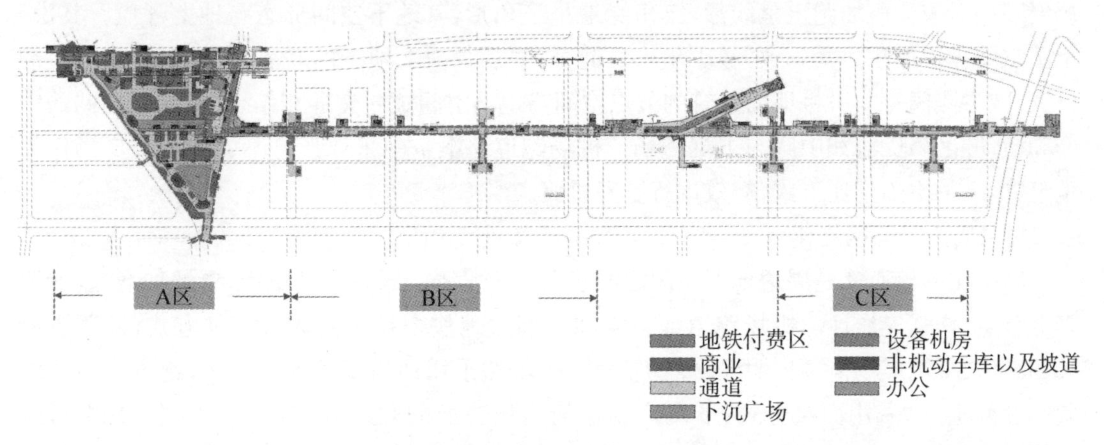

图 6　机场跑道地下一层平面图

（图片来源：自绘）

竖向上，地下空间浅层主要为人的活动空间，中层主要为人的交通空间，深层主要为物的交通空间，“复合利用”原则强调用地性质的复合，规划应考虑将三种不同性质的用地功能有效地结合，在不同的标高上配置适宜的功能，实现竖向功能的复合利用。在浅层地下空间，商业、文体娱功能等人流聚集的功能应安排在地下一、二层，不建议放置在地下三层以下，交通、停车功能布置在地下二层以下，市政类设施可部分布置在浅层地下空间下部。机场跑道地下空间按设计区域分为 A、B、C 三个区域，A 区域地下共三层，地下一层为商业，地下二层、三层均为汽车库，其中地下三层局部为人防区域，地下二层、三层局部为区域能源站。B、C区域地下共二层，地下一层为商业，地下二层为地铁轨行区，地下二层局部夹层为商业的设备机房(图7)。

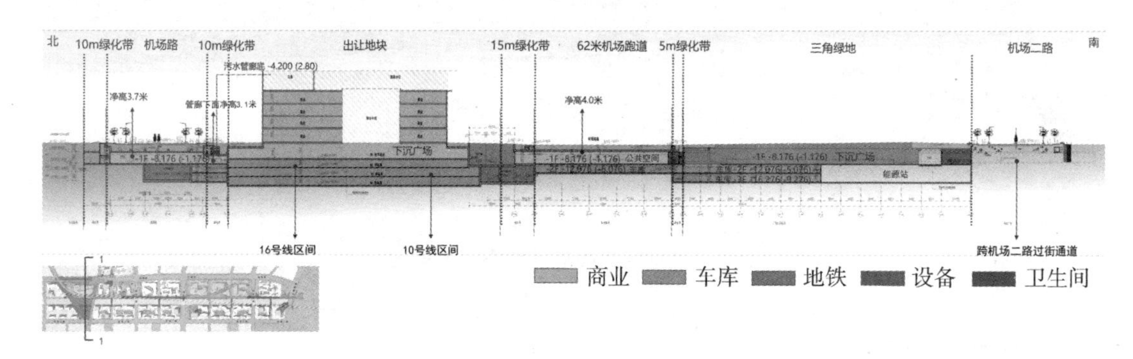

图7 机场跑道地下空间剖面图

(图片来源：自绘)

4.3.3 空间布局

在枢纽导向模式的"上下一体"原则下，地下空间布局与结构形态强调地上地下一体化、周边空间网络化。机场跑道地下空间整体呈脊状，以跑道为脊，连接相邻地下层。

(1) 地上、地下一体化

地下空间不再是地面的附属，而是作为一个整体进行打造。首先，地上、地下的空间布局要互相对应。机场跑道呈线形，三角绿地呈三角形，其地下空间形态与地上呼应。其次，上下空间投影面积尽量一致，减少出入。此外，要加强地上地下的联系渠道，通过出入口的设置，减少隔阂感。可将地面建筑的节点空间与地下空间竖向交通相结合，使相互之间的空间和活动能够延续，如中庭与下沉广场。机场跑道地下空间采取形态不一的下沉广场作为地上、地下的主要沟通方式，有效进行空间过渡。

(2) 周边空间网络化

网络化的核心就是周边地下空间之间建立广泛紧密的联系。区域内，要增加通道，设置多个节点，增强连通性。机场跑道地下空间与周边地块衔接主要通过三种方式，即通道衔接、面接及下沉广场衔接。明匙路西侧地块、机场路采用通道衔接地下空间；跑道北侧地块紧邻区间通道，采用面接方式；下沉广场连接为最普遍的联系方式，共计24个，其中与地块结建共用计9个，结合绿地或绿带计13个，地块与地铁共用计1个，三方共用计1个，50 m范围内均可到达任意一个下沉广场和中庭，此种衔接方式在心理上最为自然，趣味性强(图8)。大范围视角下，各中心城区进行统筹规划，形成以地铁为骨架、综合地下城为节点、城市中心区为区域、点线面结合的地下空间网络结构。

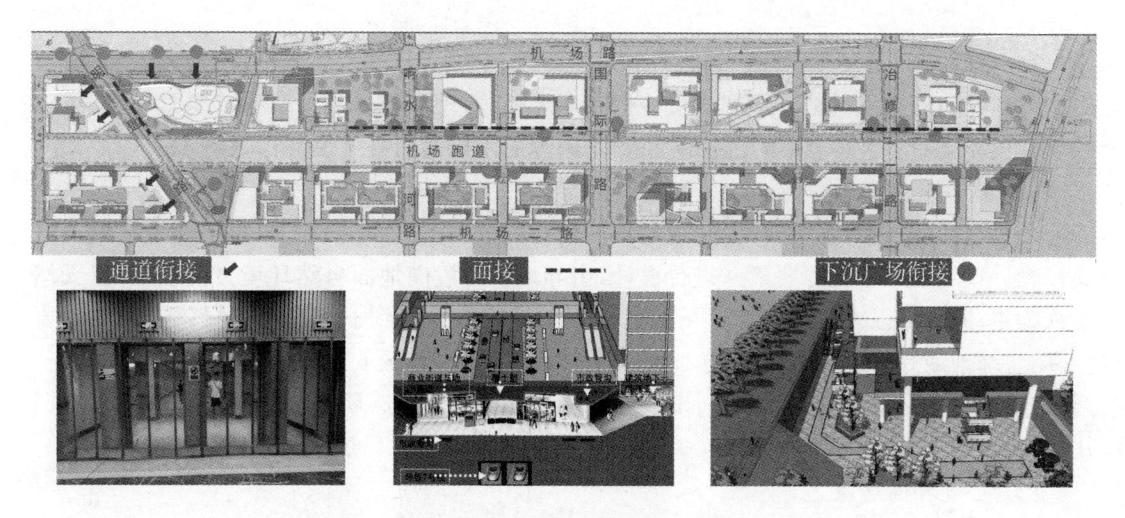

图 8　机场跑道地下空间与周边地块衔接方式

（图片来源：自绘）

4.3.4　交通组织

枢纽导向模式下，浅层地下空间的交通组织要满足“合理高效”原则。机场跑道浅层地下空间与地面通过下沉广场、中庭及垂直梯类进行联系，中层地下空间主要为轨道交通及停车，通过轨交内部流线、停车专用流线与浅层空间进行联系。

浅层地下空间内部交通组织要做到可达、可通、可识别。地下单元不应发展成封闭的单元或者有限制的通路，使空间“可达”。应有覆盖广泛的无障碍干线，用于大量人群的迅速移动，使空间“可通”。用于规律的日常步行干道，其地下模式应按照地上步行网络类似建设，使空间“可识别”。机场跑道地下空间区域内部空间开敞，人流回环，区域之间流线互通，衔接顺畅；合理设计人流聚集区与商业冷区的动线，由此设置无障碍干线，满足大量人群的移动需要；步行干道沿用地面步行网络模式，使人们熟悉在紧急情况下迅速疏散的路线模式（图 9）。

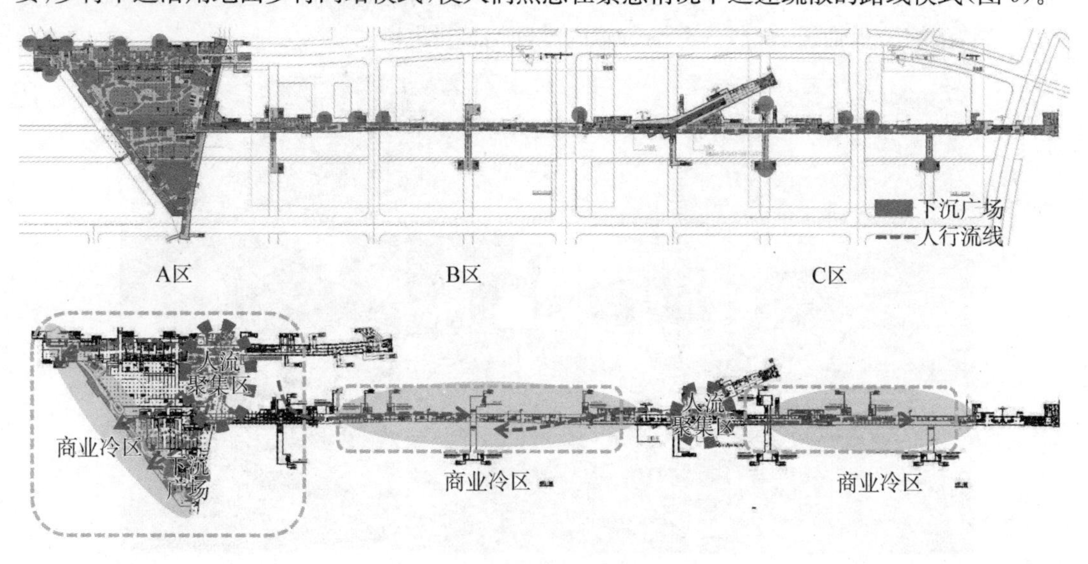

图 9　机场跑道地下空间交通组织

（图片来源：自绘）

4.3.5　环境建设

枢纽导向模式下的地下空间环境包括物理环境、心理环境以及场所感,“要素集聚”要求环境建设要集聚多种要素,满足使用者物理、心理需求以及更高一层的精神需求。

(1) 物理环境建设

人最习惯的外部空间实际上是人与自然进行“光合作用”的场所[10],物理环境建设通过集聚光、声、气、水、绿化等要素并进行设计,引导地下环境向地面自然环境方向发展,以天然引入为主,同时辅以人工加强。机场跑道地下空间充分意识到下沉广场在绿化方面的重要性,结合绿地或绿带设置下沉广场 13 个,其中 A 区 4 个,B 区 6 个,C 区 3 个,引入自然光、风,地上地下绿化景观互相渗透。同时通过人工手段模拟自然环境,如“光”用导光筒,“风”用风斗,改善地下空间物理环境。

(2) 心理环境建设

由于地下空间的特殊性,人在其中常产生失衡感、无向感、压抑感以及隔离感,心理环境建设的目的就是尽量减少这类感觉的产生。机场跑道地下空间为避免内部显得拥挤,多处布置中庭,提供了更开阔简单的空间,同时满足休憩需求;走廊界面设置成曲线,增强趣味性;房间和走道的尺度大于地面普遍尺度,减弱压抑感;墙壁与顶棚选用浅淡和明亮的色彩,增强愉悦感和导向性;地上地下标识一致,减少无向感;对出入口进行重点设计,如通过向上的通道进入地下空间,消除隔离感。

(3) 场所感建设

场所是有意义的具体空间,当空间被赋予来自文化或地域的文脉意义时,才可以成为“场所”[11]。枢纽导向模式下,对地域文化进行要素提取,赋予地下空间文脉意义,塑造地下“场所”。机场跑道经过三个阶段的功能更新,从大教场、第一机场到如今的跑道公园,地下空间基于浓厚的跑道文化资源,定位为大校场主题文旅公园。分为 ABC 三段空间,分别打造“明清”“民国”“当代”三个时空主题,以“文化主题体验业态”为核心,“餐饮”“零售”“娱乐”“休闲”等为配套,通过 LED 时空穿梭长廊串联在一起,另通过内部打造一条水景轴线贯穿三个区域,浓缩历史轴线,营造具有场所感的空间情境(图 10)。

图 10　机场跑道地下空间三大时空主题

(图片来源:自绘)

5　结语

城市更新过程中的地下空间开发利用已走过了最初阶段，各类技术日渐成熟，开发建设应改变侧重点，各领域均衡发展。面对目前分层化、一体化的发展趋势，本文着眼于以人的活动为主的浅层地下空间，从开发规模、功能分区、空间布局、交通组织、环境建设五方面对典型中心城区浅层地下空间进行了现状分析和总结，提出枢纽导向开发模式及复合利用、上下一体、要素集聚、合理高效四原则，为合理开发利用城市地下空间资源，进一步完善城市功能，提高土地综合利用率奠定基础。

参考文献

[1] Oreste P P, Soldo D L. The use of underground space for environmental protection purpose [C]. Torino: Conference of the Associated Research Centers for Urban Underground Space, 2002: 47 - 53.

[2] 吉迪恩·格兰尼，尾岛俊雄. 城市地下空间设计[M]. 许方，于海漪，译. 北京：中国建筑工业出版社，2005.

[3] Hunt D V L, et al. Liveable cities and urban underground space[J]. Tunnelling and Underground Space Technology, 2016, 55: 8 - 20.

[4] 束昱，柳昆，张美靓. 我国城市地下空间规划的理论研究与编制实践[J]. 规划师，2007(10): 5 - 8.

[5] 陈志龙. 城市地上地下空间一体化规划的思考[J]. 江苏城市规划，2010(1): 18 - 20, 39.

[6] 袁红，赵世晨，戴志中. 论地下空间的城市空间属性及本质意义[J]. 城市规划学刊，2013(1): 85 - 89.

[7] 袁红，孟琪，崔叙，等. 城市中心区地下空间城市设计研究：构建地面上下“双层”城市[J]. 西部人居环境学刊，2016, 31(1): 88 - 94.

[8] 黄毅，濮励杰，朱明. 南京市城市地下空间开发利用历史、现状及区域差异研究[J]. 现代城市研究，2018, 33(12): 69 - 75.

[9] 沈芳. 城市中心区的形成与更新研究：以南京市新街口商业中心为例[J]. 江苏建筑，2008(3): 1 - 5.

[10] Gehl J, Gemzφe L. New city spaces[M]. Copenhagen: The Danish Architectural Press, 2001.

[11] 陈虹霖，孙雁. 基于场所感的地下公共空间情境营造研究[J]. 建筑与文化，2016(4): 194 - 195.

基于多元主体的中心城区村落更新模式研究

张鹤年[1]　陈梦琪[2]　张建伟[1]　朱　珠[1]　杨潇雨[1]

1　南京南部新城开发建设集团

2　南京南部新城文化旅游发展有限公司

摘　要:本文以南京市南部新城河头村为案例,针对城市更新的两个问题:中心城区村落资源如何转化为公共产品和服务、公共产品和服务如何保持可持续性,提出了“管委会+城投公司+社会资本”的多元主体城市更新模式。南京市南部新城河头村具有中心城区的典型特征,为样本分析提供了示范性,对探讨城市更新中新旧功能转换具有现实意义。

关键词:中心城区;更新模式;多元主体;村落

1　引言

快速城市化带来城市数量和规模的增加,单纯的城市化已无法满足可持续发展的需求,我国城市建设已由“城镇化快速发展”步入“人性化品质提升”的新阶段,要求在新型城镇化的实践过程中注重以人为本、文化传承。2020 年,十九届五中全会再次提出实施城市更新行动,推进城市生态修复、功能完善工程,合理确定城市规模、人口密度、空间结构,促进大中小城市和小城镇协调发展,强化历史文化保护、塑造城市风貌,加强城镇老旧小区改造和社区建设。

社会治理模式随着社会和经济的发展而变动,改革开放后市场经济活跃,社会结构变化带动政府职能变化,城市更新的空间要素不仅是政府决策和规划设计的呈现,也是居民长期使用、自发改造的结果,需要科学定位政府职能和管理模式。国家治理体系与治理能力现代化建设是以现代化为发展导向,多元主体为管理模式[1]。城市更新治理是复杂的系统性过程,复杂的治理现状通过多元主体的治理,把任务责任层层分配到各自主体,提高治理质量和效率。

城市更新概念于 20 世纪 50 年代被提起,西方国家经历城市重建、城市复苏、城市更新、城市再开发、城市再生一系列过程[2]。纵观西方国家的治理路径,国外城市更新从“规模供给”转向“品质供给”,更新特点是渐进发展,阶段主题更具体明显,从支持大规模集中式建设到鼓励小规模渐进式有机更新的转变。我国的城市更新历程经历新中国成立初期的物质环境建设阶段、“文革”时期的曲折城市发展阶段、改革开放初期的城市改造阶段、经济高速发展期的地产开发式改造阶段及至今的转型发展时期的综合改造阶段。

唐婧娴研究城市更新中政府与市场“弱政府—强市场”“强政府—弱市场”“政府—市场

合作”三种差异化模式,指出政府在其中扮演着守夜人、控制者、推动者和监督者的多重角色[3]。程丽姗丰富了城市更新中政府职能历程,将其划分为基层政府从属型、市区政府合议型、基层政府主导型和基层政府主导+企业合作型四个阶段[4]。康毅彬研究城市更新中多元主体参与,他提出了“城市更新咨询监督委员会”的组织架构,通过“纵向到底,横向到边”形成从城市更新项目周期内咨询监督、协商参与到项目周期外公众参与能力培养、信息反馈的交互式协商参与模式[5]。这是一种新模式,但该模式基于广州市、厦门市特殊案例提出,不具备普适性。城市更新从城市扩张转变为旧城更新,资源性质转化,私有性质、集体性质转化为公共性,这些资源如何维持可持续性,都是城市更新中值得考量的问题。

本文聚焦于城市更新中公共资源转化及可持续路径问题,在文献整理和分析的基础上,选取南京市南部新城河头村这一典型案例,从城市更新多元主体角度,研究如何将中心城区村落资源转化为公共产品和服务及转化后如何满足可持续性,提出了“管委会+城投公司+社会资本”的城市更新模式。

2 中心城区村落更新中的问题与路径

2.1 村落资源转化为公共产品和服务的路径

城市更新通过加增量、盘存量提升城市综合容量[6]。其中,增量扩张面对的是结构性问题,在一片白纸上进行范式规划,涵盖区域的规划、定位和招商等,采用整体拆迁方式将土地实行市场化的收储、挂牌拍卖,土地性质由农村集体土地变为国有土地。建设用地的规模增量是物质增量性拆迁将村落资源转化为公共产品和服务。中心城区村落绝大多数都倾向于推倒重来的改造方式,近年来随着生态环保意识的增强,少数地区改造方案中保存了一些既存建筑,但对象大多仅仅局限于文物保护建筑,很少考虑到使用功能的转换,仅仅做到了“冷冻式”的保存。另外,对于少数通过综合环境整治方式进行改造的,一般也是采用大拆大建的方式,将建筑等拆除建设成为绿地,同时配建一些公共设施配套等建设内容。但这些村落资源转换为公共产品和服务的过程过于生硬,导致公共产品不足、公共服务质量和公众参与意愿均较低、后期治理难度大等现实问题,存在不可持续性。

2.2 公共产品和服务保持可持续的路径

城市土地资源随着城镇化进程日益紧缺,城市更新重心已转为盘活存量方面。如今城市更新位于目标多样化、保护历史环境和注重公众参与的社会改良和经济复兴的阶段[7],在这一过程中,融合城市更新中政府为主体角色产生的公共利益、城投公司利益,社会资本参与产生的利益,不得不考虑环境设施、基础设施及产业结构升级等公益性和非公益性问题。也只有盘活存量才能保持公共产品和服务的可持续,盘活存量包含综合整治、建设绿地、优化环境、配套公共设施等方式进行有机更新。从生态环境角度,把“创造优良人居环境”作为中心目标,包括对被破坏的山体、河流、湿地、植被的修复与恢复,还包括对采矿废弃地的修复、污染土地的治理等。从设施建设角度,结合智慧城市大数据建设,为城市感知赋能,优化公共服务设施。完善市政基础设施建设,改善周边交通,提高道路的通达性,打通断头路,形成完整路网。从空间体系构建角度,改善各类交通方式的换乘衔接,方便居民乘坐公共交通出行。

旧建筑功能转化,实现再利用,进行内部功能转换,充分考虑周边的城市环境与功能需求,满足改造后相关产业运营的需求。进行外部形象的整改,使其符合城市形象与空间环境的需求。在这些路径中各主体承担不同角色,通过创新性治理模式达到公共产品和服务的可持续。

3 “管委会+城投公司+社会资本”的多元主体城市更新模式

南京市南部新城管委会在河头村从考虑公共利益角度出发,达到村落资源转换为公共产品和服务及转化后满足可持续性的目的,以政府、城投公司、社会资本多元主体参与的方式进行中心城区更新和治理。

3.1 基本情况

河头村正对紫金山之阳,紧邻青龙山,外秦淮河流经村落西侧。村落属于秦淮河百里风光带重要节点,同时是观赏紫金山、青龙山天际线的极佳眺望点,周边水网丰富,外秦淮河及运粮河支流流经村庄外围,生态环境良好(图 1,图 2)。

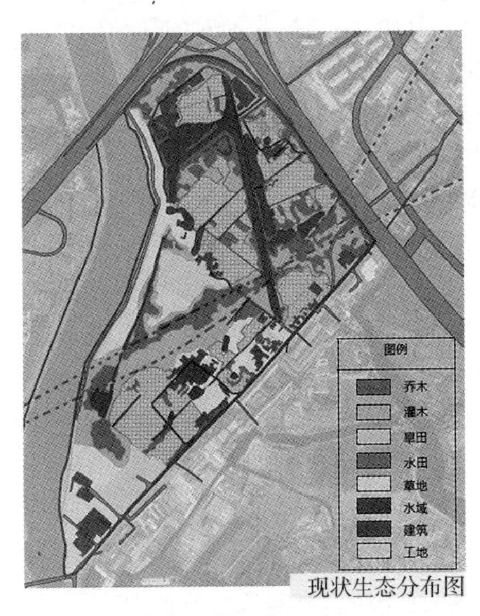

图 1 河头村现状生态分布图

(图片来源:自绘)

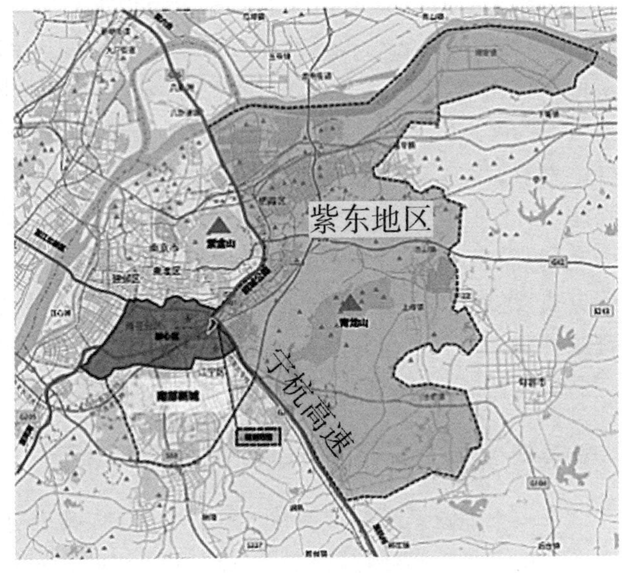

图 2 河头村区位图

(图片来源:自绘)

3.2 村落资源转换为公共产品和服务

对河头村中心城区村落资源的再利用,要解决的一个关键问题是在保持村落资源自身生态性的前提下,在不改变用地性质、不提高用地的配建指标的情况下,实现中心城区村落资源的功能性转化。

3.2.1 修复城市生态,改善生态功能

河头村拥有较好的生态系统基础,河头村周边水网丰富,外秦淮河流经基地西侧,基地外围存在多条运粮河支流,生态环境良好。在河头村环境提升工程中,对现有的水系进行疏浚,增加水域面积,将“断头”的水系打通,形成疏密有致的水域形态,并形成完整的水流环线,以利于开展各项水上活动,利用景观资源打造休闲生态资源,为导入的体育产业运营提供良好的基础条件。河头村通过生态环境修复将村落资源转化为水上活动和生态体育文化等公共产品和服务,构建市民活动新场所。

3.2.2 修补城市功能,提升环境品质

河头村有序将村落资源转化为公共服务设施、市政基础设施和公共空间等公共产品和服务。完善村落公共服务设施,结合中心城区现状,对河头村公共服务设施进行需求分析,使提供的公共产品和服务契合不同群体需求。完善村落基础设施,比如推进完善污水处理设施、垃圾处理设施、充电桩和公厕、排水系统等市政基础设施建设,对村落给排水、燃气、通信、电力等老旧管网进行改造,以及促进管线优化等。完善公共空间体系,利用村落现状场地进行改造,积极拓展绿地、广场等公共空间,满足居民健身休闲和公共活动的需要。

3.2.3 发掘资源优势,明确功能定位

河头村区位优势明显,位于南部新城与紫东地区的交接地带,是南部新城核心区的东门户、紫东地区的西南门户。河头村文化资源丰富,西邻外秦淮河上游,东邻运粮河,南侧为明外郭遗址,西南侧为上坊门遗址,位于南京市近郊公园带、外秦淮河生态廊道、明外郭风光带上,文化底蕴深厚,公共文化优势明显。

3.3 “管委会+城投公司+社会资本”多元主体模式

3.3.1 管委会主导

南部新城管委会作为市属区管的机构,承担着南部新城地区总体规划、重大事项决策、统筹协调和区域定位的职能。其作为开发建设战略决策者、制度供给者、建设执行者、行为监督者和利益协调者,牵头区域总体规划,掌控项目的规划建设,做好南部新城的建设和社会管理工作。南部新城河头村定位为城市的金角银边,集生态休闲、文化体验、康体运动于一体的市民活动新场所,国内领先、国际先进的智慧生态活力区和健康中国示范区。整体规划设计都处在管委会的控制之内,政府控制规划和建设进程,并通过自身的规划设计安排进程。

南部新城管委会承担公益性基础设施建设的角色。政府整合土地、政策、规划、存量资产、特许经营权等核心资源,解决区域内部分公共资源分布散乱、多头管理、效率低下的痼疾。河头村从集体土地性质变国有土地,到环境提升、水网治理、公共服务设施完善及后期的商业策划、各种资源开发合作、产业建设、招商运营等,政府从经营城市变为服务城市。南部新城管委会作为建设内容投资主体,进行集体土地征收、房屋征收拆迁、场地平整及垃圾清运、交通道路配套、绿化综合、水体工程、景观配套、开放式活动空间及配套、建筑修缮更新、智能化管理系统建造、环境提升等,主要承担公益性基础设施建设,发展社会公共事业项目,保护环境,提供公共产品和服务,维护公共利益。

3.3.2　城投公司积极分工

城投公司脱胎于地方政府融资平台，一般由地方政府以非经营性资产注入，而其承接项目多为公益性或准公益性项目[8]。南部新城管委会和东南国资成立南部新城集团公司，是政府控股的国有平台，也是非正式治理机构，通过依托于政府的方式，承担政府在规划设计、项目施工、运营维护等方面半公益性的工作，包括市政公用基础设施、公共服务配套设施项目建设，工程项目建设、物业经营管理以及参与授权该地区内经营性国有资产的运营、投融资、自身资源进行招商引资等。

城投公司目前正向着市场化方向转变，其与实体空间开发相结合，设立了面向市场资本的河头板块平台，南部新城集团公司为建设主体在河头地区建设中优化整合地区资源，增值资源，提升招商引资和外部合作能力，通过主动招商引资，广泛联合国内外一流机构高水平实施具体市场化项目。河头村对接多家意向单位，城投公司根据管委会对河头项目阶段工作的指示，按照管委会年度计划继续推进项目进展，明确河头项目的规划定位，梳理现有投资意向人，细化招商政策并明确投资体量、投资内容，确定投资各方的权责范围与时间节点，按时完成相关招商工作。在治理方面，城投公司市场化操作程度也更高，在河头村建设中，以股东的身份，授权国有资产运营，确保国有资产的保值增值。城投公司通过运营的方式将人文资源以及自然资源更好地融入市场之中，进一步提升城市自身的综合竞争力，在提升城市居民幸福感以及生活质量的同时，增加城市财富，这不仅是河头村运营的主要目标，也是运营的关键所在，既弥补了开发建设上专业性的不足，又减轻了与其他参与主体发生利益冲突的风险，同时也提高了项目的增值收益。

3.3.3　资本有序参与

城投企业投资回收期较长且创收能力不强，加之近年融资成本增加等原因，制约企业造血能力提升。政府通过分包或者委托的形式，通过社会组织和市场获得一部分公共产品和服务，这就需要社会资本有序参与。社会参与指大量参与河头建设的非公有制企业，它们承担了河头村经营性用地的开发建设任务，与城投公司一起组成了河头村建设的主要力量，包括足协和各商户[9]。河头村与非正式组织足协合作，非正式组织负责室内运动相应场馆投资改造并为河头村的建设、运营、赛事提供资源支撑。餐饮、零售、休闲等商户参与治理，政企形成城市增长联盟，让市场能够自然造血，活跃市场经济，增强市场活力，对盘活资产及拓宽产业布局起到了良好的促进作用。

社会资本参与到河头村治理，为城投类企业的可持续发展注入更大的优势[10]。为政府、城投公司注入新的血液，共同推动河头村更新和治理，打通“自上而下”的规划管理与“自下而上”的参与管理相结合的路径，推动“管委会＋城投公司＋社会资本”多元主体模式的建立与潜力挖掘。

4　总结

本文针对中心城区村落资源如何转化为公共产品和服务，及转化后如何保持可持续性两个问题，选取河头村为案例样本，通过河头村生态环境修复、公共设施建设、文化资源发掘三个方面实现中心城区村落资源转化为公共产品和服务的路径,提出了“管委会+城投公司+社会资本”的多元主体城市更新模式:管委会提供基础设施建设,城投承担轻基础设施建设,社会资本参与公共产品和服务,提升公共产品和服务效率,达到造血目的,使公共产品和服务转化后保持可持续性。城市更新政策处在不断变化和调整的状态,河头村根据实际情况适时调整,力争打造国内领先、国际先进的智慧生态活力区和健康中国示范区。

参考文献

[1] 高小平.国家治理体系与治理能力现代化的实现路径[J].中国行政管理,2014(1):9.

[2] 阳建强,杜雁,王引,等.城市更新与功能提升[J].城市规划,2016,40(1):99-106.

[3] 唐婧娴.城市更新治理模式政策利弊及原因分析:基于广州、深圳、佛山三地城市更新制度的比较[J].规划师,2016,32(5):47-53.

[4] 程丽姗. 城市更新中的基层地方政府行为研究[D].南京:南京大学,2019.

[5] 康毅彬. 我国城市更新中多元参与主体关系的平衡与再造[D].厦门:厦门大学,2019.

[6] 王世福,沈爽婷.从“三旧改造”到城市更新:广州市成立城市更新局之思考[J].城市规划学刊,2015(3):22-27.

[7] 阳建强,葛天阳,孙世界.基于中宏观尺度的城市设计探索与研究:以南京浦口中心城区为例[J].上海城市规划,2018(5):22-27.

[8] 简尚波.城投企业转型发展及制度建设探讨[J].金融与经济,2019(1):89-92.

[9] 殷洁,罗小龙.大事件背景下的城市政体变迁:南京市河西新城的实证研究[J].经济地理,2015,35(5):38-44.

[10] 王云骏.长三角区域合作中亟待开发的制度资源:非政府组织在“区域一体化”中的作用[J].探索与争鸣,2005(1):33-35.

转型背景下工业遗产保护与利用探索
——以石家庄市东北工业区工业遗产改造为例

黎莎莎　高辰子

石家庄市国土空间规划设计研究院

摘　要:工业遗产是工业发展实践中留下的宝贵财富,承载了行业和城市的历史记忆与文化积淀,石家庄东北工业区旧厂区集中、工业遗产丰富,是全市独具魅力的工业历史缩影,在城市快速发展的背景下,工业遗产的保护和利用成为推动工业城市转型升级的重要抓手。本文从典型案例入手,通过现状评估与问题分析,找准更新的方向,探索不同更新模式的特点,并对工业遗产更新原则和发展优劣势进行分析,明确改造利用方式方法,最后从城市空间重构的角度进行对典型厂区的实践探索进行总结,按照新业态、新空间、新形象、新平衡的改造思路挖掘工业遗产价值,对东北工业区范围内工业遗产利用方式提供借鉴。

关键词:旧厂区改造;空间塑造;工业遗产保护与利用;建筑风貌

1　相关背景

1.1　旧工业厂区成为城市更新改造的重要空间载体

石家庄是华北地区重要的工业城市,"一五"时期奠定了石家庄的工业基础,形成了医药、冶金、建材、石化等门类齐全的工业体系,作为全国120个老工业城市之一,集聚了钢厂、焦化厂、制药厂、热电厂、棉纺集团等多处工业遗产(图1)。由于这些工业厂区集中分布在北二环—东二环—跃进路—建设大街围合的东北老工业区范围内,因此,该区域也成为全市独具魅力的历史缩影和城市景观风貌片区。随着城市产业转型升级和经济结构调整,部分传统工业逐渐实现了"退二进三""退市进郊",城区内留下了许多具有重要意义和价值的旧工业厂房。同时随着城市用地扩展,昔日边缘区的旧厂区如今被城区包围,存量丰富的旧厂区已成为城市建设需要面对的现实问题。

1.2　微更新成为存量规划背景下更新改造的新模式

在新常态理念下,国土空间规划理念由外向扩张式的增量规划转向内向挖潜式的存量规划,传统的城市更新往往采用简单粗暴的推倒重建的手段,在显著改善城市物质环境的同

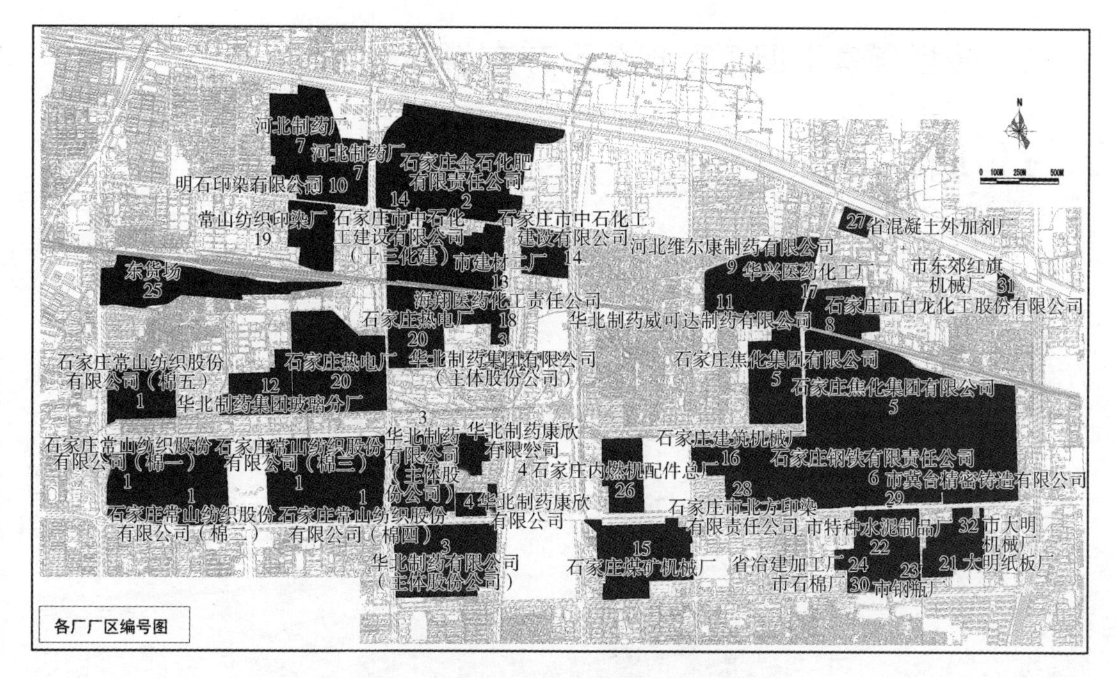

图 1　石家庄市东北工业区工业分布图

（图片来源：自绘）

时也带来了城市特色消失、文化割裂、邻里弱化等社会问题。这意味着大拆大建的改造模式已难以应付错综复杂的存量空间和日益复杂的城市问题，对于存量空间的更新改造不能继续延用大拆大建的思路，必须在其原有空间要素、自然禀赋、文化资源上进行深入挖掘、整合，充分利用现有的资源要素，通过小尺度的空间改造和渐进式的动态更新，为城市的存量空间注入新的活力。

1.3　旧厂区更新改造是历史发展的必然要求

位于东北老工业区内的棉纺一厂、华北制药厂、石家庄钢铁厂等是石家庄市“一五”期间的重点建设工程，在城市发展中扮演了举足轻重的角色，承载了城市工业发展的文化印记，见证了中国现代工业艰苦创业、卓绝奋斗的发展历程，亦给予石家庄这座城市万千的荣耀。

随着城市快速发展，早年所处的城市边缘已成为城市核心地带，区位条件优越，周边配套环境成熟，与此同时，工业用地布局与城市发展和功能提升适应度极速下降，在推进城市高质量发展和大气污染有效治理的背景下，老厂区搬迁和厂区更新改造已是必然。

经过省、市政府的多年谋划、全力部署，石家庄主城区污染工业企业已经基本完成搬迁工作，并顺利投产，其旧厂区也面临着城市空间重构的重任，如何让旧工业厂区重新焕发生机，使城市的历史得到延续、文脉得到传承，已经成为城市更新发展的重要课题。

2 转型背景下旧厂区现状及存在问题

2.1 现状评估方法

2.1.1 建筑价值评估

工业遗产最直接的价值体现在建筑自身的历史价值上，也是文化遗产的首要价值。工业遗产的历史价值不应单以时间长短来衡量，一起经历过的历史事件也是重要的考量标准。石家庄市棉一、棉二、华药等厂区，均为“一五”时期的第一批重点建设项目，同时作为石家庄市现代工业的开端和奠基，具有极其重要的历史价值(图 2)。

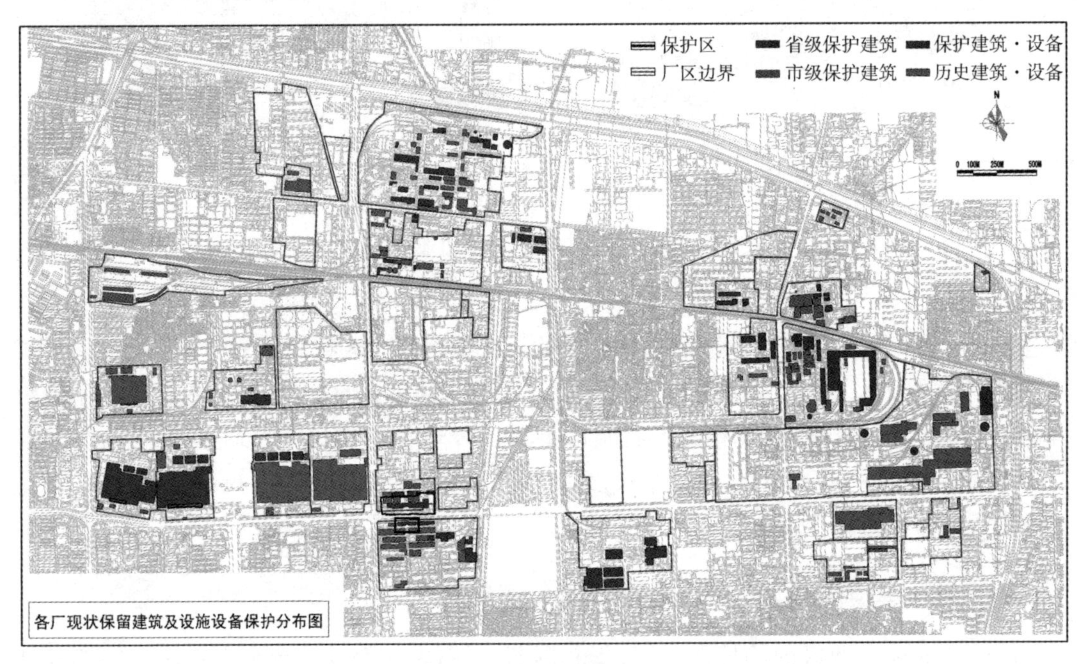

图 2 石家庄市东北工业区保留建筑分布图

(图片来源：自绘)

2.1.2 艺术价值评估

工业建筑源于生产需要，在体量和造型上都与其他类型的建筑有所不同，工业建筑物的大体量和大跨度使其具有独特的艺术张力。“一五”时期由于苏联对我国进行工业援建，不少工业企业的厂区、建筑风格都借鉴了苏联的标准，或是请苏联专家亲自设计，所以这一时期的工业建筑的外墙、屋顶、门墙、装饰灯方面均有俄罗斯古典主义风格的影子。同时工业厂区内的建构筑物及生产设备的排列组合形成了区别于城市景观的工业景观风貌，成为城市中独特的景观要素。

2.1.3 城市影响评估

工业遗产与人类社会活动有着密切联系。工业的兴盛对社会进步起到了重要的推动作用，是城市经济发展的重要增长点，影响着城市的空间格局。每个企业都有自身的企业文化，旧工业厂区从19世纪50年代选址建厂到如今，厂城相依，在推进城市经济发展、基础设施建设、公共服务设施配套等方面发挥了重要的作用。

2.2 华药厂区工业遗产现状

华北制药厂是新中国第一批青霉素的诞生地，被称为共和国的"医药长子"，1953年选址建厂，厂区内现状保留多处传统建筑，其中半数均为20世纪50年代建，包含两处省级文物保护单位，以及其他具有历史、艺术价值的建构筑物十余处。厂区外部紧邻体育大街、和平东路，处于城市中心地带，区位条件优越，北侧有规划地铁5号线穿过，周边汇集了省博物馆、体育馆、体育场等大型公共建筑。

笔者通过对价值因素综合考虑，将单体建筑、历史环境要素等工业遗存进行了全面分析和科学评价，明确了厂区10处工业遗存的特色和价值，包括南北区办公楼、储粮塔、淀粉车间及葡萄糖仓库、淀粉仓库、除尘塔、黄豆仓库、储罐、传送带连廊、货运铁轨等(表1)。

表1 华药厂区现状保留建筑档案

建构筑物	建设年代	结构	特点	建、构筑物风貌
北区办公楼	1954年	砖混	河北省文物保护单位，华药厂区标志性的立面建筑，具有典型的苏式风格，立面保存完好，原为石灰表面，现刷为浅黄与深棕色涂料。内部原作为办公用房与原料加工车间，目前进行结构加固修复和改造，内部打通变成大开间，可用作展销、会议等功能安排	
南区办公楼	1954年	砖混	河北省文物保护单位，华药厂区标志性的立面建筑，具有典型的苏式风格，立面保存完好，现表面刷为浅黄与深棕色涂料及部分装饰性结构，目前内部仍作为华药集团的主要办公用地	
储粮塔	1957年	钢混	与华药办公楼同为华药厂区的标志性建筑，曾经是石家庄乃至河北省的最高建筑(76 m)，在全国首次使用升模法建造，由24个圆柱形仓库与72 m高的运输塔构成，柱仓直径6 m，高40 m，是整体浇筑而成，承重结构不能进行改造，但柱仓顶部与底部以及运输塔尚有较大的改造空间，在仓顶与塔顶均可结合现有结构设置观光平台	
淀粉车间及葡萄糖仓库	1957年	框架	建筑的西半部分为3层的液压车间，造型文艺典雅，顶部还留有储罐及管道，很好地将工业粗犷风与建筑的精细立面融合一体，东半部分为1层的葡萄糖仓库，整体风格统墙面为灰砖刷石灰，内部现为小开间，可改造为大开间，并将屋顶平台与构筑物利用作为景观游览	

续表

建构筑物	建设年代	结构	特点	建、构筑物风貌
淀粉仓库	1957 年	框架	原料仓库由 4 个椭圆形柱仓及塔楼构成，给人一种震撼的美感。高度较储粮塔低，且柱仓之间相互连通，内部空间趣味，可增加楼梯及平台进行内部切割，作为展厅或餐厅	
除尘塔	1980 年	框架	紧邻玉米料仓与运输铁轨的除尘塔，作为所有流程的第一站，负责原材料的初级处理，建筑的侧立面外置楼梯独具特色。因体量较小，可整体打造为同一主题性的探索类休闲空间	
黄豆仓库	1980 年	框架	位于体育大街界面上的第一个建筑，也是全厂区第二高建筑，有很好的定位引导作用。可作为一景观装饰性标志物，可将改造后的公共设施服务类功能安排其中	
储罐	1957 年	—	工业风格鲜明的构筑物，具有强烈的视觉冲击感和趣味性。一共有 5 罐×2 排×2 层，中间用框架结构和管道相连，废弃储罐可进行切割，保留部分形体与氛围，作为独特的休闲空间	
传送带连廊	1957 年	—	传统流程中作为连接枢纽的传送带连廊，将储粮塔—北区办公楼—葡萄糖仓库用 U 形独特流线串联起来，从原材料到加工制作到最终的储藏实现了便捷的沟通，可保留利用其为后期改造增添特殊的游览趣味	
货运铁轨	1957 年	—	厂区原有两条货运铁轨，中间设有站台，形成了复古文艺的景观效果，铁轨一直通往民心河，可延续作为景观步行道以及小型的主题性摄影爱好基地	

（表格来源：自制）

2.3 棉一厂区工业遗产现状

石家庄棉纺一厂是按照国家纺织工业部筹建棉纺织基地的要求兴建的大型棉纺厂，始建于 1954 年，其中遗产价值较高的建构筑物有主办公楼、主体纺织车间、棉库、食堂等 9 处，多为 1954 年建造，至今保存完好，无论是拥有大跨度圆弧拱券式屋顶的仓库，还是仿苏式中西结合立面的主办公楼均具有很强的时代感和代表性(表 2)。

表 2 棉一厂区现状保留建筑档案

建构筑物	建设年代	结构	特点	建、构筑物风貌
原厂区幼儿园	1954 年	砖木	由两座一层坡屋顶青砖建筑与连廊等围合成两进院落。檐口、山墙面细节较丰富	
职工之家	1970 年	砖木	一层坡屋顶红砖建筑，位于正门办公楼前重要位置，风格古朴	
图书馆	1970 年	砖木	一层坡屋顶红砖建筑，位于正门办公楼前重要位置，风格古朴	
厂区大门	1954 年	砖木	厂区大门是棉一的重要形象界面，是城市时代记忆的印证	
主办公楼	1954 年	框架、砖混	二层青砖建筑，苏式风格加中式檐口，棉一厂区的重要形象界面，保存完好	

续表

建构筑物	建设年代	结构	特点	建、构筑物风貌
纺织车间	1954 年	框架、砖混	纺织车间大部分为 50 年代建造,部分为后期加建,锯齿形屋顶,大跨度,柱网式结构	
棉库	1954 年	砖	一层圆弧屋顶青砖建筑。结构完整且具有典型性,保存完好	
水塔	1970 年	砖	青砖水塔为整个厂区的制高点	

(表格来源:自制)

2.4 现存问题

2.4.1 建筑肌理混乱

旧厂房的初期规划以生产流程为核心布置建筑和设备,而快速发展时期的扩建也是围绕工业设备周边布置,企业建设自由度大,产生了建筑空间过密、激励混乱的问题。老厂区普遍存在增建车间及辅助用房过于紧密、通道空间狭窄、遮挡主要历史风貌建筑景观视角等问题,对功能和形象的更新产生较大阻碍。

2.4.2 人车流线混杂

旧工业厂区往往处于一种封闭的状态,尺度巨大、功能多元、形式封闭,拥有独立的交通系统。建筑群的组织方式也是按照工业生产规律自成一体,衍生出不同的功能。现状多数厂区内无人车分流,随处可见杂乱停放的汽车。人行串杂其中,互为阻碍,大大降低了办公人员的安全性与景观的整体性。

2.4.3 建筑风貌失调

工业建筑是一种特殊的建筑类型,随着时间的推移与企业的发展体现了不同的时期和产业类型的建筑形态。建厂初期的建筑风格为苏式，水泥白灰外表面，后期增建的厂房、周边的建筑等有仿苏式风格，也有现代白瓷砖表面，还有各种临时板房建筑，风格杂乱。

2.4.4 景观设施陈旧

旧厂房建设年代久远，未能及时修缮更新，早期的基础设施也不能满足现在城市运行的要求。华药厂区内景观仅限于入口处的喷水池和一些乔木，缺乏重点与特色，且厂区内管道横杂，路面硬化已损坏、破旧(图 3)。

图 3 老厂区现存问题

(图片来源：自绘)

3 更新模式与更新原则

3.1 更新模式探索

3.1.1 不同类型工业遗产更新改造模式分析

博物馆型：采取“修旧如旧”的改造方法，对车间原貌进行恢复，原生态地保留了车间建筑特色、厂房内部空间布局，以及相关工业设备，高度还原了生产场景，以场景重现的方式进行文化展示。工业遗产改造为博物馆是普遍使用的一种工业遗产更新模式，对工业遗产的历史价值、科学价值、艺术价值可以起到很好的保护作用和展示作用，也是一种以文物保护为核心的更新方式，比较适用于工业文物保护单位、近现代优秀建筑等。

景观公园型：景观公园作为城市公共空间，需要大量的活动场地以及绿化空间，更适合保留工业建筑较少且现存一定厂区规模的工业遗产。除对工业遗产本身的保护价值外，更多的增加城市绿化，延续城市肌理，作为城市居民进行活动的公共场地，可以举办文化娱乐活动，鼓励市民参与，提高工业遗产的吸引力，形成延续一个地区的工业记忆。

文化创意产业型：文化创意型保留了厂区内原有建构筑物，例如厂房、通风管道等，比较完整地保持了原有的厂区肌理，并对原有的场地材料、工业产品和生产设备进行循环利用，强化内部工业氛围。艺术园区类的工业遗产改造多注重于园区内工业建筑功能的置换。基于艺术创作的需求，在更新改造时应最大程度地体现工业元素和工业特色。同时作为文化创意产业会入驻很多文化艺术创作机构，例如画廊、展览、美术馆、艺术工作室、演出场所等。

商业开发型：商业开发型更新时采用了"整体结构保护"的改造模式，在继承原有工业建筑外观的基础上对工业建筑内部进行重新处理，使之适应商业开发的需要。更多地融入城市功能，丰富城市内涵、提高城市品质，成为多功能的商业街区或城市亮点。

3.1.2 按照开发改造程度分类对比

因博物馆型与景观公园型的工业遗产更新模式多为政府"自上而下"的更新保护，与企业本身利益相关较弱，目前更多的工业厂区更新集中于文化创意与商业开发两种类别，其中商业开发又区分商业街区与商务园区两类(表 3)。

表 3 不同类型更新模式对比表

	区位	改造力度	主要业态	主要人群	生存力	代表范例
艺术园区	较偏远	以保留建筑为主	以保留建筑为主	游客、艺术家	纯粹的文化产业生存能力较弱，需要强大的品牌效应支撑，多发展为旅游景区	北京 798、成都东郊记忆
商业街区	中心地段	改造方式灵活	零售、餐饮、娱乐	年轻白领、中产阶级	以商业业态为主，生存能力较强，但应注意与周边购物中心形成同质化竞争	上海同乐坊、札幌啤酒厂
商务园区	重要地段	新建建筑比例较大	Loft、创意办公、酒店、工作室、公寓	企业员工	对城市经济、文化发展水平及影响力需求较高，需要一定的企业聚集力	北京莱锦文化创意园区、天津棉三创意区

（表格来源：自制）

3.2 石家庄工业遗产更新优劣势分析

3.2.1 劣势

据统计，京津冀地区优质品牌公司有 65%选择进入北京市场，35%进入天津，仅有 27%进入石家庄。石家庄的整体发展水平较弱，对企业的聚集力有限，城市中的商务用地已高度饱和，不适合再建设纯商务园区。

3.2.2 优势

东北工业区位于城市二环内中心地段，交通与区位优势明显，周边汇集了聚集人气的大型城市公园、购物中心等，商业环境成熟，而城市中心商业总量较高，模式单一，以传统百货和购物中心为主，其定位、目标客群及引入的品牌存在明显的同质化，尤其餐饮方面，同一品牌重复出现。城市缺乏高品质的文化产业体验式商业环境。

对比各种发展模式优劣因素，石家庄工业遗产的更新模式应以文化体验的商业街区模式为主，结合各类工业企业的不同建筑特色打造不同的主题旅游。

3.3 更新原则选取

3.3.1 尊重的原则

尊重原有建筑的历史和空间逻辑关系。在建筑的外观风格上要尽量做到与工业区原有风格统一，而且考虑到与周围的景观相融合，做到最少改造为宜。注意保留旧厂房的具有历史文化价值的符号，这些元素在内容上可能是建筑的空间、墙面的肌理、结构构件，甚至是一些以前遗留的不起眼设备。

3.3.2 匹配的原则

改造设计在满足新的功能要求下，要坚持结构上合理、经济上可行、维护上方便的原则，提前算好经济账。在不影响原有厂房结构整体稳定性的前提下，可通过在原有结构体系内，局部增加、减少或重新组织结构要素，来创造能满足特殊需求的空间形象。尽可能利用原有的结构构件，既可以降低费用，又可以增加空间使用的灵活性。

3.3.3 共生的原则

新旧建筑之间与新旧功能之间，都应遵循共生的原则。各种新旧元素通过整合成为一个整体，利用重组与弥合，为新生体注入新的活力和提供发展的可能性与自由度。在新旧建筑、空间的关系处理上，既要利用时间带来的沉淀感，又不能完全将其分割断裂开。

4 空间重构思路下典型工业遗产保护与利用实践探索

工业遗产是反映城市工业化的历史印记，随着后工业时代的到来，人们的生活方式和生活习惯发生转变，城市被重新定位，社会面临着转型，旧工业厂区也面临着改造拆迁的命运。在规划更新的过程中，应按照城市空间重构的思路使脱离城市发展的旧工业厂区重新回归城市，让工业遗产重新焕发生机，使城市的历史得到延续，文脉得到传承。

通过对华北制药厂、棉纺一厂厂区两个典型案例的分析研究，丰富对工业遗产、旧工业厂区改造利用的认识，提高对整个东北工业区工业遗产的保护意识。强调在对旧工业厂区及其周边空间形态的分析的基础上重构地块内部空间组织，探讨在城市发展和社会需求改变过程中，新功能与旧工业厂区空间形态的相互关系(图 4)。

4.1 开拓工业遗产新业态

充分挖掘旧厂区传统工业风貌建筑和环境特色，融入现代创意文化元素，为厂区注入新的血液，丰富功能业态配置，增加受众人群。

棉一厂区做法：利用厂区集中分布且特色鲜明的纺织工业建筑，融入开敞的自然景观，打造石家庄首个创意体验交流基地——棉一·1953。围绕纺织厂旧址规划纺织博物馆—

座，在普及纺织、服装等相关知识的同时，将体验、亲子、健身及云科技元素融入其中，活动丰富，寓教于乐。此外设置创意办公、共享展厅、文艺时光、私人会客厅、公园、创意基地等多种交流空间，提供专属服务，提升品质又不失活力(图5)。

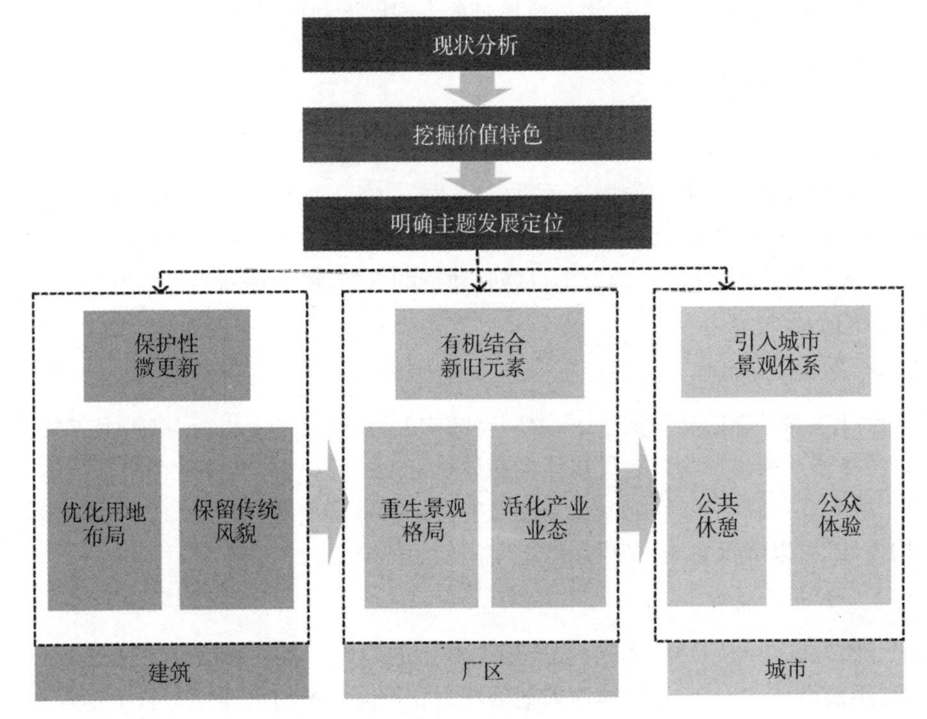

图4　规划思路

(图片来源：自绘)

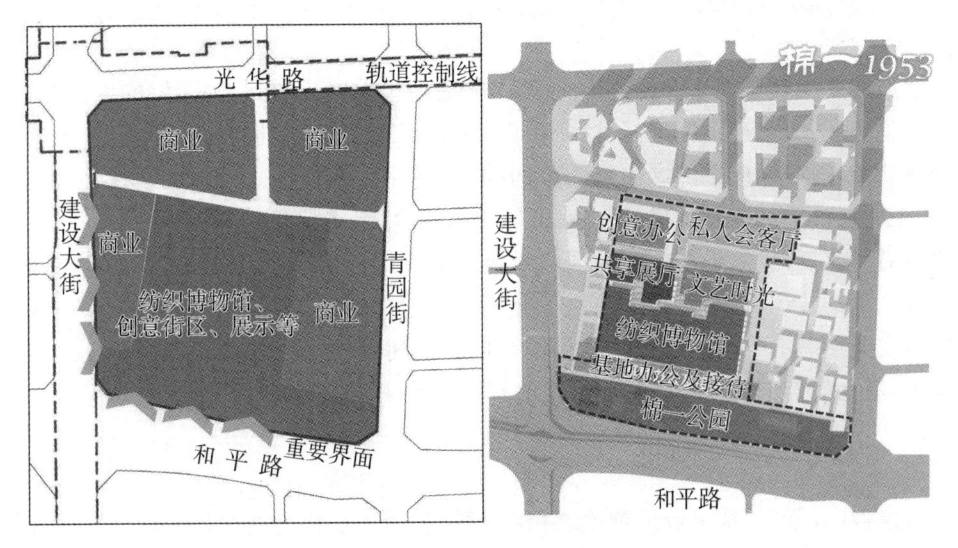

图5　棉一厂区业态分布图

(图片来源：自绘)

华药厂区做法：发挥华药作为城市发展印记的标签特点，以医药健康为主题定位，融入酒店、创意办公、特色商业等业态，打造石家庄城市新名片。借助原有特色建筑设置药品博物馆，制作销售一体化展示中心，养身康体会馆，智能健康产品展销等功能。在保留的建筑外围建设商业步行街、研发总部与高端养老功能区，提升项目的品质与活力，构建文化、商业、商务的多功能良性互动，提升 24 小时活力(图 6)。

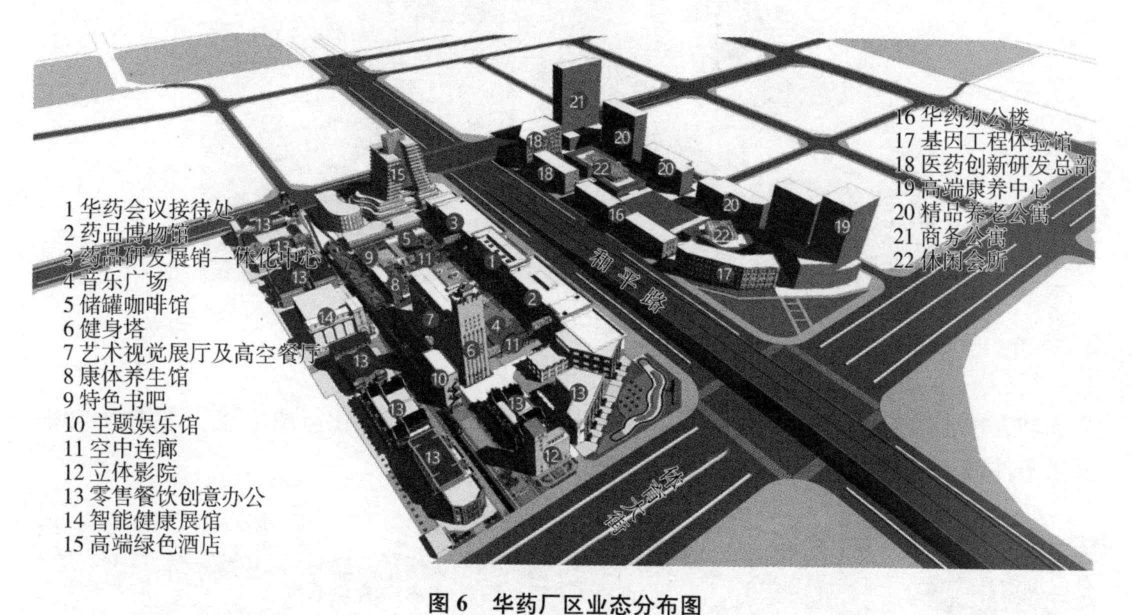

图 6　华药厂区业态分布图

(图片来源：自绘)

4.2　挖掘工业遗产文化新空间

发挥工业遗产的高文化价值、低成本优势，结合工业遗址、厂房、设备、工艺等，开展工业文艺创作活动，将工业遗产作为创新创意产业的新载体，推动工业遗产与现代商务功能融合，与公园系统融合，与文体设施建设融合。

4.2.1　开放灵活利用厂房，营造独特空间流线

棉一旧厂房利用方式包含三个步骤：一是模数切割，将开放空间场地划分、厂房建筑分割，遵循 7 600×7 600 (6 000)的模数控制，延续工业脉络；二是功能划分，结合功能要求，划分大尺度空间，并以小庭院组织连接，形成“大空间，小庭院”的外部空间形态；三是通道组织，利用通而不畅的内部通道，营造一步一景的内部空间，保留拆除部分框架结构，形成灰空间，适应各类活动的需要(图 7)。

4.2.2　精细化设计空间环境，增强文化体验感知度

华药厂区在空间方面充分考虑了与功能空间的渗透，结合健康主题园、商业步行街与商务酒店、医养产业园的功能结构，各有侧重地安排了文化体验空间。北侧健康主题园以开放式空间环境为主，利用原有场地、旧物改造，增设音乐广场、水吧等现代人喜闻乐见的休闲空间，通过环境局部改造，体现工业文化主题，留驻人流，增加体验感；商业步行街片区重点打通二层的连廊，设置站台和建筑顶部步道花园，构建高、低两处游览线路，营造开敞式的商业

图7　棉一厂房切割图

（图片来源：自绘）

界面和人性化的景观环境；南区的医养产业园，用大面积草坪绿化与硬化铺装，为康养功能提供条件，打造优质静谧的环境氛围（图8）。

图8　华药厂区建筑、景观改造利用方案

（图片来源：自绘）

棉一厂区主要的体验空间设置在纺织车间，规划形成一处博物馆，集传统服饰、国际时装、手工体验、云科技展销、职业工服、运动服饰等特色展馆为一体，展示纺织工业发展历程，传承工艺生产、开发教育科普、文化创意、娱乐产品等功能。其他保留建筑和空间环境选取各自特点，设置文艺书吧、私人会客厅、共享展厅、创意办公、户外活动区、基地办公接待区等不同功能。观展学习之余，也能体验各种不同的交流生活（图9）。

图 9 棉一厂区体验空间方案

（图片来源：自绘）

4.3 塑造工业遗产新形象

推动工业遗产保护与城市形象提升融合，为城市发展助力，在恢复历史风貌的基础上，打造具有鲜明特色的城市空间，形成独具特色的工业遗产品牌。

4.3.1 以保护性改造的方式，延续工业建筑传统风貌

华药厂区做法：保留 7 处历史风貌建筑，改造手法以修复加固为主，局部加外廊或玻璃、钢结构附属构件等，如省级文保单位华药办公楼以立面修缮为主，内部仍作为华药集团提供会议展示接待的场所(表 4)；历史建筑储粮塔，在修缮的基础上新建观光电梯，局部改造为玻璃钢架结构，提供休闲、餐饮功能；其余保留建筑进行局部立面改造，配合场地设计，将内部功能改造为公共开放的商业、娱乐空间。新建建筑 24 处，并要求沿主要道路与文保办公楼在风格、体量与色彩上取得协调，其中北区新建商业建筑以欧式风格为主，材质多砖面、玻璃、钢结构；南区新建商业建筑风格偏重现代，材质以钢混、玻璃幕墙为主。

表 4 各类建筑保护原则

类别	原则	案例
文物建筑	“不改变文物原状”与“最小干预”，并减少对原有景观的改变	
历史建筑	保留原有的建筑风格，维护周边环境要素	

续表

类别	原则	案例
一般保留建筑	与文物建筑、历史建筑相协调	

（表格来源：自制）

4.3.2　协调内外部空间关系，建立多层次景观通廊

工业厂区范围跨度较大，从城市的角度来看，未来的重构空间将沿城市主要干道延展开来，通过交通、景观轴线与节点设计，从空间整合、人流渗透等方面建立联系，不失为良性互动的手段。充分利用纺织、钢铁等旧厂区，建设工业遗址公园。

华药厂区做法：构建多层次且收放自如的景观轴线，从贯通南北的主轴到商业街辅轴，再到街角的视线通廊，每处轴线都由线型景观带与末端开放空间构成，在视觉上形成连贯又丰富的体验，在以地面景观为主导的同时，增加利用厂区制药工艺特有的空中传送带连廊，连接建筑与外部空间，将建筑、铁轨站台的屋顶串联，增加景观的立体层次，为参观体验增加趣味性。同时沿和平路、体育大街绿带开放式布局，形成工业遗址公园，实现内外景观网络的贯通，彰显工业文化形象（图 10）。

图 10　华药厂区景观体系图

（图片来源：自绘）

棉一厂区做法：考虑到西侧建设大街为人流量集中的主干道，利用开放的界面设计聚集人气的半地下商业或露天表演场地，同时面向西侧做多个开放视线通廊，使街道上的行人能直观地看到部分博物馆内部的景观细节，营造从街道到场地景观再到建筑内部不断变化的景观效果（图 11）。

4.4　实现工业遗产收入新平衡

据统计，石家庄东北工业区内现存尚未改造的旧厂区 16 家，占总规模的 64%，采用统一的模式来改造以符合现实发展的需求，规划应按照保护与利用价值对片区内工业遗产进行

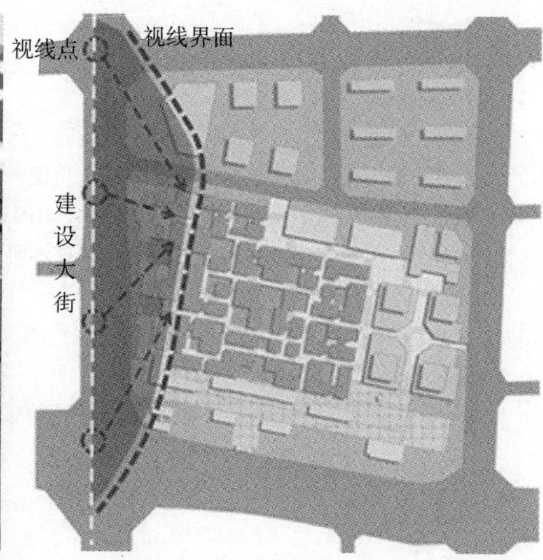

图 11　棉一厂区西侧景观主界面

（图片来源：自绘）

分类梳理，将工业遗产保留改建区和新建区进行整体平衡，控制改建区占整体用地的比例，并据此进行财务平衡估算，在高效保护的基础上实现整体的资金平衡。

同时，采取适宜的运营模式，也是实现工业遗产收入长效可持续的重要因素。目前来看大致有三种模式：一是单纯的出租房与承租方关系，这种模式无法给城市更新带来标杆及借鉴，同时由于承租方运营起步点低，租金的收益也较低，加之物业设施老旧的压力，在周边项目的市场竞争中处于弱势，易出现生存困难的问题；二是成立项目投资运营公司，国资控股，混合制模式运营管理，这种模式前期投入成本较大，但自产增值及租金收益较好，招商运营方面也容易达成预期目标；三是国有独资，定向招商，订单式改造建设，这种模式对城市发展水平、政府财政收入的要求度高。

综上所述，后期项目招商运营能力决定项目的成败，引进落地资源需契合项目立项定位和业态规划内容，而项目的功能定位、业态确定等工作应优先于建筑设计，特定业态需进行策划设计，才能有效把握项目定位，做活做好。

5　结语

石家庄东北工业片区是奠定城市工业基础、承载历史记忆的重要片区，也是传承工业精神、彰显城市特色的重要窗口，在城市高质量发展的转型期，必将更加关注存量空间的更新和文化符号的挖潜，把握好工业遗产保护与利用对传统产业升级、城市空间优化、配套设施完善、人居环境提升都将产生深远的影响。通过本次规划实践的探索与经验的沉淀，引导工业遗产保护发展、传承创新的整体思路，积极推动老城区重塑活力空间，再次成为城市发展的动力源泉。

参考文献

[1] 闫兆徽. 产业升级背景下旧厂房微改造研究[D]. 广州:广东工业大学,2020.
[2] 党晓晶. 城市更新视角下西安市工业遗产价值评价及保护规划研究[D]. 西安:西北大学,2020.
[3] 肖赛男. 工业遗产改造再利用与城市区域复兴的探讨[J]. 山西建筑,2017,43(1):14-16.
[4] 贾林林. 城市更新背景下旧工业厂区空间重构研究:以北京第二热电厂为例[D]. 北京:北京建筑大学,2018.
[5] 郝赤彪,肖亮. 城市文脉延续背景下工业遗产的保护更新初探:以青岛国棉六厂改造为例[J]. 青岛理工大学学报,2017,38(3):28-32,43.
[6] 陈鹏,胡莉莉. 上海工业遗产保护利用对策研究[J]. 上海城市规划,2013(12):16-22.

第三章

城市更新与社区发展

江苏省住区更新实施评估研究

鲁 驰 朱 宁 庞慧冉

江苏省城镇化和城乡规划研究中心

摘　要：住区更新是极具中国特色的城市更新工作。有别于西方，我国住区更新在更新基础、更新模式、更新内容等方面有显著特征，且不同类型、不同地域的住区千差万别。随着全国老旧小区改造进入全面开展阶段，迫切需要对既有住区更新工作进行实施评估研究，作为新阶段住区更新改造的重要基础。本文基于2019年度江苏省宜居住区建设实施评估工作。研究人员对覆盖江苏13个设区市、68个区县的老旧小区、宜居住区、适老住区等399个住区开展评估，进行全覆盖式台账数据收集，对其中90个住区进行了现场察看和座谈走访，围绕基础类、提升类两大项12小项更新内容进行专项评分，对居民满意度进行抽查，并与住区属性进行关联交叉分析，研究建成年代、房屋性质、更新预算、物管类型对更新成效的影响。最后，综合实施评估结果，对住区更新的特色、难点进行总结提炼，并提出对策及展望。

关键词：老旧小区；宜居住区；适老住区

1　引言

住区是人们日常生活的家园，承载着人们对美好生活的追求与向往，改善和提升住区功能品质是美丽宜居城市建设的重要内容。2019年开始，党中央、国务院和住房城乡建设部对老旧小区改造工作做出部署安排，并将改造作为新时期城市更新行动的重要内容。

江苏2000年前建设的老旧小区(住房)数量和建设面积居全国前列。2016年以来，江苏结合面上推动的城镇老旧小区改造工作，先后在全省层面开展适老住区改造、宜居住区建设等住区更新改造实践，并自2018年开始连续将老旧小区改造纳入省政府民生实事。截至2019年底，江苏累计更新超过4000多个住区，与仍需更新的住区数量大致相当。因此，迫切需要对既有工作进行实施评估研究，作为新阶段住区更新的重要基础。

考虑到住区本身的差异性，以及江苏省情的复杂性，需要覆盖面较广、较大规模的样本来支撑对住区更新的较准确认识。本文基于2019年度江苏省宜居住区建设实施评估工作，对覆盖江苏13个设区市、68个区县的399个住区开展评估，其中包括320个2000年以前建成的老旧小区，130个着力打造宜居化更新样板的宜居住区，以及10个有适老化专项改造基础的住区，在地域、年代、规模、建成环境等方面均有相当跨度。研究对399个住区进行了全覆盖式台账数据收集，对其中90个住区进行了现场察看和座谈走访，围绕基础类、提升类两大项12小项更新内容进行专项评分，对居民满意度进行抽查，并与住区属性进行关联交叉分析，最后，综合实施评估结果，对住区更新的特色、难点进行总结提炼，并提出对策及展望。

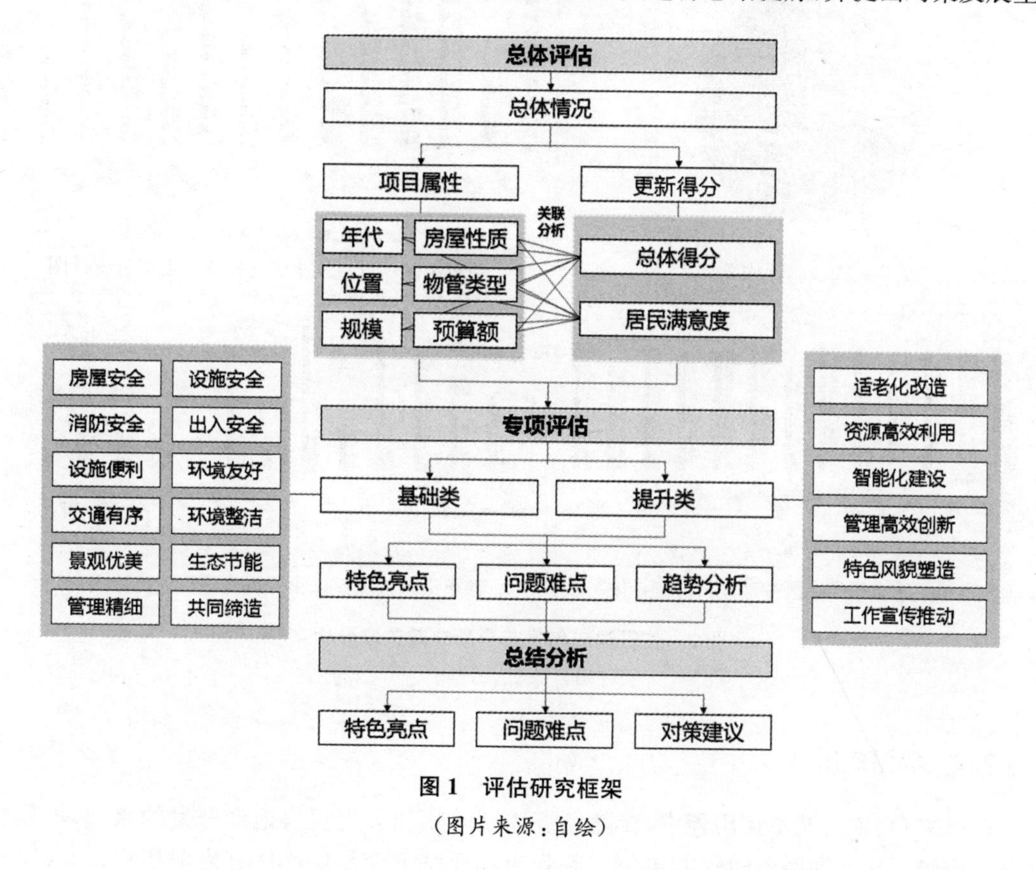

图1　评估研究框架

(图片来源：自绘)

2　影响更新的住区属性

2.1　建成年代

江苏地区较早的住区更新工作，对老旧小区的界定有以1998年、2000年、2005年为界等划分方法。总体而言，还是以房地产市场化改革为主要依据，将更新对象划为2000年前建成的老旧小区和其他小区进行统计和管理。本次评估对象中，2000年以前建成的小区数量约为2000年以后建成的小区数量的两倍。较新小区平均得分明显高于老旧小区。在基础项方面，新老小区差别不大；较新小区由于空间相对规整，可用空间相对充裕，在智能化、海绵化、交通优化等提升项上较容易得分。但同时，由于更新前后环境对比差异明显，以及伴随更新而来的服务管理水平显著提升，老旧小区在满意度上总体略好于较新小区。

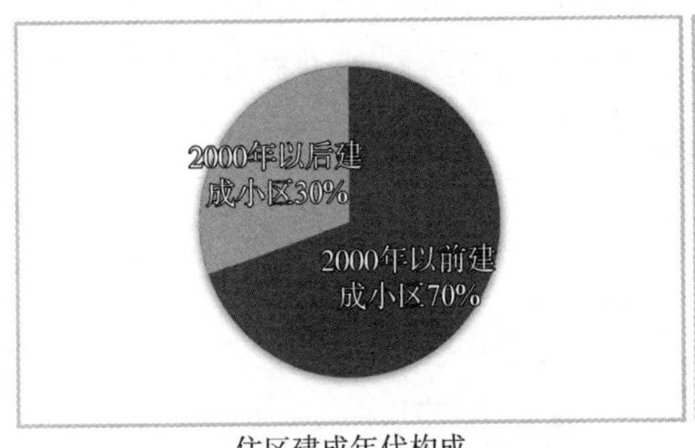

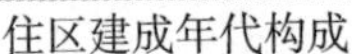

住区建成年代构成

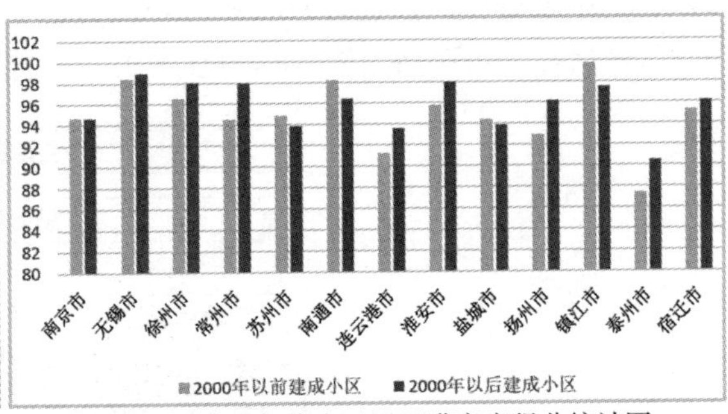

各市不同建成年代小区居民满意度得分统计图

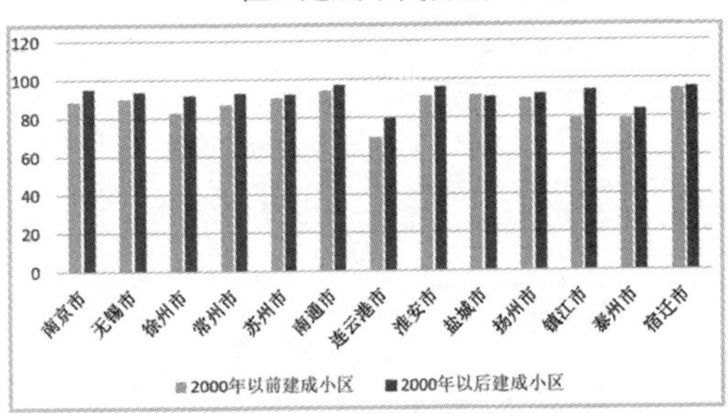

各市不同建成年代小区基础项得分统计图

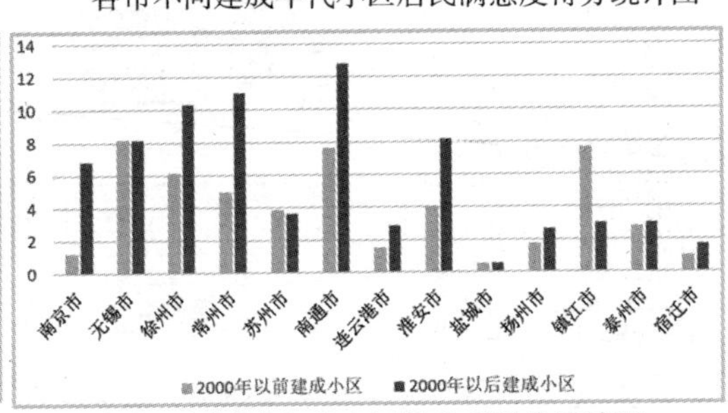

各市不同建成年代小区提升项得分统计图

图 2　住区建成年代与更新成效关联分析

（图片来源：自绘）

2.2　房屋性质

在过去 40 年的城镇化历程中，伴随经济体制转轨和大规模房地产开发的兴起，城镇住区总体历经了从计划经济时代的单位大院到市场经济下商品房小区开发的历程，形成了老公房、商品房、保障性住房及各类住房混合的不同住区。本次评估对象中，房屋产权性质以公房和商品房住区为主，并有部分保障房和混合产权类小区。从总体成效看，相比于公房小区，商品房和保障性住房小区的更新较好，其差异主要体现在提升项更新方面。

2.3　更新预算

本次评估对象中，更新预算在 100 元/m^2 以下和 200～500 元/m^2 的小区占比较多，预算额在 500 元/m^2 以上和 100～200 元/m^2 的小区较少。从总体影响看，预算额差异并不影响更新成效，预算额与更新总项得分、基础项得分、提升项得分和居民满意度之间并无显著相关性，更新成效与地区经济发展水平并无明显相关性。位于苏南、苏中地区的部分预算较少小区（预算额在 100 元/m^2 以下），其更新成效优于预算较多的小区。一方面，相同预算额可能对应差别明显的更新内容，例如某地区出于产权的考虑，在更新中弱化了住房本体修缮内容，而对住区公共空间的更新投入获得了很好的反馈，另一地区则对住房本体修缮进行大量投入，两地区的更新成效评估迥然不同。另一方面，调研发现预算额差异很大程度由房屋立面涂料、景观树种等工程用料的差异体现，但居民对此类差异的敏感程度并不高。

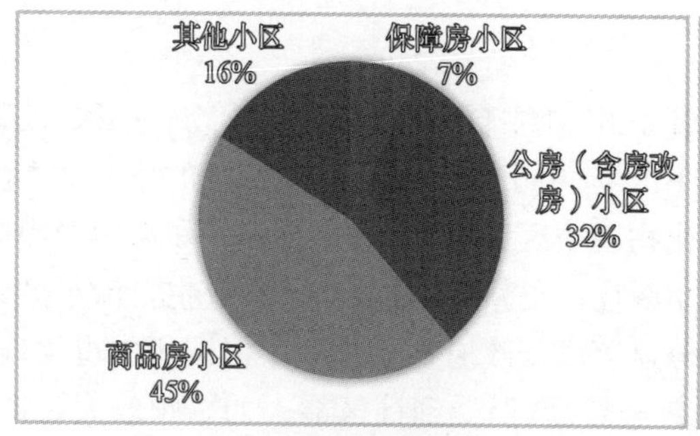

住区房屋性质构成

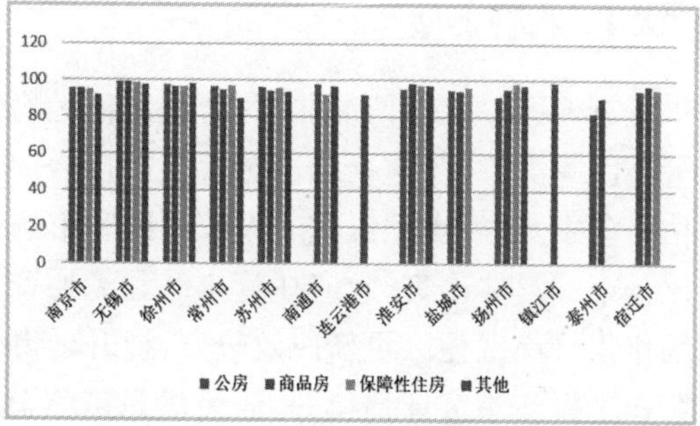

各市不同房屋性质小区居民满意度得分统计图

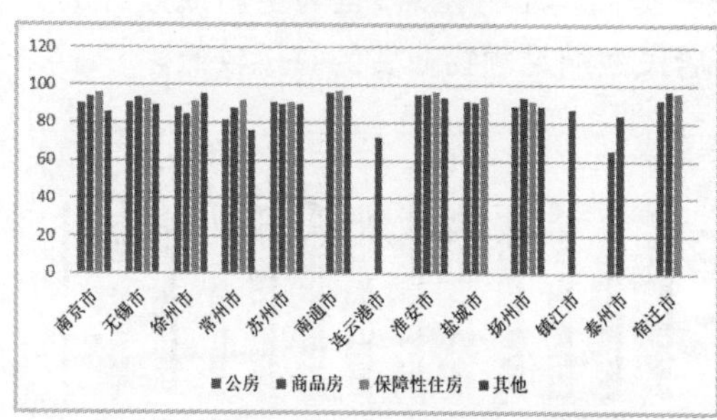

各市不同房屋性质小区基础项得分统计图

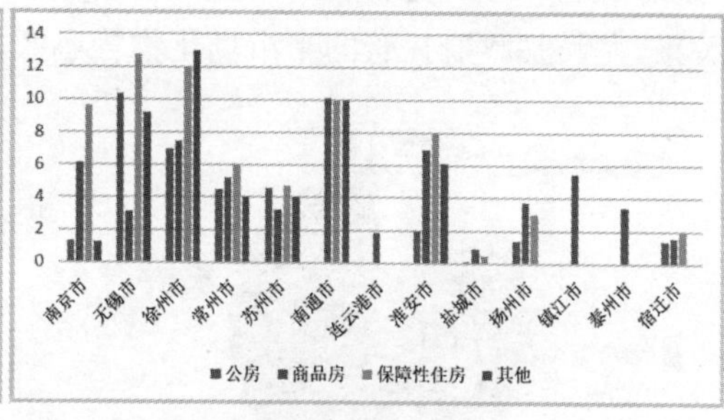

各市不同房屋性质小区提升项得分统计图

图 3 住区房屋性质与更新成效关联分析

（图片来源：自绘）

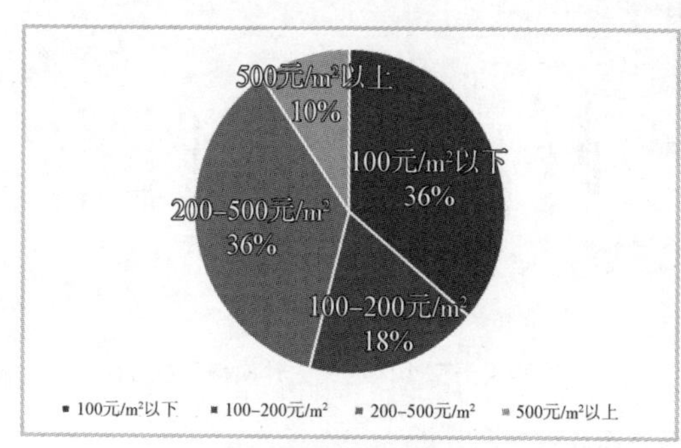

住区更新预算额构成

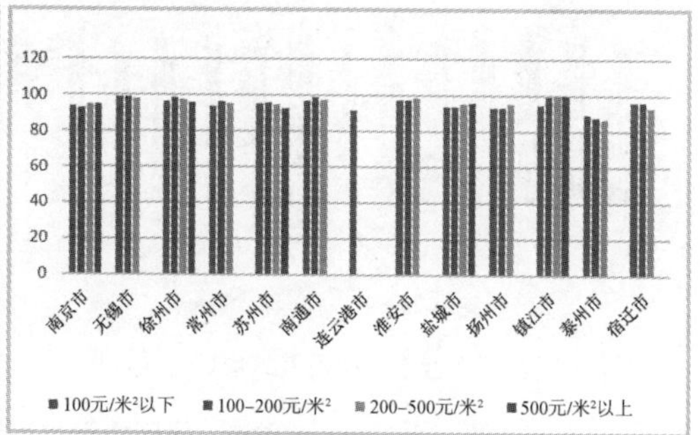

各市不同预算额小区居民满意度得分统计图

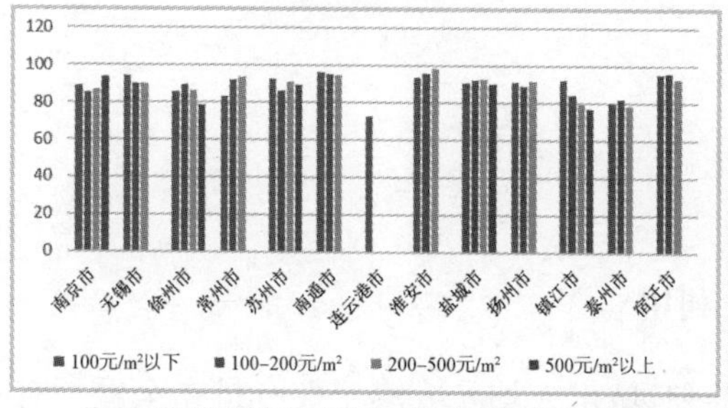

各市不同预算额小区居民基础项得分统计图

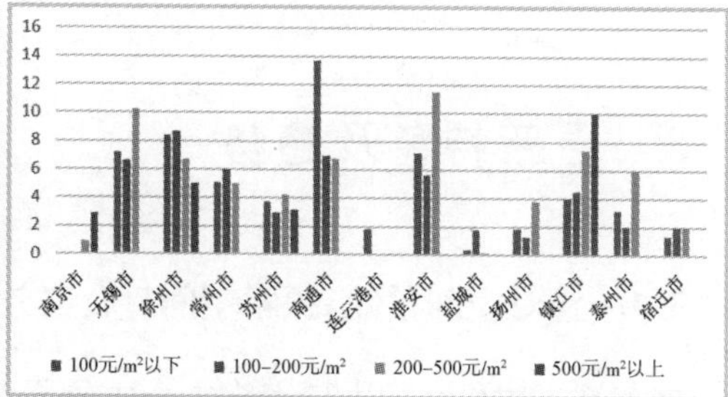

各市不同预算额小区居民提升项得分统计图

图 4 住区更新预算与更新成效关联分析

（图片来源：自绘）

2.4 物管类型

既有住区的物管情况非常复杂，包括无物管小区、业主自治小区、市场化物管小区、政府托管小区等类型，还包括相当数量处于自治—半市场、半市场—市场过渡阶段的住区。本次评估对象中，物管类型以政府托管小区和市场化物管小区为主，业主自治小区和无物管小区占比较小。整体而言，政府托管小区和无物管小区住区更新成效差别不大；业主自治小区和市场化物管小区住区更新成效较好，提升项得分显著高于政府托管小区。但调研中也发现，尽管业主自治小区评估得分、居民满意度得分普遍较高，但受到社区能人的影响较大，持续性难以保证。此外，更新后的物业费价格、收缴率提高均十分困难，且与更新成效好坏无明显关系，尤其是政府托管的半市场化物管小区，居民缴纳足额物业费的意愿较低。

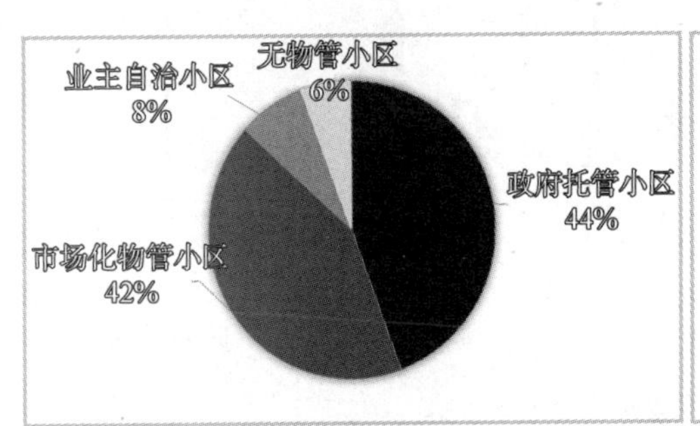

住区物管类型构成

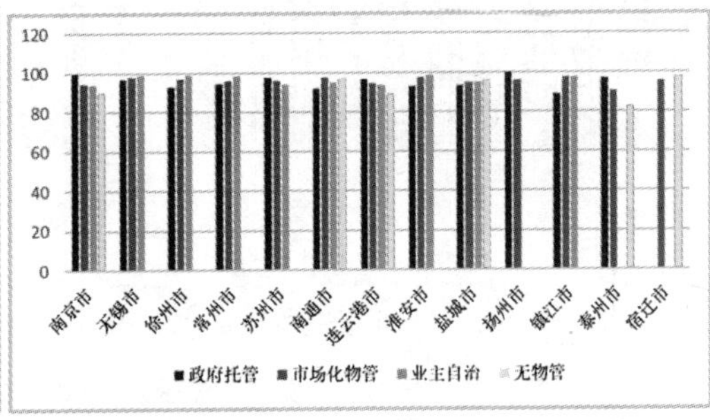

各市不同物管类型小区居民满意度得分统计图

各市不同物管类型小区居民基础项得分统计图

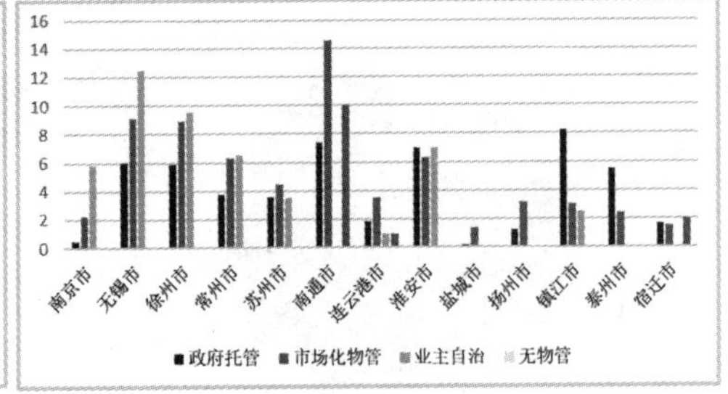

各市不同物管类型小区居民提升项得分统计图

图5 住区物管类型与更新成效关联分析

（图片来源：自绘）

3 更新特色及趋势

3.1 针对空间紧缺，探索空间复合高效利用

江苏城市建成区的人口密度在全国位居前列，城市人均私人汽车拥有量在全国所有省份中位居第二，住区的人口、车辆密度较高将是未来一段时间的常态。围绕活动用房缺乏，主要做法是更新利用社区用房、底层架空等原有建筑空间，南京百水芊城、扬州锦旺苑等探索了租赁底层居民楼和商铺提供给养老机构，与便民商业协商嫁接助餐送餐服务等多种方式，丰富空间功能。围绕室外活动场地缺乏，积极发掘改造小区内小微空间，将步道、健身器

材、绿化景观、休憩设施等，有机融入绿地、广场，将老人、儿童等多代人群活动场地结合布置，有效提高室外场地使用效率。围绕停车难，采取建设立体停车场、利用边角地新增车位、拆违补增车位、重新划示现有停车位等方式“抠”出车位，部分住区整合周边企业、商场、办公楼等场所的停车资源，采取设立“潮汐车位”等措施实现错峰停车，扬州锦旺苑甚至实现与瘦西湖景区错时共享停车。在保障安全的前提下，未来将更加关注集约、复合、创新使用空间的方式方法，尤其是注重协调不同人群对于公共活动场地改造、车位增补等内容的需要。

图 6　结合边角地改造、拆违增设停车位

（图片来源：自摄）

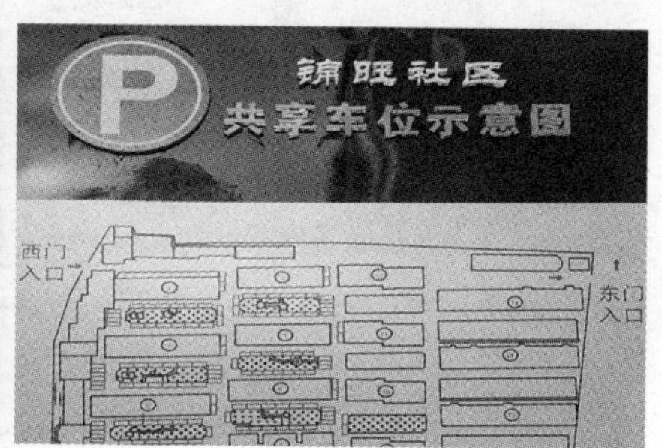

图 7　住区与瘦西湖景区错时共享停车

（图片来源：自摄）

3.2　应对人口老龄化，开展多元化适老化改造

江苏老龄化水平在全国居于首位，居家养老需求旺盛。截至 2020 年底，全省 65 周岁以上老年人口占比超过 16%，已进入深度老龄化社会，“更加长寿”的趋势日益明显，且居家养老成为居民养老的主要模式。自 2016 年江苏在全国率先开展适老住区实践以来，适老化改造逐渐成为江苏住区更新的特色。围绕上下楼难，各设区市支持政策出台和项目落地实现全覆盖，南京市摸索形成“业主主导、政府搭台、专业辅导、市场运作”等有效做法，此外一些项目在暂不具备加装电梯条件的情况下，弹性预留电梯加装井位和管线，在楼栋内设置“爬楼机”、休息座椅等设施。围绕养老服务，各地积极加建、改建日间照料中心，并结合现有用房增加养老功能。此外还应注意到，老人除作为被服务的对象，也应引导其创造价值，满足其被需要的渴望。例如，“一老一小”密不可分，一些住区利用社区用房和底层架空空间将老

人活动与儿童看管照料空间结合布置，促进代际交流共享，建设“全龄友好”的住区；一些住区提供空间满足老人“家门口就业”诉求。

图 8　边角地改造为老人、儿童共同使用的活动场地

（图片来源：自摄）

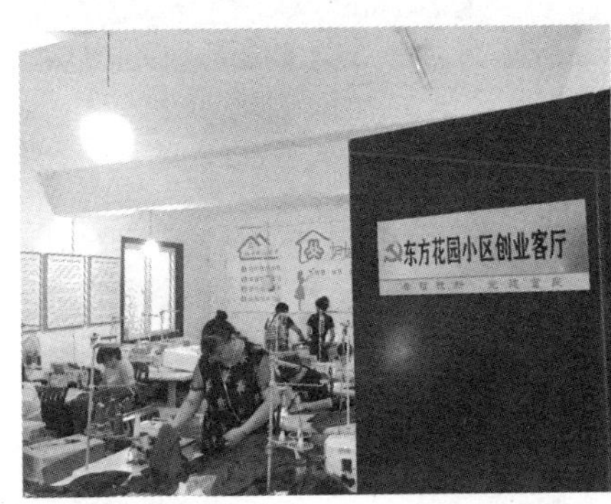

图 9　改造社区用房增设老人家门口就业空间

（图片来源：自摄）

3.3　围绕安全健康，建设有韧性的健康住区

近年来尤其是新冠疫情以来，居民对安全、健康的生活环境，尤其是软性的安心可靠环境愈加重视。围绕安防保障，增设智能门禁和电子监控消除安全盲区已成为基础工作，此外，越来越多住区对接“雪亮工程”将小区监控接入辖区公安系统，并结合监控建立电子围墙。围绕健康住区建设，各地强化公共卫生意识，增设洗手间、垃圾分类设施，积极改造增建健身场地、笼式球场、步道等活动空间。此外还结合此次疫情，组织防灾防疫演练，实施特殊时期特殊门禁，设置专用垃圾收运设施、智慧化监测人员设施，并重点突出“平战结合”要求，加强公共空间的功能转换设计，提高应急保障能力。

3.4　针对多环节协调难题，提高组织推进效率

住区更新协调环节多，审批流程复杂，地方主要通过组织创新破解难题，例如苏州市积极探索更新前期相关手续的绿色通道，在姑苏区试行了部门联合会审制度；扬州市组建设计方案评估专家库和施工监督管理专家组，建立专家评估、定期检查和不定期抽查等制度。部

分更新对象为零散住区、住房，盐城市等主要通过大片区统筹或相邻项目捆绑更新等方式，实现空间资源最优化配置。围绕达成共识难，宿迁市政府“配餐”和居民“点餐”共同确定更新项目内容的方式已在部分地区得到推广，由于更新与产权利益人的高度相关性，表演式的居民参与已逐渐失去意义，“真参与”成为趋势。

图 10　结合监控建立电子报警地图和处理系统
（图片来源：自摄）

图 11　增加兼具消防和宣传功能的微型消防室
（图片来源：自摄）

3.5　围绕经济可持续，撬动多元主体共担资金

尽管当前更新经费来源主要为专项财政资金，但一些小区积极统筹协调多元主体，展示了拓宽资金来源渠道的可能性。针对“水电气路”基础设施改造，主要做法是对接相关职能部门，将住区更新纳入城市市政建设出资，并明确维保责任。针对居民房前屋后修缮、电梯加装、住宅危房重建等，苏州市创新发起“出资‘一块’钱，‘一块’来改造”行动，动员每户业主参与改造，邀请招商、万科等房地产开发企业和国开行、建设银行、农行等金融机构，通过更新后的停车位等运营收入、各种配套产生的租金收入等作为还款现金流来源，多角度研究探讨市场化介入和金融支持。南京市省化工小区、常熟市金穗公寓、沭阳县人武小区、新沂市新华小区等由居民申报并承担部分更新资金、政府予以补贴并统一组织实施。昆山市中华园小区、宿迁市金谷花园等引入了第三方市场进行建设运营，投融资与长效管理主体一致，保证更新整体可持续。此外，调研发现，引导居民、企业资金参与的困难不完全来自居民和市场意愿不足，部分先发地区由于财政充裕，认为与其麻烦居民和企业，不如由政府出手进行包揽；而部分欠发达地区由于财政紧缺，反而更加积极地探索创新资金共担体制机制。

4　更新困境及展望

4.1　设计引领不足，行业服务模式待匹配

相对于规划设计行业的传统业务，住区更新既是小工程，又是新事物。“小”导致设计力量的短缺，“新”则导致当前的规划设计服务模式难以与更新需求完全匹配。更新设计和施

工普遍采取以施工单位为主导的模式，由于追求快速推进工程，往往出现设计考虑不周、设计与施工脱节等问题。在设计环节难以充分调研评估小区空间现状、挖掘存量资源，协调居民多元诉求，影响了设计方案质量；在施工环节对品质把控不足，出现无障碍细节粗糙、管网改造不彻底等现象。部分施工单位采取程式化的设计和施工模式，造成住区更新后风貌过度同质，缺失特色。

建议优化设计服务模式，加强设计与施工的全过程衔接。(1) 确保方案设计时间充足，明确居民参与权，放大专家声音。公共场所改造内容，居民对设计方案支持率达到2/3的可实施；设计方案中涉及历史地段、滨水地区等重要风貌控制区的内容，组织专家审定。(2) 确保方案动态调整时间充足，根据居民反馈，动态优化设计方案。(3) 通过授予社区设计师称号、发放志愿者证明、计入义工时长等办法，鼓励更多优秀力量参与、跟踪更新设计和施工全过程。

4.2 从“条”到“块”集成难，配套实施机制待创新

住区更新工作涉及利益相关方众多，统筹协调难度较高。一方面，更新工作面对的是复杂的存量空间，需要协调规划、建设、绿化、市政、电力、通信、消防、民政等众多职能部门。调研发现，由城市政府综合推动更新工作的成效普遍较好，而仅依托街道、社区或住建部门，难以构建多部门协调的统筹机制。另一方面，改建、扩建用房设施等“摸着石头过河”的实践尝试由于缺少政策机制支撑，难以复制推广。

建议加强政府集成推进，整合部门条线，统筹协调更新工作。(1) 改革多环节审批方式，通过“清单制＋告知承诺制”、设立住区更新综合许可等办法，提高更新工作效率。(2) 协调小区周边空间资源，用于共享停车、施工期临时停车、闲置地畸零地改造等。(3) 加强建设和使用交接，避免各类用房设施建而不用。(4) 出台规定要求支持鼓励小区在保障安全的前提下，开展符合公共利益的新建、改扩建活动。

4.3 发展属性偏弱，经济可持续模式待探索

住区更新作为“发展工程”，背负着拉动投资消费的使命。但现实中，多元投融资创新还处于浅尝辄止的阶段，只能解馋，不够解渴。调研发现，除了投融资模式不成熟、市场投入产出周期长，更为严峻的挑战在于政府长期的包揽，尤其是为推动加装电梯等专项工作而采取的不计成本的补贴措施，随着网络迅速扩散，使得待更新地区的利益相关居民、企业对出资更新产生抵触情绪。部分地区跨越产权边界，对属于个人产权部分的住宅门窗、雨棚等承担更新经费，增加了财政负担，也有失公平，更易于引发后续维修保养等问题争端。

建议厘清政府责任边界，在保障政府财政支持的基础上，以“以奖代补”为主要模式推动居民和市场力量更多地参与更新出资。(1) 给予住区更新更大力度的财税金融支持政策，保障专项资金、专项债、长期低息贷款等，并整合更新相关的社区管理、养老、物流等专项资金，推动集成综合改善。(2) 对于居民“点餐”的弹性更新项目，鼓励居民通过补缴维修基金、个人捐资捐物等形式承担一定更新成本，按照居民出资情况追加财政补助。(3) 通过外部地块开发权转移、经营收入税收减免等优惠扶持政策，吸引社会资本参与更新公共用房、增建各类便民设施，提供养老、托幼、助餐、快递物流等公共服务产品。

4.4 更新成效难持久，长效运维机制待建立

“三分建、七分管”，调研发现，住区更新后，一旦缺乏有效管护，往往出现建筑重新破损老化、绿化无人打理、活动场地占用、拆违复建等问题。在住区更新中，老旧小区以临时建筑性质新建、扩建公共活动用房难以长效实施。老旧小区建筑老化加快，政府计划方式的更新提升不具有可持续性，需要构建建筑全寿命周期的住宅修缮机制。当前，老旧小区居民对物业管理的付费意识较弱，专业化、市场化的物业管理在一些小区尚未建立，加之基层社会治理与住区更新的结合还不够紧密，对小区内部治理的重视和投入程度不足，造成更新成效难以巩固持久。

建议分类完善市场化物业管理，全面推动住区更新单元、物业管理单元和社会治理网格单元的“三网融合”。(1) 已更新小区中，仍无物业或由政府托管代管的，明确过渡期限，通过党员带头、能人引领等办法，培养居民“花钱买服务”的价值观念和消费意识，引入市场化物管。(2) 筹备开展更新的小区，将居民同意缴纳物业费、建立市场化物管纳入更新先决条件。

同时，探索完善维护检修和常态化监测机制，将更新改造彰显于久久为功的行动。(1) 明确更新“质保”期限，对竣工验收后发现的问题缺陷及时补正。(2) 制定住房、公共设施第三方评估检修制度，明确检修责任主体、检修周期和检修措施。(3) 建立小区信息化管理系统，对小区建筑、设施、人员信息进行实时监测和动态更新，促进小区管理精细化。

4.5 标准化不成熟，与更新实际的契合度待提高

设计、实施和评估的标准化是推动住区更新工作的必要手段。在开展评估研究的同时，也对评估标准进行反思。一个重要问题：究竟该奖励更新后的效果，还是更新带来的变化？老旧小区与2000年以后建成的规模大、年代新的小区在建设标准、房屋质量、配套设施、物业管理等方面存在较大先天差距，老旧小区改造提升后普遍较难达到2000年以后建成的小区标准。此外，调研发现居民对部分评估项目的敏感度较低，例如杆线下地、智能设备、人车分流、建筑节能化改造、场地海绵化改造等锦上添花型的更新项，实施成本较高，且其完成度与老旧小区居民的满意度没有明显正相关性。

围绕标准化实事求是不足的问题，在新一轮的更新工作中，对更新标准清单进行了优化，加强了对停车位增补、活动场地和设施增加、老年服务用房增加、物业企业引入等更新本身的量化统计和动态更新，将更新前后情况对比监测，使更新成果更加可观可感。

5 结语

江苏的住区更新工作经过多年摸索，已从试点试行步入全面推广，此时更需在评估既有工作的基础上，回头审视初心。住区更新背负着民生工程、发展工程和基层治理三重任务：“民生”意味着更新对象的筛选应公平，更新内容的供需应匹配；“发展”意味着必须算清经济账，尤其不能因惠民的理由而增加隐性债务；“治理”有别于管理，意味着重视更新的内生动力。因此，新阶段的更新工作方式方法不仅是对既有工作的修补，而应继续突破探索，例如，

在组织模式上突破行政任务先定数字、定名单的束缚，将居民参与前置到对象筛选环节；在空间范畴上打破围墙界限，将住区更新真正纳入系统集成的城市更新去考虑；在行业模式上使新建和更新、大规划和小设计有更明确的差别，制定适合小微更新的法规、规范、办法。通过持续创新，逐步实现住区更新的本来使命，使住区更新真正成为极具中国特色的城市更新行动。

参考文献

[1] 仇保兴. 城市老旧小区绿色化改造——增加我国有效投资的新途径[J]. 城市发展研究，2016，23(6)：1－6，150－152.

[2] 赵民，孙忆敏，杜宁，等. 我国城市旧住区渐进式更新研究——理论、实践与策略[J]. 国际城市规划，2010，25(1)：24－32.

[3] 赵亚博，臧鹏，朱雪梅. 国内外城市更新研究的最新进展[J]. 城市发展研究，2019，26(10)：42－48.

[4] 王振坡，刘璐，严佳. 我国城镇老旧小区提升改造的路径与对策研究[J]. 城市发展研究，2020，27(7)：26－32.

对社区规划及规划师的思考
——以深圳市城中村的城市更新为例

万潇颖

华润(深圳)有限公司

摘　要:近代社区规划伴随着西方社会改良运动的兴起而出现,作为一种区别于传统的物质空间规划,以公众参与、社区自治等为主要特征的规划形式,在西方国家广泛影响着城市社区的发展。近年来我国城市也逐渐出现多种类型的社区规划探索,特别是当城市更新成为存量发展时代背景下城市发展的重要路径、城市社区居民的利益诉求与社区的改造更新发展,都与社区规划息息相关。社区规划既可以作为城市更新开展实施的途径之一,城市更新也可以作为社区规划探索实践的方式之一。本文从社区规划的视角,主要以深圳市的城中村为例,分析城市更新面临的实际问题及其产生根源,并对城中村的社区规划及社区规划师的角色定位进行思考和提出建议。

关键词:社区规划;城中村;城市更新;社区自治

1　引言

在我国现行的法定城市规划体系中,社区规划是实际缺失的。但无论在理论层面还是实践层面,对社区规划的理解已不再局限于空间层面的物质规划,而是把其作为适应新时期城市规划管理的一种新的形式与手段。社区规划更关注人的需求而非物理空间,更关注规划实施的过程而非结果。无论是政府各级管理机构,还是城市社区的管理组织及社区居民,都需要对社区规划深入思考。

以深圳市为例,自经济特区成立以来,城市一直存在着居住区和城中村两种截然不同的城市社区形态,其中城中村用地占全市976平方公里建设用地的40%[1]。城中村延续着自留地建房、社会经济统管的社区发展模式,因而存在着社会、经济及空间环境等多方面的问题[2]。作为一种特殊的城市社区,城中村的改造与更新也是一种特殊类型的城市规划。城中村社区的发展与居民的利益与诉求息息相关,这些往往又是矛盾冲突的焦点及社会关注的热点。对于社区规划的思考与研究,城中村的城市更新更具有典型意义与探索价值。

2　社区规划的起源与发展

城市规划作为一个学科,往往是伴随着快速城市化及大规模的城市开发建设而发展成熟。如在西方二战后大规模的城市重建、中国改革开放以来人口迅速向城市聚集的背景之下，城市规划的理论与实践都呈现出高速发展的特点。然而在不同的城市发展阶段，其主要方向及侧重点都有所不同。当城市化水平的增速趋于平缓，相对于大规模的开发建设，城市发展更关注的是有机更新、精明增长，在方式与手段上更注重公共参与社区自治，这都与社区规划的内容一脉相承。

近代西方社区规划的出现伴随着社会改良运动的兴起，体现了对传统规划理论指导下机械理性的城市社区暴露出的城市问题的反思。因而社区规划更关注如公共安全与犯罪率、经济增长与促进就业、公共卫生与环境等具体的社会问题，社区规划也与社会学、公共管理等学科的联系更为紧密。社区规划的制度基础源于参与式规划。参与式规划作为一种规划形式，从目标的设定到方案的选择，再到规划的实施，除了政府机构与职业规划师外，社区的公众也广泛参与到规划的各个阶段中[3]。

在美国，社区规划主要表现为非政府组织推动并争取政府扶持的社区发展服务。在工作模式上，一般由社区提出申请并委托非政府组织 NGO(Non-governmental Organization)来编制规划，非政府组织充当了政府和社区之间沟通的桥梁。除了物质空间的规划之外，社区规划的工作内容还包括经济与社会发展、住房、环境等多个方面的内容。社区规划师以专业知识为社区提供多维度的服务，既包括制定社区建设、更新改造等规划方案并组织实施，也包括协助社区向政府提出困难申请社区发展资金等。因此，社区规划师既是社区规划的设计者，又是公共活动的组织者，也是规划实施的参与者。基于规划行业为社会公众谋利的价值取向，美国涌现出众多非政府组织主动为有需求的社区提供规划服务[4]。

在英国，社区规划主要表现为政府牵头、多方合作参与的社区行动战略框架和实施体系。在工作模式上，一般由地方政府组建社区规划合作组织 CPP(Community Planning Partnership)，组织政府机构、商业机构、非政府组织和社区居民协同工作，围绕居民生活及社区发展的具体需求制订地区发展计划。社区规划的首要任务和核心内容是制定有针对性且切实可行的社区发展目标，而且制定社区规划的过程与规划的实施同等重要。社区规划的形式在很大程度上提升了参与意识和发扬了合作精神，使社区居民广泛地参与到与自身利益相关的公共服务决策中来，并使政府、社会的各部门和组织有效地协同工作[5]。

而在中国，城市规划仍表现出较强的自上而下的特征，受国家意识形态变迁和政策调控的直接影响。社区作为政府的基层行政管理单元，社区层面的规划建设也会惯性地受到政府自上而下的指导和约束[6]。然而近年来一些核心城市也开始出现多种形式的社区规划探索。

深圳市规划和国土资源委员会在 2012 年颁布了《社区规划师制度实施方案》[7]，要求规划主管部门的工作人员作为社区规划师入驻城市社区，提供一定次数的规划咨询服务；龙岗区管理局在 2010 年成立了社区规划师工作室，从规划设计院召集城市规划师，定期走访社区并提供宣传教育[1]。这种社区规划的形式在本质上仍是政府自上而下推行的制度，并不存在自下而上的社会基础，也没有针对性地发现和解决社区的实际问题，严格意义上还不能称之为社区规划。

深圳市宝安区的怀德社区，在 2009 年自主出资聘请了专业技术人员担任社区规划顾问，对社区进行了整体的规划设计，试图通过规划影响法定图则的修订与实施[1]。怀德社区表现出了较强的自下而上的规划意识，社区本身也具有较强的经济实力和一致的目标。尽管如此，这种自下而上推动规划的方式也很难得到体制内的认可和支持。

总的来说，国内城市目前的社区规划探索仍处在萌芽阶段，虽然社会各方对社区规划的内涵理解尚不全面，对社区规划的实施路径也不清晰，但已经表现出了多方参与社区规划的主动性。

3　社区规划与城市更新

3.1　社区规划与城市更新的联系

作为改革开放的先头兵，深圳市的城市更新走在全国前列。2009 年出台的《深圳市城市更新办法》及后续的一系列相关政策明确了从更新单元申报、立项、规划编制到项目建设交付等全流程的规划操作，明确了拆除重建、功能改变和综合整治三类城市更新方式，引导多元化城市更新工作的全面展开[8]。

无论是更新单元的申报，还是专项规划的编制，以及更新实施后的物业管理与运营，每个环节都与社区规划息息相关。对于拆除重建类型的城市更新，特别是城中村这种特殊类型的城市社区，更新单元规划的编制往往对社区的发展存在决定性的影响。从内容上看，更新单元规划属于社区规划的范畴，或者说在城中村的城市更新中，社区规划的主要表现形式为更新单元规划。所以，对于城中村而言，社区规划可以作为城市更新开展实施的途径之一，而城市更新也可以作为社区规划探索实践的方式之一。

3.2　城市更新存在的问题

从社区规划的视角看城中村的城市更新，主要存在以下问题：

(1) 更新单元规划的内容偏重物质空间规划，对社区的实际问题及居民的具体需求关注不足。更新单元规划的编制主要依据主管部门制定的相关技术规定，主要内容包括更新单元范围的划定、土地使用性质、开发强度、配套设施以及城市设计等，而对于城中村社区面临的具体问题缺少必要的调研和应对策略，如社区居民的就业、社区儿童的入学、社区老人的照料等。规划的编制往往忽略社区的特殊性，缺少对社区的深入了解和认识，对社区发展的控制和引导带有一定的片面性和强制性[2]，使得社区的实际问题被忽视而去被动适应规划。

(2) 城市更新以满足原城中村村民的诉求为主，城中村社区的绝大多数实际居住者难以参与到城市更新中。城中村社区的一个共性特征是大量的自建房用于出租，而多数经济条件得到改善的原村民已搬出。因此城中村社区的实际居民多为租房者，主要为初到深圳的年轻人群体和在周边工作的低收入者，他们对自己生活的社区没有话语权，他们的利益和诉求更无从体现。当城中村面临更新，他们往往成为被驱逐的对象，城市更新的真正受益者仅仅是城中村的原始村民。

3.3 城市更新问题产生的根源

分析上述问题产生的根源，主要在以下几个方面：

(1) 通过更新单元规划的编制主导城中村社区的更新在本质上属于传统的自上而下的行政管理方式，真正意义的社区规划并不在当前的法定规划体系之中。自上而下的城市规划虽然涵盖了社区的空间领域，但是很少从社区的实际需求出发看待问题，形成了自上而下规划工作的盲点[2]。

(2) 城中村的城市更新采取政府引导、市场运作的模式，在形式上鼓励社会企业作为实施主体，这在很大程度上与社区的公共属性相悖。因为多数城中村区位条件较好，其更新蕴藏着极大的经济价值，而社会企业的介入往往把城市更新视为商业行为，难以真正表现出社会关怀与责任感。

(3) 城中村用地多是原农村社区组织集体所有，土地所有权是拥有社区决策话语权的基础[9]。拥有地权的村民即便没有生活在城中村社区，也可以参与和影响社区治理的关键决策，而没有地权的居民即便在城中村社区生活了几十年，依然无法参与和影响社区治理的关键决策。因此，对城中村而言，股东大会的决策并没有充分反映社区存在的问题，也不能完全代表社区居民的意愿。

(4) 社区居民普遍缺乏自下而上的规划意识，长期以来把社区规划视作政府管理行为。社区本身缺少有效的途径宣传普及对社区规划的认识，因此居民社区自治的能力不足，规划参与的主动性不高。此外，由于城中村社区的特殊性，社区居民的流动性较大，合作参与的积极性也很低。

4 对社区规划及规划师的思考与建议

4.1 社区规划的定位

社区规划的实施首先需要明确其法定性，即社区规划在城市规划序列中的位置，明确其责任主体和工作路径。现行法定规划的一个主要特点是以结果为导向的规划管理，因而规划内容侧重目标的设定及蓝图的实现。而社区规划以城市的基本管理单元为对象，更关注规划的过程管理，能够在过程中执行并反馈，有效地支撑法定规划的实施。法定规划与社区规划的有机结合，更能够使城市规划体现出作为公共政策的属性。

在目前阶段，社区规划的工作机制尚不成熟，不宜作为强制性规划在城市社区中普遍展开。而应在政府的引导下选择有条件的社区作为试点先行探索实施，尤其是面临城市更新的城中村这种社会问题复杂且紧迫的城市社区类型。

对城中村的城市更新而言，社区规划需要涵盖社区发展的全过程，并作为更新单元规划的补充，既包括对规划前期的分析研究、意愿征集以及项目立项决策的支撑，也包括规划编制过程中对规划内容的意见反馈，更包括规划实施过程中的执行。

4.2 社区规划的主体

在社会基础普遍不支持主动参与规划的社区，不宜单纯强调参与式规划和自下而上的参与形式。在一定时期内，社区规划依然需要政府主导，但政府作为单一决策者的形象可以逐步弱化，更多地担当起社区规划赞助商的角色，为社区规划提供专业咨询和技术支撑，使社区的利益各方能够清楚自身的合法权利边界及所应当承担的义务和责任[10]。

承担主导角色的也不仅是城市政府和规划主管部门，更需要基层的街道办及社区工作站的协作参与，培养社区自治组织，吸纳社区成员特别是社区的居住生活者参与到社区规划中来。

对城中村的城市更新而言，可以尝试政府引导下建立社区规划合作组织，通常包括各城中村股东大会的股东代表、需要广泛纳入非业主身份的社区实际居住者代表等社区发展的各利益方共同参与。以社区规划合作组织作为自下而上参与的主体，对接政府层面的规划管理。

4.3 社区规划的工作内容

社区规划工作开展的前提条件是社区规划参与和决策机制的确立，需要明确参与到社区规划中的社区居民及各利益主体的角色。对于不同类型的社区，也需要不同的组织形式与权力结构来支撑社区规划。

社区规划的工作内容应以社区问题的调研分析为基础，社区规划的本质是以问题为导向的社区发展策略。社区的问题既包括传统规划所关注的物质空间层面的问题，也包括社会、经济、文化等各方面的问题，社区规划尤其应该关注微观层面的社区需求。但不同社区的问题各异，需要正视社区的差异性和问题的特殊性，不应局限于通过编制规划内容技术规定的方式来指导社区规划工作的开展。

社区规划工作内容的核心在于社区发展目标的设立、实施方案的制定及执行。社区作为城市的基层组织，既是规划的编制者，也是规划的执行者，社区规划更需注重落地实施的可操作性，在规划实施的全过程中逐步完成设定的社区发展目标。

城中村的城市更新可通过建立社区规划合作组织来明确相关工作机制，基于社区问题的广泛调研及社区发展目标的设定，明确城市更新方式的选择、实施主体的选择等重大决策，并根据实际问题和需求，制订城中村的年度发展计划，有计划地统筹城市更新工作，同时也可以利用社区规划作为争取政府财政支持的依据[2]。

4.4 社区规划的工作方式

社区规划工作方式的核心在于鼓励和促进公众参与社区自治，使关于社区发展的决策在权衡和取舍中达成更为广泛的共识。在自治基础较好的社区，参与合作和自下而上的方式更能激发社区的凝聚力和促进社会资本的积累，政府应主动退至协调辅助的角色，对社区自身的技术力量进行补充和引导。而在自治基础薄弱的社区，增加沟通比无谓的参与更为重要，政府应当积极创造沟通机制与环境，使公众对社区发展逐步了解，在建立个体发展与社区发展联系的基础之上再逐步尝试参与[10]。

根据不同基础条件的社区，规划工作既可以由政府组织，也可以由社区自治组织委托第三方咨询机构开展。提供社区规划服务的机构不应局限于有规划设计资质的单位，而应广泛邀请各类相关的非政府组织参与，并鼓励境外咨询机构引入成熟的社区规划理念与工作手段，参与到我国城市的社区规划中来。

对于城中村的城市更新而言，社区规划合作组织可以聘请专业的社区规划师作为社区发展顾问，广泛沟通了解社区居民的诉求及社区发展的问题，代表社区与政府及潜在的更新实施主体沟通协调并为社区争取利益。

4.5 社区规划师的角色

无论是政府规划师，还是各种非政府组织的规划工作者，在社区规划工作上都需要承担科普培训、咨询服务、沟通协调等更为广泛的角色。社区规划师要承担这种工作角色，就必须被赋予足够的权利，包括作为规划部门的技术代表、作为规划管理部门的官方代表以及作为社区居民的代言人[9]。社区规划师的本质作用是促进政府权力的下放、市民权利的增长，以及政府与市民权力的相对平等及相互制衡[1]。

社区规划师的工作不仅在于利用强大的理论和多样的技术手段绘制美好的社区愿景，更多的是要充分了解社区公众需求，协调政府与基层之间的利益冲突。作为专业技术人员担任沟通协调者的同时，面对专业判断和居民期望之间的冲突，也需要坚持专业底线，保持客观公正的态度，秉承规划师的价值判断基础，以保障社区长远健康发展为准则[6]。

5 结语

在城市规划的实施与管理中，社区规划的缺失导致社区居民的实际诉求长期被忽视。对于社区规划的探索与实践，以城市社区的更新特别是城中村的更新为载体本应大有可为，但实际上社区层面的规划内容和形式都较为单一，难以直面社区问题的根源并提出应对策略，而且往往表现出较强的商业开发属性。

社区规划的动力来自社区，基础是社区自治的意识。在当前阶段，需要逐渐建立起自下而上的规划意识，使社区居民真正参与到社区规划中来。社区规划不只是对现有规划类型的修正，而是伴随着城市规划公共属性的完善所必需的一种规划形式，需要整个城市规划体系及机制的改革与转型。

注释

更新单元规划相当于法定规划体系中的控制性详细规划，在深圳市城市规划编制体系中内容和深度相当于法定图则与详细蓝图。

参考文献

[1] 吴丹，王卫城. 从“政府规划师”到“社区规划师”：背景・实践・挑战：以深圳为例[C]. 昆明：2012 中国

城市规划年会,2012:54-62.
[2] 王瑛蒋,丕彦,夏天.不能再被忽视的社区规划:深圳市龙岗区五联社区规划试点工作的启示[J].城市规划,2009,33(4):54-56.
[3] 李郇,彭惠雯,黄耀福.参与式规划:美好环境与和谐社会共同缔造[J].城市规划学刊,2018(1):24-30.
[4] 成钢.美国社区规划师的由来、工作职责与工作内容解析[J].规划师,2013,29(9):22-25.
[5] 刘玉亭,何深静,魏立华.英国的社区规划及其对中国的启示[J].规划师,2009,25(3):85-89.
[6] 魏定梅,田毅,陈静,等.新形势下社区规划师的角色定位[C].贵阳:2015中国城市规划年会,2015:47-54.
[7] 叶伟华,黄汝钦.社会管理创新视角下审视深圳社区规划[J].规划师,2013,29(5):76-80.
[8] 苏海威,胡章,李荣.拆除重建类城市更新的改造模式和困境对比[J].规划师,2018,34(6):123-128.
[9] 城市规划学刊编辑部.走进社区,规划师准备好了吗:社区发展与规划变革学术笔谈会[J].城市规划学刊,2016(5):1-8.
[10] 赵蔚.社区规划的制度基础及社区规划师角色探讨[J].规划师,2013,29(9):17-21.

社区导向的城市更新和治理实践[①]

——基于国内外文献研究

赵楠楠　刘玉亭

华南理工大学

摘　要:随着城市更新实践的不断推进,我国存量发展模式已从释放土地资源为主的物质性城市改造进入以社区协作发展为主的新阶段。在此背景下,广州率先进行了一系列社区微更新实践,显示出当前城市更新中"社区参与"的实践热潮,也揭示出我国规划决策与治理模式进入多元协作的转型探索阶段。基于国内外文献比较研究,本文利用 VOSviewer 及 Citespace 等知识图谱工具以系统梳理并直观显示城市更新领域热点议题及关注趋势。分析结果显示,近五年我国城市更新研究的关注焦点从物质空间改造转向社区导向下的协同治理,这与西方国家城市更新理论与实践的演进趋势具有一定相似之处。面对新时期我国社区导向下存量规划转型与治理创新实践中出现的空间冲突与参与困境,深入探讨广东地区以社区导向的城市更新创新实践案例,并结合西方国家有关多元善治与社区参与的理论研究,对提升我国城市更新规划决策科学性、城市治理现代性及最终实现"共建共治共享"治理格局具有借鉴意义。

关键词:城市更新;社区发展;微改造;城市治理;多元协同

1　引言

二战结束以后,在西方各国从物质形态到社会结构均面临重组与复苏的背景下,城市更新成为全球最具影响力的公共政策,致力于解决土地资源紧张、住房环境恶化等城市问题。早期,功能理性思维是现代城市快速发展的重要基础与实施工具,尤其在战后重建与新城建设过程中发挥了巨大作用。但是,随着大规模整体改造的弊端逐渐暴露,人本主义的呼声受到了广泛关注,并推动城市发展理念从关注物质空间形态走向环境、社会和经济的多维度可持续发展。德国哲学家哈贝马斯对于后现代社会的批判及其所提出的沟通理性理论,将研究城市问题的视角引入社会的纵深方向,这在一定程度上构建了西方多元协商机制的理论基础。随后,简・雅各布斯针对美国大规模拆除重建式城市改造(Urban Removal)的尖锐批判,极大程度上推动了多方协同决策模式的广泛推行,并逐渐发展成为当前西方国家城市发

①　国家自然科学基金(编号:41771175),广州市人文社会科学重点研究基地成果,广州市哲学科学规划 2019 年度课题(编号:2019GZGJ07)

展与建设活动过程中一项不可或缺的机制，作为保障城市治理合理性与规划决策科学性的重要手段。

在我国，随着城市发展进入存量时代，大规模城市更新实践是住房供应、土地流转和资源再分配的重要途径，却也成为当代中国城市化转型中空间冲突的焦点。近年来，城市更新规划触媒下社区响应的冲突事件频发，揭示出城市更新规划决策中多元参与的不足，以及探索社会调节与治理创新的紧迫性和必要性。2015 年，中央城市工作会议强调要“尊重市民对城市发展决策的知情权、参与权、监督权，鼓励企业和市民通过各种方式参与城市建设、管理，真正实现城市共治共管、共建共享”。随后，2017 年党的十九大明确指出要“打造共建共治共享的社会治理格局。加强社会治理制度建设，完善党委领导、政府负责、社会协同、公众参与、法治保障的社会治理体制，提高社会治理社会化、法治化、智能化、专业化水平”。这些会议精神的陆续提出，是后现代沟通理性主义和人文主义精神在城市治理结构中的作用体现，同时也反映出我国城市发展战略从物质空间的“增量建设”转向包括社会空间在内多维度的“质量优化”，及规划决策从政府主导向社区参与下“多元协作”的转型趋势。

2 全球化背景下的城市更新实践历程

2.1 西方城市更新从“战后重建”到“社区发展”的内涵演变

二战以来，以英国和美国为代表的西方发达国家进行了一系列基于物质空间的城市更新实践，包括贫民窟消除计划、城市中心区重建及新城镇扩张等，以应对当时城市衰败引起的住房短缺问题和城市环境危机。经历两次世界大战的物资匮乏、经济衰败和社会动乱之后，欧美各国在战后城市复兴和乐观主义的氛围驱动下开始大兴土建 。这一时期的战后重建以贫民窟和衰败地区为主要改造对象，通过拆除重建这部分建筑迅速释放大量土地资源用于住房建设、公共空间改善以及服务设施供应，与当时产业结构和生产布局的调整相匹配。在后工业化时期社会经济快速增长的背景下，城市中逐渐残破的社区居住条件和日益严峻的环境卫生问题已不能满足当时城市居民对现代文明生活的需求和复兴城市中心区繁荣的愿望。在政府主导和凯恩斯主义的政策影响下，带有福利色彩的大规模社区改造和城市复兴运动兴起于战后社会结构重组、经济快速发展的英美国家，并迅速延伸至欧洲地区其他国家。但是，由于城市重建和更新工作重心始终放在物质空间环境方面，而对社会维度和社区层面的非物质环境严重忽视，政府主导下的城市重建措施引发了大量诸如中心区功能僵化、人口郊区化等城市问题，并且带来交通、治安、社会冲突等一系列社会问题。在此背景下，简·雅各布斯、芒福德与亚历山大等人针对传统蓝图式规划理念和城市结构模式化的尖锐批判与反思，进一步推动西方城市更新的发展范式从大规模物质更新转向面向社区发展的人本理念，并对城市规划价值取向的共识模式产生深刻影响。

20 世纪 70 年代开始，西方城市更新和城市规划理论逐渐呈现出后现代特征。一方面，在新自由主义思想的影响下，西方城市更新模式从管理主义(Urban Managerialism)转向企业主义(Urban Entrepreneurialism)，进入资本驱动的房地产市场阶段。但是，完全依赖市场机制的城市开发和更新模式对社区问题依然严重忽视，市场导向的城市建设更带来绅士化、人口置换和社区结构瓦解等社会问题，因此，这一时期的企业主义更新模式在面对社会分化和不平等、高失业率以及地区贫困等既有社会问题与矛盾时仍然难以为继。随着后现代主义对理性过程规划理论和战后物质环境规划范式的持续性批判和反思，以及人本主义思想和可持续发展理念逐渐深入人心，城市更新的空间尺度不断下移，更多地开始关注社区尺度的可持续发展问题。希利、托马斯和哈贝马斯等人的理论研究更激励了一系列基于交往理性和参与式规划理论的规划范式和城市更新实践的产生。20 世纪 90 年代以来，基于“公众”和“社区”的城市更新发展范式开始萌芽，社区发展计划作为应对社会排斥和社会隔离等问题的策略，促进了西方国家“自下而上式”社区发展行动的发育。例如英国的“社区建筑(Community Architecture)”运动、美国的“社会建筑(Social Architecture)”运动、日本的“造街活动(Machisukuri)”、以及台湾地区的“社区总体营造(Community Building)”等，尽管各个地区案例的内涵、目的和政策各不相同，但有一个共同的特点，即以“社区发展”作为相关政策的核心，强调城市更新的社会内涵，以及社区在城市治理结构中的作用和地位。总体来看，从战后重建到后现代城市复兴，西方城市更新的空间对象经历了从“宗地”“区域”到“社区”尺度的转变，而城市更新的主导角色也经历了从“政府主导”“市场主导”到“社区参与下的多部门协作”的转变。

2.2 中国城市发展从“增量建设”到“存量更新”的话语转向

改革开放以来，中国经历了快速大规模的经济增长和城市扩张。宏观来看，各个城市在过去的 30 年间均以“增量建设”作为推动快速城镇化的驱动力量，即以新增建设用地为主要规划策略，基于空间扩张的城市发展模式。在快速大规模的物质性建构需求推动下，以新城新区建设与空间拓展为主导的增量发展模式在中国各大城市持续了十余年。截至 2017 年底，中国城市建成区面积为 14.6 万 km^2，与 1978 年 1.5 万 km^2 的建成区面积相比，增长了约 13.6 倍，我国人均建成区面积与日本相比多出 35%。如此快速的城镇化，一方面推动了我国社会经济结构的优化和城市基础设施的改善，另一方面也由于土地财政制度的局限性和政府主导模式的片面性带来城市房价飞涨、区域差异加剧以及社会公平失衡等众多问题。

近二三十年的时间，既是我国城市建设的高速发展阶段，也是城市发展理念与实践不断演变的过程。在新城新区建设如火如荼、城市空间形态日新月异的同时，城市更新相关实践与研究工作方兴未艾。中国各城市中存在相当数量的存量土地资源，这种土地资源不仅包括已批未建或已征未用的土地(国土资源部，2012)，也包括在旧城镇、旧厂房、旧村庄中分布的待改造地段(广东省人民政府，2009)以及较广义上具有二次开发利用潜力的土地。近十年，关于存量土地资源活化或再开发的讨论逐渐升温，成为城市转型和可持续发展议题下的热点话题。已有许多学者指出中国城市化从“外延式扩张”“增量式规划”向“内涵式发展”“存量式规划”的话语转变。相对于增量主义下的规划策略而言，存量规划更加强调对存量土地资源的集约、高效利用，旨在促进已建成区的功能调整和空间优化。其中，城市更新作为城市存量发展的重要途径，越来越受到城市政府、企业家等多元利益主体的重视。同时，由于城市更新不仅涉及土地利用改变、空间功能置换等物质空间的改造，也包括对社会空间维度的影响，例如社区结构重塑、文化产业复兴等内容，因此，城市更新实践也成为当代中国城市化转型时期城市空间冲突的焦点。

2.3 新时期“共建共治共享”治理格局下的城市规划转型趋势

在城市存量发展视角下，面向“共建共治共享”的决策模式意味着更加强调城市更新作为一项公共政策所具有的社会属性。近年来以物质空间改造为主的传统更新模式所引起的社会事件层出不穷，在部分社区更新中甚至出现“反增长力量”以抵制更新进程，这些社会问题在一定程度上反映出我国当前社区更新与社会治理工作仍然十分严峻。如何有效应对城市更新和社区发展中错综复杂的利益关系，并充分发挥地方知识、社会资本在社区发展和治理中的作用，是推进我国城市更新转型的重要抓手，也是最终实现物质空间与社会空间协同下的城市可持续发展以及具有中国特色的社区善治格局的关键引线。

随着人们私权利意识与社区归属感的提升、居民专业水平的提高，以及公众对资源再配置公平性的诉求强化，社区参与城市更新的意愿更加凸显。在存量发展“新常态”背景下，我国城市更新决策制定过程中的公众参与机制尚需跟进。当前大多数规划中，专家评审、规划公示、公众听证会及访谈调查等传统参与形式，在一定程度上有助于提升规划调整的科学性，但仍是政府或规划部门主导的决策机制，对于深层次的社会资本与社区组织缺乏足够的重视。面对较长周期内社区资源配置、产业功能置换、土地产权重构等动态调整问题时，当前的规划编制与实施模式存在社区支持获取困难、社会资本认知薄弱、更新共识难以达成等局限性。总体来看，我国城市更新中的社区协作仍处于实践探索阶段，更新理念更接近西方国家“物质更新”与“企业主义”阶段，对于社区层面的治理角色在推动城市可持续发展中的作用和重要性认识尚显不足。

3 近五年国内外城市更新研究现状与前沿问题

3.1 国外城市更新研究文献：“社区”与“治理”两个维度始终为热点议题

与中国正在热火朝天的城市更新实践语境不同，西方国家关于城市更新的理论和实践已经经历数十年的发展，许多学者对于城市更新带来的城市问题进行了大量的追踪研究，充分认识到城市更新可能带来的社会影响与问题，以及城市空间重构过程中的治理冲突。尤其在二战后资本主义经济的黄金增长时期，西方国家爆发一系列基于物质空间的城市重建运动，体现出当时人们对于“工具理性”和“科学实证主义”的崇拜与狂欢，而简·雅各布斯等人对这一时期城市重建模式的强烈批判，则推动学界开始关注城市问题中的社会排斥问题以及空间正义问题。总体而言，从管理主义、企业主义和多元主义(Pluralism)的不同讨论，映射出城市治理结构的不断变化，以及社区作为城市治理的基本单元在整个社会网络和治理结构中的重要地位。

以“城市更新(Urban Regeneration)”和“城市再开发(Urban Redevelopment)”在 Web of Science 数据库中进行搜索，获取 2014—2019 年发表的涵盖两个主题词的共 1 111 篇期刊论文。利用 VOSViewer 软件对主题词进行分析(包括题目、摘要、关键词)可以得到关于城市更新的主题词聚类知识图谱(图 1)。初步来看，在近五年的英文期刊论文中，城市更新研究仍然以文化复兴、可持续发展策略以及空间治理为主要方向，具体研究内容包括绅士化、城中村改造、社区重建、城市政策、社会资本、文化认同等。此外，许多学者从新自由主义浪潮的视角，分析中国城市发展和治理结构的演变，大量新兴的中国旧城更新案例得到国际关注，例如广州“三旧改造”政策、恩宁路旧改项目、金花街旧改项目等。

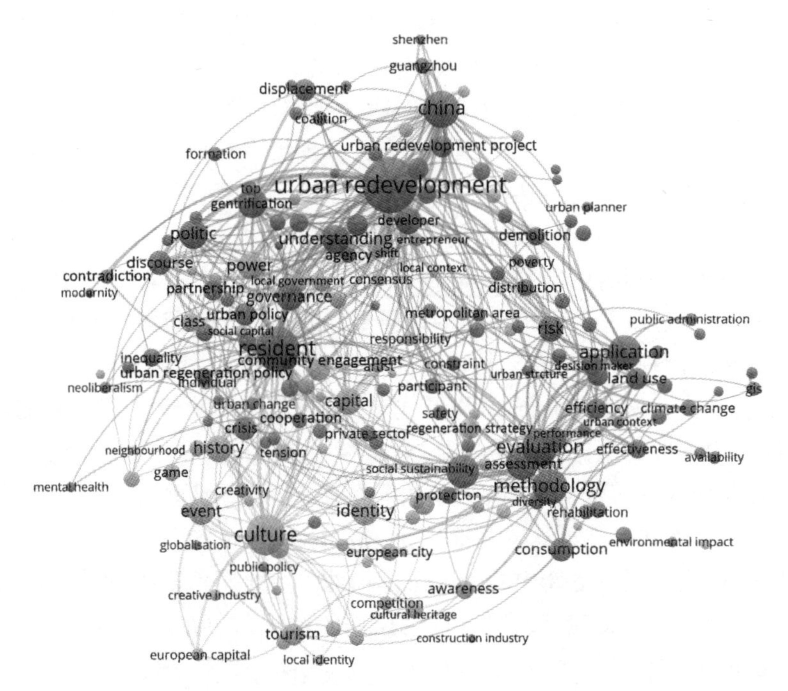

图1　Web of Science 数据库中城市更新主题 2014—2019 年期刊论文关键词知识图谱

（图片来源：借助 VOSViewer 软件自绘）

由此可以归纳出两个维度的热点话题和关注重点，其一，对于社区维度，绅士化和社区可持续发展是两个重点话题，例如 Wu 通过对上海高家浜城中村的实证，揭示国家管控治理下出于空间再生产目的的城市升级改造项目与移民社区自主发展诉求之间的矛盾，及其改造后由于绅士化带来的社会影响等问题；Clark 等人及 O'Brien 等人在其各自的编著中基于多案例分析，对城市改造和社区参与的相关政策与实践提供了系统实证。其二，对于治理维度，关注热点对象又可分为多主体间关系和多要素间关系，即公私部门合作关系（Partnerships）和更新本地化问题（Localization Issues，这一问题体现为对文化遗产、历史保护、社会资本、旅游和创意产业等要素的协同考虑）。

3.2　国内城市更新研究文献：多元化思路中广东地区创新实践成为新兴议题

我国近年来关于城市更新演进过程和发展趋势的综述性文章较多，已有许多学者对于中国改革开放以来各城市的发展历程进行了总结并识别出不同时间阶段的发展趋势，例如丁凡和伍江通过回顾上海市从旧城改造、地产导向再开发到综合纬度城市更新的发展历程，归纳出我国城市更新从基于地产开发的大规模旧城改造到基于综合维度的针灸式有机更新的内涵演变；谢涤湘等人着眼于人文地理学的比较视角，指出我国城市更新实践中以人为本的“地方营造”理念新趋势，提倡协同考虑包括日常生活、历史脉络、文化遗产等多元要素对提升城市更新人文关怀和公平正义的价值，并通过公众参与进一步促进邻里社区发展。此外，在近年来关于城市更新的博士论文中，关于城市更新效益的系统评价、城中村改造模式总结、工业遗产保护和公众参与下的决策治理等选题的研究越来越多，与十年前博士论文中对具体案例分析或技术流程方面的较多关注相比，这种研究趋势也反映出学界对我国数十年城市更新历程开始更加注重基于系统回顾的反思与创新。

在近几年的学术研究中有三个重点话题：一是对更新主体间利益博弈关系的研究；二是对更新制度中的创新机制探讨；三是对更新模式中物质空间策略的反思。根据一定的计量学统计，可以看出我国城市更新研究领域的发展趋势。以“城市更新”和“旧城改造”为主题词在知网（CNKI）数据库中进行搜索，共获得 2014—2019 年 2 613 篇期刊论文，利用 Citespace 软件分析可以得到初步的主题词聚类分析的知识图谱（图 2）。类似的文献研究在近几年也有许多学者尝试进行，例如黄婷等人根据对 1996—2015 年的 1 244 篇有关城市更新的期刊论文进行整理，发现自 2008 年开始，“三旧改造”作为关键词开始出现，并于 2010—2015 年间逐渐发展成为城市更新中出现频次最高的主题词之一，这种趋势一定程度上反映了广东省城市更新政策推进在全国范围内城市改造领域的备受关注。同时，广州市在探索城市更新创新方面一直走在全国前列，近年来推进的社区“微改造”实践模式在学界又掀起一阵关于城市更新的研究热潮，体现在 2017 年开始，“微更新”“微改造”主题词开始频繁出现并得到持续热烈的学术关注（图 2）。总体而言，国内规划学界对于北京、上海和深圳三个城市的城市更新实践已有相当系统的回顾和总结，但是对于广州的城市更新实施机制和制度安排的研究尚显不足，尤其对于近年来兴起的基于社区的城市更新和治理实践关注较少。尽管已有部分规划学者采取较为多元的视角，从社区规划、社会空间分异等角度探讨城市更新创新机制，如吴缚龙等人和何深静等人分别从社会空间分化和居民影响的视角反思效率导向下社区重建带来的社会问题，袁媛等人根据系统梳理近年社区规划研究指出社区发展中的多元协作趋势。

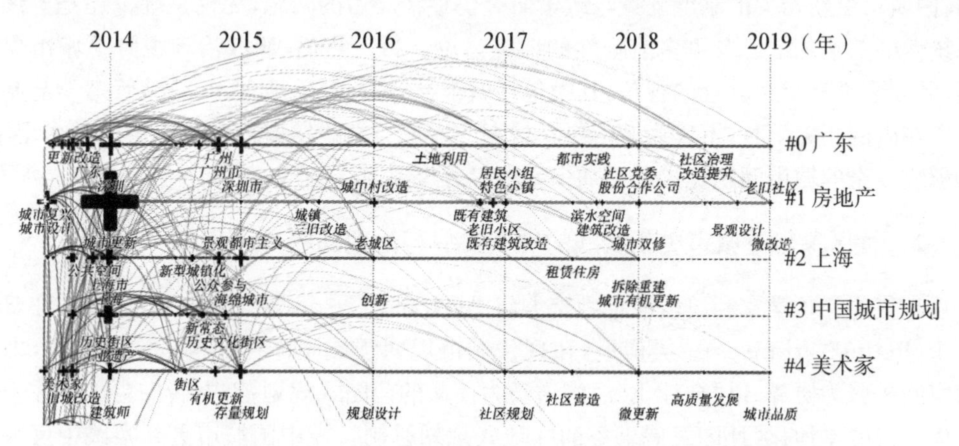

图 2　CNKI 数据库中城市更新主题 2014—2019 年期刊论文关键词知识图谱

（图片来源：借助 Citespace 软件自绘）

4 我国城市更新规划转型趋势与现实挑战

4.1 城市更新规划转型更关注共识达成过程中的利益博弈和治理冲突

城市规划作为一种制度安排，具有非线性、多尺度及过程性建构的特征。其本质是一个协调的过程，内容包括不同尺度的利益协调、不同层级的部门协调以及不同纬度的目标协调等。在过去的20年间，规划学界对于我国社会经济体制转型和城市空间重构已有非常深入的研究。时至今日，当代中国城市"转型"时期的规划转型与治理创新仍是热议话题。在当前城市"转型"和学科改革的关口，存在这样一个共识，城市规划工作作为一项过程性的政策工具，从编制、实施到反馈的全过程都有赖于政府和社会各界的互动协商。这也是推进城市治理科学化及现代化的实现基石，而近期在城市更新中出现的各种冲突现象，不仅揭示了优化规划参与机制的重要性，也为分析和探究如何提升城市治理水平提供了丰富素材。

一方面，作为政策议题的城市更新制度环境研究，需要聚焦治理模式的演化和决策机制的发展。城市更新规划具有公共政策属性，其参与主体、行动方法和政策产物往往与不同历史时期的外部社会经济环境息息相关。从改革开放以来的城市发展历程来看，中国城市更新实践主要受到政策驱动，这种导向下的更新实践具有强烈的推动力和高效的完成度，但在更新过程中更有可能忽略其他的要素，比如社会基底、历史记忆、传统文化等。诚如梁鹤年所指出的，政策制定过程的内部逻辑，所有决策者涉足"不断冲突的利益衡量斗争之中"。因此城市更新政策制定的过程可被看作一个必要的选择程序，以解决该过程中不同的参与者所持有的、难以调和的价值之间的矛盾。目前，由于上层制度安排与下层实践需求的匹配错位，我国城市更新相关的制度支持与政策研究仍存在滞后的问题，无论是理论还是实践都需要系统性的归纳总结以及更多前瞻性的探究讨论。另一方面，研究治理视野下城市规划的转型，需要多学科交叉融合的视角，其中包括城市社会学、政治地理学、公共管理学与制度经济学等在内的相关学科，不仅为城市更新规划的理论与实践发展提供了丰富的学术土壤，并且为解决复杂的城市问题提供了更加多元的综合渠道。

4.2 社区参与下城市更新实践的现实挑战与治理问题

后现代主义哲学家利奥塔在批判宏大叙事(Grand Narratives)基础上，提出关注日常生活叙事(Petite Narratives)。类似地，在现代城市规划领域同样存在这一话语趋势，即从以城市空间扩张为要务、以"全球化"经济增长为使命的蓝图式规划范式，转向更加关注空间中的个体、关注"本地化"社区发展事务的在地式规划机制。在中国城市更新实践中反映为以空间为载体的新兴尺度转向，即从以城市作为关注对象的"拆旧建新"式旧城改造，到以社区作为关注对象的"人居改善"式社区微改造。另一方面，也正如哈贝马斯等学者对于利奥塔过于强调个体、追求自由而忽略微观叙事整合下规范性的批判，在现代城市规划中也应避免无限放大个体利益或者无序的群体诉求甚至是由于"民粹主义"而产生的社会纠纷。在这样的背景下，社区作为当前人们对于美好生活的向往和需要的空间承载，具有整合微观和较宏观两个维度的中间尺度的重要作用,开始成为现代城市更新与城市治理的重点关注对象和实践试验田。

其中,广州市从"成片更新""三旧改造"的更新思路,转向自2016年开始重点推进的老旧社区微更新措施,这种思路的转变不仅是城市存量空间发展战略的转型表现,也是对近年来优化治理结构、转型更新模式的紧迫诉求的响应。在以往的"三旧改造"旧城更新模式下,包括城中村、老旧小区等内城社区往往是危房改造和成片更新的对象,通过拆除物质衰败的内城社区的方式,将相应的存量土地置换为高层住宅小区、商业综合体或创意产业园区。2016年,《广州市城市更新办法》中提出"微更新(或称微改造)"的城市更新模式,意味着内城社区开始从被改造的客体转变为实施城市更新的主体。截至2019年10月,广州共推进685个社区微更新试点项目,其中已完成微改造的老旧社区有208个。2017年,广州成立2 000亿元的城市更新基金,重点支持引入社会资本的创新更新模式。在这样的政策激励下,广州市的社区微更新项目快速推进,成为全国率先进行基于社区的城市更新与治理实践探索的城市之一。但是,当前的城市更新与社区发展之间仍存在三个层面的矛盾:一是城市改造蓝图与社区发展需求之间的尺度矛盾;二是物质空间更新与历史文化保护之间的认知矛盾;三是自上而下决策机制和自下而上社区参与的治理矛盾。尤其在当前信息技术空前发展的网络时代,公众在城市规划方面的知识储备与抗辩能力显著提高,因此在规划触媒下针对城市更新的社区冲突与社会争议层出不穷。在这样的情况下,如何应对社会冲突对城市治理结构的挑战,以及城市规划在其中如何发挥协调工作,将是未来城市更新研究与实践的重点。

5 结语与讨论

城市发展离不开存量空间的改造和转型升级,而传统的"拆旧建新"模式被证明成本巨大且实施困难。在经济结构持续调整、社会治理全面变革的宏观背景下,城市更新越来越受到城市政府、企业家等多元利益主体的重视,却也成为当代中国城市化转型时期城市空间冲突的焦点。而城市规划的本质,决定了其在面对城市更新复杂性、多元性和政治性时表现出的不确定性,以及面临矛盾和冲突的现实挑战。传统的规划理论和治理理论中对规划参与的呼吁往往止步于"让多方发声",却并未意识到各参与主体如何通过相互作用形成最终规划决策或影响城市议程,这是制约当前基于社区的城市治理现代化纵深发展的一个重要因素。在未来城市研究中,如何发挥社区作为中间尺度协调上层治理主体与居民个体之间的矛盾,以及规划从业者如何帮助社区将有争议的冲突转变为实际共识,是推进城市更新走向社区发展和多元善治的重要问题。

总体而言,我国城市更新具有政策推动的特征,在过去的20年内表现出从物质空间的"增量建设"转向包括社会空间在内多维度"质量优化"的内涵演变,以及规划决策从政府主导向社区参与下"多元协作"的转型趋势。2015年前后,在广东省,基于社区的城市更新创新实践模式开始试行,社区作为治理主体不仅在实践中以话语表达和集体行动影响城市议程,并且作为战略安排出现在城市公共政策中,反映在学界则表现为有关社区微更新、社区治理和协作规划的话题逐渐受到更多关注。面对新时期我国社区导向下存量规划转型与治理创新实践中出现的空间冲突与参与困境，深入探讨广东地区以社区导向的城市更新创新实践案例，并结合西方国家有关多元善治与社区参与的理论研究，对提升我国城市更新规划决策科学性、城市治理现代性及最终实现“共建共治共享”治理格局具有借鉴意义。

参考文献

[1] Atkinson R, Tallon A, Williams D. Governing urban regeneration: Planning and regulatory tools in the UK[C]. AESOP Annual Congress, 2017.

[2] Ball M, Maginn P J. Urban change and conflict: evaluating the role of partnerships in urban regeneration in the UK[J]. Housing Studies, 2005, 20(1): 9 - 28.

[3] Bull A C, Jones B. Governance and social capital in urban regeneration: a comparison between Bristol and Naples[J]. Urban Studies, 2006, 43(4): 767 - 786.

[4] Carmon N. Three generations of urban renewal policies: analysis and policy implications[J]. Geoforum, 1999, 30(2): 145 - 158.

[5] Clark J, Wise N. Urban Renewal, Community and Participation: Theory, Policy and Practice[M]. Berlin: Springer, 2018.

[6] Couch C. Urban Renewal: Theory and Practice[M]. London: Macmillan Education Ltd, 1990.

[7] Davies J S. Partnerships and Regimes: The Politics of Urban Regeneration in the UK[M]. London: Routledge, 2017.

[8] Gong P, Li X, Zhang W. 40 - Year (1978—2017) human settlement changes in China reflected by impervious surfaces from satellite remote sensing[J]. Science Bulletin, 2019, 64(4):756 - 763.

[9] Habermas J. Communication and the Evolution of Society[M]. London: Heinemann, 1979.

[10] Harvey D. From managerialism to entrepreneurialism: the transformation in urban governance in late capitalism[J]. Geografiska Annaler, 1989, 71B: 3 - 17.

[11] Healey P. Planning through debate: The communicative turn in planning theory[J]. Town Planning Review, 1992, 63(2): 143 - 162.

[12] Healey P, McDougall G, Thomas M J. Theoretical Debates in Planning: Towards a Coherent Dialogue [M]//Planning Theory: Prospects for the 1980s. Oxford: Pergamon Press, 1982:5 - 22.

[13] Li X, Hui E, Chen T, et al. From Habitat III to the new urbanization agenda in China: Seeing through the practices of the “three old renewals” in Guangzhou[J]. Land Use Policy, 2019, 81: 513 - 522.

[14] Lin GC, Li X, Yang FE, Hu F. Strategizing urbanism in the era of neoliberalization: State power reshuffling, land development and municipal finance in urbanizing China[J]. Urban Studies, 2015, 52(11): 1962 - 1982.

[15] Liu X, Huang J M, Zhu J M. Property-rights regime in transition: understan ding the urban regeneration process in China-A case study of Jinhuajie, Guangzhou[J]. Cities, 2019, 90: 181 - 190.

[16] Lyotard J F. The postmodern condition: A Report on Knowledge[M]. Minneapolis: University of Minnesota Press, 1979.

[17] Matthews P. Social media, community development and social capital[J]. Community Development Journal, 2016, 51(3): 419 - 435.

[18] Meyerson M, Banfield E C. Politics, Planning, and the Public Interest: The Case of Public Housing in Chicago[M]. New York: The Free Press, 1969.

[19] Mossberger K, Stoker G. The evolution of urban regime theory: the challenge of conceptualization[J]. Urban Affairs Review, 2001, 36(6):810-835.
[20] Mumford L. The City in History: A Powerfully Incisive and Influential Look at the Development of the Urban form Through the Ages[M]. New York: Harcourt Inc, 1961.
[21] O'Brien D, Peter M. After Urban Regeneration: Communities, Policy and Place[M]. Bristol: Policy Press, 2016.
[22] Oatley N. Editorial: urban regeneration[J]. Planning Practice and Research, 1995, 10: 3-4.
[23] Phillips R, Pittman R H. An introduction to Community Development[M]. London: Routledge, 2009.
[24] Roberts P, Sykes H. Urban Regeneration: A Handbook[M]. London: SAGE, 2000.
[25] Schenkel W. Regeneration strategies in shrinking urban neighbourhoods-dimensions of interventions in theory and practice[J]. European Planning Studies, 2015, 23(1): 69-86.
[26] Shin H. Urban spatial restructuring event-led development and scalar politics[J]. Urban Studies, 2014, 51(14): 2961-2978.
[27] Tallon A. Urban Regeneration in the UK[M]. London: Routledge, 2010.
[28] Tan X, Altrock U. Struggling for an adaptive strategy? Discourse analysis of urban regeneration processes—A case study of Enning Road in Guangzhou City[J]. Habitat International, 2016, 56:245-257.
[29] Taylor P J. A materialist framework for political geography[J]. Transactions of the Institute of British Geographers, 1982, 7(1): 15-34.
[30] Thomas H, Healey P. Dilemmas of Planning Practice: Ethics, Legitimacy and the Validation of Knowledge[M]. Aldershot: Avebury, 1991.
[31] Waley P. Speaking gentrification in the languages of the Global East[J]. Urban Studies, 2016, 53(3): 615-625.
[32] Wang X, Aoki N. Paradox between neoliberal urban redevelopment, heritage conservation, and community needs: Case study of a historic neighbourhood in Tianjin, China[J]. Cities, 2019, 85: 156-169.
[33] Wu F. State dominance in urban redevelopment: beyond gentrification in urban China[J]. Urban Affairs Review, 2016, 52(5): 631-658.
[34] Zhang C, Li X. Urban redevelopment as multi-scalar planning and contestation: The case of Enning Road project in Guangzhou, China[J]. Habitat International, 2016, 56: 157-165.
[35] Zhang Y, Long H, Ma L, et al. How does the community resilience of urban village response to the government-led redevelopment? A case study of Tangjialing village in Beijing[J]. Cities, 2019, 95: 1-13.
[36] 曹康,王晖. 从工具理性到交往理性:现代城市规划思想内核与理论的变迁[J]. 城市规划,2009,33(9):44-51.
[37] 陈浩,张京祥,林存松. 城市空间开发中的"反增长政治"研究:基于南京"老城南事件"的实证[J]. 城市规划,2015,39(4):19-26.
[38] 陈易. 转型期中国城市更新的空间治理研究:机制与模式[D]. 南京:南京大学,2016.
[39] 丁凡,伍江. 城市更新相关概念的演进及在当今的现实意义[J]. 城市规划学刊,2017,238(6):87-95.
[40] 冯辉. 公共治理中的民粹倾向及其法治出路:以PX项目争议为样本[J]. 法学家,2015(2): 104-119.
[41] 国土资源部. 闲置土地处置办法[EB/OL]. http://www.gov.cn/gongbao/content/2012/content_

2251660. htm. 2012.
[42] 广东省人民政府. 关于推进“三旧”改造促进节约集约用地的若干意见(粤府[2009]78 号)[EB]. 2009.
[43] 贺辉文,张京祥,陈浩,等. 双重约束和互动演进下城市更新治理升级:基于深圳旧村改造实践的观察[J]. 现代城市研究,2016,31(11): 86-92.
[44] 何深静,刘臻. 亚运会城市更新对社区居民影响的跟踪研究:基于广州市三个社区的实证调查[J]. 地理研究,2013,32(06): 1046-1056.
[45] 黄婷,郑荣宝,张雅琪. 基于文献计量的国内外城市更新研究对比分析[J]. 城市规划,2017,41(5): 111-121.
[46] 梁鹤年. 政策规划与评估方法[M]. 北京:中国人民大学出版社, 2009.
[47] 倪炜. 公众参与下的城市更新项目决策机制研究[D]. 天津:天津大学,2017.
[48] 施立平. 多维度需求下的上海城市微更新实现路径[J]. 规划师,2019,35(S1): 71-75.
[49] 孙施文,周宇. 上海田子坊地区更新机制研究[J]. 城市规划学刊,2015(1): 39-45.
[50] 孙施文,王富海. 城市公共政策与城市规划政策概论:城市总体规划实施政策研究[J]. 城市规划汇刊,2000,6: 1-6.
[51] 吴晓林. 城中之城: 超大社区的空间生产与治理风险[J]. 中国行政管理,2018(9): 137-143.
[52] 吴缚龙,何深静,龚迪嘉,等. 传统城市地区的变迁和城市更新的影响:以中国南京三个居住社区为例[J]. 城乡规划,2012(1): 101-112.
[53] 谢涤湘,范建红,常江. 从空间再生产到地方营造:中国城市更新的新趋势[J]. 城市发展研究,2017,24(12): 110-115.
[54] 杨贵庆,房佳琳,何江夏. 改革开放 40 年社区规划的兴起和发展[J]. 城市规划学刊,2018,(6): 29-36.
[55] 叶嘉安,徐江,易虹. 中国城市化的第四波[J]. 城市规划,2006,30(S1): 13-18.
[56] 袁媛,柳叶,林静. 国外社区规划近十五年研究进展:基于 Citespace 软件的可视化分析[J]. 上海城市规划,2015(4): 26-33.
[57] 袁奇峰,蔡天抒. 以社会参与完善历史文化遗产保护体系:来自广东的实践[J]. 城市规划,2018,42(1): 92-100.
[58] 朱介鸣. 西方规划理论与中国规划实践之间的隔阂:以公众参与和社区规划为例[J]. 城市规划学刊,2012(1):9-16.
[59] 张庭伟. 规划理论作为一种制度创新[J]. 城市规划,2006,30(8): 9-18.
[60] 张庭伟. 规划的协调作用及中国规划面临的挑战[J]. 城市规划,2014,38(1): 35-40.
[61] 张庭伟. 告别宏大叙事:当前美国规划界的若干动态[J]. 国际城市规划,2016,31(2): 1-5.
[62] 张庭伟. 中国规划改革面临倒逼:城市发展制度创新的五个机制[J]. 城市规划学刊,2014(5):7-14.
[63] 张庭伟. 中国城市规划:重构? 重建? 改革? [J]. 城市规划学刊,2019,(3): 20-23.
[64] 张京祥,吴缚龙,马润潮. 体制转型与中国城市空间重构:建立一种空间演化的制度分析框架[J]. 城市规划,2008,32(6): 55-60.
[65] 赵燕菁. 城市化 2.0 与规划转型:一个两阶段模型的解释[J]. 城市规划,2017,41(3):84-93.
[66] 邹兵. 增量规划、存量规划与政策规划[J]. 城市规划,2013,37(2):35-37,55.
[67] 邹兵. 增量规划向存量规划转型:理论解析与实践应对[J]. 城市规划学刊,2015(5):12-19.

社区治理视角下的城市更新
——以上海社区微更新为例

赵 蔚 周天扬 曾 迪 胡婧怡 葛紫淳

同济大学

摘 要:本研究通过对上海社区微更新案例实施后进行跟踪及回溯调研,通过微更新全过程中的角色作用、微更新实施后的信息反馈和评价等方面着手思考这样一个现实问题:一项出发点良好的社会行动怎样才能达成普遍的社会认可。研究主要通过关键人物访谈、问卷及田野工作,针对案例里弄微更新的全过程进行跟踪回访和观察,以人类学方法梳理人物角色、场景及事件,分析来自微更新中各方面的声音,思考在有限条件下如何通过社区治理的过程,使自上而下的政府计划和自下而上的诉求达成动态的均衡,并在每一轮的更新中持续培育社区自身的治理意识和能力。

关键词:微更新;公众参与;评价;社区治理

1 引言

从已有的城市更新的普遍经验来看,城市更新在历经环境改善、社区提升和经济复兴这一系列目标的转变过程中,随着导向趋于多元,更新主体也随之发生变化,参与到更新过程中的人和组织越来越多样化。与此同时,政府和权威在城市更新中的主导地位也日益受到挑战。究竟是什么促使了这一趋势的形成?

变化或是趋势的产生总是首先来自事物内在的需求(Motivation),更新的本质需求在使用者——民众,如果民众的需求不能真实而有效地体现到更新过程和结果中,显然不可能得到民众的赞同和配合。这一需求趋势在存量更新阶段的改造项目中表现得尤为突出,而矛盾的产生也恰恰是在这一环节。因此,目标需求的指向清晰明确构成了更新参与的主要推手。除内生动力外,更新的外部的导向,如政策、制度、资金等因素的驱动也使更新的参与更加复杂。更民主更现代的政府选择逐步退出直接参与实施更新项目,转而透过政策杠杆调节更新供需,并配套设计相应的机制。

整个社会内外部的共同驱动,使更新成为彼此合作、共同经历的一项社会更新活动。在这一过程中,城市收获的不仅仅是物质环境的改善、制度环境的提升,更重要的是城市中的人们在更新参与过程中共同的思考,以及彼此间的合作和认同,这个过程从城市更为长远的发展来看尤为重要,文明的进步和社会的凝聚力最终体现在社会的完善上。

2 微更新背景及问题缘起

随着上海城市建设发展向存量阶段的推进，近年来“行走上海”空间微更新计划以一种有温度的城市改造模式，告别拆建，保留原有的空间肌理和社会网络，通过局部改善居民的生活环境设施来提升生活品质，实施以来受到了多方的关注和肯定。在对微更新项目的实施后调研过程中，我们发现了一些耐人寻味同时也值得思考的现象和案例。

案例一：在某社区活动广场的更新过程中，由于一开始未与居民充分沟通改造方案，广场在施工结束刚刚落成投入使用时，联通公厕的坡道给周边居民的日常生活造成了不便，居民表达了反对意见，但未受到重视。于是居民自发联合起来去破坏坡道。最后经沟通和协调，设计师根据居民意愿修改了方案(图 1)。

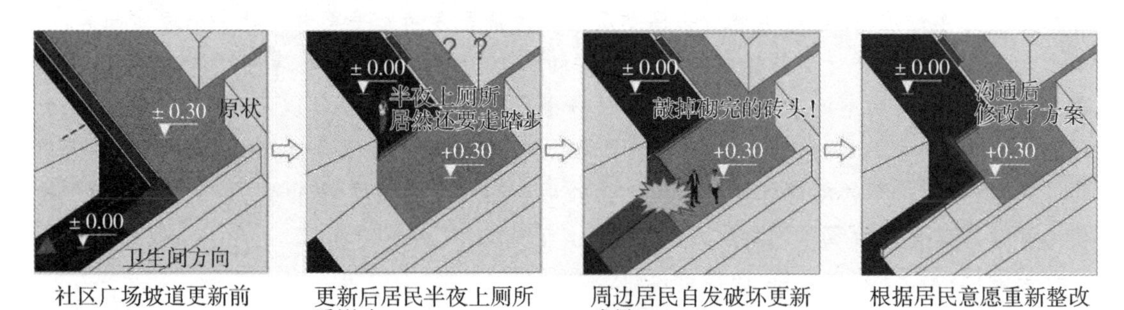

图 1 社区广场坡道更新中的冲突

(图片来源：周天扬、曾迪、胡婧怡、葛紫淳)

案例二：社区出入口是居民每天必经之地，同时也是和城市公共界面衔接的空间，因此往往成为微更新的一个重要选点。案例中原本要使用在公厕中的马赛克地砖由于居民反对，换到出入口的地面铺砌上，而这一修改因不防滑仍受到居民的反对，一些居民自发组织起来阻挠施工并向上反映。最后达成了共识对更新的结果进行了修正(图 2)。

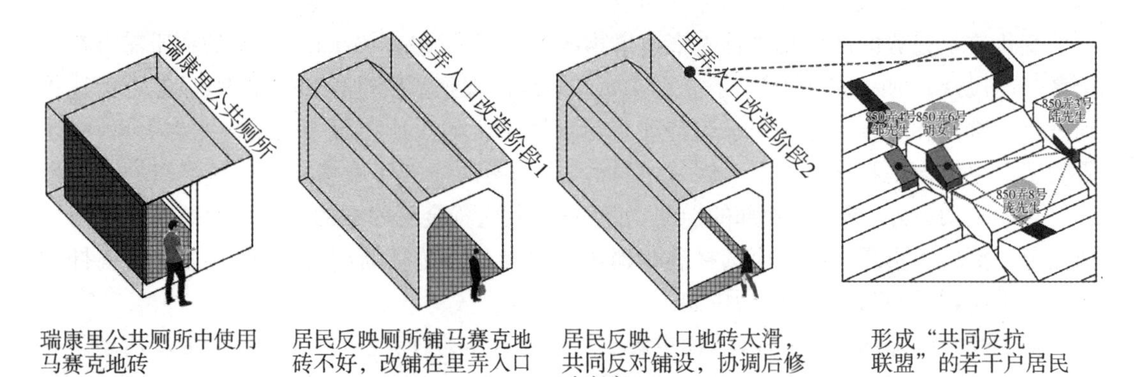

图 2 公厕及社区出入口铺地更新中的冲突

(图片来源：周天扬、曾迪、胡婧怡、葛紫淳)

上面两例事件则说明了这样一个事实:居民对自己生活的环境有着强烈的参与意愿。而究竟是什么影响了居民的实际参与,最终以冲突的方式呈现呢?

3　微更新的组织

首先让我们简单回溯一下微更新的组织程序设定(图 3):对大多数社区而言,微更新过程由政府和居委会主导组织,设计师主导设计与建造,居民在过程中提出一定意见。设计过程中听取了居民代表意见,举行了听证会,确认方案后再进行更新施工。居民的意见对更新产生一定影响,但居民参与的方式和程度仍有限。

图 3　社区微更新组织及程序

(图片来源:周天扬、曾迪、胡婧怡、葛紫淳整理自绘)

在参与方式上,居民一般以会议召集的形式参加方案宣讲,方案以图纸的形式呈现,居民对方案的理解受限于能否完全读懂图纸,没有更感性的方式,例如模型等更为直观的认知。因此,居民在看到更新结果时,相当于看到了 1∶1 的模型,并身处其中,立刻可以说出满意或不满意。对非专业人员来说,参与的代入感能够有效提升参与的有效性。

在参与时间上,多数参与会在方案形成时召集部分居民讨论,此后在实施前基本不再组织居民参与,居民在没有充分表达自己诉求的情况下很难对改造结果有更深的理解和接受。

居民并非不愿意参与,而是对参与的时间点及参与的有效性非常不肯定,影响了参与度和积极主动性,从而不愿意花费过多的时间成本在没有结果的事情上。在案例中,根据居民反馈,微更新中仅 32%居民持支持态度。他们不支持的原因主要是各方沟通不足,实际诉求没有被重视所导致。74%的居民在微更新中扮演的仅是旁观者的角色,居委会和设计师未征询过他们的更新意见,或是提出的意见未被采纳。很多居民并不知道如何反映自己的诉求。但以上两个更新过程中的故事却提示我们,居民其实非常关注自己居住环境的改善,只是没有合适的方式方法及场合引导帮助他们恰当地表达诉求。当诉求成为必需时,居民的自主参与性会直线提升,并具有高度的自组织性,共同的利益诉求使原本互不相识的居民之间形成了一种新的社会交往关系,并通过各种方式对更新产生影响。

4 更新满意度

以其中一个社区的微更新满意度调查结果来看(图 4),2/3 的更新点居民满意程度不足 50%,且大多数的不满意情绪源于认为更新点没有解决居民的迫切需求,以及设计不符合居民的实际使用习惯。例如,居民对需要收费使用的共享客厅的使用意愿不大,弄堂口的垃圾房中设计的垃圾桶摆放位置导致垃圾会堵住外侧垃圾桶等。

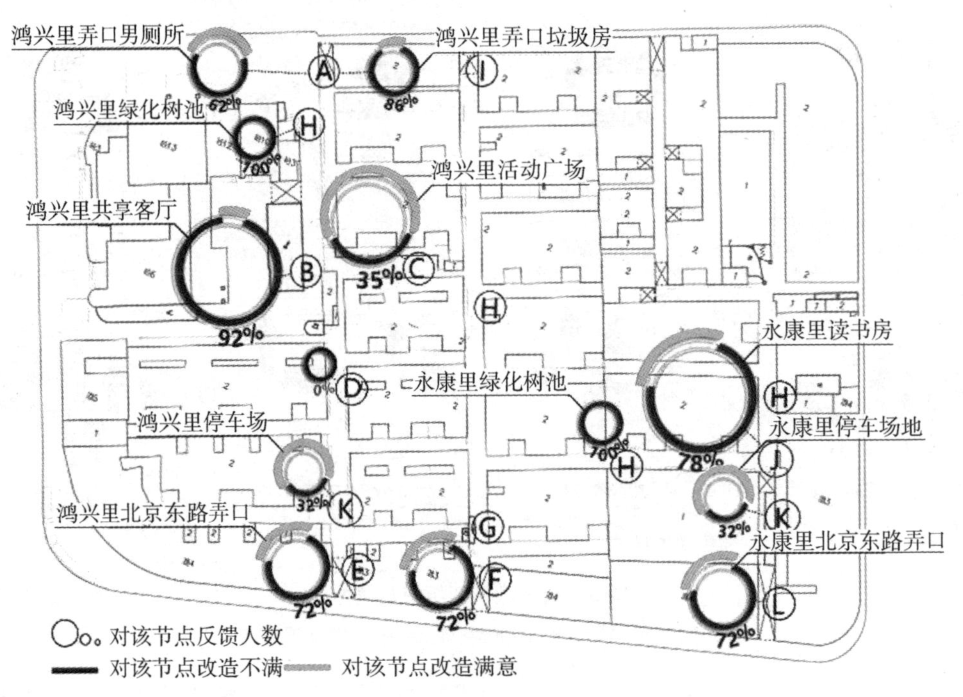

图 4 某社区微更新点位使用满意度分析

(图片来源:周天扬、曾迪、胡婧怡、葛紫淳)

5 更新过程的参与有效性分析

在案例社区微更新中,随着接触和交谈的深入,我们发现不论参与方的目标侧重是怎样的,各方最终都有一个基本共识,打造更舒适更健康更宜居的生活环境。因此各方的实际目标是一致的,但更新过程及结果满意度却不一致。究竟是什么影响了更新的实际成效?访谈进一步发现这与过程中的沟通直接相关,正向沟通不足时,反向沟通会自动弥补。

我们希望通过后续反馈来分析更新参与及沟通在有限的时间和人力投入范畴内的实效性,以验证参与的广度、深度及精准度对更新产生的作用。在更新过程的调研中我们看到了本轮更新理念和方法的下移:更新的每一个流程都将居民参与设定为一个重要的环节,虽然大多数居民表示对微更新的参与有限,并认为更新后的结果并未解决社区居民最基本、最实际的问题,说明每个参与环节的深度和广度都还有待完善。

针对每个更新点对居民在方案阶段和实施阶段的参与情况进行调研,发现大多数更新点在前期的方案阶段未得到居民的意见反馈,只有个别更新点如花架、活动广场由于设计者与周边居民有充分沟通,得到了较充分的意见反馈。而到实际的施工阶段,居民会提出较强烈的意见,甚至使设计师根据居民意见调整了方案(表1)。分析两个阶段的参与程度差异发现,在方案阶段居民参与比较抽象,积极性不足。而到了实施阶段,居民对微更新有了较直观的体验与感受,意见与问题也在这个阶段逐渐浮现出来。因此改善参与方式方法、加强居民在方案阶段的公众参与程度,是应当进一步考虑的重点。

表1　微更新方案设计与实施阶段对公众意见的参考程度表

	公众意见参考情况							
	方案设计阶段				方案实施阶段			
	未反馈意见	未参考	协调反对意见	根据意见调整方案	未反馈意见	未参考	协调反对意见	根据意见调整方案
弄口垃圾房	●					●		
社区共享客厅	●							●
活动广场				●				
宏兴里花架			◇	●	●	◇	◇	
出入口1	●							●
出入口2	●							●
厕所垃圾房	●					◇		●
绿化树池修整	●					●	◇	
出入口3	●							●
读书房	●				●			
停车场地	●				●			
出入口4	●							●

注:●——大多数人认同,◇——少数人认同

(表格来源:作者调研整理)

影响最后更新结果满意度及评价的沟通因素主要取决于空间关联、时间关联、过程关联这三方面。空间关联度高,即离更新点越近受到的影响越大,评价的倾向性(满意或不满意)越强,中间型评价(一般或无所谓)越少。这关系更新参与对象的参与意愿及参与度,选择邻近的居民参与可以一定程度提升参与效率。这轮微更新实践采取了重点对象的有限参与,

这是时间限制下的明智选择。时间依赖度取决于更新节点前的连续居住时长以及后续的定居意愿,连续居住时长越长、后续居住意愿越强,参与效果越好。本轮有限参与的重点参与对象选择了户籍人口,这部分居民一般居住年限都超过 10 年。过程关联是针对更新行动全过程的参与,参与的完整度越高、参与频率越强、参与深度越深对更新结果的满意度会越高。这轮微更新几乎没有全过程的居民参与,参与频率和深度也不够,因此在更新回访中,数据显示更新过程和结果满意度不高(表 2)。

表 2　参与的时间—空间—过程关联及实践

影响因素	影响效果	更新参与	本轮实践
空间关联	空间邻近→相关增强	选择邻近的居民参与可以一定程度提升参与效率	√
时间关联	时间依赖度高→相关增强	选择居住时间依赖性强(年限长并且有长期定居意愿)的居民参与效果越好	√
过程关联	过程介入深、介入频率高→相关性增强	更新全过程参与的完整度、频率和参与深度决定满意度	×

(表格来源:作者调研整理)

这轮微更新参与主体是由常住原居民、短住原居民、长租租户和短租租户,以及回迁的原居民组成(表 3)。如前文所述,更新的每个参与主体都有各自的立场和目标,这是更新参与开展和推进的难点。在案例社区的微更新中,采用的是有限社区参与的方式,即根据利益相关程度,组织有直接利益相关的居民进行沟通,比如更新点附近的常住原居民。而非更新点附近的居民则没有参与,并且所有的意见征询等基本不涉及租户。这对于更新周期较短的项目来说是比较经济和有效的参与策略,如果沟通充分,可以省却后期实施中反复修整的情况和成本。

表 3　典型访谈对象的态度和认知

访谈对象:租户梁先生 年龄:36 岁 工作:饭店服务员	访谈对象:本地居民雷老伯 年龄:73 岁 工作:退休
声音:我们是租户嘛,这房子也不是我们的,当然不会问我们的意见啦。我们有什么意见? 没有吧,反正也是过客嘛,而且做的这个东西我们也用不着。不过看起来还是蛮不错的,施工的时候是会有点影响,不过都是他们本地人去讲,过一阵子就好啦	声音:我住得离更新点比较远,当时也没有问我们这边人的意见,毕竟也不是在我家门前,跟我们也没什么关系。主要问的是花架旁边的那些人吧。会不会去花架那边休息? 也许会的吧,大家都会去那边坐坐聊聊天的

(表格来源:自制)

从更新全过程各阶段的意见反馈和评价来看,各阶段的有效沟通(有效沟通=单向反馈/2+双向反馈,即双方相互沟通和反馈)的比例变化随着更新结果的逐步显现有所提高。这是个值得思考的参与过程:参与者大多为非专业人员,但却是使用频率最高的居民,他们可能很难理解一些图纸中的表达,或者对图纸中方案的实际尺度没有更感性的概念,以至于方案阶段的沟通其实并未起到应有的作用，最后在实施中随着方案落地—结果显现才认识到这和实际需求存在冲突，从而要求整改(表 4、图 5)。

表 4　各阶段沟通情况评价

阶段	选址落点(%)			方案设计(%)			方案实施(%)			更新完成(%)		
沟通分类	无沟通	单向反馈	双向反馈	无沟通	单向反馈	双向反馈	无沟通	单向反馈	双向反馈	无沟通	单向反馈	双向反馈
单项评价	90	10	0	70.9	12.4	16.7	16.7	33.3	50	66.7	33.3	0
有效沟通	5			22.9			66.7			16.7		

(表格来源：自制)

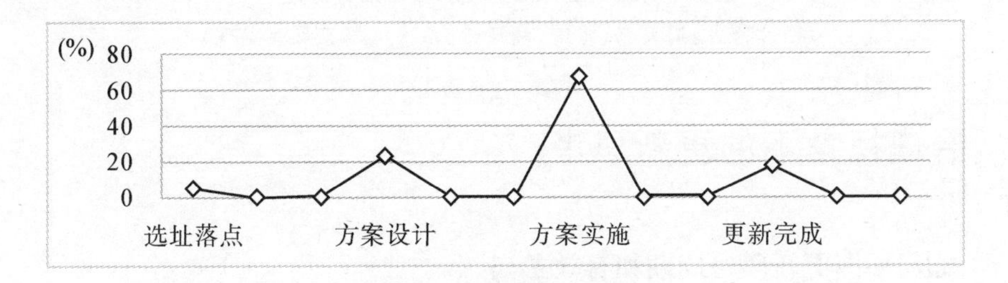

图 5　各阶段有效沟通

(图片来源：根据问卷及访谈整理绘制)

选址落点阶段双方基本没有前期的双向沟通，单向由政府和居委会公布微更新的信息；方案设计阶段设计师团队征询了相关居民的一些意见并就方案进行了沟通，与更新点邻近的居民进行有效沟通；方案实施阶段有效沟通指数突然上升，因为随着方案的实施，更新结果逐渐明朗，居民有了更为直观的认识和评判的对象，赞成和反对的态度和沟通方式更为直接；更新完成后，主要的意见基本得到解决，而后续的更新宣传主要由政府推进，但居民的实施后评价意见跟踪不足，而这对于持续性的更新行动而言，不论是环境或是居民的意识培育，都是非常重要的承接环节。

沟通有效性变化最剧烈的是在施工及方案修改阶段，居民和设计师考虑问题的立场、角度和对规划设计理解程度的差异导致了他们对里弄更新的关注点有所不同。居民的改造需求集中在房屋内部设施；而设计师在综合考虑成本和实施可能性后，选择以公共空间作为切入点，希望通过对其观感和使用感受的提升来改善里弄的生活环境，与居民实际需求产生差异。在这种目标差异下，设计师和居民充分沟通所需的人力成本和时间成本巨大，在施工时间和资金的限制下，充分的公众参与的确很难实现(图 6)。

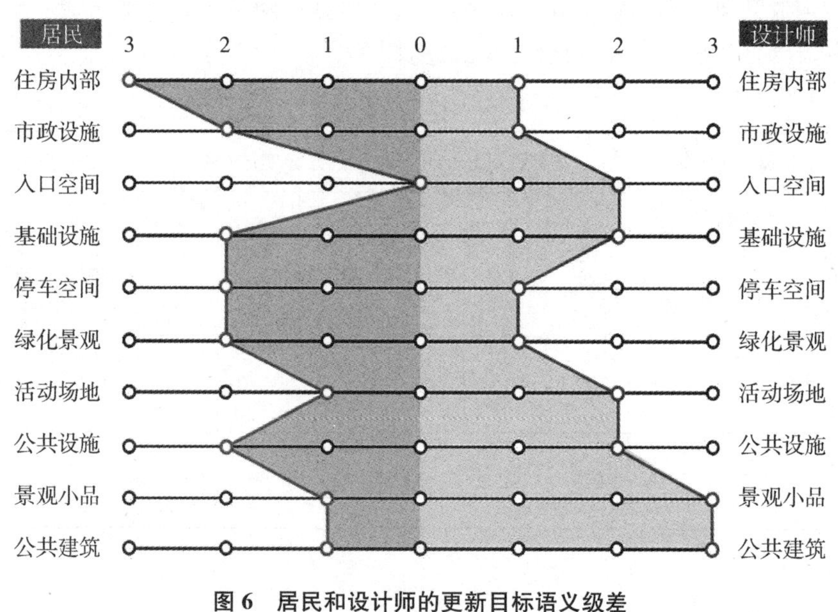

图 6 居民和设计师的更新目标语义级差

(图片来源:周天扬、曾迪、胡婧怡、葛紫淳根据访谈整理)

6 治理视角下的更新思考

6.1 如何平衡更新项目周期和有效参与

治理和参与在微更新中的地位十分微妙和尴尬,作为关注民生、改善居民生活环境的微更新,如果没有来自实际使用者的声音作为基础,微更新只能成为宜远观的空中楼阁,离居民如此近却又那么远。但不可否认的是,所有的项目都有自己的周期和时间把控,因此,如何在有限的时间里提高参与的有效性,从而用更精准的需求定位来实现更新项目,是值得尝试和探讨的问题。

在案例微更新中,我们看到,中后期参与是一个冲突和协商的过程,而前期参与是一个流于形式的单向动员过程。参与的有效性在更新中后期骤增的最重要原因是这个阶段的参与十分具体,可见可感知,参与者对参与内容的认知和理解直接影响到参与的主动性和有效性。这对于提升参与有效性很有启发:施工中的冲突相当于给参与者提供了一个 1∶1 的现场模型,参与者代入感极强,会不由自主地参与其中,考虑自身的感受并提出具体的意见。如果以施工返工的成本来计算,要比制作模型的成本高很多,其时间成本也高于有效沟通时间成本。这提醒我们,不同阶段参与的方式方法需要更精准、更形象、更具体、更贴近参与者的认知程度。在一些有效参与的既有案例中,我们发现让参与者身处其中,并自己动手丈量和绘图能有效提升参与者的积极主动性,比集中在会议室里看图纸或电脑演示的直观感受要好很多。

此外,化长为短,增加频率。参与的频率比单次参与的时间长度更重要,当参与者在一定时间内不断被要求思考某个与自己相关的问题时,参与者的代入感和习惯性思考就会产生作用，这一思考会逐渐成为参与者生活的一部分。因此在更新过程中，不断进行一些短小的接触式参与对更新的作用非常明显。

因此，在微更新的各个阶段，从选址到意向，再到方案及实施，需要针对每个阶段要确定的目标内容，进行有对象选择的、形式和目标匹配的参与组织，以更为直观、感性的方法，例如模型或 VR 实景虚拟体验来帮助参与者更有效地理解并表达意见和建议。

6.2 “持续更新”而非“项目更新”的共识

微更新是一项持续性的过程，不论是外力推动下的更新还是使用过程中的自主更新，都是微更新的组成部分。目前的认知偏差在于，我们更关注主动的干预，在微更新项目中，几乎所有的注意力都聚焦于更新项目本身的物化结果，并且随着项目完成，对微更新本身的后续使用的自主更新的关注就逐渐淡化，当下一次干预更新发生时，我们又需要重新去再一次认知自主更新的内在机理，并且，往往由并不生活在其中的人去尝试了解和猜测更新的下一步方向趋势。这一任务是非常艰巨和具有挑战性的，因此，我们看到的冲突和矛盾基本都发生在对更新要解决什么、能解决什么这样的本质问题上。如果对更新作为一个全周期、全参与过程没有清晰的理解和认同，那么所有的冲突和矛盾将会不断重演。

全周期的持续参与治理如果能成为一种共识，建立起持续参与的机制，更新会向着更为贴合需求（不仅包括在地居民的微观需求，也包括城市宏观发展的需求）的精准化方向发展。

6.3 微更新的本质目标在于治理能力的提升

我们在后续的研究中发现，在更新过程中通过利益共同体结成联盟的居民可以非常清楚地传递需求、表达意愿，并和共同体中其他成员形成非常高效的联合行动，这说明社区治理基础比预期要好，公众参与效果不够理想是因为没有切中居民需求的痛点，也没有采取大家都喜闻乐见的方法才使成员没有参与治理的意愿。同时，参与治理的能力和意识是可以通过更新过程来提升的，在更新结果落成使用后，居民普遍反映自己会比之前和邻居的交流多了一点，认识的邻居多了几个，更注意不乱扔垃圾，并会提醒他人注意，一点微小的改变，也体现了微更新过程中积极的作用。

更新结果我们通常看到的是物质环境的变化，而在更新过程中发生的社会网络的变化则不那么容易观察，需要深入的了解才会发现，人们在更新过程中的变化构成了微更新最核心的改变，如果一项微更新起到了促进社区成员通过交流得到提升的作用，那就可以称得上是一个成功的项目。

城市更新的社会共治中包含有三方面的内容：其一是更新的社会动员和组织；其二是制度化的参与机制；其三是资本积累的社会进步。三者看似有递进的关系，但在实际更新中则往往共同作用、相辅相成。

社区治理时政府和社区组织、社区居民共同管理社区公共事务的行为。更新的社会共治是一个非常大的目标，在制度设计和创新中尤其需要关注这样几方面：首先是参与共治议题的选择上，议题应针对特定的问题，即时且具有可实践性，让参与者更明确地知晓和懂得所参与的议题是什么；其次是参与共治的目标，更新的结果固然是参与的目标之一，更重要的是要意识到参与过程中的组织协调，以及由此营造的信心和希望；再次是对参与共治的期望值不能设定过于完美，大部分的参与组织都是跟着更新项目或是议题短暂存在的，而很可能部分的参与共治会不成功，需要试错和磨合；最后社会的参与共治结构必须和现有的城市治理架构吻合，建立一个和治理结构能相辅相成、互补的共治机制，能够让更新参与更行之有效地落地付诸实施。这一过程的发展，也是城市管理制度进步、治理日趋成熟的过程。

参考文献

[1] 陈伟东，许宝军. 社区治理社会化：一个分析框架[J]. 华中师范大学学报(人文社会科学版)，2017(3)：22 - 29.

[2] 马宏，应孔晋. 社区空间微更新：上海城市有机更新背景下社区营造路径的探索[J]. 时代建筑，2016 (4)：10 - 17.

[3] 杨贵庆，何江夏. 传统社区有机更新的文献研究及价值研判[J]. 上海城市规划，2017(5)：12 - 16.

[4] 于海琦. 日本公众参与社区规划研究之一：社区培育的概念、年表与启示[J]. 华中建筑，2011，29(2)：16 - 23.

[5] 刘茜，易西多，侯志仁. 社区规划的参与性与渐进性[J]. 装饰，2017(10)：99 - 101.

[6] G Q Yang. Social ecological chain and planning strategies for diversity of urban space[J]. Journal of Tongji University，2013.

[7] G Yang. The social value of urban spatial diversity and its repair methods[J]. Urban and Rural Planning. 2017(9).

面向超老龄化建设适老性生活圈的必要性研究①

吴夏安

同济大学

摘　要:根据第七次全国人口普查情况数据,我国即将整体进入深度老龄化社会,预计未来 20 年还将不可避免地进入超老龄化社会,老年人将成为我国人口的主体。根据对上海市的分析,我国当前的住区规划——生活圈规划模式在适老性方面存在多方面的不足,难以满足超老龄化社区的现实需要:① 15 分钟生活圈的范围过大,超出了老年人的步行能力范围,降低了社区空间的公共性;② 社区居住环境品质较低、密度过高;③ 规划模式不适应社区人口结构的变化,公共服务设施的布局和供应量不契合老年人群体的需求;④ 社区公共空间的设计品质较低,实用性较差。为积极应对未来的超老龄化社会,服务于我国以"居家养老为基础"的养老政策,我国有必要尽快开展生活圈适老性方面的专项规划,全面进行适老性生活圈建设。

关键词:超老龄化社会;生活圈;适老性生活圈;公共性

0　引言

根据 2021 年 5 月 11 日国家统计局发布的第七次全国人口普查情况数据(下文简称"七普数据"),截至 2020 年,我国 60 岁及以上人口为 26 402 万人,占全国总人口的 18.70%;65 岁及以上人口为 19 064 万人,占全国总人口的 13.50%。按世卫组织的定义,一个国家或地区 65 岁及以上的人口占总人口的比例达到 7%就称为老龄化社会,达到 14%称为深度老龄社会,达到 20%则称为超老龄化社会[1]。据此标准,我国即将进入深度老龄化社会,并预计将于 20 年内进入超老龄化社会[2]。到 2050 年左右,预计我国每三个人中就会有一个 60 岁以上的老人,每四人中便有一个 65 岁以上老人[3]。深度老龄化乃至超老龄化已成为我国未来发展必将面对的基本现实。

自 2018 年起,我国的住区规划已开始采用生活圈规划模式[4],然而我国当前的生活圈规划仍缺少对老龄群体特殊需求的全面关注[5]。2020 年党的十九届五中全会正式提出"积极应对人口老龄化国家战略"。为能有准备地直面未来的人口结构挑战,提升生活圈规划的

① 国家自然科学基金面上项目:基于公共性的公共空间布局效能与关键指标研究:以中心商业区地块为例(编号:51778422)

适老性水平，面向超老龄化社会全面建设适老性生活圈不仅存在必要性，也具有紧迫性。上海是我国最早进入老龄化和老龄化程度最高的城市之一[6]，同时也是我国最早进行生活圈规划的城市，因此，本文选择上海作为研究范例，具备较强的指导意义。

1 上海的老龄化状况

上海的老龄化具有步入早、程度高、发展快的特点(图 1)。在户籍人口层面，上海在1979 年即已步入了老龄化社会[7]，在 2016 年则已步入超老龄化社会。根据《2020 年上海市老年人口和老龄事业监测统计信息》，2020 年上海户籍人口中 60 岁及以上老年人口总数为533.49 万人，已占总人口的 36.1%(表 1)。据预测到 2030 年，该比例在户籍人口层面将超过 40%，在常住人口层面也将超过 30%[6]。

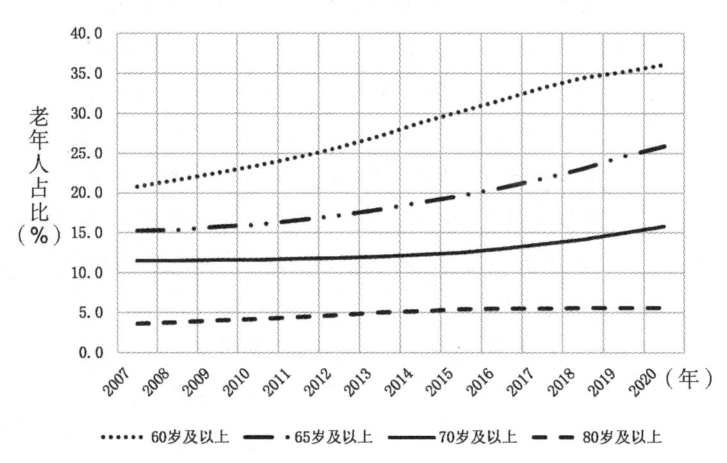

图 1 历年上海市户籍人口中老年人占比

(图片来源：笔者根据历年上海市老年人口和老龄事业监测统计信息绘制)

表 1 2020 年末上海市户籍人口中老年人口的数量及占比

年龄段	人数/万人	在总人口中的占比/%
60 岁及以上	533.49	36.1
65 岁及以上	382.44	25.9
70 岁及以上	233.47	15.8
80 岁及以上	82.53	5.6

(表格来源：笔者根据《2020 年上海市老年人口和老龄事业监测统计信息》整理、绘制)

与高老龄化率相伴随的是上海长期维持的低生育率水平。根据历年的上海市国民经济和社会发展统计公报，近 10 年来无论是常住人口统计口径还是户籍人口统计口径，上海市的出生率始终维持在 10‰的水平以下，2019 年两者更是双双跌入了 7‰以内(图 2)。七普数据显示，上海市老年人口的比例已大幅超过青少年人口的占比(图 3)。2020 年上海市仅户籍人口中 80 岁及以上老人的数量就与普通小学在校学生数基本相等[8]，皆为 83 万人。

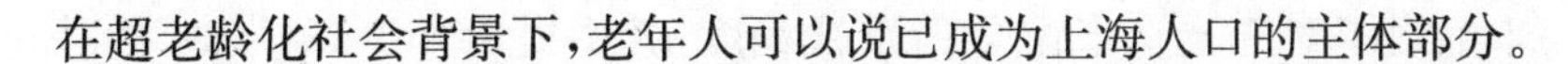
在超老龄化社会背景下，老年人可以说已成为上海人口的主体部分。

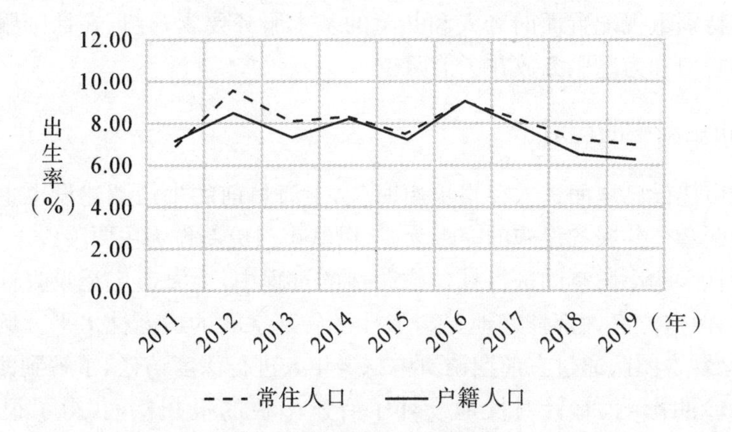

图 2　上海市出生率示意图

（图片来源：笔者根据上海市历年国民经济和社会发展统计公报数据整理绘制）

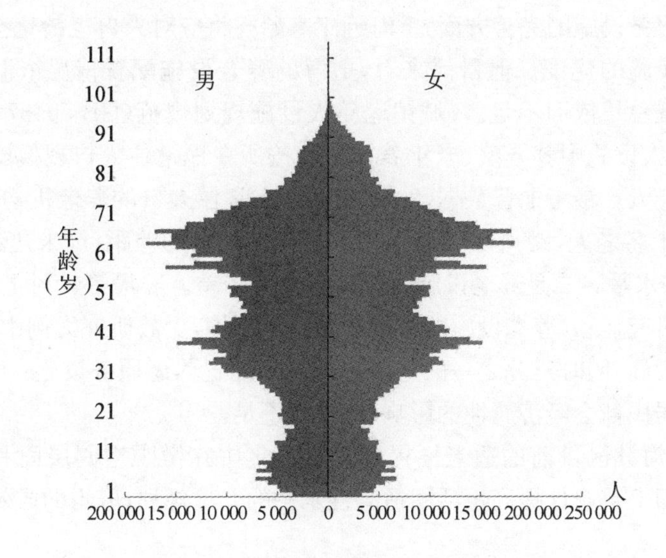

图 3　2020 年末上海市人口金字塔

（图片来源：笔者根据《2020 年上海市老年人口和老龄事业监测统计信息》整理绘制）

2　上海地区生活圈实践中对人口老龄化的应对

2.1　规范层面的应对

我国中央到地方在制定现行的生活圈相关规范的过程中，应该说都对我国的人口老龄化予以了重视。无论是 2016 年上海率先发布的《上海市 15 分钟社区生活圈规划导则》，还是 2018 年国家住建部制定的《城市居住区规划设计标准(GB 50180—2018)》(下文简称《居住区设计标准》)，其中都对生活圈内社区医疗设施和养老设施的配建规模、位置、功能、设计标准等做出了详细的要求。而在国家自然资源局 2021 年 5 月公示的《社区生活圈规划技术指南（报批稿）》中，进一步加强了对于社会老龄化的重视程度，其中提出"5～10 分钟"的社区生活圈中应特别重视配置面向老人和儿童的基本服务要素，并且在社区服务功能的分类梳理中将健康管理和为老服务放在了前两位。

2.2 城市更新中的应对

上海的城市建设已全面进入存量更新时代，上海目前的生活圈建设也主要以老旧社区的空间改造与配套公共服务设施的完善为主，以城市微更新作为主要手段。

在对老旧社区的小微空间进行针灸式改造的过程中，上海市广泛吸收社区居民尤其是老年人的意见，改造方案大都较好地提高了社区局部空间的适老性水平。例如在塘桥社区更新项目中，徐磊青团队通过在前期调研中与老年人进行深度访谈，了解到西晒问题对老年人户外读报体验的影响，有针对性地设计了有遮阳板的报刊栏，获得了很高的群众满意度[9-10]。经过近几年的探索，上海已逐步建立起了较为完整的社区规划师制度，为上海社区积极应对老年人口的生活需要提供了有效的助力。

在配套公共服务设施的完善方面，上海近年来始终将应对人口老龄化至于突出位置，大力进行养老服务设施的建设。但目前来看，上海的养老设施配置情况依旧未能满足需求。一是养老设施配置总量依旧不足。《城镇老年人设施规划规范（GB 50437—2007）（2018 年版）》中提出，老年人设施中养老院、老年养护院应按所在地常住人口规模配置，配置规模不少于 40 床/千名老人。参考七普数据，2020 年上海市常住人口的养老机构床位实际配置规模仅达约 27 床/千名老人，距离国家规范要求还存在较大的差距，远未达到发达国家 40～70 床/千名老人的水平。二是养老设施的分布公平性较差。姜晟等针对上海市 36 个 15 分钟社区生活圈的研究显示，养老设施的数量分布并不平均，少数研究案例中一个生活圈内就会配置多个养老设施，同时三分之一的生活圈内则未配置养老服务设施[11]。养老设施的分布仍过多地受到居民社会经济属性的影响，均好性不足。

总的来说，上海社区目前的适老性提升仍主要集中在微观空间层面和个别案例层面。由于缺乏宏观层面上普遍性提高生活圈适老性水平的专项规划，取得的成效也较为有限。

3 上海生活圈规划适老性方面的不足

我国现行的生活圈规划主要还是以中青年人的需求作为主要的出发点。然而随着人口老龄化问题的日益严重，我国当前的生活圈规划模式正日益暴露出适老性方面的不足，急需进行适老性方面的专项规划，推进适老性生活圈的建设。

3.1 15 分钟生活圈的范围过大

在我国目前的生活圈实践中，普遍以 1 km 作为 15 分钟生活圈的范围标准，但在超老龄化社会的背景下该标准明显偏大，将不利于老年人对该圈层内的公共空间及公共服务设施的使用。赵万民等针对老年人步行活动的研究表明，老年人日常绝大多数的步行活动都发生在 800 m 的范围内[12]。而随着老年人年龄的增大，其日常步行范围还会进一步缩小（表 2）。

表 2　15 分钟生活圈范围的适老性分析

项目	距离	来源
15 分钟生活圈居住区的范围	800～1 000 m	《城市居住区规划设计标准(GB 50180—2018)》
轨道交通站点的适宜服务半径	800 m	
老年人进行低频活动的最大范围	800 m	《生活圈视角下的住区适老化步行空间体系构建》
老年人住宅周边次级服务设施布置的适宜最远距离	800 m	《包容性的城市设计——生活街道》
71～75 岁老年人的日均活动距离	720 m	《北京市区老年人口休闲行为的时空特征初探》

(表格来源:笔者根据相关标准整理绘制)

针对这一状况,我国当前的生活圈规范在编制过程中并非没有进行考虑。例如在上文中提及的《社区生活圈规划技术指南(报批稿)》中,就将 500 m 范围的"5～10 分钟"生活圈定位为特别面向老年人及儿童的生活圈层级。这样的规划策略确已能在一定程度上照顾老年人的出行需要,并且在土地利用方面,这样的规划模式也有其合理性。基于功能分区的思想,通过使生活圈内的不同范围面向不同年龄段的使用者,能够有效提高生活圈内土地的使用效率;划定较大的生活圈范围也有益于提高配套服务设施的运行效率,提升生活圈的经济性水平。

然而,这样的规划模式终究不能最大限度地照顾老年人对社区资源的使用需求,事实上一定程度地牺牲了老年人的利益,不利于实现社区公共空间的公共性。一方面,在空间可达性的维度,这意味着整个 15 分钟生活圈中有 36%的面积内的公共空间及公共服务设施不便于老年人群体的使用(以 1 km 和 800 m 分别作为范围标准进行计算),不利于老年人与中青年群体一样平等地享有社区内所有的服务及资源。以公共绿地为例,在当前的规范条件下,相当于老年人群体的人均公共绿地面积仅约为 3 m²/人,而中青年群体却为 4 m²/人,两者之间差距明显。当公共服务设施和公共空间的位置超出老年人的步行范围时,既有可能抑制老年人进行外出活动的意愿,也有可能导致老年人被迫进行超出身体限度的步行,从而对老年人的健康造成威胁。

另一方面,从对公共空间的使用强度维度来说,老年人群体才是社区公共空间的主要使用者。张纯等对老年人日常活动时空特征的研究显示,老年人单日外出的休闲娱乐时间可达 6 个小时以上(图 4)。而随着我国家庭少子化状况的不断加深(表 3),未来将有更多的老年人日常活动不用围绕孙辈展开,老年人的平均外出活动时间预计还会进一步增加[13]。同时,老年人群体对社区活动有着最高的参与度,

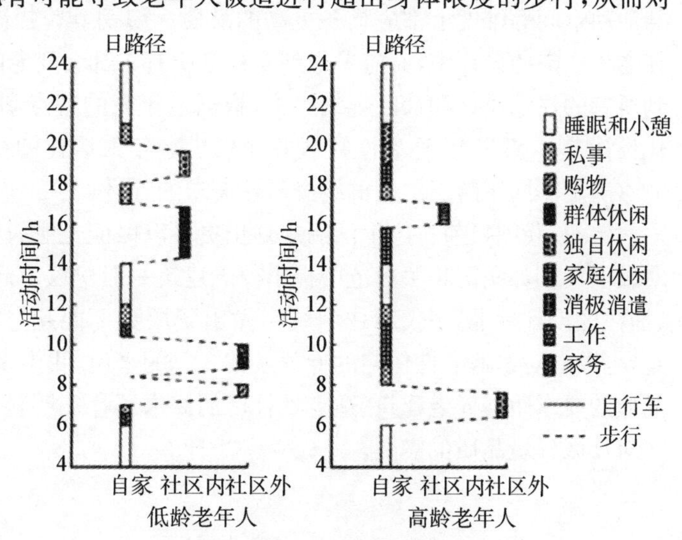

图 4　老年人日活动路径图

(图片来源:《北京城市老年人的日常活动路径及其时空特征》)

远高于中青年群体的参与度水平(图 5)[14]。因此,可以说社区空间对于老年人群体的日常生活才具有最重要的意义。

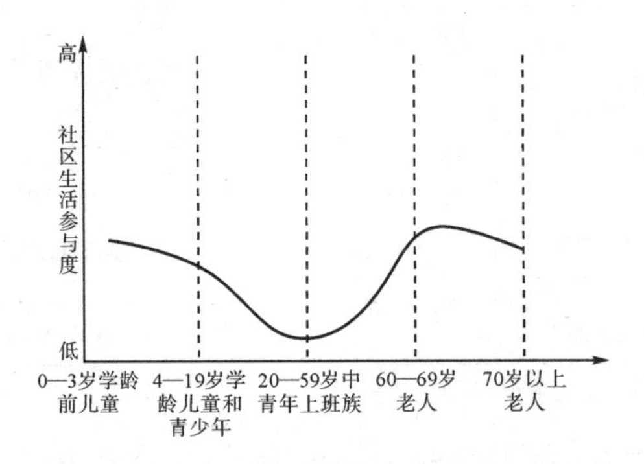

图 5　不同年龄群体的社区参与度

(图片来源:《基于居民行为需求特征的"15 分钟社区生活圈"规划对策研究》)

表 3　近 20 年上海市常住人口家庭结构变化情况

	平均家庭人口数/人	0～14 岁人口占比/%	65 岁及以上人口占比/%
2000 年第五次全国人口普查	2.79	12.26	11.46
2010 年第六次全国人口普查	2.49	8.63	10.12
2020 年第七次全国人口普查	2.32	9.8	16.3

(表格来源:上海市历次全国人口普查情况数据公报相关信息整理绘制)

3.2　社区居住环境品质不能满足老年人的需要

当老年人成为社会中的人口主体,所有的社区应都是适老性社区,社区内的建筑也应尽量具备老年人建筑的特征。为保证老年人的身心健康,适老性社区在容积率、日照条件、公共活动空间等维度上都应具备更高的品质。魏钢等曾提出,"适老性设计"理念不应仅局限在老年住宅的设计中,而应考虑到全社会所有人都会变老的居住需求,尽可能将其广泛运用到所有的住宅设计和社区规划中去,根据老年人的特点和需求对社区中的空间环境进行优化设计[15]。事实上,适老性社区并非仅供老年人居住的社区,而是具有充分适老性设计并能够满足不同年龄层次人群终身居住需求的社区[16]。

然而,我国目前普遍生活圈规划仍更多以保证土地的利用效率为目标,居住环境品质相对较低。例如我国相关规范中提出养老建筑一般建议不超过中高层,容积率不超过 1.5;而《居住区设计标准》中仅对住宅统一做出了层数不能超过 26 层、容积率不能超出 3.1 的规定,也没有对于适老性住宅的专项条款。总的来说,我国现行的生活圈规划中对于居住环境品质的要求距离养老建筑、适老性社区的需求还存在明显的差距(表 4),无法充分满足老年人对社区环境品质的需要。

表 4 我国生活圈规划与适老性社区要求的对比

相关规范	《城市居住区规划设计标准（GB 50180—2018）》注：基于上海所在的第Ⅲ建筑气候分区取值	《上海市绿色养老建筑评价技术细则》	《上海市绿色养老建筑评价标准（DG/TJ08 - 2247—2017）》	《绿色养老建筑评价标准（T/CECS 584—2019）》
容积率	住宅用地容积率的合理区间范围为 1.0～3.1；合理层数为 1～26 层	养老建筑宜以低层或多层建筑为主，低层容积率不大于 0.8，多层容积率不大于 1.2	容积率为 0.8～1.5 时该项目得最高分	鼓励以多层及中高层为主，容积率为 0.8～1.5 时该项目得最高分
绿地率	居住街坊内绿地率最小值基于住宅用地的容积率进行取值，取值范围为 25%～35%	新区不小于 40%；中心城旧区不低于 25%	该项目取得最高分的条件：新建养老建筑中绿地率大于 35%；改扩建养老建筑中绿地率大于 30%	绿地率大于等于 40% 时该项目得最高分
集中绿地面积	居住街坊内的集中绿地在新区建设时不应低于 0.5 m^2/人；在旧区改建时不应低于 0.35 m^2/人	面积不得低于建设项目用地总面积的 10%，应有不少于 1/3 的绿地在冬至日照阴影线范围之外	该项目取得最高分的条件：新建养老建筑中人均集中绿地面积不小于 1 m^2/人；改扩建养老建筑中不小于 0.7 m^2/人	每个老年人人均集中绿地面积不少于 2 m^2 时得最高分
居住用房日照时间	老年人居住建筑日照标准不应低于冬至日日照时数 2 h	新区的居住用房冬至日满窗日照有效时间不小于 3 h，中心城旧区的居住用房中至少有 1 个居住用房冬至日满窗日照不小于 2 h	/	/
活动场地	在标准的建筑日照阴影线范围之外的绿地面积不应少于 1/3，其中应设置老年人、儿童活动场地	结合集中绿地为老年人提供适当规模的公共活动空间，其面积不少于总用地面积的 20%，并有 1/2 的公共活动面积在冬至日照阴影线以外	/	活动场地的人均配建面积标准不应低于 1.2 m^2；场地选择在避风、向阳处，并保证有 1/2 以上的面积满足冬至日日照不少于 2 h 的日照要求，夏季采用有效遮阴
公共交通站点	公交车站服务半径不宜大于 500 m；轨道交通站点服务半径不宜大于 800 m	场地出入口到达公共交通站点的步行距离不超过 300 m 时得最高分	场地出入口到达公交车站的步行距离不大于 300 m，且在该范围内设有 2 条及以上线路的公共交通站点，得最高分	场地出入口到达公交车站的步行距离不大于 300 m，且在该范围内设有 2 条及以上线路的公共交通站点，得最高分

（表格来源：笔者根据相关资料整理绘制）

3.3 规划模式不适应人口结构的变化

一方面，我国当前生活圈的规划模式仍很大程度上保留了邻里单位的组织方式，基于学校的服务人口来限定居住空间的人口规模[17]。在上海 15 分钟生活圈人口规模的限定中，就重点参考了一所高中的最小服务人口[18]。然而，这种模式势必将不能适应我国目前新生儿逐年减少、老年人逐年增加的趋势。若在生育率持续低迷的情况下继续以学校的规模作为生活圈规划的依据，则要么造成生活圈范围的进一步扩大，要么造成生活圈内人口密度的上升。

另一方面，目前基于均质化“千人指标”的公共服务设施配置模式难以适应人口结构的变化，设施配置的精准度不足，无法满足老年人口的设施需求[19]。我国当前《居住区设计标准》中的生活圈规划模式，仍是在“千人指标”的指导下基于生活圈整体的人口规模来决定各类别公共服务设施的配置水平，缺少对于生活圈人口结构情况的专门考虑，忽视了不同类别社区的需求差异性。因此当面对老龄化率特别高的社区时，生活圈就将难以满足老年人群体对社区养老、医疗、文化娱乐等设施的巨大需求（表 5）。以老年人设施的配置为例，根据《城镇老年人设施规划规范（GB 50437—2007）（2018 年版）》中老年人设施的配置规模应不少于 40 床/千名老人、床均建筑面积不少于 35 m²/床的规定，则生活圈人口的老龄化率每上升 10%，即相当于 15 分钟生活圈层级中的老年人设施的配建面积需上升 140 m²/千人。而根据《居住区设计标准》中的规定，15 分钟生活圈级别的公共管理与公共服务设施的建筑面积配置总指标为 1 130～1 380 m²/千人，弹性量仅为 250 m²/千人。据此，假设当一个生活圈的老龄化率从 10%上升至 30%时，仅老年人设施一项的建筑面积增加量该生活圈都将难以承担，更别提为老年人口提供更多的运动场、文化活动中心等社区文化娱乐资源。此外，目前在生活圈内生活服务设施的建设方面，还普遍存在营利性商业设施的规模庞大，而主要服务于老年人群体的社会福利性设施缺乏的状况[5]。生活圈内的设施供应与人口需求并不相符。

表 5　人口老龄化加深时 15 分钟生活圈内“应配建”配套设施的需求量变动情况

序号	类别	项目	老龄化率上升时的设施需求量变化
1	公共管理与公共服务设施	初中	—
2		大型多功能运动场地	↑
3		卫生服务中心（社区医院）	↑
4		门诊部	↑
5		养老院	↑
6		老年养护院	↑
7		文化活动中心（含青少年、老年活动中心）	↑
8		社区服务中心（街道级）	—
9		街道办事处	—
10		司法所	—
11		商场	—
12		餐饮设施	—
13		银行营业网点	—
14		电信营业网点	—
15		邮政营业场所	—

续表

序号	类别	项目	老龄化率上升时的设施需求量变化
16	市政公用设施	开闭所	—
17	交通场站	公交车站	↑

注:"—"表示需求量基本持平,"↑"表示需求量明显上升

(表格来源:笔者根据《城市居住区规划设计标准(GB 50180—2018)》中表 B.0.1 整理自绘)

3.4 社区公共空间设计品质较低

国内目前无论是在研究还是在实践层面,对于社区生活圈的关注都主要集中在公共服务设施及空间的配置方面[20],聚焦于两者的配置位置、配置量、配置结构等议题,而较少关注两者的设计品质问题。许多社区公共空间的建设缺乏对居民使用需求的研究,以简单的绿化种植或硬地铺装为主,存在重美观、轻实用的特征,不利于社区居民尤其是老年人活动的开展[21],导致公共空间的低效使用。例如柯嘉等的研究发现,上海目前很多社区公园的场地设计并未能满足老年人对于充足休息设施的需求。此外,目前社区公共空间的健康水平也普遍相对较低,无法成为保障老年人身心健康的坚实屏障。环境设计缺乏疗愈效果,空间布局缺乏韧性,未对发生突发公共卫生危机时的社区需求进行预先考虑。

4 结语

通过研究老年人的行为特征和日常生活所需,本文认为我国当前的 15 分钟生活圈规划在适老性方面存在较大的欠缺,难以满足老年人的日常生活需要,主要存在生活圈范围过大、居住环境品质不能满足老年人的需要、公共服务设施的配置不适应人口结构的变化、公共空间设计品质较低四方面的问题。

鉴于我国目前的人口结构状况,我国未来将不可避免地整体进入超老龄化社会。2017 年国务院提出,我国的养老体系是"以居家养老为基础、社区服务为依托、机构养老为补充"。高品质的居家养老离不开社区的有力保障。为此,我国有必要尽快开展生活圈适老性方面的专项规划,全面进行适老性生活圈建设,这也是我国积极应对超老龄化未来的现实需要。

参考文献

[1] 胡晓宇,张从青.中国深度老龄化社会成因及应对策略[J].学术交流,2018(12):110-115.

[2] 杨燕绥,张芳芳.不同的老龄化,不同的发展模式[J].国际经济评论,2012(1):123-130,6.

[3] 陈卫.国际视野下的中国人口老龄化[J].北京大学学报(哲学社会科学版),2016,53(6):82-92.

[4] 吴夏安,徐磊青,仲亮.《城市居住区规划设计标准》中 15 分钟生活圈关键指标讨论[J].规划师,2020,36(8):33-40.

[5] 夏志楠.基于老龄群体生活圈的城市社区公共服务设施布局优化研究[D].苏州:苏州大学,2020.

[6] 春燕,郭海生,王灿.上海人口老龄化如何影响经济社会发展[J].上海经济研究,2019(8):51-63.

[7] 王蓓. 上海老龄化社会的特点、应对及其思考[J]. 中国老年学杂志,2015,35(2):532-534.

[8] 国家统计局城市社会经济调查司. 2020 中国城市统计年鉴[M]. 北京:中国统计出版社,2021.

[9] 言语,郭蓉春,徐磊青. 塘桥社区启示录:转型背景中社区公共空间营造教学工作坊的参与进程及其思考[J]. 新建筑,2018(2):32-39.

[10] 徐磊青,言语. 公共空间复愈之道:408 小组的场所营造[J]. 城市建筑,2018(25):32-35.

[11] 姜晟,刘刊. 城市更新背景下图解社区十五分钟生活圈现状研究:以上海 36 个存量更新社区为例[C]//深圳:2020 中国建筑学会学术年会论文集,2020. 北京.

[12] 赵万民,方国臣,王华. 生活圈视角下的住区适老化步行空间体系构建[J]. 规划师,2019,35(17):69-78.

[13] 张纯,柴彦威,李昌霞. 北京城市老年人的日常活动路径及其时空特征[J]. 地域研究与开发,2007,26(4):116-120.

[14] 李萌. 基于居民行为需求特征的"15 分钟社区生活圈"规划对策研究[J]. 城市规划学刊,2017(1):111-118.

[15] 魏钢,张播,魏维. 社区适老性规划设计研究[J]. 西部人居环境学刊,2014,29(5):26-30.

[16] 李炜,黄雯. 适老性住区:未来养老居住的重要发展方向[J]. 中外建筑,2015(9):41-44.

[17] 周典,徐怡珊. 老龄化社会城市社区居住空间的规划与指标控制[J]. 建筑学报,2014(5):56-59.

[18] 程蓉. 15 分钟社区生活圈的空间治理对策[J]. 规划师,2018,34(5):115-121.

[19] 杨晰峰. 城市社区中 15 分钟社区生活圈的规划实施方法和策略研究:以上海长宁区新华路街道为例[J]. 上海城市规划,2020(3):63-68.

[20] 柴彦威,李春江,张艳. 社区生活圈的新时间地理学研究框架[J]. 地理科学进展,2020,39(12):1961-1971.

[21] 杨雅婷,于宝,刘晓璐. 基于需求导向的城市社区适老性优化策略研究[J]. 住宅与房地产,2019(9):285.

第四章

城市更新的国际经验

从旧工业区到生态型城镇：瑞典城市更新的绿色路径初探
——以 Bo01 欧洲住宅展览会、哈默比湖城和皇家海港为例

吴　晓[1]　吉倩妘[2]　周晓穗[1]　钱辰丽[1]

1　东南大学

2　清华大学

摘　要：随着我国城市建设开始步入"存量为主，内涵提升"的新常态，绿色更新模式势必成为城市未来发展的普遍性选择。本文以瑞典近年来采取可持续发展思路进行更新的典范——Bo01 欧洲住宅展览会、哈默比湖城和皇家海港为例，依循"更新＋绿色"两条主线，重点从规划体系、空间体系、技术体系、评估体系等方面入手，以点带面地探讨了瑞典更新的绿色路径和框架，以期为我国的绿色更新提供宝贵的经验和启示。

关键词：Bo01 欧洲住宅展览会；哈默比湖城；皇家海港；旧工业区；绿色更新

相比于传统更新路径，"城市更新的绿色路径"（或称绿色更新）强调的是一种植入可持续理念、应用生态技术、推行生态策略、实现生态效益、建设绿色城镇的升级模式，即更新＋绿色。其核心是自然、经济与社会的和谐平衡，目前已渗透到欧美城市更新的理论和实践之中。本文之所以聚焦于瑞典的绿色城市更新，不仅仅是因为北欧地区的环境保护和可持续发展方面的理论与实践居于世界前列，其拥有扎实雄厚的技术基础、严谨丰硕的科研成果和自觉广泛的生态意识；同时还因为政策法规的严格规范和政府的积极推动，瑞典在城市更新实践和人居环境建设中成就了一批名闻遐迩的生态型城镇和社区样板。

鉴于绿色更新涉及领域众多（如中心区、旧居住区、公共空间、历史地段等），笔者将聚焦于旧工业区领域的绿色更新，从中遴选瑞典三例典范——由旧工业（码头）区改造而来的 Bo01 欧洲住宅展览会（Bo01 European Housing Exhibition，马尔默）、哈默比湖城（Hammarby Sjöstad，斯德哥尔摩）和在建的皇家海港（Stockholm's Royal Seaport，斯德哥尔摩）作为重点考察样本；同时，考虑到这类城镇以"更新"为底色、以"绿色"为成色的特殊性，笔者将依循"更新＋绿色"两条主线，分别从规划体系、空间体系、技术体系、评估体系等方面管窥和探讨瑞典绿色更新的路径及其经验启示。

1　瑞典生态型城镇的底色：旧工业区的更新

1.1　旧工业区更新的基本背景

Bo01 欧洲住宅展览会选址的马尔默西港区与哥本哈根隔海相望，曾是离市中心最近的滨海工业区，却伴随着 20 世纪末传统造船业、汽车制造业的沦落而留置下大片厂房和码头。

但厄勒海峡大桥的建成使马尔默跃升为瑞典通向欧盟的桥头堡，2001年住宅展览会的成功申办更是助推其经济成功转型——以打造“明天的城市”为主题，在展示可持续理念、未来居住、信息技术、福利保障的同时，将西港区改造为集科教、居住、文化和娱乐于一身的魅力都市区，核心的Bo01地区更是升格为容纳1 000多户居民的综合住区和生态样板(图1)。

图1　Bo01欧洲住宅展览会实景

[图片来源：倪岳翰，谭英. Bo01欧洲住宅展览会，马尔默，瑞典[J]. 世界建筑，2004(10)：38.]

相比于Bo01欧洲住宅展览会，哈默比湖城规模更大、更新起步更早，建设周期也更长。湖城位于斯德哥尔摩中心城区的东南边缘，曾是17世纪以来无序扩张和污染严重的旧工业区。城市“内涵式发展”的总体定位和2004年申奥计划，为这一带的更新带来了转机——以“水(蓝眼睛)”为主题的湖城(拟规划为奥运村)作为这一战略的实施抓手，在申奥未果后仍得到了市政府的持续推动。其初衷是在丰富内城结构的同时，将200 hm^2 的旧工业区更新为2.6万人居住、3.5万人就业的综合生态新城，自1995年启动以来已成为该市依循可持续思路进行整体更新的城镇典范(图2)。

图2　哈默比湖城实景

[图片来源：斯德哥尔摩哈默比湖城(Hammarby Sjöstad)项目宣传介绍的图册资料]

而在建的皇家海港作为哈默比湖城的2.0版，曾经是斯德哥尔摩最大的工业港口区、煤气厂贮存和煤炭处理的重地之一。近年来因现代化能源生产技术的应用而逐渐废弃，但也由此迎来了滨水空间再开发的重要机遇——在未来的20年中，236 hm^2 的港区围绕着“可持续（绿色）更新”理念，有望建成一个提供1.2万套公寓、3.5万份就业机会和60万 m^2 商业服务设施的生态型综合社区、港口码头和公共文化区（图3）。2012年，第一批居民已入住Hjorthagen地区北部的新建住宅区。

图3　皇家海港实景

（图片来源：http://www.stockholmroyalseaport.com.）

1.2　旧工业区更新的规划体系

瑞典空间规划体系属于“两级三类”指导型规划，归口于健康和社会事务部的住房、建设与规划局，并拥有明晰层次如下：虽然没有正式的国家级空间规划，但是在区域层面上可以由法律框架下的县行政委员会组织编制（非强制性）；而市一级空间规划有两类：总体规划作为城市战略引导的综合类工具，关注城市整体的发展方向和方针策略，在法律上是必备的；详细规划则是规范市级土地利用的法定工具，包括详细发展规划、分区发展管制、建筑许可等具体内容和指标；若是政府关注的重点项目，则有可能进一步编制相应的专项规划和更精细的导则编制等。

很显然，瑞典旧工业区的更新同样需要在这一框架下展开不同层次的规划编制：首先要依据《环境法》编制具有统领意义的环境规划，从顶层设定了更新的绿色技术和环境指标，也借此规定了项目实施的共同目标和品质底线；然后，由市政府组织编制总体发展规划（或战略纲要），再由规划师、建筑师、景园设计师等专业人员根据划定的街道（或社区）进一步编制详细规划；最后面向每个街道（或社区）编制更加详尽、和具有实际操作功能的街道设计导则，或落实相关专项规划（如绿地系统、能源系统和交通系统规划）的技术要点，为管理方、开发方、规划方提供共同认可的实施标准。

可见，瑞典虽未像有的国家和城市那样面向“更新类”项目，建立相对独立的更新规划体系和对口管理机构，但是旧工业区更新以既有的空间规划体系和管理框架为依托，在层层立法的约束和多部门协作下得到了有效推进——在该规划体系下，由规划主管部门统揽空间规划与城市更新事宜，一体化协调城市更新项目与既有规划体系的关系，并预设了城市更新的“绿色门槛”（图4）。

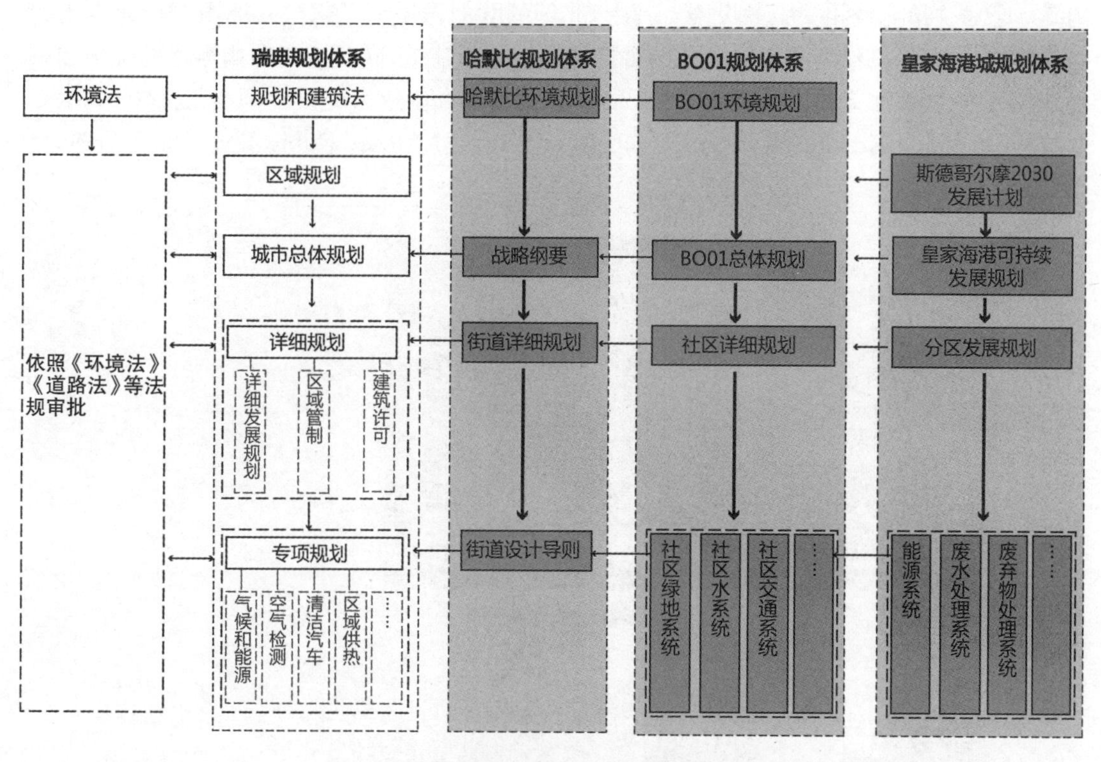

图4　瑞典规划体系和旧工业区更新规划体系

（图片来源：笔者自绘）

1.3　旧工业区更新的空间体系

由克拉斯·泰姆(Klas Tham)统筹规划的Bo01欧洲住宅展览会，以南北向新辟运河和东西向主入口构成的十字轴线为骨架，将整个展览区划分为南部居住区、北部欧洲村以及东侧的公共服务和办公区三大片，并在空间布局上形成了以下特点：

(1) 空间形态的建构：展览会以中世纪的城镇和街区格局为范本，同时兼顾当地的海风特征和空间景观的层次变化，规划了由不同角度交织迭合而成的路网，并以尺度更为精微、宜人的小街、小巷、小公园填充其间，形成了错综多变的街区格局和诸多避风场所。东侧的高层扭转大厦由卡拉特拉瓦操刀设计，目前已成为海湾地区乃至马尔默的著名地标(图5)。

图5　Bo01欧洲住宅展览会的总平面

（图片来源：笔者自绘）

(2) 居住空间的展示：住区规划及其住宅设计作为整个展览会的重点和主题，共提供了约500套居住单元及相关服务设施。其中,北部的欧洲村邀请了部分欧洲国家设计本土的居住建筑,并要求其结合本民族文化的可持续观点进行建造,同时适配瑞典当地的气候和条件;南部住区则在生态技术的展示之外,聚集了一批富有创造力的设计师参与其中,展示专业智慧(如Ralph Erskine和Johan Nyren、Gert Wingård、Moore Ruble Yudell事务所等,见图6)。

图6　Bo01欧洲住宅展览会的特色住宅设计

(图片来源:笔者自摄　图中展示的住宅依次是为:1. 联排住宅;2. 砖城堡;3. 仓房;4. 全木住宅)

(3) 户外环境的塑造:景观设计师安德森(S. L. Andersson)做足水文章,为面朝大海的展览会规划了一个以"水"为主题的,由特色公园、城市空间(广场、廊道与街巷)和水环境共同构成的开放空间连续体,尤其是塑造了两条同水体和休闲活动相交融的特色绿轴,即西侧的滨海广场和散步道,一处兼具可达性和公共性的宜人休憩地;东侧结合运河开掘而建成的滨河公园,则营造了特色各异的多类"栖息地",共同促成了一套生态系统的再造(图7)。

而"水(蓝眼睛)"作为哈默比湖城整体布局的核心,正好将湖城划分为东岸区、西岸区、南岸区和北岸区,通过一条3 km长的林荫大道将面湖展开的各组团串接了起来,并在空间布局上形成了以下特点:

(1) 空间形态的复合。一方面是小街区、密路网、紧凑用地和混合用途、以街区为单位的院落围合和低多层为主的建筑群落所呼应的传统内城格局;另一方面则是大面积开启、板片构架、水平屋面、高亮低彩的建材本色所强调的现代都市形象。正是在双重特性的叠合和拼贴下,内城的街道尺度和街区生活已同当代的开放明快和阳光水岸达成了一种微妙的和谐(图8)。

图7　Bo01欧洲住宅展览会的户外环境塑造

(图片来源:笔者自摄　左:西侧滨海广场;右:东侧滨河公园)

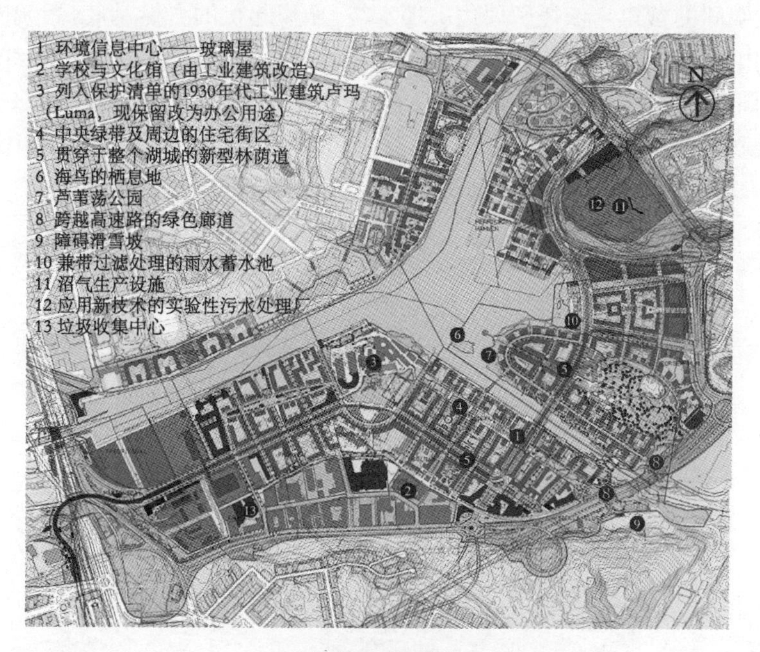

图8　哈默比湖城的总平面

(图片来源:斯德哥尔摩城市开发管理局提供)

(2) 产业遗存的改造。面对工业扩张时期遗留的大量产业设施,湖城经实地踏勘和研究论证,从中遴选了一批具有特色价值的遗存,在保留主体结构的前提下实行空间设计和功能重组,并植入现代技术与生态理念。其中,颇具代表性的当属一栋列入保护名录的由1930年代工业建筑群(Luma)改建而成的办公楼(图9),此外社区学校、文化馆等设施也是由既存工业设施更新而成。

图 9　改造后的 Luma 工业建筑

（图片来源：由瑞典建筑师 Stellan Fryxell 提供）

（3）开放空间的营建。依托于周边山环水绕、丘陵起伏的自然基底，湖城围绕着湖面营建了“以滨水山体绿化为核心，以街区绿地为串联，以院落绿地为基底”的点、线、面相结合的多层级结构（图 10）。其中，“街区绿地”作为整个开放空间系统的关键构成，多呈带状分布于街区内部或是滨湖展开，在设计上也是各具特色和匠心，比如说锡科拉运河街区长 350 m、宽 37.5 m 的中央绿带[①]，还有锡科拉半岛生态修复后的突出部湿地公园。

图 10　哈默比湖城的开放空间规划

（图片来源：笔者自绘）

① 该绿带在纵向串联街区各组团的同时，被卢格内特大道和支路划分为 4 个主题、特色各异的区段，密集承载了街区居民一年四季的交流与活动。其环境规划及其周边住宅设计因精细化设计和生态技术融合而获瑞典 2005 年 Kasper Salin 奖。

距离城市中心区仅3.5 km的皇家海港①在延续湖城部分布局特点的同时，更加讲求城市功能的多样混合，关注学校、公交站点、超市、公园等设施的合理布点，而且每个片区均根据特有的基地特征、历史和区域功能而生成独特的城市形态，并在空间布局上形成了以下特点：

(1) 总体格局的确立。沿海纵向展开的港区在不同地段形成了不同的城市密度和布局变化：其北部不但延伸了现有的混合功能住区肌理，还借助于规建的煤气厂文化区中轴线，保留和强化了过去煤气厂贮存的历史记忆，并将港区同重要的公交枢纽Ropsten地铁站连接了起来；而中南段新建的住宅区和商业区多采取街区式的院落围合形态（类似于哈默比湖城），延伸和呼应了传统的内城格局；原有的客运码头和货柜码头，则被改造成为开阔的现代化港口和游艇码头（图11）。

图11　皇家海港的总平面

（图片来源：笔者根据 http://www.360doc.com/content/19/0417/21/32324834_829510791.shtml 改绘）

(2) 公共空间的整合。通过不少产业遗存的改造利用，将原来的煤气工业区更新为拥有博物馆、学校和图书馆的城市公共区域“旧煤气厂文化区”（包括运河、滨水露台区、阶梯状广场区、车站平台区等），同时保留了贯通整个港区的宜人街道空间，营造了舒适愉悦、充满活力的城市滨水空间；此外，整个区域还通过完整且通畅的自行车道规划（配备了充足的自行车停车空间）将整个港区整合联结起来，共同创造了一个高度联通的城市网络和公共空间系统。

---

① 皇家海港曾经在2014年举办过北部滨水区的国际设计竞赛，ADEPT & Mandaworks事务所合作完成的“Royal Neighbor”方案因高品质的城市和建筑空间设计脱颖而出，最终获得一等奖，并通过规划设计方案的进一步深化而得以逐步落实。

2　瑞典生态型城镇的成色:绿色技术的植入

2.1　旧工业区更新的技术体系

Bo01欧洲住宅展览会以打造“明天的城市”为主题,哈默比湖城以著名的“哈默比模型”(Hammarby model)[①]为技术引导,皇家海港城则兼顾了环境可持续、经济可持续和社会可持续三个维度,在更新中结合不同的环境要素综合应用了系列生态技术如下(图12～图14):

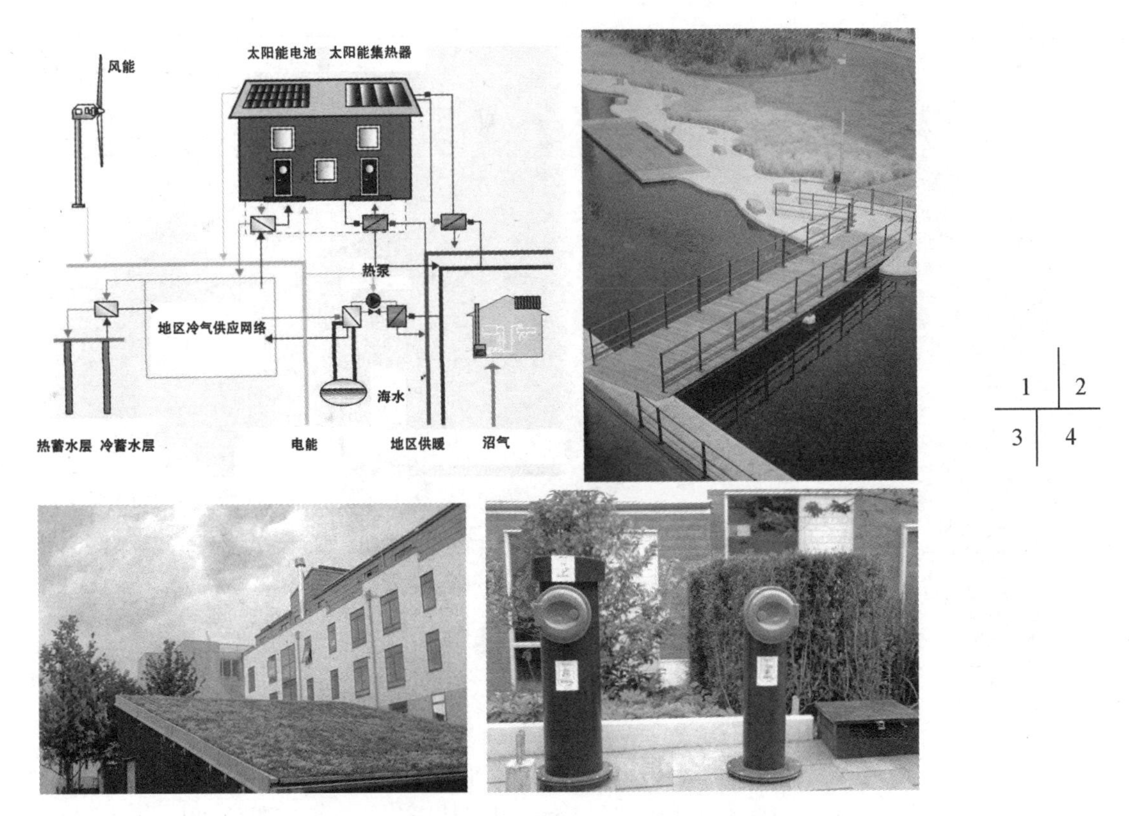

图12　Bo01欧洲住宅展览会集成的绿色更新技术

(图依次为1. 能源供给;2. 绿化园艺;3. 绿色屋面;4. 垃圾回收)

(图片来源:Bergt Persson. Sustainable City of Tomorrow[M]. Stockholm:Formas,2005)

① “哈默比模型”是哈默比湖城在斯德哥尔摩水公司、FORTUM、城市开发管理局和城市垃圾管理局的通力合作下,聚焦于环境主题和基础设施而拟定的一系列规划和操作程式。该模式的各组成部分相互关联、多向转化,共同构成了一个自我循环的完整系统,揭示出污水排放、废物处理与能源提供之间的互动关系及其所带来的社会效益。

图 13　哈默比湖城集成的绿色更新技术

(上图依次为 1. 土壤清理;2. 环境信息中心;3. 水处理;4. 能源供给;5. 垃圾回收)

(图片来源:张彤,吴晓,陈宇,等. 绿色北欧[M]. 南京:东南大学出版社,2009:81-85;其余为笔者自摄)

图 14　皇家海港集成的绿色更新技术

(依次为 1. 雨水过滤净化系统;2. 产能建筑;3. 开放空间规划;4. 交通网络)

(图片来源:根据 http://www.360doc.com/content/19/0417/21/32324834_829510791.shtml 改绘)

(1) 土壤清理

在经历了工业无序扩张的长期过程后，瑞典旧工业区更新首先要面对的就是历史遗留下来的重污染环境该如何进行全面彻底的净化和清理。像湖城作为曾经的手工艺作坊和小工业生产集聚地，就沉积了包括130吨油脂、180吨重金属在内的大量污染物。

其中，Bo01地区的做法：通过土壤抽样及分析、危险程度分析、污染物清理等技术，将3 500 m^3 重度污染土壤运到希萨垃圾处理厂，将130 000 m^3 轻度污染土壤运至北港口填埋，并回填1.2 m深的健康土用于植物培植和景观塑造；而湖城在城市环境和健康署的组织下，也通过换土、深翻、施用化学改良剂、生物改良等手段综合清理土壤，在检测达标后才启动湖城的建设。经土壤清理后的环境检测表明，上述地区的土壤质量均明显高于该市其他公园，满足了当地摆脱环境和健康威胁的需求。

(2) 水处理

在水处理方面，瑞典旧工业区采取了雨污分治的更新策略：对于雨水强调的是就地处理，而不增加城市排水管网和污水处理厂的运作负荷，同时提升水资源的生态循环潜能；对于污水，则在充分降解有害物的同时，尽量实现富营养化物质的回收和沼气的利用。

在雨水处理方面，Bo01地区的就地处理方式有二：对于受污染的雨水，经绿色屋面系统的过滤处理后可用于卫生间、浇灌、洗涮等，并使用分离器滤出油与颗粒；对于未受污染的雨水，则通过管道排放至开敞池塘，再导入种植区，形成散布邻里的绿地和水体。同样，湖城也对雨水采取了分类处理方式：对于街巷汇集来的雨水，稍经水渠附设的过滤和沉淀设施（如沙过滤装置、特制土壤或人造湿地）后直排入湖；而对于建筑和花园汇集来的雨水，则需汇至富有景观特色的明渠，再经由一系列的蓄水池排入湖水。相比而言，皇家海港基本上是通过雨水花园、地漏、过滤装置等，对一般雨水进行过滤后即行排放，以有效缓解系统运作压力与负荷。雨水池的大小和绿色屋面的设计也考虑了极端天气的可能。

在污水处理方面，湖城专门为污水处理建立了一个实验性工厂，有四类净污新技术和设备在此接受检测，一旦完成评估将优选某类技术推广至整个地区。无独有偶，Bo01地区也为此分设了两个处理厂，其一是将收集的污水进行发酵处理生成沼气，经净化后可用作天然气，其二则是将污水的氮磷成分进行回收后返用于农作物（如制造化肥）。其中，后者同皇家海港的污水处理方式大同小异，即：通过尽可能多的闭环系统让污水中的营养物质返用于耕地，也避免了海洋的富营养化。

(3) 能源供给

在生态式能源（以清洁能源和可再生能源为代表）供给优先的大原则下，更新后的瑞典旧工业区通常以电能、热能及沼气的使用为主，这需要在不损害居民生活舒适度的前提下，为可持续的能源体系提供更具效率的供给策略。

其中电能除了热电厂的配给外，主要依赖于太阳能的利用和转化。湖城的单块太阳能电池可覆盖1 m^2 的表面积并产生100 kW·h/年的电能（相当于住宅3 m^2 的家用能量）；而Bo01在使用光伏电池系统以外，还有部分电能来自垃圾和废弃物的处理。

热能的供给主要是利用太阳能集热器和地源热泵技术，还有污水和垃圾处理所产生的废热。湖城每年从太阳辐射中摄取的热能，可满足建筑约一半的热水需求；而皇家海港不但通过控制建筑的体量、布局和设计来充分利用太阳能，实现更有效的加热和冷却，还为此制定了细致的能源目标，每年都会跟踪记录实现情况并做出反馈。

至于沼气的供给，主要源于有机废料或是污水中淤积物的分解和规模化生产，经净化后可用作天然气。据测算，单一家庭的污水排放量所产生的沼气足以支撑其日常的家用炊具所需。不过生态型城镇所生产的沼气目前除部分家庭日用外，主要还是用于生态型小汽车与公共汽车。

（4）垃圾回收

在绿色更新所涉及的低—中—高技术层次中，垃圾回收多属于后者。在“减量化、再利用、再循环”的3R原则下，瑞典生态型城镇通常是依循“分类—磨碎处理—再利用”程序来回收处理各类垃圾。

其中，Bo01地区借助于高水准的服务设施、IT技术、新型的垃圾处理方法和预先分类收集思路，确立了“重复使用优先、原料再生优先和能源恢复优先”的垃圾处理“三优先”思路；而湖城和皇家海港均依托于先进的垃圾分类收集真空系统来完成垃圾分类和回收工作：固态垃圾经由相应的风动式管道分类吸入垃圾收集中心，在中心经过初步的汇集整理后分装容器，再由垃圾清运车定点完成装载（将有机垃圾送至堆肥厂、易燃垃圾送到热电厂），以做到垃圾高效率循环利用。

（5）物种与绿化园艺

在瑞典旧工业区更新的环境规划中，这一项不仅同开放空间规划和景观设计息息相关，更是绿色技术应用的重点领域和载体之一，并体现在生态系统的复育和建构上。

其中，复育原有的生态系统对于深受工业污染之害的旧工业区来说是一项必要尝试。如湖城就在土壤清理的基础上，进一步结合锡科拉半岛的滨水湿地和植被，于突出部设计了一处海鸟栖息地。经多年培育已恢复至最初的自然活力状态，并吸引大批野生鸟禽汇聚于此。皇家海港城则是结合里拉瓦滕湖建设可持续的雨水管理系统，用以降低水中污染物，维系良好水位和改善水资源状况，同时建构多功能的滨水绿地系统并融入园艺设计，使优化的生态系统可兼顾景观休闲之需求。

与此同时，生态系统的另建也不失为一项变数之选。像Bo01地区的两条特色绿轴之一——滨河公园就源于生态系统从无到有的建构，设计师的策略是：以“栖息地”为主题，将公园划分为不同类型的栖息地——绿地、草坪、三片林地型栖息地（橡树丛、榉树丛和桤木湿地）和一片以运河为载体，通过泵压海水维系的咸水型栖息地，同时有计划地为栖息地人工引入动植物种。经多年运营，以人工运河为纽带而激活的生态循环渐趋平衡，大量动植物群落也在人工预期内外得到了良好生长。

（6）交通组织

瑞典旧工业区的更新向来强调公交导向下各类交通模式的重构及其同人类活动的交互关系，使自行车和公共交通成为小汽车之外便捷而富有吸引力的优先选项。

其中，Bo01地区的做法是自行车与步行交通优先发展，所有的街巷小径均按步道要求设计，同时倡导环境友好型的交通工具，以实现毒物排放量、燃料消耗量和噪音的最小化；而湖城在交通组织上同样倡导公交主导的交通模式，比如有轨电车、公共汽车、轮渡、步行和自行车等富有吸引力的节能型交通，还有汽车合用组织（Carpool）的成立已吸纳成员350名和用车25辆，可有效减少私家车的使用和碳排放；皇家海港则倡导容量更高、更具资源效率的交通模式，通过提供充足的充电站、拼车车辆、免费轮渡、无化石燃料和清晰顺通的自行车道，来鼓励绿色出行和提升地区可达性。

2.2 旧工业区更新的评估体系

国际上关于可持续性环境的评估工具和指标体系，按其操作方式可分为四类：分级评估工具（如 BREAM，GBC）；以全寿命周期分析（LCA）为平台的评估工具（如 EcoQuantum，Eco-Effect，ELP）；以指标因子为依托的评估体系（如 EIA，CRISP）、决策支持的综合性工具（如 PIMWAG）。旧工业区更新的环境评估亦然。

其中，Bo01 围绕着旧工业区更新的技术应用成效和环境影响评估，先后提供三份报告和推荐了三类方法（GBC 2000①、Eco-Effect 法②、指标法），但在实践转化中真正发挥效用的却是 GBC 类分级评估工具——其不同于 PIMWAG 等决策支持工具，主要是通过指标遴选来确立环境评估的整体框架，将能源领域列为关注重点，并明确量化了分项目标和指标，现已针对 14 栋建筑进行了试点应用（表 1）。

表 1　Bo01 地区环境目标评估样表（14 栋试点建筑）

建筑编号 / 评估指标	01	02	……	建筑编号 / 评估指标	01	02	……
空间使用效率（m²/人）				室内采光（开窗面积/楼层面积×100%）			
热功效[kW·h/(m²·年)]				富有吸引力的阳台			
电能使用效率[kW·h/(m²·年)]				充足的植被（绿化空间）			
能量总需求[kW·h/(m²·年)]				居住单元（个）			
经过环境认证的材料选择（环境认证数）				加热面积（m²）			
降噪水平（噪声等级）				潜在的居民数			
可调式通风				日照总量（h）			
换气次数/h(max, min)				—			

（表格来源：笔者自绘）

相比于 Bo01 欧洲住宅展览会，哈默比湖城则在绿色更新中引入了更多的评估工具，也因此建立了更丰富的指标体系：

(1) 在绿色更新之前的目标设定方面，湖城早在环境规划时就确立了“好两倍”（twice as

① 绿色建筑挑战（GBC）项目是一项围绕着现状建筑环境评估而展开的国际性合作项目，其方法实质上就是建构一套由 82 条准则共同构成的标准体系。

② 即生态能效法：一套由 KTH（瑞典皇家工学院）和 Gävle 大学合作研发的环境评估方法，并得到了建筑研究委员会/Formas 以及建造业约 20 家公司和组织的支持。其平行覆盖了能源使用、材料使用、室内环境、户外环境和全寿命周期成本等几大领域，可以借助于环境的柱状统计框图来量化和演示引发不同环境影响的特征要素。

good)的环境目标,即同1990年代建设的其他住区相比,其碳排放总量到2015年要减少50%,并分解到了土地使用、水处理、能源供给、交通组织、垃圾回收、建材选择等技术领域(表2)。

(2) 在重点地块更新的建设引导方面,Sickla Kaj地块应用了环境影响评估体系(EIA),包括土地、交通运输、供水排水、能源与垃圾、绿地系统、噪音、空气等约30项指标;而锡科拉半岛地块则采取了由政府资助开发的环境评估工具ELP,包括不可再生能源消耗、饮用水消耗、全球变暖潜势、酸化潜势、营养化潜势、光化学臭氧生成潜势、放射性废弃物等环境影响指标。

(3) 在绿色更新之后的绩效评定方面,湖城还接受了美国LEED评估体系的评级和认证,涉及场地规划、水处理、能源利用、材料和资源、室内环境质量等指标,结果评定为金级78分(LEED评估认证共分为普通认证40~49分、银级50~59分、金级60~79分和铂金级80分及以上),更新成效集中表现在了能源供给、交通组织、空间形态等方面。

表2 哈默比湖建设的环境规划目标

技术领域	环境评估指标
土地使用	要求每户公寓拥有不低于15 m^2 的绿地,300 m距离内必须设一处25~30 m^2 的花园或公园;要求花园中有不低于15%的面积能够在春秋季保证4~5 h的日照
水处理	人均日用水量由当时的150 L(斯德哥尔摩地区均量)减至100 L,污水中95%的磷回归土地;污水中的重金属和其他有害物质的含量应比斯德哥尔摩其他地区低50%,净化后的污水中,氮含量不得高于60 mg/L,磷含量不得高于0.15 mg/L
能源供给	采用普通通风系统的住房,每年100 kW·h/m^2(其中20 kW·h/m^2 来自电能);采用全热回收通风系统的住房,每年80 kW·h/m^2(其中25 kW·h/m^2 来自电能)
交通组织	到2010年,80%的居民日常出行使用公共交通、步行或骑自行车,至少15%的住户和5%的商用住户参加汽车合用组织;本地交通运输100%由满足环境生态要求的交通工具来承担
垃圾回收	到2010年,本地区90%(质量)可用作再生能源的垃圾被再利用,应优先选择回收利用和再生使用; 2005—2010年,本地区垃圾量应减少15%(质量); 2005—2010年,家庭大宗垃圾应减少10%(质量); 2005—2010年,有毒有害的垃圾应减少50%(质量); 最迟到2010年,80%(质量)的食物垃圾应进行生物处理,提取其中养分返用于农田,并回收其中能源
建材选择	在项目开始之前,应建立一套注重资源、环境和健康的材料选择程序,确保所选建材是"最佳选择"

(表格来源:张彤,吴晓,陈宇,等.绿色北欧[M].南京:东南大学出版社,2009:74-76.)

在Bo01和哈默比湖城的建设经验之上,皇家海港雄心勃勃地提出"打造一个世界级的零排放城区"的目标,具体而言即2020年前CO_2排放量少于1.5 t/人;基于可再生能源产生的电力占总能耗的30%[总能耗指标为55 kW·h/(m^2·年)];2030年前以可再生能源替代化石能源,实现零化石燃料消耗以及环境正效应①。

① 资料来源:白玮,尹莹,蔡志昶.瑞典可持续社区建设对中国的启示[J].城市规划,2013,37(9):60-66.

围绕这一绿色更新目标，港区将相关指标细分为两类：操作性指标、完成性指标，加上之前编制详细规划（亦是瑞典法定工具）时所制定的强制性指标，共同构建了港区未来建设的评价和监测体系（表3）；在评估工具上，皇家海港则将关注点从环境排放水平转向如何实现环境正效应，因而也更多地沿用和改进了湖城的环境影响评估工具（EIA）。

表3　皇家海港建设的评价和检测指标表

指标类型	指标释义
操作性指标	在相关规划和政策计划中预先列具的控制性指标，如可持续发展的基础设施标准、居住和商业用地的土地分配标准等
完成性指标	主要包括气候变化、环境、可持续性方面的考核指标
强制性指标（详细规划所制定指标）	涉及建筑材料、能耗、可再生能源等多方面的强制性指标，比如说建筑方面包括： 住宅：每人每年能耗量[kW·h/(年·人)]；每人每年二氧化碳排放量[t/(年·人)]；用电量中绿电占比； 公共建筑：每年单位建筑面积能耗[kW·h/(m^2·年)]；每年单位建筑面积的二氧化碳排放量[t/(m^2·年)]；建筑可再生能源的自发电比例； 区域：每人（居民或工作人员）每年的能耗量[kW·h/(年·人)]；每人每年的二氧化碳排放总量[t/(年·人)]；可再生能源自发电、产热或制取的燃料总量(kW·h/年)；化石燃料发电或制热的比重(%)

（表格来源：自绘）

3　瑞典旧工业区的绿色更新启示

2015年12月召开的《中央城市工作会议》，标志着我国城市建设将转型进入"存量为主，内涵提升"的新常态，城市更新也将由此走向"以人为本、可持续发展的微更新"。不难预期，"坚持集约发展、提倡城市修补、讲求精明增长和紧凑城市、追求优质环境"的绿色更新模式必将成为我国城市未来建设的普遍性选择。在此背景下，本文聚焦于瑞典城市绿色更新典范——Bo01欧洲住宅展览会、哈默比湖城和皇家海港，正是希望通过探讨其旧工业区绿色更新的路径而获取国际经验和宝贵启示。

相比而言，中瑞两国在城市化水平、经济发达程度、环境资源压力等方面仍存在较大差距，瑞典不但在可持续理念上根深蒂固，在能源和环境技术的有效利用上也居世界前列，而我国在资源利用、环境技术甚至公众生态意识上都面临着复杂而严峻的形势。因此在借鉴瑞典经验时，需要在先辨识差异的前提下扬长避短，为我所纳所用。

3.1　规划体系方面

观察"更新规划体系—城市规划体系"的主线关系，会发现中瑞两国在市一级的管理归口上大体相仿：以"一体操作"模式为主：由市级规划主管部门统管共抓现有的空间规划和城市更新事务，由"一"套班子来一体化协调包括城市更新在内的各类空间规划工作，并统筹纳入更新所需的绿色技术、环境评估等要求。换言之，绿色更新是在既有的空间规划体系和管理框架内落实的。

具体而言,在瑞典“两级三类”的空间规划体系中,区域级规划可由法律框架下的县行政委员会组织编制,市一级规划则包括两类:总体规划是城市战略引导的综合类工具;详细规划则是规范市级土地利用的法定工具。因此可以说,瑞典的旧工业区绿色更新主要是在市一级空间规划体系的羁束下推进。同理推之,在我国着力构建的“五级三类”国土空间规划体系中,更新规划也需更多地结合市级及以下的空间规划和管理框架而展开。

与此同时,国际上的更新规划归口还存在着“分离衔接”模式(如英国多部门参与、多方合作的更新合作组织/委员会、日本都市再生本部、新加坡重建局等):由原规划主管部门继续管理空间规划事务,同时另建一套对口城市更新的、相对独立的管理机构,以统揽起草地方性更新法规、组织编制更新规划、统筹管理和监督使用更新资金等专项职能。两者在管理事务和权限上相对分离,但需要在相关法律框架和上层机构的约束和保障下有机衔接、协同推进地方各类规划工作。

受其影响,中国香港(市区重建局)和台湾(都市更新组)地区采纳的均是类似做法,而且部分改革前沿城市(如深圳、广州、青岛)先试先行也开始组建相应的更新局,甚至有部分城市(如上海)采取了一类过渡做法,即由规划主管部门在内部挂牌成立城市更新事宜的专项部门,但实质上还是由“一”套班子来统筹组织空间规划与城市更新的两线工作。

此外,就更新规划本身的程序而言,我国“规划—土地出让—设计—建造”往往是一个单向流程,而缺乏一个多向反馈的交互过程,这就有可能输出产生偏差却无法适时修正系统。因此,瑞典将整合式系统规划方法纳入可持续目标更新的做法更值得借鉴,即规划师整体考量同生态环境相关的各项要素,并将其纳入规划目标确立、内容编制、审批实施、过程监测和绩效评估的全链条,在降低环境资源消耗的同时实现资源利用和产出的最大化。

3.2 技术体系方面

规划建设过程所倡导的行为活动应蕴涵着一种尊重自然资源的价值理念,绿色更新尤需如此,并具体反映在生态技术的研发和应用上,这主要包括三个层次:低技术、中间技术和高技术。其中,前两者属于普及型技术,后者则属于研究型技术。相比而言,瑞典生态型城镇建设属于以高技术为核心的各层次技术的综合运用和多类成熟产品的系统集成,具有高层次、普遍性、综合性的成熟期特征;而我国绿色更新尚处于起步阶段,受制于经济与科技水平,很难像北欧那样以高投入和高技术来换取长期的高回报,尚未成熟的生态技术、产品体系以及工业化生产障碍,也会在很大程度上抬高其应用门槛。因此,我国绿色更新的技术之路需要关注以下三点:

(1) 技术层次的复合。其一,梯度化应用。破除技术至上的极端化倾向,首先考虑适应环境要求的传统地方控制技术,优先在中低实用技术层面寻求突破,通过基于物理原理的中间技术(如太阳能板、排水渠、绿色屋面等)甚至是地域乡土技术来实现渐进式的生态化改造;然后选用高效而成熟的机械与人工技术(如节能照明、中水利用和机械式恒温换气);最后才是先进材料、光电技术及人工智能技术的应用。其二,地域性分异。考虑到各地经济技术水平和资源条件极不均衡,生态技术的运用也不可强求同步,抹杀地域差异。既要鼓励经济技术发达地区适当超前,使用垃圾分类收集真空系统、智能系统等复杂程度较高的技术,并将获取经验和技术信息推广至其他区域,也要扶持拥有先天资源优势(如西藏的地热和新疆的风能)的地区,实现技术应用的跨越式升级。

(2) 技术特色的创建。绿色更新所集成应用的生态技术,可根据具体的项目主题和工作重点来设定和彰显相应的特色领域。如哈默比湖城就聚焦于环境主题和基础设施而拟定了一系列的规划和操作程式,通过创新著名的"哈默比模型"完成了系统资源的自给自足与循环利用;Bo01 地区则在"明天的城市"主题下,对信息技术的共通标准、物种与绿化园艺等做出了独具特色的前沿性探索。

(3) 核心技术的框定。尽管瑞典各例绿色更新项目所采纳的生态技术不尽相同,但具有环境敏感性的能源供给和水处理、智能技术、建筑材料、交通组织模式等无疑是支撑生态型城镇建设的共通基础,也是绿色更新无法规避的核心技术领域。但无论引入何类技术,均需要在环境规划层面明确其应用的目标、要求、措施、责任方与参与者等问题,同时为百花齐放的技术创新预留弹性空间,甚至容许在同一技术领域出现差异化手段和取向(如中水利用)。

3.3 评估体系方面

生态导向下的环境评估作为可持续目标下的决策支持工具或框架,已经在瑞典旧工业区绿色更新的辅助规划与决策、方案与产品比选、校核与反馈、导控与调适等方面发挥了积极而广泛的作用。但相比而言,国内更新领域却长期忽视绿色评估和监测环节,即使偶有全寿命周期分析、生态模型、EIA 等评估工具的借鉴,也多在模型工具、指标遴选、数据采集上面临着定性多于定量、模糊多于清晰、可操作性不足等问题,加之评估介入时间的滞后和动态追踪的缺失,往往制约着评估体系在更新领域的效用发挥。因此,我国绿色更新的评估需要关注三类选择:

(1) 评估工具的遴选。目前,国际上有关可持续性环境的各类评估工具按其操作方法可分为四类:分级评估工具、以全寿命周期分析为平台的评估工具、以指标因子为依托的评估体系和决策支持的综合性工具。不同的评估工具拥有不同的策略、繁杂的种类和标准、差异化的特色优劣与适用范畴,用户需要根据不同的更新项目和实际需求而选择适宜的评估工具。如哈默比湖城和皇家海港所选用的环境评估工具就以第 2 类或第 3 类为主,Bo01 欧洲住宅展览会则以第 1 类为主,且收效良好。

(2) 指标因子的遴选。在确定环境评估工具的基础上,不同更新项目可根据各自不同的特点和需要遴选不同的因子来建构指标体系;即使是同一项目,不同地块也可在评估指标的遴选上存在差异。如湖城 Sickla Kaj 地块所应用的环境影响评估体系(EIA),不仅和 Bo01 地区环境目标评估的指标体系不同,还迥异于相邻的锡科拉半岛的环境评估工具 ELP,后者的基本结构具有全寿命评价的典型特质。

(3) 评估时间的遴选。根据评估工具的类型及其应用对象,宜合理选择环境评估的介入时间,尤其是辅助规划设计决策的工具更需尽早引入,以便实现对整个建设过程的监控、反馈和调整。通常而言,绿色更新类项目建议至少从规划阶段起便展开可持续性环境评估,即便哈默比湖城在详细规划阶段引入了环境影响评估体系,其整个建设过程依然留有不少遗憾①。以此为鉴，皇家海港项目伊始即引入评估工具和指标体系展开动态追踪，同时鼓励参与各方分工合作，建立有效制度保障，就是要通过规划、监测和评价模型的持续完善来锻造2.0版的湖城。

（原文载于：吴晓，吉倩妘，周晓穗，钱辰丽.从旧工业区到生态型城镇：瑞典城市更新的绿色路径初探为例——以Bo01欧洲住宅展览会、哈默比湖城和皇家海港为例[J].世界建筑，2021(3)：101-108.）

参考文献

[1] 张彤，吴晓，陈宇，等.绿色北欧：可持续发展的城市与建筑[M].南京：东南大学出版社，2009.

[2] 董卫，王建国.可持续发展的城市和建筑设计[M].南京：东南大学出版社，1999.

[3] 吴晓.北欧生态型城镇的规划建设及思考[J].城市规划，2009(7)：64-72.

[4] 冯晓星，尹莹.瑞典哈默比湖城与无锡中瑞低碳生态城规划设计和管理实施比较[J].城市规划学刊，2012(2)：82-90.

[5] 白玮，尹莹，蔡志昶.瑞典可持续社区建设对中国的启示[J].城市规划，2013，37(9)：60-66.

[6] Persson B. Sustainable City of Tomorrow[M]. Stockholm: Formas, 2005.

[7] Malmö Planning Department. Quality Programme Bo01 [R]. 1999.

[8] Pandis I S, Brandt N. Evaluation of Hammarby Sjöstad eco-profiling: What Experiences Should Be Taken with for New Urban Development Project in Stockholm? [R]. Stockholm: The Royal Institute of Technology, 2009.

[9] The City of Stockholm Executive Office. Stockholm Environment Programme. 2008—2011 [EB/OL]. http://miljobarometern.stockholm.se/default.asp?mp=MP.

[10] Sockholm Royal Seaport Sustainability Report 2018. [EB/OL]. http://www.stockholmroyalseaport.com.

[11] The Stockholm Royal Seaport Road Map. [EB/OL]. http://www.stockholmroyalseaport.com.

[12] http://www.360doc.com/content/19/0417/21/32324834_829510791.shtml.

[13] 林逸风，邹立君.基于可持续发展理念的城市更新实践典范——以瑞典皇家海港城为例[J].建筑技艺，2019(1)：8-11.

[14] 倪岳翰，谭英.Bo01欧洲住宅展览会，马克默，瑞典[J].世界建筑，2004(10)：38.

① 客观而言，哈默比湖城并没有充分实现哈默比模型的"闭式循环"理念，绿色更新目标也没有完全达成，其原因是多方面的，如环境计划和评估体系的引入晚于先期规划，缺乏有效的目标监控和评价系统，可持续发展的环境指标同规划设计、生活舒适度、经济利益等相冲突，等等，这也为湖城2.0版的皇家海港建设提供了前车之鉴。

如何应对物业空置、废弃与止赎

——美国土地银行的经验解析

高舒琦

东南大学

摘　要：由于制度缺失，不少美国城市难以应对大量物业的空置、废弃与止赎问题以及次生的经济、社会与公共安全等问题。为了应对上述问题，密苏里州圣路易斯市于1971年创立了全美第一家土地银行。随后，众多收缩城市也相继成立了类似的机构并已取得了良好的成效，土地银行在美国的影响力正在不断扩大。本文追溯了美国土地银行的发展历程，以密歇根州杰纳西县土地银行为例，剖析了土地银行运营机制，探究了税收返还机制、税收增额融资制度以及各类联邦与地方基金等在土地银行实现收支平衡中所起的作用，最后评价了土地银行的功过。鉴于我国尚未拥有应对空置与废弃物业的有效措施，借鉴美国土地银行的经验，可以为我国完善法律法规以及设立相关机构提供参考。

关键词：土地银行；空置物业；物业税；止赎；收缩城市

物业空置与废弃是一个全球性的现象，给环境、卫生、公共安全、房地产发展等领域带来了一系列问题。近年来，物业的空置与废弃问题在国内也得到了关注，一些学者已对北京[1]、杭州[2]等地的物业空置情况开展了实证研究。但在如何应对物业的空置与废弃问题上，目前我国还缺乏有效的机制，因此需要开展进一步的研究。

自二战后，由于经济衰退与人口外流，大多数美国东北部锈带地区的城市深受物业空置、废弃与止赎①等问题困扰。但是在高度去中心化的美国，联邦政府与州政府在很长一段时间里一直对此缺少足够的干预。不少城市因此采取了一系列"自救"措施，其中土地银行的收效最为显著，影响最为广泛。自1971年密苏里州圣路易斯市成立了全美第一家土地银行②以来，许多其他城市与地区也相继成立了类似的机构。土地银行可以被定义为一个带有政府与非营利组织性质的准公共性（quasi-public）机构，往往成立于人口流失与经济衰退的地区，是政府为了使空置、废弃或止赎的问题物业重新为社会贡献价值所建立的物业管理工具。土地银行通过暂时持有并维护物业，以及为其寻找到更好的归宿，从而稳定萧条的房地产市场，振兴衰败的社区，增加地方税收，为城市的再开发提供契机。

经过40余年的发展，美国各地的土地银行在处理空置与废弃物业上已经积累了相当丰富的经验。尽管由于制度差异，我国不能完全照搬美国土地银行的模式，但可以从其发展历程、运营机制以及现存问题中，获得有益的启示。

1 美国土地银行的源起

二战后，受区域扩散、石油危机、产业转移等因素影响，美国东北部地区许多高度专业化的制造城市受支柱产业迅速衰败，导致人口持续流失。然而，城市的建成空间却并没有随着人口的减少而相应收缩，不少城市甚至出现了人口数量减少而住房数量依旧增长的不匹配现象(图 1)。

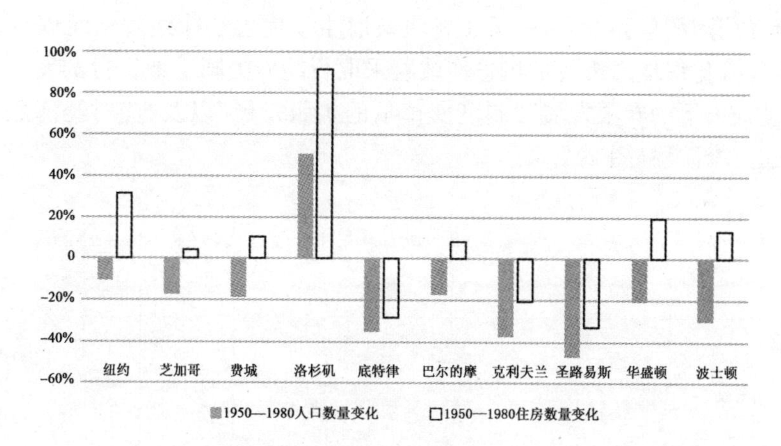

图 1 美国 1950 年人口规模前 10 城市 1950—1980 年人口与住房数量变化情况

(图片来源：美国统计局)

同时，郊区化与空心化成为美国城市空间结构的两大特征。在内城以白人为主的中产阶级逐渐外迁的过程中，由于缺少足够的迁入人口，大量内城物业遭到空置、废弃与止赎，造成了严重的公共安全、卫生与环境问题。无人看管的空置物业逐渐成为犯罪分子的聚集地[3]、非法的垃圾倾倒场[4]以及纵火的对象[5]。

传统上，美国地方政府采用将止赎后的物业进行拍卖这一完全市场化的手段来处置问题物业，但是这一做法存在着以下三大问题：一是在那些房地产市场迅速恶化的地区，不少物业的市场价值已低于其管理与修复的成本，因此这些物业难以为市场所接受，而政府也不愿再继续对其进行维护与管理；二是完全市场化的方式纵容了投机资本的涌入，由于止赎针对的是物业本身，而业主除了丧失对物业所有权外不用承担其他责任，因而不少投机分子为了盈利，在购买问题物业之后将其对外出租从而获利，同时不支付物业税，直到物业最终再次止赎；三是随着原业主的离去，确权变得非常复杂，一些难以确权的物业在市场上往往无人问津。

为了改变上述局面，在 1960 年代已有人向政府提议可以创造一个特殊的规划工具，储存与维护那些问题物业，再将其转让给特定的私人或政府部门进行再开发，同时清除那些在市场上不受欢迎的物业[6]。事实上，在类似提议涌现之前，美国已经出现了相关的物业储备与交易机构，如成立于 1945 年的密苏里州杰克逊县土地信托，其职责是接收并维护所有在止赎物业的初次拍卖中流拍的物业并在之后寻求机会再次拍卖该物业[7]。

严重的人口流失与物业空置促成了密苏里州圣路易斯市成为全美第一个设立土地银行

的城市。在 1950—1970 年间，圣路易斯市人口减少了 27%，1972 年圣路易斯市有超过 2 700 栋建筑被废弃以及 12 000 栋建筑(约占该市总建筑数量的 9%)存在着拖欠物业税的情况[8]。在上述背景下，1971 年密苏里州通过了《地方土地再利用法》，从而授权圣路易斯市成立土地再利用局，即全美第一个具备现代意义的土地银行机构。

2 美国土地银行的发展历程

土地银行在美国的蓬勃发展，得益于各级政府主动完善法律法规从而创造新制度环境以及多次宏观经济与房地产市场危机迫使政府采取行动。美国土地银行的发展历程可以大致划分为“制度约束下的有限发展”“制度变革下的扩张发展”以及“应对经济危机影响下的标准化发展”这三个阶段(图 2)。

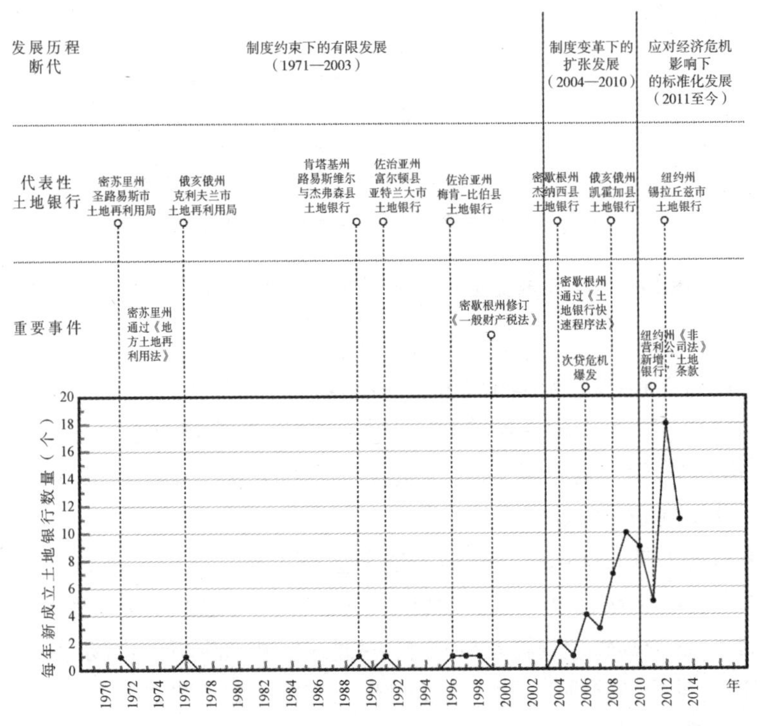

图 2 美国土地银行发展历程解析

(图片来源：自绘)

2.1 制度约束下的有限发展(1971—2003 年)

尽管单一市场方式在解决物业空置、废弃以及止赎问题上已经暴露出了诸多弊端，但在新自由主义的影响下，美国各级政府对于市场干预一直持有一种非常谨慎的态度。如何促进市场再次消化那些曾经流拍的问题物业，而非进行更强的市场干预，成为在 20 世纪 70 年代之后的很长一段时间内美国地方政府设立土地银行最重要的动机。

1971 年密苏里州通过的《地方土地再利用法》率先为土地银行建立了制度保障，该法规定土地银行是管理与处理欠税物业的机构，其目的是让不再产出经济效益的物业重新得到有效利用，从而为政府提供税收，为市民提供住房与就业。

然而，在1971年圣路易斯市土地再利用局成立后，全美土地银行数量增长极为缓慢。这是因为一方面其他州在立法过程中缺乏创新，基本沿袭了密苏里州的模式，为地方政府设立土地银行设立了较高的门槛。以密苏里州《地方土地再利用法》为例，在其重重限制下，州内仅有圣路易斯市拥有设立土地银行的资格。另一方面，与土地银行关系紧密的止赎法、物业税法在各州均未完善，因而土地银行对于缓解物业空置、废弃以及止赎所能起到的作用相当有限。

2.2 制度变革下的扩张发展(2004—2010年)

进入世纪之交后，凯恩斯主义与自由主义混合的管治手段成为美国政府应对经济减速的新范式。随着止赎法与物业税法等法律法规的系统性改革，土地银行在应对物业空置、废弃与止赎上的权限不断扩大，因而其数量开始逐渐增长。

1999年，密歇根州修订了原有的《一般财产税法》，提高了政府处理欠税物业的效率。该法将物业可以拖欠税收的时间从过去的40～46个月缩短到25个月，同时在司法程序上，授权地方政府从每项物业均需独立处理转变为批量处理。随后在2004年，密歇根州又通过了《土地银行快速程序法》，大幅简化了地方政府设立土地银行的行政审批流程，以及授权州内所有的县、市均有权设立土地银行，还扩大了土地银行的权限，例如土地银行可以自动获得辖区内所有止赎的物业，而不再只是那些在止赎物业拍卖会上流拍的物业。此后，以2004年成立的密歇根州杰纳西县土地银行为分水岭，美国的土地银行进入了快速发展期。

2.3 应对经济危机影响下的标准化发展(2011年至今)

2006年美国房地产市场泡沫达到顶峰后的迅速破裂以及随之而来的次贷危机，重创了全美房地产市场。物业空置、废弃与止赎，不再仅仅影响着美国锈带地区的收缩城市，就连一直以来作为美国新兴增长点的阳光带地区，其不少城市也同样受到了影响。相关研究显示在阳光带地区，140个超过10万人口的城市中有26个在次贷危机后经历了人口的流失与住房市场的衰败[9]。

土地银行作为应对问题物业的有效工具，得到了众多地方政府的青睐。然而原有土地银行立法程序复杂，涉及法律众多，条条框框相互纠缠，这对于州政府快速推广土地银行相当不利。通过借鉴以往土地银行的核心立法内容，再整合其他相关法律，2011年纽约州以原先的《非营利公司法》新增第16条“土地银行”的方式，提供了州内各地方政府在设立土地银行上所需的一切制度保障。

随后在短短3年间，又有7个州相继以类似纽约州的方式完成了土地银行的立法，实现了土地银行立法的可复制性。因此，近年来全美土地银行的数量继续保持着高增长的态势，截至2014年底全美已有125家土地银行。

3 美国土地银行的运营机制

为了进一步深入研究土地银行的运营机制，下文以目前全美规模最大的密歇根州杰纳西县土地银行为例，对其进行全面的分析。

3.1 获取—管理—处理——土地银行运营的核心程序

“获取物业—管理物业—处理物业”的三阶段流程是杰纳西县土地银行以及美国其他土地银行共同的核心业务流程(图 3)。

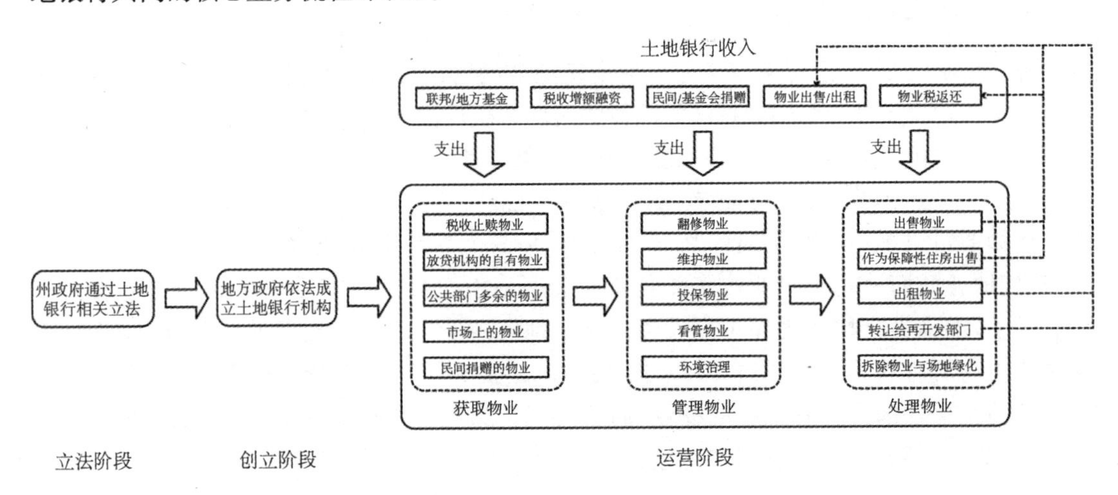

图 3 杰纳西县土地银行运营流程

(图片来源：自绘)

3.1.1 获取物业

杰纳西县土地银行可以获取的物业主要包含以下几类：欠税止赎物业、金融机构持有的抵债物业、政府部门持有的多余物业、市场上的物业、私人或组织向政府捐赠的物业(表 1)。

表 1 杰纳西县土地银行可以获取的物业类型

获取物业的类型	说明
欠税止赎物业	包括土地银行在止赎物业拍卖前优先购买的物业以及拍卖后接收的流拍物业
金融机构持有的抵债物业	包括原业主滞纳房贷被收回的物业以及其他抵给金融机构用于偿债的物业
政府部门持有的多余物业	包括闲置的办公物业以及政府部门难以处理的其他闲置物业
私人或组织向政府捐赠的物业	那些政府没有指定用途的民间捐赠物业将划入土地银行的名下
市场上的物业	当土地银行在某一片区已拥有较多物业，在打包出售或整片开发该地区时，可以寻求市场途径购入该片区的其他物业

(表格来源：自绘)

在上述物业中，欠税止赎物业成为土地银行最主要的物业来源，但是土地银行获取该类物业却需要经过复杂的流程。以密歇根州为例(图4)，如果原业主不及时支付物业所拖欠的税款、罚款以及其他费用，那么物业自开始欠税后的第二年将被政府没收，同时向法院申请止赎该物业，第三年物业将最终被止赎，原业主丧失对物业的一切权利。此后，州/县/市政府有权从止赎物业中优先购买物业，土地银行随后可以从剩余的止赎物业中提前购买其认为需要优先控制的物业。所有未被政府以及土地银行优先购买的止赎物业将进行两轮拍卖，土地银行随后以零成本选取其愿意接纳的流拍的止赎物业。与密歇根州其他土地银行所不同的是，杰纳西县土地银行可以自动获取所有在公开拍卖中流拍的欠税止赎的物业，这也是其规模为全美最大的主要原因。

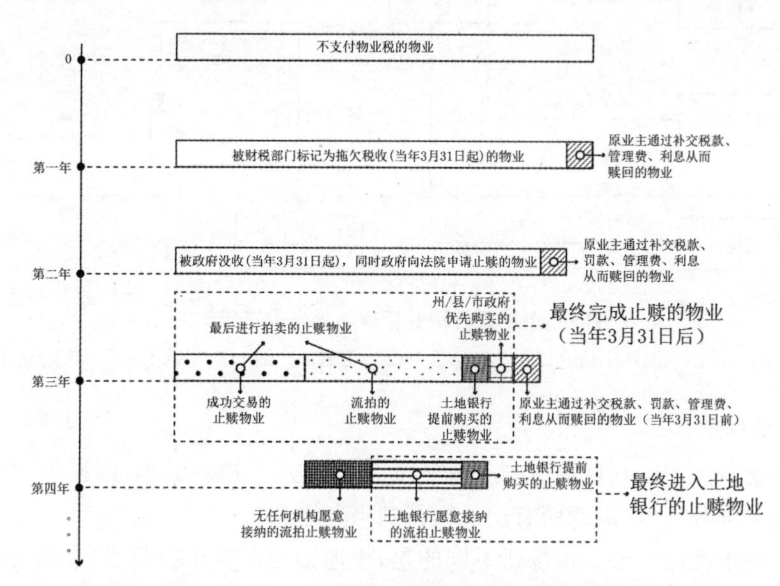

图4　密歇根州物业从拖欠税款至进入土地银行的全过程示意

(图片来源：自绘)

3.1.2　管理物业

在获取物业后，评估物业当前的状况及其修缮后在市场中的潜在价值成为土地银行分类管理物业的重要依据。根据评估结果，土地银行将对不同状况的物业相应地采取不同的管理与处理措施(图5)。土地银行在管理物业时主要工作包括定期维护那些可以直接出售的物业，修缮更新那些存在设施老化、部分结构破损等情况的物业，清理物业内的垃圾与有害物，治理与恢复物业的环境品质，为物业投保，看管物业等。

由于以下两点原因，导致大多数物业在刚被土地银行接收时，其状况极差：一是物业只有在拖欠税款约3年后才会被止赎，所以许多止赎物业在土地银行接收前已无人看管了较长时间，很有可能已经历了恶意纵火、倾倒垃圾等人为损害；二是往往只有状况较差的物业才会在拍卖中流拍并进入土地银行。

由于杰纳西县土地银行全部接收流拍的止赎物业，因此其在管理物业时面临着有限的人力物力与数量庞大的物业之间的严峻矛盾。

问题物业的外部性成为土地银行解决矛盾的切入点。由于问题物业影响到了周边物业的价值并带来了卫生、环境与安全问题，因而不少邻里在土地银行接收前，一直对问题物业进行着最基本的维护。鉴于此，杰纳西县土地银行发动民间力量与其一同管理物业。目前，杰纳西县土地银行已设立了“清洁与绿化”项目。该项目将土地银行下辖物业划分为51片并相应组织了51支社区队伍对其进行维护，同时土地银行也向社区队伍支付一定的报酬。

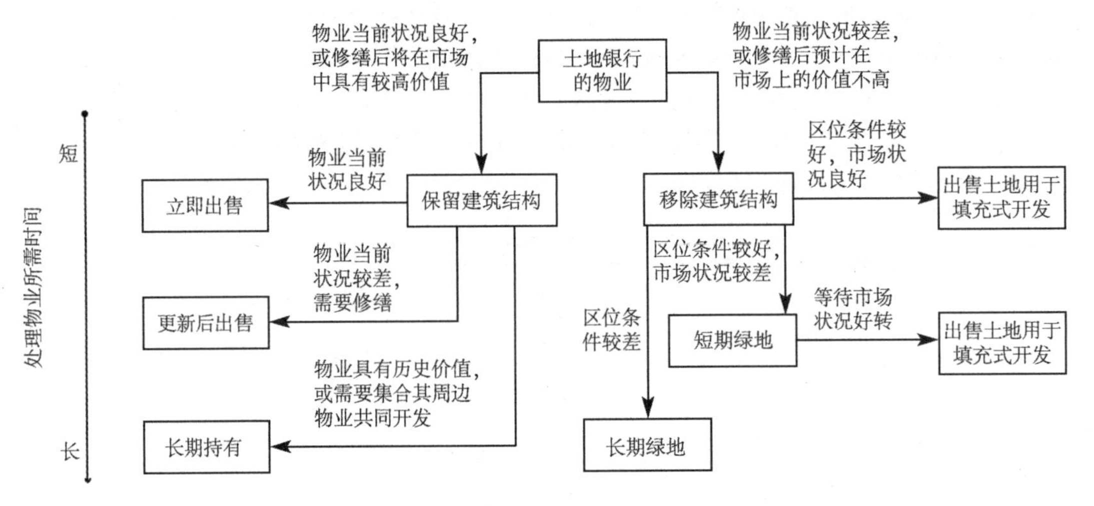

图5　土地银行物业管理与处理的决策树

（图片来源：U. S. Department of Housing and Urban Development. NSP Land Banking Toolkit.）

3.1.3　处理物业

由于土地银行在前期获取物业与管理物业上已投入了较多成本，因而如何尽快让市场消化物业以收回部分成本，成为所有土地银行的当务之急。

与止赎物业拍卖面向整个市场所不同的是，土地银行在转让物业时，会对受让者与受让用途进行严格的限定。首先，土地银行将拒绝信用不良者(曾拖欠房贷或物业税)购买物业，从而尽可能避免出售的物业再次被止赎。其次，为了尽可能避免投机商人购买物业，土地银行将住宅物业优先作为保障性住房出售，或者将物业出售用于建设社区的公共设施。最后，土地银行会与购买者签订协议，规定其在一定时间内不得出售或出租该物业，还需定期维护与更新物业，否则土地银行有权收回该物业，即在协议生效期间，受让者获得的是物业的可决定所有权(fee simple determinable)而非绝对所有权(fee simple absolute)。近年来，为了加快物业出让，杰纳西县土地银行创立了一些新的出让方式，其中较为成功的有“邻地转让”项目。“邻地转让”是指土地银行中那些已经没有建筑物的空地型物业的邻居，能够以较低的价格购买这些空地[10]。

然而，由于土地银行往往成立于经济衰退、房地产市场恶化、大量住宅拖欠物业税的地区，而土地银行在处理物业时却要扮演开发商的角色，向已恶化的市场继续兜售物业，因此土地银行所面临的另一大难题是其持有的物业中有相当一部分难以在短时间内售出。同时，囿于自身财力有限，土地银行也不可能一直维护数量庞大的问题物业。此外，土地银行名下还有大量建筑质量现状极差的物业，修缮维护这些物业的成本极高。目前，拆除物业并实施场地绿化成为杰纳西县土地银行处理物业最主要的手段，2014年被拆除的物业已占到其当年处理物业总量的60%(图6)。

此外，由于政府已拥有了城市更新部门，因而除转为绿地外，土地银行并不直接负责其他类型的再开发项目，而是将拆除后的空地型物业直接转让给城市更新部门，由后者依据更新规划进行再开发。

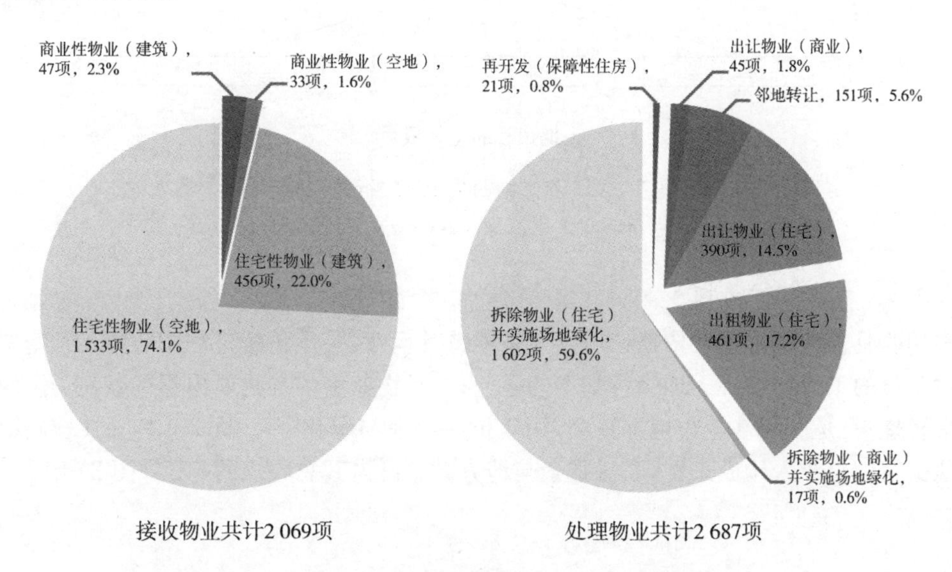

图 6　2014 年杰纳西县土地银行接收与处理物业的数量与类型分布

［图片来源：杰纳西县土地银行网站(www.thelandbank.org)］

3.2　土地银行的结构与收入

土地银行可以根据是否拥有独立法人资格被分为两类，一类为拥有独立法人资格的土地银行，如杰纳西县土地银行，其人员架构相对复杂，在经营上需要自负盈亏，但也具备更大的自主经营权；另一类尚未拥有独立法人资格的土地银行，一般挂靠于政府部门下，与政府共享职员，同时可以依靠政府的资金来开展运营。

3.2.1　土地银行的结构

杰纳西县土地银行的结构由三部分组成：居民意见委员会、董事会以及各类员工(图 7)。居民意见委员会由杰纳西县县治所在的弗林特市的 9 个区以及杰纳西县除弗林特市以外 9 个辖区各派出一名居民代表构成。居民意见委员会负责监督董事会的决策并为其提供意见，同时向其所在的区宣传土地银行的项目。董事会成员由县不同部门的官员构成，董事会成员选取的标准既代表了足够多元的政府部门，同时也代表了城市内不同地区的利益[11]。每月召开一次的土地银行例会通常会邀请董事会、居民意见委员会与土地银行员工共同制定土地银行的各项决策以及商讨未来发展的计划。

未拥有独立法人资格的土地银行结构一般较为简单，职员数量也较少。如同样位于密歇根州的马凯特县土地银行，其仅拥有 3 名董事会成员并与县财税部门共享 1 名正式办公人员。

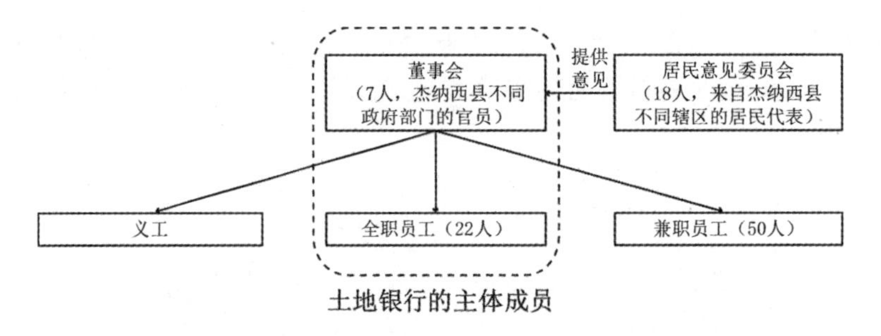

图 7　2015 年杰纳西县土地银行的架构

[图片来源：杰纳西县土地银行网站(www.thelandbank.org)]

3.2.2　土地银行的收入

杰纳西县土地银行主要依靠三项收入来维持其运营：一是止赎过程中收取的服务费，用于支付职员的工资与维持土地银行基本的运行；二是物业出售与物业出租的获利，用于物业的日常管理；三是联邦基金与地方基金，用于拆除物业与绿化[12]。从 2012—2013 年杰纳西县土地银行的总收入构成来看，联邦基金与地方基金已占其总收入的 57%(图 8)[13]。

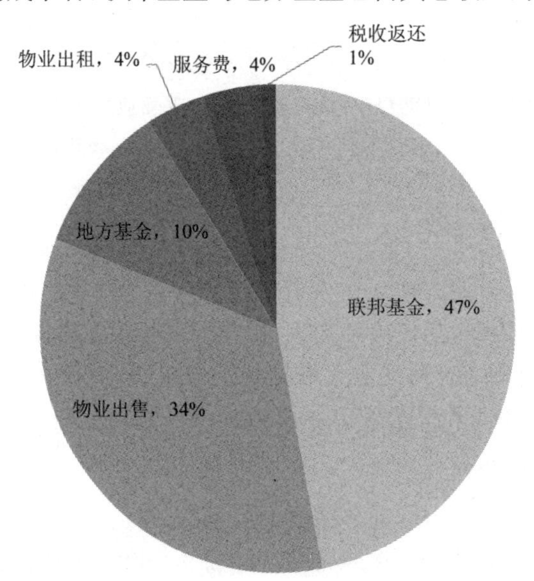

图 8　2012—2013 年杰纳西县土地银行的总收入构成

(图片来源：参考文献 13)

然而，对于刚起步的土地银行而言，由于尚未取得任何业绩，往往无法在各类联邦与地方基金申请中与规模较大或成立较早的土地银行相抗衡，因而社会融资模式成为其渡过初期难关的重要方法。

2004 年密歇根州修订并通过《棕地再开发融资法》，规定将所有土地银行的物业划为棕地，这意味着土地银行可以接受棕地项目基金以及开展税收增额融资[14]。税收增额融资(Tax Increment Funding，TIF)是美国特有的公共投资的溢价回收模式[15]。土地银行通过税收增额融资制度，可以将名下物业及其周边地区均划入税收增额融资区内，然后以一定比例预支该区内未来由于土地银行处理物业而获得的增额物业税，将之用于向社会发行债券，从而募集到前期运作的资金(图 9)。在杰纳西县土地银行，税收增额融资还与税收返还制度相结合，政府从税收增额融资区内未来预计可获取的物业税中抽出一部分，赠予土地银行。

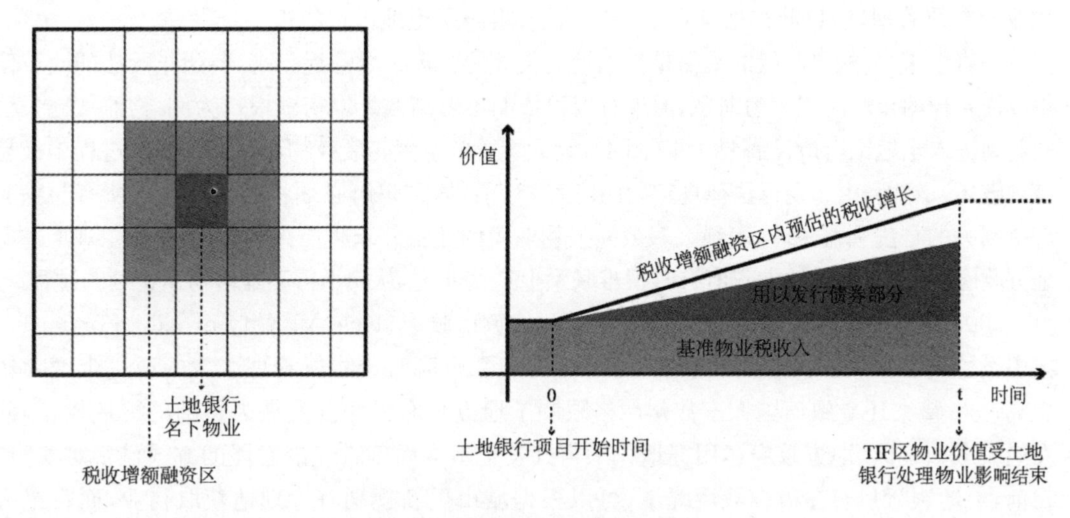

图 9　土地银行税收增额融资示意

(图片来源：自绘)

4　评价

4.1　成功的原因

在高度市场化与地方自治化的美国，是否需要土地银行这样一种市场干预工具目前仍在广泛争论中。已有研究证明，在应对物业空置、遗弃与止赎问题上，相对于偏重市场来解决问题的城市，通过设立土地银行从而加强市场干预的城市，取得了更好的成效[16]。同时土地银行售出的物业，其再次止赎的比例也远远低于在止赎物业拍卖中售出的物业[17]。作为制度创新的产物，土地银行的成功应该归功于其所拥有的多重角色以及多元属性。

首先，土地银行起到了政府与市场间的桥梁作用。原先不被市场认可并成为政府负担的问题物业，通过土地银行的修缮与相关行政手续，转变为产权清晰且品质良好的物业，重新获得了市场的认可。

其次，土地银行兼具土地管理与经济调控的职能。土地银行可以在市场萎靡时战略性地储备物业，等待市场复苏后再释放，从而起到调控市场的目的。部分位于衰败地区的物业被土地银行出售，用于建设各类公共服务设施，从而提高了社区的人气与品质，起到了促进市场对衰败地区投资的杠杆作用。

最后，土地银行在追求市场效率的同时兼顾了社会发展的公平正义。相比止赎物业拍卖，土地银行利用可决定所有权严格地将投机者排除在外。同时，由于土地银行出售的物业价格较低，得到了衰败地区众多中低收入家庭的欢迎。

4.2 存在的问题

尽管美国土地银行已经历了40余年的发展，在不断变革中实现了对空置、废弃与止赎物业的有效管理，但目前仍然存在着一些问题，阻碍了土地银行的进一步发展。

一直以来，公权与私权的平衡是美国社会关注的焦点。尽管近年来，各州止赎法的改革使得以往冗长的止赎流程大为缩短，但现有流程依旧不够高效。以密歇根州为例，物业从拖欠税收起到进入土地银行最长需要4年(图4)，无人看管的空置与废弃物业在这一漫长过程中极易遭到破坏。然而，由于现行法律规定，在止赎进行前，地方政府必须将通知传达到所有与物业产权相关的合法利益主体，而绝大多数拖欠物业税的业主并未居住在本地，同时在主观上逃避地方政府的通知，使得地方政府有时很难联系上这些业主，从而不得不延缓物业止赎的过程。

2005年美国联邦最高法院审理凯洛诉新伦敦市政府(Kelo V. City of New London)一案引发了社会上反精英阶层的浪潮，使得任何加强政府对于物权管理法案的通过难度大幅提高[18]。该案还导致美国大多数州严格限制了地方政府以经济发展为目的的征地权，因此在绝大多数地区，地方政府运用征地权来再开发土地从而刺激经济发展的方式已很难实行。目前，土地银行只有在极少数情况下，可以根据城市更新规划有计划地获取物业，而在绝大多数情况下，只有当土地银行整合了足够的或关键的土地资源后才会转给城市的再开发部门。因此土地银行陷入一种两难的境地：一方面由于缺乏规划的指引，导致土地银行在获取物业时带有极大的盲目性；另一方面由于主要依靠搜集流拍止赎物业来获取土地资源，土地银行想要获得大片适宜再开发的土地资源或者位于城市关键地区的土地资源的难度极大。以杰纳西县土地银行为例，其近10余年来转让给各级政府部门再开发的物业数量，在其总出让物业中仅占9%(表2)[19]。事实上，对地方政府而言，土地银行更多地被视为一种物业管理与交易机构，在推动城市更新上仅仅是提供资源众多工具中的一个。

表2　杰纳西县土地银行2002—2013年各类物业受让对象情况

物业受让对象	受让物业		受让物业转让金额		平均每项物业转让价(美元)
	数量(项)	比例(%)	金额(美元)	比例(%)	
个人	3 073	77	16 544 688	85	5 384
非营利组织	364	9	319 346	2	877
营利组织	160	4	1 808 535	9	11 303
金融机构	28	1	407 833	2	14 565
各级政府部门	355	9	366 555	2	1 033
合计	3 980	100	19 446 957	100	4 886

(表格来源：参考文献19)

来自政坛的反对意见也影响着土地银行的发展。众所周知，民主党与共和党在政治意见上常常相左，美国城市地区的官员一般是民主党成员，而农村地区的官员一般是共和党成员。由于土地银行处理的物业绝大多数位于城市地区，因此农村地区的共和党官员普遍认为土地银行的创立虽然给城市带来了更多的基金，但农村地区得不到任何的好处，因而对土地银行持反对意见，许多土地银行因此被要求自负盈亏[20]。目前，对美国大多数土地银行而言，获得充足且稳定的资金来源一直是其发展所面临的最大挑战，不少地区的土地银行由于缺乏足够的资金，难以承担维护所有止赎物业的责任，因此这些地区中有相当一部分的止赎物业最终将陷入无任何机构愿意负责的境地（图 4）。

5 小结

目前，物业空置与废弃在我国并不罕见，但尚未得到重视。究其原因，一方面是不动产登记尚未完成，各界对物业空置与废弃的情况无法获得准确的信息；另一方面是物业税尚未开征，物业空置与废弃并未给地方政府带来直接的经济损失，空置与废弃物业的业主也不会承担任何的法律责任。

尽管前景尚不明朗，但物业税开征有可能是我国未来改革的方向之一。西方国家的研究已证明，物业税大幅提高了业主持有物业的边际成本，是引发物业空置与废弃的最主要因素[21]。因此，我国在应对物业空置与废弃问题上应提前开展相关工作。

从美国的经验来看，由于物业税法与止赎法立法较早，缺少对未来不动产市场泡沫与城市人口收缩的预见，因而直到近年来的次贷危机爆发后，土地银行才逐渐得以推广。物业税立法在我国仍处于探讨阶段，因此有必要汲取西方国家的经验，在法案起草阶段就考虑将土地银行作为物业税立法的重要补充，这样物业税与土地银行两个系统可以同时开启运作，从而有效应对在物业税开征后的物业空置、废弃与止赎问题。

注释(Notes)

① 止赎意为终止原业主赎回物业的权力。在美国主要有两种形式的止赎：一种是贷款购房者在没有履行偿还贷款的义务后，放贷机构收回该物业，以拍卖或协议转让等形式出售物业以偿还剩余部分的贷款；还有一种是欠税止赎（本文所讨论的重点），即业主在拖欠物业税一定时间后，政府收回该物业，随后政府可以出售物业以偿还之前拖欠的物业税。

② 在本文写作之前，国内已有学者对美国的联邦土地银行进行了引介。联邦土地银行的作用是帮助农民通过抵押土地从而获得长期的抵押贷款。然而，在 1987 年《农业信贷法》获批准实施之后，全美当时尚存的联邦土地银行已于 1988 年与联邦中期信贷银行合并成为新的农业信贷银行，因此“联邦土地银行”已成为历史名词。尽管已不复存在的“联邦土地银行”与本文所介绍的“土地银行”完全不同，但由于先前国内一些文献用土地银行指代美国联邦土地银行，导致两者极易混为一谈，特此甄别。

③ 杰纳西县土地银行实施 5/50 的税收返还政策，即土地银行售出物业后的 5 年内，其所产生的物业税中有 50%将返还给土地银行。

（原文载于：高舒琦．如何应对物业空置、废弃与止赎——美国土地银行的经验解析[J]．城市规划，2017，41(7)：101－110.）

参考文献

[1] 孟斌，张景秋，齐志营．北京市普通住宅空置量调查[J]．城市问题，2009(4)：6－11.

[2] 朱佳敏. 杭州市住宅空置特征与空置率实证研究[D]. 杭州：浙江大学，2009.

[3] Rybczynski W, Linneman P D. How to Save Our Shrinking Cities[J]. Public Interest, 1999(Spr): 30 - 44.

[4] Hollander J, Pallagst K, Schwarz T, et al. Planning Shrinking Cities[J]. Progress in Planning, 2009, 72(4): 223 - 232.

[5] Immergluck D, Smith G. The External Costs of Foreclosure: The Impact of Single - Family Mortgage Foreclosures on Property Values[J]. Housing Policy Debate, 2006, 17(1): 57 - 79.

[6] AlexanderF. Land Bank Strategies for Renewing Urban Land[J]. Journal of Affordable Housing & Community Development Law, 2005, 14 (2): 140 - 169.

[7] Olson S, Lachman M L. Tax Delinquency in the Inner City: The Problem and Its Possible Solutions [M]. Lanham: Lexington Books, 1976.

[8] Alexander F. Land Bank Authorities: A Guide for the Creation and Operation of Local Land Banks[M]. New York: Local Initiatives Support Corporation, 2005.

[9] Hollander J. Sunburnt Cities: The Great Recession, Depopulation and Urban Planning in the American Sunbelt[M]. New York: Routledge, 2011.

[10] Griswold N, Norris P. Economic Impacts of Residential Property Abandonment and the Genesee County Land Bank in Flint, Michigan[R]. Lansing: Michigan State University Land Policy Institute, 2007.

[11] Alexander F. Land Banks and Land Banking[R]. Flint: Center for Community Progress, 2011.

[12] Schilling J, LoganJ. Greening the Rust Belt: A Green Infrastructure Model for Right Sizing America's Shrinking Cities[J]. Journal of the American Planning Association, 2008, 74(4): 451 - 466.

[13] Heins P, Abdelazim T. Take It to the Bank: How Land Banks Are Strengthening America's Neighborhoods [R]. Flint: Center for Community Progress, 2014.

[14] Bassett E, Schweitzer J, PANKEN S. Understanding Housing Abandonment and Owner Decision-making in Flint, Michigan: An Exploratory Analysis[R]. Flint: Genesee Institute, 2006.

[15] 马祖琦. 公共投资的溢价回收模式及其分配机制 [J]. 城市问题，2011(3)：2 - 9.

[16] Dewar M. Selling Tax-reverted Land: Lessons from Cleveland and Detroit[J]. Journal of the American Planning Association, 2006, 72(2): 167 - 180.

[17] Dewar M. Reuse of Abandoned Property in Detroit and Flint Impacts of Different Types of Sales[J]. Journal of Planning Education and Research, 2015, 35(3): 347 - 368.

[18] 汪庆华. 土地征收、公共使用与公平补偿——评 Kelo V. City of New London 一案判决[J]. 北大法律评论，2007,8(2)：479 - 503.

[19] 藤井康幸，大方潤一郎，小泉秀樹. 米国オハイオ州クリーブランドにおける二層のランドバンクの担う差押不動産対応，空き家・空き地対策の研究[J]. 都市計画論文集，2014，49(1)：101 - 112.

[20] Hackworth J. The Limits to Market-based Strategies for Addressing Land Abandonment in Shrinking American Cities[J]. Progress in Planning, 2014, 90: 1 - 37.

[21] Accordino J, Johnson G T. Addressing the Vacant and Abandoned Property Problem[J]. Journal of Urban Affairs, 2000, 22(3): 301 - 315.

英国半正式机构参与城市更新治理研究

祝 贺[1] 陈 恺[2] 杨 东[3]

1 北京建筑大学

2 中规院(北京)规划设计有限公司

3 清华大学建筑设计研究院有限公司

摘 要:在我国推进国家治理体系和治理能力现代化的大背景下,城市更新作为我国城镇化发展下半场的主要方式,理应成为城市治理的重要对象。近年来城市更新的共享共治逐步形成全社会共识,以各地责任规划师为代表的非正式主体实践探索不断深化。英国自20世纪末以来,探索出了一条自下而上参与城市更新治理的路径。政府通过立法不断让渡公权力给各级半正式机构,使其可以常态化地深度参与城市更新治理,不仅起到中央政府、地方政府、非政府组织、私人资本之间共治平台的作用,同时还具有高度的独立性,对政府行为起到监督与补充作用,真正成为公共利益的促进者与守夜人。本文回溯了英国半正式机构的发展历程与特征,系统分析英国城市更新领域全国、区域、地方三个层面的半正式机构的运作特点与责权范围,描绘英国该领域治理的国家图景,并比较中英在推进权力重新分配上的路径差异,以期为我国进一步的治理体系建设提供镜鉴。

关键词:城市更新;半正式主体;城市治理;非部门公共组织

1 引言

治理是权力由不同的力量和机构有效地共享、交换和博弈[1]。党的十八届三中全会首次明确提出将“推进国家治理体系和治理能力现代化”作为深化改革的总目标,同时党的十九大报告提出着力形成“共建、共治、共享的社会治理格局”,上述论断为城市治理体系和城市治理能力建设指明了方向,即将共治、共享的理念深入过去单纯依靠政府管理难以触及的方方面面[2]。作为城市治理的重要内容,城市更新已由过去政府主导的单一物质更新走向如今多方力量参与的综合更新,责任规划师、社区规划师等非正式主体参与城市更新的实践日渐频繁[3]。城市更新等领域具有高度的复杂性,以往正式主体主导型的城市更新实践,虽然在一定程度上改善了人居环境条件,但行政命令强、居民意愿低、政府花费大、提升效果弱等问题普遍存在,传统管制型政府的先天缺陷为非正式主体提供了发挥作用的空间。由于制度背景和权力结构的不同,英国较早就进入了追求多元治理的城市更新阶段,在城市更新领域构建了相对完善的正式主体和非正式主体协作体系。进入21世纪,社会治理的兴起更促使英国中央政府通过正式制度向半正式和非正式机构主体分权,这些组织充分参与了城市更新相关政策的制定[4]。因此,本文研究英国国家、区域、城市三个尺度上的半正式主体实践,以期为我国多元主体参与的城市更新治理体系做出镜鉴。

2 英国半正式主体参与国家治理的发展历程

英国国家治理体系的变革可以追溯到20世纪后半叶，新公共治理理论取代新公共管理理论成为英国执政的根本指导方向。新公共管理理念诞生于20世纪末，以撒切尔夫人的保守党主张公共部门应充分利用市场进行资源的有效配置，严格管控公共资金的投入产出效率。政府是公共服务的核心提供者，而公众则是受众[5]。而新公共治理理论则强调公共服务主体的多元化、多层次和多方参与，强调公共服务系统内各组织间通过协同、沟通、互动的方式进行治理[6]。这一理念被集中体现于新工党政府推行的“中间路线”施政纲领中，多元治理成为平衡自由市场与政府控制的出路，政府并非替代市场或完全退出市场，而是有限度地服务市场，形成凝聚各方共识的治理型政府。企业家城市理念对此产生了较大影响，自21世纪初倡导在全社会各个领域的“公司化治理改革(Corporate Governance Reform)”[7]。2005年英国内阁办公室发布了《中央政府部门的公司化治理：良好实践的准则》，这是首份有关公司治理的政治主张，也是中央政府约束自身的行为准则。这份文件指出中央政府各部门的职责，包括各部门应像商业运营般吸收专家和商业领袖作为非执行委员会的成员共同参与治理活动。2011年该文件再次修编，其开篇指出“公司化治理是指导和控制组织的方式，良好的公司化治理对于有效的财务和风险管理至关重要”[8]。这期间治理型政府不断推进部门权利、中央与地方权利、政府与企业、政府与社会组织权利的重新划分。针对过往各领域管理的特点，将政府手中的公共管理职权分配给具有更加适宜治理模式的非部门性公共组织、非政府组织、企业化运营方，以及具有民主集中制的各级基层组织等参与者。其中最具英国特色的是其非部门公共组织(NDPB：Non-Departmental Public Body)制度。NDPB在英国有着明确的官方定义，它们根据特定国家法令成立，接受政府财政支持，独立于政府外行使特定管理职能，履行特定法律义务[9]。它是有别于一般非政府组织(NGO)的半官方机构(Quango)，是公共政策领域正式与非正式制度的中间产物[10]。

3 英国城市更新的半正式治理体系

3.1 国家层面的半正式参与

20世纪末以来，英国国家层面促进城市更新的非部门公共组织是英国合作组织(English Partnerships)，其由1961年依托《新城法案》成立的“新城委员会(Commission for New Towns)”和1993年依托《租赁改革，住房和城市发展法案》成立的“城市更新机构(Urban Regeneration Agency)”两所机构合并而来。该机构接受当时的社区和地方政府部以及副首相办公室拨款，负责单独或与私营部门开发商合作，进行土地收购、整合土地和重大城市再开发项目。政府赋予其在具体开发项目中自主制定规划和进行规划开发许可的权利。2008年后该机构解散，新的《住房和更新法案》支持家园和社区机构(HCA)接替其城市更新方面的职责[11]。此外，其原有通过城市更新项目建设促进国家发展平衡的职能被全国范围内9个区域发展机构(RDA)所瓜分。

家园和社区机构帮助政府通过城市更新创造更多优质的住房和商业空间，进而塑造更好的社区环境，同时还负责帮助地方政府制定社会性住宅的建设标准，以及对全国范围内住宅市场进行监控和统计。该机构使用中央政府拨款，投资于在全国各地的城市、城镇和村庄的住房更新，也投资于可以创造就业的场所和其他社区设施。在一级开发中，收购并重新划分土地，既包括地方政府持有的公共土地，也包括私人土地。在二级开发中，其更新后的产权单位可供出售、出租，或与地方政府、私人资本进行不动产产权股份化合作，通过灵活的收益分配模式刺激私人资本参与城市更新的积极性。在城市更新项目中，家园和社区机构与区域机构、地方当局、开发商、企业区，通过划定"城市协议计划区（City Deal Area）""增长协议区（Growth Deal area）"等形式，以国家政策和地方发展目标为根本，一地一议、一事一议地形成多样的合作模式[12]。

2018年家园和社区机构被分解为"英格兰家园（Homes England）"和"社会住宅管理者（Regulator of Social Housing）"两个机构。英格兰家园继承了促进和实施城市更新的职能，但更加偏向于单纯的住房领域，即当前英国政府的施政要点——通过更新加大全国住宅供给。社会住宅管理者则继承了原有机构制定规范、引导实施的职责，对象从包括建成环境质量在内的广泛议题，缩减到只针对社会性住宅的经济性，如租金标准、统计标准等；技术性，如最小人均面积、配套设施要求等；管理方面，如申请标准、申请程序、运营和维护的责权等，并对相关内容进行规范。英格兰家园机构成立之初发布了《战略性规划2018/19—2022/23》，指出自身的职责："我们是政府的住房'加速器'。"文件进一步说明了新机构的六项核心职能：第一，为公共和私营部门提供土地；第二，提供一系列投资产品来促进各方参与建设；第三，加快建设效率；第四，扶持较小型建设者和新参与到该领域的力量，并鼓励更好设计和更高质量的住房；第五，提供专业支撑；第六，高效交付各类住房所有权产品，提供标准化服务[13]。由此可见，作为城市更新领域的"国家代理人"，机构进行了变革，更加聚焦于政府当前的住房更新策略。

3.2 区域层面的半正式参与

区域治理一直是英国国家治理的重要组成部分，从历史上看，英国的区域发展不平衡由来已久。所以自1950年代英国就试图通过新城运动（实质上是小城镇改扩建）进行区域平衡，1980年代企业区政策的目的则是打破行政边界，塑造促进经济发展的"制度特区"作为区域增长极。1997年新工党上台后，通过了《区域发展机构法案》，在英格兰地区设置了9个区域性机构（图1）来解决不平衡问题，其中城市更新被作为经济腾笼换鸟的重要手段之一。这些机构接受中央财政部设立的单一预算计划资助，该计划支持地方发展机构的资金实际来自社区和地方政府部、环境、食品和农村事务部等中央部门。其中社区和地方政府部是推进城市更新和管理城乡规划体系的核心部门，而其他部门也都有着促进城市更新的相关政策和议题，这使得区域机构成为跨部门政策的整合平台。在接受资金最多的2008年度，9个机构共收到中央政府22.97亿英镑的支持，雄厚的资金实力使其有能力在各地通过落实具体项目贯彻中央政策。2004年原副首相办公室发布了政策文件——《评估空间干预的影响：更新、再生和区域发展》，界定了区域发展机构的四项主要职能。其中之一便是对城市更新（内城地区、不平等和衰落的地区、乡村地区）、城市再生（贫困邻里和住房）和区域发展的干预,包括提高社会包容性水平、促进邻里更新和促进区域繁荣,以及塑造繁荣、包容和可持续的社区[14]。区域发展机构对上述三个领域进行干预的方式包括:一、普遍性福利计划(Universal Welfare Programme),即在区域范围内促进中央统筹性政策和行动计划落地,尽管不单纯将物质空间更新作为政策目标,但同样会对物质空间产生影响;二、选择性国家计划(Selectively Targeted National Programme),即在区域层面促进部门性政策和行动计划落地,对与特定群体相关的物质空间产生影响;三、对特定区域的倡议,发挥作用的尺度包括区域、次区域和地方三个层级。

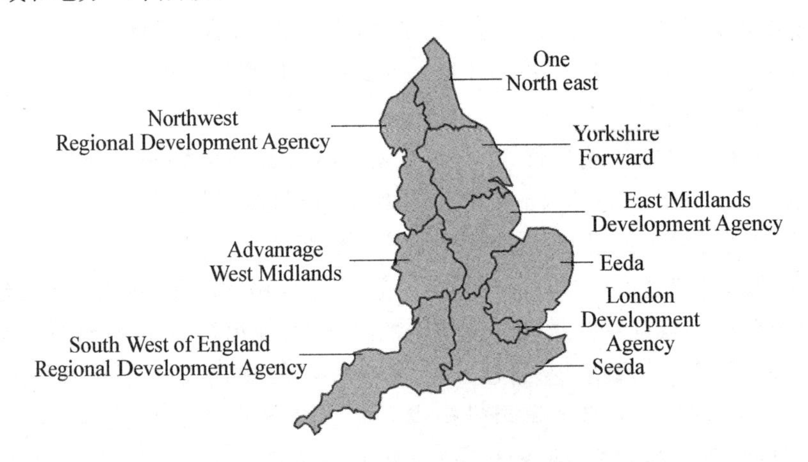

图1 英格兰9个区域发展机构分布

(图片来源:UK Parliament. Regional Development Agencies and the Local Democracy, Economic Development and Construction Bill[R], 2008.)

2010年,英国中央政府发布政策白皮书《地方增长:实现所有场所的潜力》宣布用地方企业合作组织取代区域发展机构[15]。重新上台的保守党利用长期存在的对区域发展机构的批评和质疑声关闭了所有区域发展机构,批评主要包括:与各级政府职能多有重叠之处;区域划分缺乏内部逻辑支撑,例如维尔特郡、多塞特郡、德文郡等地在经济产业上并没有过多联系,但被统一划入西南部,又例如在历史上因为民族或种族的不同,缺乏联系的城镇或郡县在划入同一区域后缺乏归属感等;区域机构与地方政府存在矛盾,并没有作为中央政府和地方政府之间的润滑剂,反而增加了对地方的管制。但是支持者认为恰恰相反,区域发展机构协调了市县一级之间的矛盾,制定了促进区域发展的优先事项。同时,在经济发达地区,如东北部、西北部、约克郡和亨伯地区的地方当局和民众更加支持通过区域协调和统一领导促进区域发展一体化,进一步增强自身实力。由此可见,区域发展机构关闭的决定性因素仍是保守党的新自由主义倾向和经济以及财政紧缩。如图2所示,目前为止全英国范围内设置了38个跨行政边界的地方企业合作(Local Enterprise Partnership)组织,这些组织由地方政府和私营部门共同组成[16]。其主要职责包括:与政府合作明确关键投资优先事项,包括交通基础设施和相关项目、竞争性获取和使用区域增长基金、支持高增长性商业领域的发展、参与国家规划政策的制定、规范和领导地方商业活动、战略性住房的交付、改善就业情况、利用公共资金撬动私人资本、参与其他国家优先事项的实施,如数字基础设施政策。地方企业合作组织负责制定区域性、长期性的"地方产业战略"以及"年度交付计划和年终报告",用以评价地方产业战略产生的影响、资金使用和对地方的干预情况等。成立之初各组织向中央争取2011年至2015年投入的32亿英镑“区域增长基金”[17]。2014年各组织编制了《战略性经济规划》来竞争“地方增长协议”资金，截至2016年73亿英镑资金被分配至各组织。此外，中央政府还向“增长的场所基金(Growing Places Fund)”投入7.3亿英镑用以支持关键基础设施项目的建设，以及促进就业和住房建设。不同于区域发展机构，地方企业合作组织的核心目标已经不再包括城市更新，城市更新被作为促进经济增长的附属品和非唯一途径[18]。但是在实际工作中各组织仍然将大量的精力投入城市更新，尤其是在和经济增长密切相关的产业、商业空间的更新，以及住房的供给上。手段从物质空间导向转变为改善面向经济内生动力的综合模式。

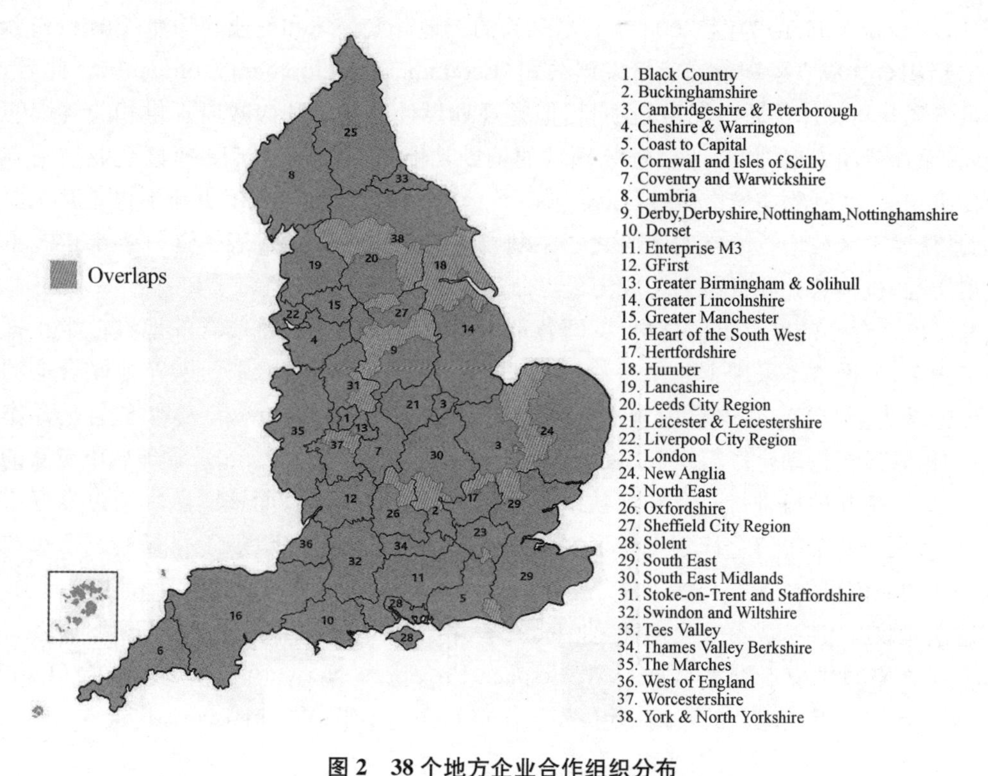

图2　38个地方企业合作组织分布

(图片来源：Department for Business, Innovation & Skills. Local Growth: Realising Every Place's Potential[S], 2010.)

3.3　地方层面的半正式参与

从20世纪90年代开始，在罗杰斯爵士的《城市工作小组报告》的建议下，英国各地成立了诸多城市更新公司，采取了不同形式的公司治理架构，地方政府在其中占据了不同的股份比例。部分企业虽然完全由私人资本控制，但本质上仍采取公司化运营，由各地政府背书的半正式主体。它们开展城市更新的开发活动，包括产权收拢、土地重划、规划设计、开发建设、销售出租、策划运营的全流程参与，以及不同程度地参与政府的政策制定和规划。这些半市场化企业，与地方政府和代表中央政府的国家代理式机构们保持了紧密联系，英国合作组织与地方政府共同成立的城市更新公司就超过20个。它们不仅通过市场化的开发模式盈利，同时善于利用各层级政府的资金计划和优惠政策，在帮助地方政府达成相关政策和规划目标的同时，平衡成本与收益，保证国有资产的保值、增值。然而，这些企业在2010年英国进入紧缩期后相继消亡，很大程度上是因为全国范围内地方企业合作组织制度的建立，地方企业合作组织的综合更新职能囊括了前者的物质更新职能[16]。此外，各地方企业合作组织所覆盖的地域较原先区域发展机构对应的范围大幅缩小，就不再需要区域—城市两级的运作体系。这些企业很多被地方企业合作组织兼并，部分职能和相应人员则纳入地方政府雇员。尽管城市更新公司存在期间对具体项目和所在城市整体城市更新活动起到了巨大的促进作用，但在政府整合财政支出、缩减各类公共组织和国资企业的大背景下，在从物质空间更新到综合经济更新的理念转型中已不再胜任。以全英第一家城市更新公司——利物浦愿景(Liverpool Vision)为例，2008年其与利物浦土地开发公司和商业利物浦(Business Liverpool)组织合并成立了利物浦经济发展公司(Economic Development Company)。此后，该公司虽然还参与具体物质空间更新项目，但是规划设计的能力和向政府提供相关咨询的职能减弱，而在劳动力培训、商业融资等领域的辅助功能得到强化。2019年该企业被地方企业合作组织——"利物浦城市区域(Liverpool City Region)"代替，城市更新不再是其主要议题，而是从属于区域增长策略的手段之一。利物浦城市更新公司代表了这一类半正式主体的发展历程，机构兼并和资产划转成为最终命运。

除了广泛存在的城市更新公司，英国各地由市政府或议会支持成立的地方性半正式机构还有很多，但通常不采用企业化运营，而是选择了非营利性机构或行业、产业联合会的形态。以伦敦为例，当前市政府设置有城市更新团队(Regen Team)代表地方企业合作组织——"伦敦经济行动合作组织(London Economic Action Partnership)"管理城市更新的财政支出，对政策和项目进行研究和评估以确保投资的有效实施。而该团队由通过良好增长基金、伦敦大众基金等资金计划支持了对于商业街、零售和批发市场、工作场所三个市政府重点关注的城市更新，拨款开展工作坊、论坛进行政策征询、宣传，发布设计和建设导引，帮助其建立非政府组织，成员来自居民、业主、股东、租户在内的商业街网络(High Street Network)、工作空间供应者网络(Open Workspace Providers Network)、市场委员会(London Markets Board)，以及配套的咨询小组，如工作空间咨询小组(Workspace Advisory Group)。

4　中英城市更新治理的路径差异

4.1　英国国家推动型城市更新治理实践

长期以来英国的城市更新治理是典型的国家推动型，主要运用了向外分权的思路。经历了长期探索与磨合，中央政府部门对半正式主体向外分权，在城市更新领域分出的是除行政审批权、执法权等核心权利外的部分财权和参与部分行政程序的权利。因为国家层面的各种资金计划交由半正式机构管理，使其有了要求地方当局贯彻自身政策目标的"资本"。同时，半正式组织因为依据国家立法向议会负责，也有了监督各级政府的责权。这种权力地位使得国家代理人能够真正主动参与各级政府的治理。例如曾经的城市更新领域代理人——英格兰合作组织，其本身就是规划建设、经济产业和国家财政等中央主管部门的政策整合与实施平台。虽然在2010年因为国家经济进入收缩时期，英国一次性关停了200余个国家代理人机构，但从性质上适合由非政府组织承担的责权没有消失或被正式主体收回，而是根据各个领域发展的需要被重新整合进新的机构。由此可见，三个层面向外分权的好处是避免了基层探索中的重复工作，高起点、高效率地推进城市更新共同治理，通过集中优势资源在治理体系建设的早期形成一批切实有效的工具和方法，此外还可以避免半正式组织或者各层级的非正式组织，因为缺乏博弈筹码而难以有效介入治理的情况。向外分权的前提是高于各级政府各横向部门的力量介入对其进行赋权，这种力量可以来自上级政府、联席会议、议会或者是稳定的法律文件，否则本层级往往难以开展自我削权。

4.2 中国地方推动型城市更新治理探索

当前，我国城市更新的诉求与模式与英国 1990 年代末的情况具有相似之处，来自社会的多元价值诉求开始凸显，国家层面的央地权责分配正在完善，政府与私人资本的结构相对稳定，而对于社会其他力量的介入正在探索之中。多元治理的理念也使得自下而上的公众参与更多地出现在城市更新中。但在非正式主体一侧因为缺少明确制度的保障，其话语权的大小是没有长期保障的。另外，因为缺乏专业性的组织和机构，非正式的力量实际是分散化的，既没有明确的纲领，也没有稳定的实现途径。少数经济发达城市采取了与英国国家推动不同的地方推动路径，探索向下分权。以北上广深为代表的一线城市近年来普遍选择将资金下放给基层开展城市更新工作，出现了较多由区级政府或街道办事处主导的街区更新、社区更新实践。地方层面向下分权的好处在于使街道、社区成为凝聚空间塑造共识的基本单位，可以较好地反映民之所求。让基层政府更加高效、灵活地利用资金直接进行实施，缩短纵向科层传导的周期。然而缺点是现实中只有非常有限的民众诉求能够得到落实，这主要是因为与英国不同，我国的街道、社区既没有组织编制法定规划的权利，也没有参与审查规划设计的权利。所以上级政府拨付的资金只能用于不涉及产权和功能变更的拆违、修修补补和美化工作，并且资金因为上级科层的分隔而难以统筹使用。而这些看似并不复杂的工作，实则并不简单。在不涉及法定规划更改的情况下，实现城市更新的空间美学价值、功能使用价值和附加价值需要较强的专业技术支撑和公众参与过程。为破解这一难题，聘任个人或者团队担任责任规划师的热潮正在全国范围内推开，并逐步正轨化、常态化。

5 结语

未来，在国家层面随着城市更新成为跨部门的公共政策，亦是我国城镇化下半场的核心战略，应借鉴英国半正式机构发展的经验，考虑国家代理人式机构的建设。部分部委下属国家级研究、规划、设计机构应逐步退出市场竞争，更多地承担起辅助治理的责任，而不仅仅是当前被动的技术和政策咨询。形成跨部门政策整合的平台；为地方政府推荐成熟、可操作的治理工具；开展基于广泛基层调查的研究工作，成为反映基层政府和民众在城市更新等专业领域中工作困境和民意的渠道。随着责任规划师制度的成熟，地方层面必然将经历从精英领导的个体探索向群体准则的过渡，形成更为稳定、独立、可持续运作的组织形态。以责任规划师制度建设为契机，地方政府应鼓励专业性半正式或非正式城市更新辅助治理机构的发展，形成由跨学科专家学者、跨领域技术人员、社会工作者等主体共同组成的组织机构，探索财政资助、异地服务、市场化运营等运作模式。在专业机构的辅助下，逐步将更多的实质性权力下放基层政府，包括城市更新相关的财政资金使用权、行政管辖范围内的规划设计编制权、规划调整权、规划许可审批权、各种国有和公有房产的处置权等。在经济欠发达、相关专业人才紧缺的城市，寻求在国家代理人的指导下，设立区域性的半正式设计治理机构，由多个接受辅助和服务的地方当局共同承担运作成本。区域性辅助机构需对在区域中具有战略地位和大量使用公共资金的城市更新项目，如大型交通基础设施等运用多种治理工具辅助地方政府开展工作。通过三个层面的半正式机构介入，全面完善、升级我国的城市更新的共同治理体系。

参考文献

[1] Held D, McGrew A, Goldblatt D, et al. Global Transformations: Politics Economics Culture[M]. Cambridge: Polity, 1999.

[2] 辛向阳. 推进国家治理体系和治理能力现代化的三个基本问题[J]. 理论探讨，2014(2)：27－31.

[3] 唐燕，杨东，祝贺. 城市更新制度建设：广州、深圳、上海的比较[M]. 北京：清华大学出版社，2019.

[4] 盛广耀. 城市治理研究评述[J]. 城市问题，2012(10)：81－86.

[5] 缑小凯. 西方新公共治理理论研究评述[J]. 现代国企研究，2018(2)：111.

[6] 乔恩・皮埃尔，陈文，史滢滢. 城市政体理论、城市治理理论和比较城市政治[J]. 国外理论动态，2015(12)：59－70.

[7] International Bureau of Education. Concept of Governance[EB/OL]. (2019－01－18) [2020－03－05]. http://www.ibe.unesco.org/en/geqaf/technical-notes/concept-governance.

[8] HM Treasury. Corporate governance code for central government departments[S/OL]. 2011[2020－03－05]. https://www.gov.uk/government/publications/corporate-governance-code-for-central-government-departments.

[9] Cabinet Office. Public bodies[S/OL]. [2020－03－20]. http://webarchive.nationalarchives.gov.uk/20081211180957/http://www.civilservice.gov.uk/documents/pdf/public _ bodies/public _ bodies _ 2007.pdf.

[10] 祝贺，唐燕. 英国城市设计运作的半正式机构介入：基于 CABE 的设计治理实证研究[J]. 国际城市规划，2019，34(4)：110－116.

[11] UK Parliament. Housing and Regeneration Act[S/OL]. (2008－05－09)[2020－03－05]. http://www.legislation.gov.uk/ukpga17/contents.

[12] Ministry of Housing, Communities & Local Government. Guidance: Estate Regeneration Fund[S/OL]. 2019[2020－03－05]. https://www.gov.uk/government/publications/estate-regeneration-fund.

[13] Homes England. Strategic Plan2018/19—2022/23[S/OL]. [2020－03－05]. https://assets.publishing.service.gov.uk/government/uploads/system/uploads/attachment_datafile752686/Homes_England_Strategic_Plan_AW_REV_150dpi_REV.pdf.

[14] Office of the Deputy Prime Minister. Assessing the Impacts of Spatial Interventions: Regeneration, Renewal and Regional Development 'The 3Rs guidance' [S/OL]. 2018[2020－03－05]. https://assets.publishing.service.gov.uk/government/uploads/system/uploads/attachment_datafile191509/Regeneration renewal_and_regional_deveopment.pdf.

[15] Department for Business, Innovation & Skills. Local Growth: Realising Every Place's Potential[S/OL]. 2010[2020 - 03 - 05]. https://www.gov.uk/government/publications/local-growth-realising-every-places-potential-hc-7961.
[16] Shaw K, Robinson F. Centenary paper: UK urban regeneration policies in the early twenty-first century: Continuity or change? [J]. Town Planning Review, 2010, 81(2): 123 - 150.
[17] Ward M. Briefing paper: Local Enterprise Partnerships[R]. House of Commons Library, 2019.
[18] Hall S. The rise and fall of urban regeneration policy in England, 1965 to 2015[M]//Weber F, Kühne O. Fraktale Metropolen. Wiesbaden: Springer Fachmedien, 2015: 313 - 330.

商业街发展及演化探究

——以伦敦牛津街改造为例

吕　攀　邓　妍　高　飞　崔宝义

中国城市规划设计研究院

摘　要：现代商业街发展至今，已有近百年的历史，其是对高度依赖汽车出行时期人本化的街区环境的规划实践探索。本文以伦敦牛津街的发展演化及规划改造策略为主要研究内容，就牛津街正经历的商业业态转型升级、交通流线组织重塑、公共开敞空间环境与建筑风貌保护提升等方面所开展的改造策略及规划思路加以评述总结。形成街区态、主辅街联动的商业空间模式；优化调整地面车辆数量，挖潜道路空间，增大人行区域；街区公共空间节点组织串联及功能再造；历史建筑风貌环境保护与适度改造和相关机构的整体运营策划等五方面的经验借鉴，以期对我国步行街的改造提升提供经验借鉴。

关键词：商业步行街；牛津街；品质提升规划

1　背景

1.1　商业街品质提升回应人民对美好生活向往

商业步行街，作为城市空间中极具人气与商业价值的公共街道，是城市特色的集中展示地。但近年来，随着快速城镇化的进程，商业步行街不同程度上存在环境特色不明显、品牌档次不高、服务功能不完善等问题。

2019 年 1 月，商务部启动全国 11 条商业步行街改造提升试点工作。北京王府井大街作为试点之一，率先于当年 12 月开街，改造后的王府井步行街向北延长，由单一商业街正向文化、商业、旅游融合的街区态演进。步行街的改造提升，是贯彻落实党的十九大精神、满足人民对美好生活的向往的重要举措。

1.2　“后疫情时代”挖潜居民消费潜力

2020 年新冠肺炎疫情迅速在国内外蔓延，突发的疫情对世界的经济社会产生巨大的影响。自我国疫情得到有效控制以后，习近平总书记就多次强调，要注重扩大内需，注重居民消费，释放消费潜力。

“后疫情时代”以对实体空间的品质提升、商业业态的复合升级等多维度的手段方式来激发居民消费活力，带动经济平稳快速复苏，强化“国内大循环”主体地位。

1.3 对标国际探索商业街发展路径

1920 年,德国埃森林贝克大街的改造被认为是现代商业步行街的发端,其是针对汽车出行主导时期的去机动车化的一种实践探索。而后,欧洲众多国家,在城市复兴中对步行商业街的改造不断出新,形成很好的经验借鉴。

本文以世界顶级商业步行街之一的伦敦牛津街为对象,以其历史演化及现状问题、《牛津街战略布局》、《牛津街 2022 年畅想》等规划改造文本为基础,试图总结其改造策略,为我国商业街的改造提供经验借鉴。

2 牛津街简介

2.1 概况介绍

牛津街位于大伦敦地区的威斯敏斯特市,属伦敦中央活动区(CAZ)(图 1)。牛津街是伦敦最为金贵的街区之一,根据《库什曼和韦克菲尔德伦敦报告 2019》(*Central London Marketbeat Quarterly Report 2019*),伦敦零售商业街的年租金中,牛津街、邦德街的店铺年租金远超其他商业街道。

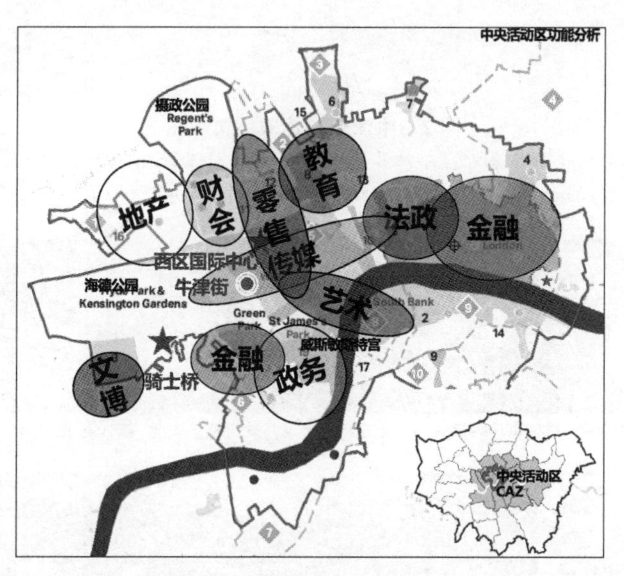

图 1 中央活动区功能分析

[图片来源:《伦敦总体规划(2017)》]

根据《伦敦总体规划(2017)》(*The London Plan* 2017)的规划目标,在中央活动区内将打造西区国际中心和骑士桥两大国际中心。牛津街所在的西区国际中心,未来的规划定位为"具有全球示范意义的购物目的地"。

2 km 长的牛津街,每天吸引超 60 万人参观游玩,其中国际游客占比超过 30%。街道上大型综合百货 10 家,零售店铺 222 家,牛津街区整体年度营业额合计 91 亿英镑。可以说牛津街及所在地区是中央活动区重要的商业活动空间,是大伦敦最为繁华的地段。

2.2 历史发展

从18世纪开始的马车路到满足居住配套的社区商业街，再到闻名世界的顶级购物街，牛津街的演化展现了伦敦零售业的历史演变。

罗马统治时期，牛津街为大伦敦西边的沼泽地带。公元600年，撒克逊人在考文特花园创建新城镇，牛津街为其西部定居点。1536年，宗教统治时代瓦解，土地所有权转变，教堂属地转变为皇家狩猎园(今海德公园)。通往皇家狩猎场地的必经之路牛津街，因为时局的动荡、来往人群的复杂交汇，变成犯人处决地、盲流聚集地。

18世纪，牛津伯爵将牛津街区收储开发，形成"住宅+广场"的街巷格局，经过统一规划，街区周边的地产与娱乐业逐渐兴旺。19世纪中后期，牛津街商业活动频繁加剧，约翰·刘易斯百货于1864年开业，自此牛津街的零售业兴盛至今。

同时，从各时期历史照片中可以发现，牛津街的发展基本经历了"居住开发吸引人口聚集、商业销售形成特色街区、美好生活品质追求带动设施更新与街道环境提升，及未来的无车化构想"等等(见图2、图3)。

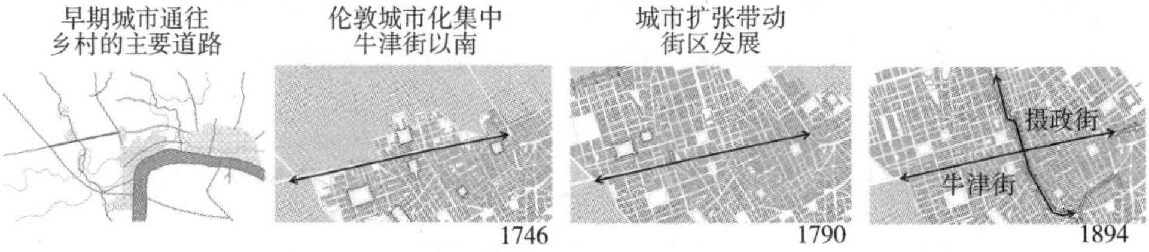

早期城市通往乡村的主要道路　伦敦城市化集中牛津街以南　城市扩张带动街区发展

摄政街　牛津街

1746　1790　1894

图2　牛津街与伦敦城市关系

(图片来源:《牛津街区改造策略和行动计划2018》)

(*Oxford Street District Place Strategy and Delivery Plan* 2018)

图3　牛津街发展历史照片

(图片来源:笔者整理、自摄)

在最近 30 年间，牛津街又经历了显著的改造。1990 年前后，牛津街西段重整铺装，拓宽人行道，改善照明及增设街道家具。从 2009 年到 2011 年，牛津广场的少车化改造，进一步强化了行人优先权。2012 年开始，牛津街东段成为改造升级的对象，并为规划的地铁伊丽莎白线的施工设站做出预留。

2.3 牛津街特色

2.3.1 三街交汇，形成街区

牛津街及周边街道统称为西区零售休闲区。从街区尺度上看，东西向的牛津街，南北向的摄政街、邦德街，构成西区零售休闲区的整体骨架(图 4)。以摄政街与牛津街交汇的“牛津广场”为界，牛津街又被划分为东西两片，西区缩写为 OSW，东区缩写为 EOS。

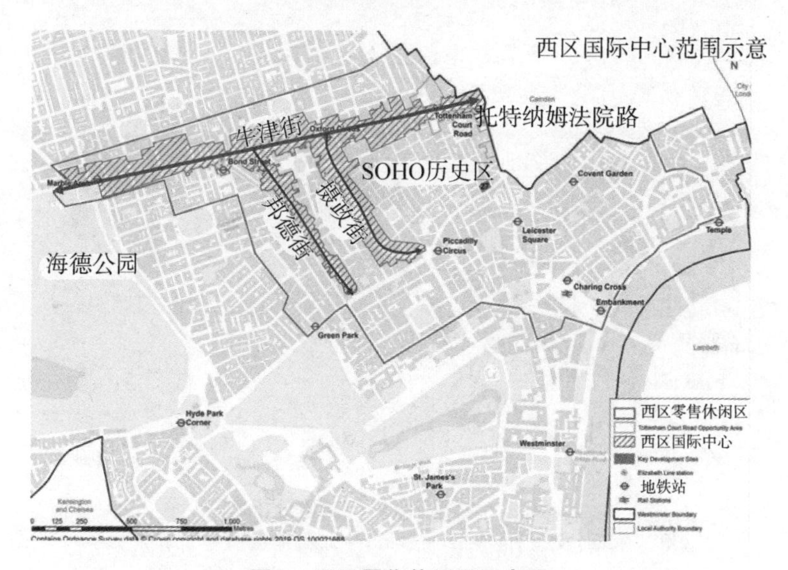

图 4　西区零售休闲区示意图

(图片来源:《威斯敏斯特市城市规划》)(*Westminster City Council City Plan*)

2.3.2 人口繁多，就业密度高

2016 年的相关数据显示，牛津街成为西区中人口就业与商业价值最为繁茂的街区。牛津街现有居住人口 1.25 万人，街区面积为 162 hm^2，仅占威斯敏斯特市域面积的 8%，却提供了 15.5 万就业岗位，其中专业服务人员占比达到 51%，零售业占 20%，地区生产总值 130 亿英镑，为该市总产值的 23%(见表 1)。

表 1　牛津街就业情况 2016 年

区域	面积(公顷)	就业机会(个)	就业密度(职位/公顷)
牛津街	75	85 000	1 130
牛津街区	162	155 000	960
威斯敏斯特市	2 100	730 000	340
伦敦	157 000	5 200 000	33

(表格来源:*Oxford Street District Business Case*)

2.3.3 交通便捷,地铁抵离便捷

为防止公交车拥堵,牛津街的大部分地区在高峰时段被指定为公交专用道,并且禁止私家车通行。除周日外,牛津街全天在上午 7:00 至下午 7:00 之间仅向公共汽车、出租车和两轮车开放。现有游客的主要抵离方式绝大部分依靠地铁。“牛津广场”是三条地铁线路交汇的换乘站,也是伦敦人流量最大的地铁车站之一。按照规划,正在修建的伊丽莎白线也将穿过该街,在附近设邦德街、托登罕宫路两站。伊丽莎白线是联通伦敦市东西两个机场,雷丁市、谢非尔德市两座城市的主要地铁线路,其开通运营势必加速大伦敦地区的人口流动,同样也为处于中央活动区内的牛津街带来更多流量与挑战(图 5)。

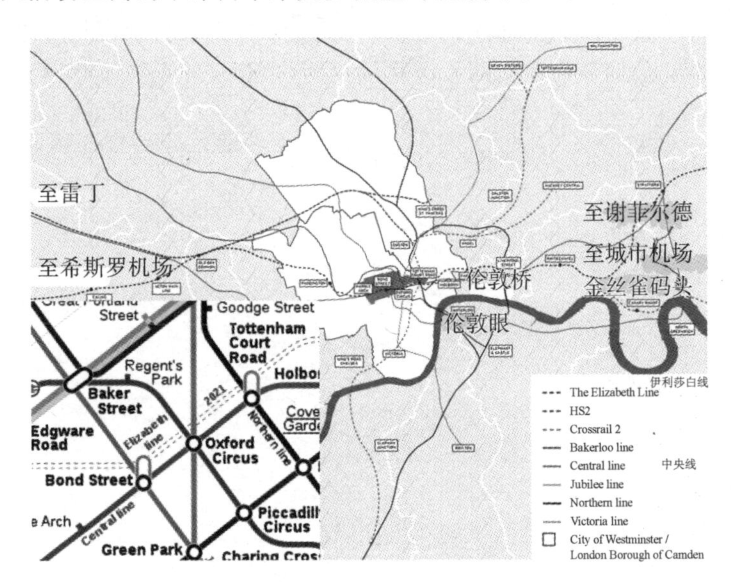

图 5 牛津街区位与交通分析

(图片来源:改绘自《今日牛津街:牛津街地区的当前背景》)

(*Oxford Street Today The current context of the Oxford Street*)

2.3.4 商品品类丰富,档次差异发展

三街交汇,形成购物街区,满足了人们逛街购物的物理空间需求。但若三条街道品牌雷同、各自竞争,则难以形成良性的商业生态环境。通过梳理牛津街、摄政街、邦德街的商业品牌,基本看出三条街呈现异化的发展趋势特征。

牛津街包括 ZARA、Topshop、Follie、Tissot、Vodafone、Geox、Clarks 等主要面向青年的大众品牌,同时结合街上的多座大型百货商场 The House of Selfridge、John Lewis、Debenhams、Fraser 等,满足了不同年龄段人的购物需求;摄政街主要包括 Longcham、Hamleys、To mmy Hilfiger、Sandro 等中端、轻奢品牌;邦德街则以包括 Christian Dior、Gucci、Hermes、CHANEL、Louis Vuitton 等国际一线奢侈品为卖点。

2.3.5 人车共行,复合垂直

就牛津街街道尺度而言,整条街宽约 27 m,人行空间平均宽度 8.5 m,局部略有扩大或缩小。牛津街两侧建筑高度在 27~48 m 之间,高层建筑主要为大型百货,一般建筑底层为商业零售,上层为办公,街道 D/H 约为 1.3(图 6、图 7)。因为路面通车,存在人车共行的状态，行人逛街横穿马路的行为时有发生，存在一定安全隐患。

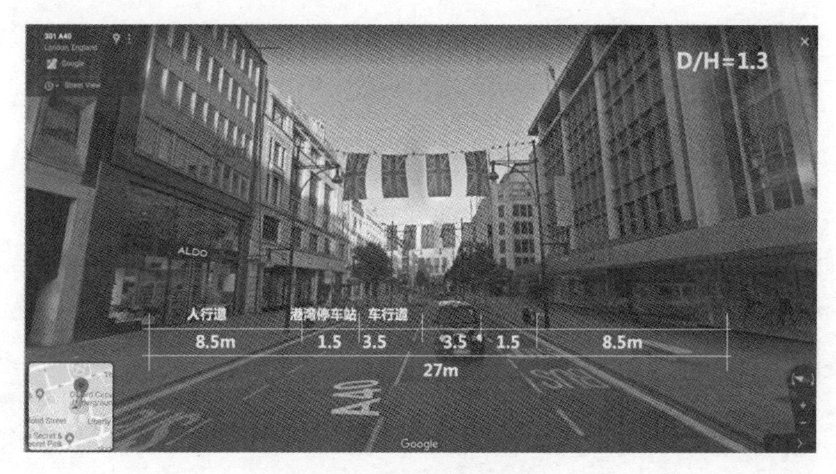

图 6　牛津街街道剖面分析

（图片来源：自绘）

图 7　牛津街街道建筑高度分析

（图片来源：改绘自《威斯敏斯特市建筑高度控制研究》）（*Westminster City Council Building Height Study*）

2.4　现状问题

随车汽车的普及、人们消费习惯的转变，新兴的商业综合体、无车步行街似乎更受消费者青睐，传统步行街发展面临一定的局限。

2.4.1　日益增加的行人数量与交通隐患

牛津街被评为英国最重要的零售地点和欧洲最繁忙的购物街。由于购物者和游客的增多，人行道拥挤，现有街道空间尺度饱和，导致牛津街成为堵街。2 km 长的街道，地铁站 3 个，周边停车位共计 4 000 个，公交站点分布密集（图 8）。公交、出租车不断行驶，人流、车流、货流等汇合交织，人与车之间相互影响。牛津街公交车的行驶速度通常不超过每小时

7.4 km(常规车速在 25～50 km/h),行人速度为每小时 5 km,一条堵街就此诞生。

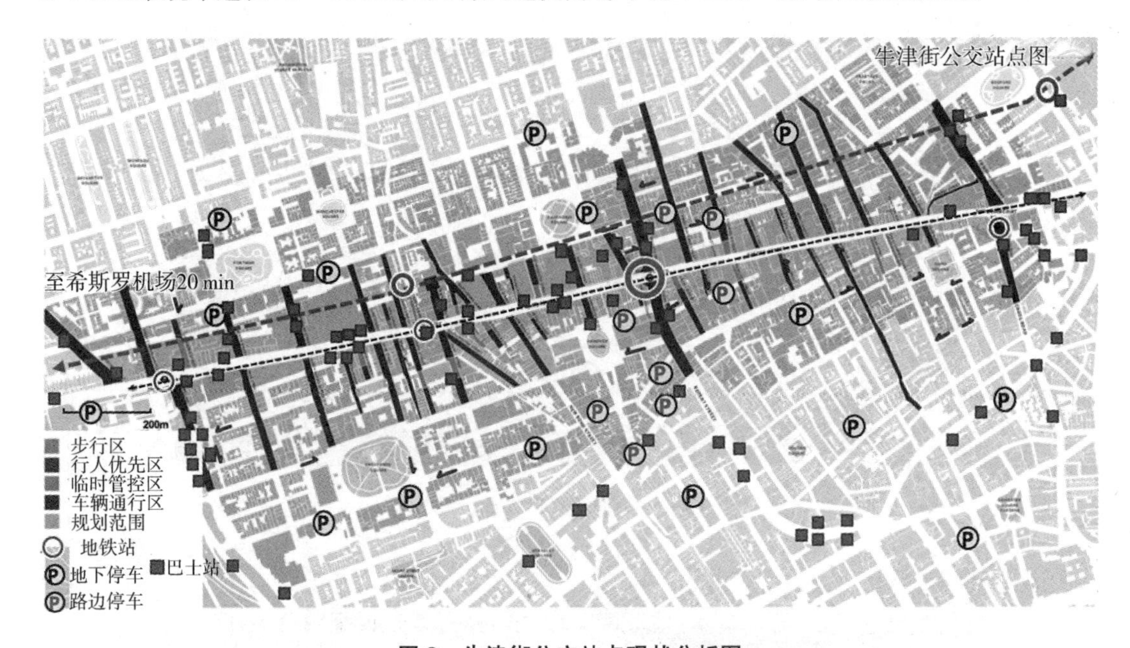

图 8　牛津街公交站点现状分析图

(图片来源:改绘自《牛津街区改造策略和行动计划 2018》)

此外,车辆东西向通行与人流南北向的过街穿行,导致交通事故频出,每年至少 1 人死亡、60 人受伤。2015 年英国交通部的报告显示,在英国十大交通热点中牛津街占有三席,各大百货店前是交通事故的高发点(图 9)。

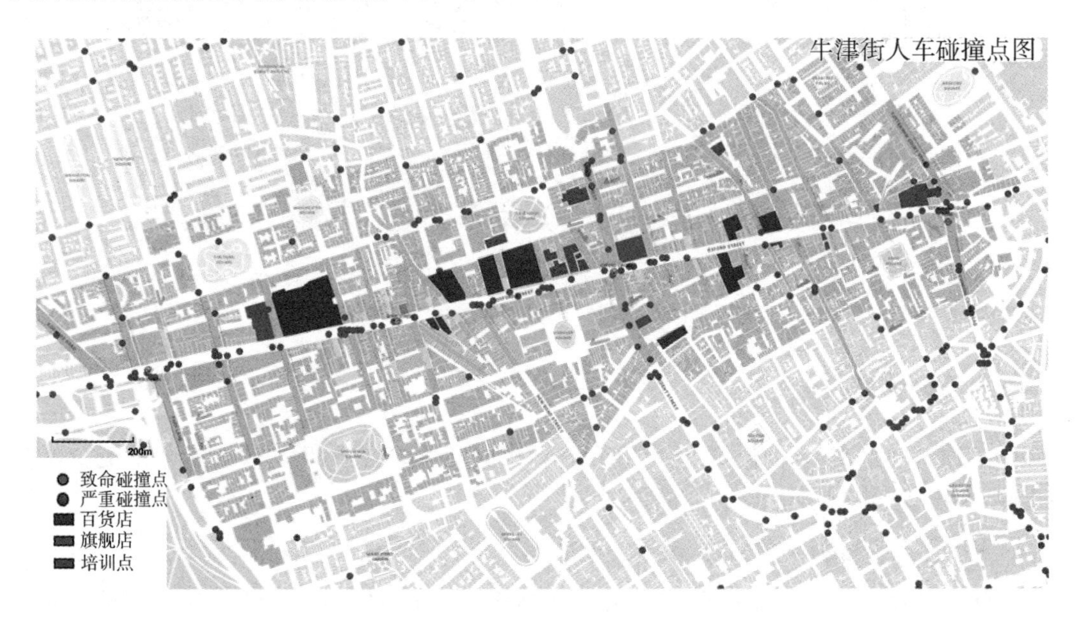

图 9　牛津街人车碰撞点

(图片来源:作者改绘自《牛津街区改造策略和行动计划 2018》)

2.4.2 汽车通行带来的空气污染

频繁密集的车辆通行，导致街道污染物浓度上升，牛津街成为“毒街”。2014 年，伦敦国王学院的一份研究报告显示，牛津街的二氧化氮污染水平全球最高，为 135 μg/m³，高峰时段的浓度水平可达 463 μg/m³，是欧盟允许的最大标准值的 11 倍以上。环保人士常年走上牛津街，抗议汽车污染，高举“停止扼杀伦敦人”的条幅(图 10)。

图 10 牛津街环境污染严重

(图片来源：网络)

2.4.3 街道品质环境不佳

牛津街的街道家具较为缺乏，座椅等尤为缺乏，路人经常沿展窗而坐，在杂物箱旁、自行车架上休息。现有的座椅大部分的摆放位置又多与人流交叉冲突，或者过于隐蔽，不易于使用。就街区来说，辅街存在多个公共空间，但环境品质参差不齐。

牛津街公共空间的质量较差，造成体验感不佳，最终也会影响到伦敦作为全球性城市的重要引领地位。普华永道曾指出，伦敦的安全保障和基本健康不达标主要归因于人口密集、公共空间质量不佳以及空气污染，这些使得伦敦落后于巴黎、斯德哥尔摩甚至米兰。对伦敦公共空间的整治提升，看来势在必行。

2.4.4 规划改造悬而未决

此外，牛津街正因为是伦敦最为重要的街道，围绕其改造的方案一直悬而未决。2017 年，伦敦市长萨迪克·卡恩(Sadiq Kahn)提出将牛津街改造为完全无车的商业步行街，并开展了相关概念设计(图 11)。但时至今日，受到制度制约、资金限制以及商会住户等各方的反对，牛律街和以往一样，仅在圣诞节等重大节日进行禁车。围绕该街的规划建设，一直争论不断，对于街道改造的策略方式，规划部门保持谨小慎微的态度。

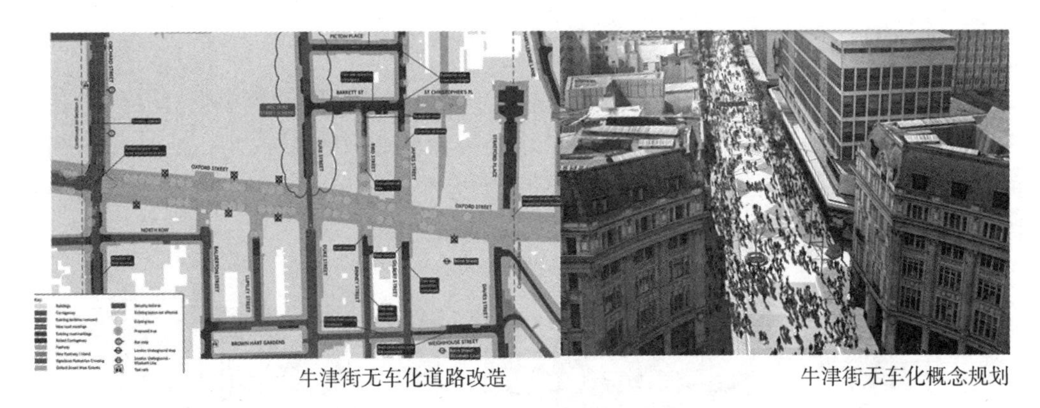

图 11　牛津街无车化道路改造与设想

（图片来源：作者改绘自《牛津街道道路详细设计》）(*Oxford Street Detailed Highway Designs*)

3　牛津街区改造策略浅析

3.1　改造的基本思路架构

3.1.1　改造依据

2018 年，威斯敏斯特市政府出台《牛津街区改造策略和行动计划 2018》(*Oxford Street District Place Strategy and Delivery Plan* 2018)，牛津街所在的经营管理单位西区公司出台《牛津街 2022 年畅想》(*Oxford Street 2022 The Vibrant Future*)。两本规划方案相互顺承，提出了“战略布局＋实施方案”的改造思路架构，形成交通、商业、空间提升等方面设计要点(图 12)。两本改造方案相互配合，通过有关部门及公众的意见表决，并获得政府及社会的

威斯敏斯特市政府

战略布局
+
实施方案

新西区公司

2018年《伦敦牛津街战略布局》
1. 混合使用土地；
2. 街道和空间；
3. 交通改善、步行、巴士、自行车、小汽车、出租车、空气改善、管理维护等；
4. 道路识别性
5.便利设施
6. 游憩空间
7. 建筑
8. 灯光
9. 景观
10. 文化和公共艺术

2019年《牛津街2022年畅想》
投入2.3亿英镑用于牛津街改造，包括：
1. 1公顷新公共空间；
2. 牛津公共广场；
3. 拱门改造；
4. 行人休闲区打造及路面整理；
5. 减少道路空间，减少巴士；
6. 绿色空间和清洁空气

图 12　战略布局＋实施方案

（图片来源：自绘）

资金扶持,成为牛津街未来发展的行动指引。

3.1.2　由街及区,拓展改造范围

改造方案认为牛津街不应脱离街区环境本底,应通过街道改造将牛津街与周边街道、街区建立更加广泛深入的联系,以促进整个西区的发展。改造方案将牛津街从大理石拱门到托特纳姆法院路划分为九个特色区段,考虑到各区段内的历史遗产、公园广场、商业空间、交通网络和人口结构,提出分区指引(图 13)。

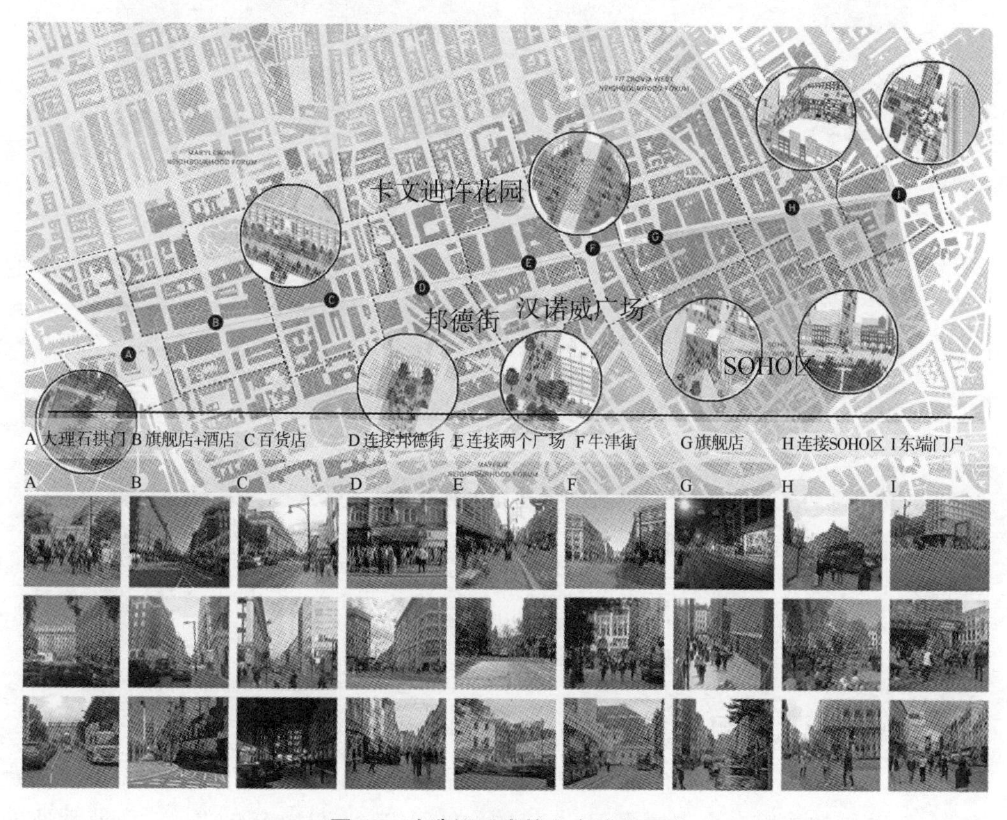

图 13　改造拟形成的九个特色区域

(图片来源:改绘自《牛津街区改造策略和行动计划 2018》)

下文就改造文本中业态、交通、公共空间、历史建筑改造及组织管理等几方面要点进行归纳整合。

3.2　把握商业零售发展趋势

3.2.1　由纯粹购物向休闲生活演进

电子商务时代下,实体商铺面临转型提升。根据相关预测,到 2020 年伦敦零售业的 21.3%将转为在线销售,受疫情影响该占比将大幅扩大(2012 年在线销售占比仅为 11%)。大量的商业店铺倒闭更迭,迫使商业街业态自我更新演替。

如今的牛津街,已经从单一纯粹目的性购物转变为旅游、家庭聚会、人群社交、休闲娱乐活动等多种丰富的生活场景的体现。1/4 的英国购物者表示,他们去牛津街,是为和家人朋友进行社交活动，1/3 的人去牛津街为了聚餐休憩。街道上的商户也在调整店内布局结构，减少展架展柜，增设活动室、VIP 室等作为休闲社交场所、产品体验中心、健身授课地等（图 14）。

Burberry旗舰店举行走秀实时互动

Sweaty Berry提供免费建设课程

Gap设立咖啡厅

Made.com设置在线展示体验厅

图 14　商业空间的转型

（图片来源：作者改绘自《牛津街区改造策略和行动计划 2018》）

3.2.2　街区形成“商业＋居住＋就业”等用地混合特征

实体商业销售的不断疲软、店铺房租的上涨，导致商业用地转型升级。根据英国消费结构报告显示，英国的零售支出占比由 1960 年的 30％下降到 2019 年的 24％，商业消费的减弱导致商业空间的压缩。

与传统商业零售用地不断下降的现象对比，牛津街地区“码农”租户由 8％（2010 年）上升到 24％（2018 年）。整个伦敦西部地区，55％的商业零售空间已向金融、商业服务转型。牛津街商务办公占比凸显，形成“商业＋居住＋就业”的复合用地特征。根据 Right Move 办公位出租平台数据显示，该地区办公出租 1 115 户，55 m^2 的月租金可达 1 671 英镑（图 15、图 16）。

牛津街以商业购物空间为主，西侧结合海德公园等景点形成酒店群，沿牛津街南北向的支路小巷分布餐馆、咖啡厅以及面向本地区居民、办公人员的零售杂货店。街道外围布局艺术场馆、剧院戏院等也促进了街区的复合繁荣。牛津街晚间的客流量比平日多 35％～60％，除商业空间外，辅街布局的餐饮业、娱乐业等因闭店时间更晚，为提升“夜经济”消费提供了契机。

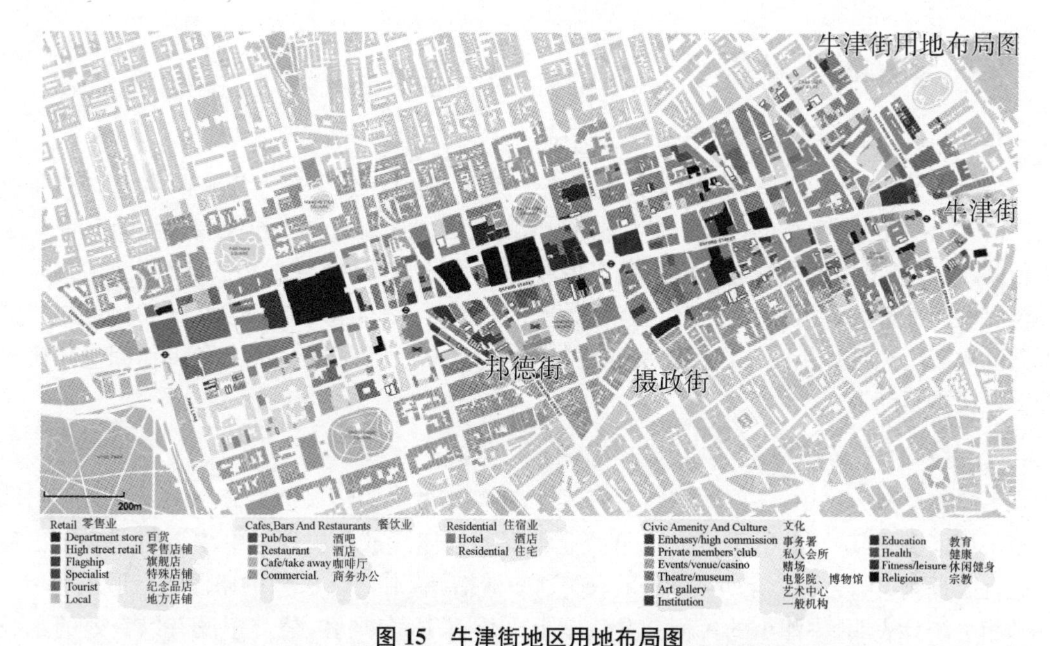

图 15　牛津街地区用地布局图

（图片来源：作者改绘自《牛津街区改造策略和行动计划 2018》）

图 16　牛津街 We-Work 空间及环境

（图片来源：自绘、自摄）

3.2.3　牛津街世界地位的提升

牛津街始于传统零售商业，特定日期举办国家礼仪性活动，知名度不断提升，成为伦敦展示城市形象的窗口。牛津街零售业态的转型提升，国际大牌、时尚潮牌与本土特色品牌多采取时尚快闪、定制体验、品牌旗舰店等营销策略，带动了街道零售商业的新增长，街道更加“洋气”；“We - Work”众创空间的植入，具备购买力且向往精致生活人群的入驻带来了“新气”，新业态、新人群和原住民的糅合交织碰撞，在吸纳新鲜事物的同时也保留了“烟火气”；此外，来自世界各地游客在社交网络的打卡点赞、众多景观艺术装置在街道上的推陈出新，加之互联网的无界无时差性传播……每天都在为牛津街做着免费、不间断的全球性广告宣传，从而带动了牛津街世界地位的提升。

3.3 交通流线的梳理组织

3.3.1 人流的增加必然导致街道拥挤

牛津街并非王府井步行街等纯步行的商业街，更类似在公交车专用道两侧设立的商业街。白天出租车、公交车可行驶在牛津街上，为消费者的抵离提供交通便利。晚间允许私家车行驶，以促进夜经济的发展。但机动车的驶入与商业流线的交织，必然导致交通的拥堵，甚至引发交通事故，随着 2021 年伊丽莎白线的开通，在带来高频高效通勤的同时，势必加剧了人流的汇集。预计伊丽莎白线将为西区每年新增 6 000 万人的流量，每年的访问量将比当前 2 亿次再贡献近三分之一。

3.3.2 以减少地面公交班次为策略的微改造

牛津街改造方案中，随着轨道交通的运行，牛津街的人流还是会持续增多。一刀切的禁行禁车可能会损其"心脉"，引发人气与商业氛围的整体溃散。规划对牛津街的未来交通环境进行了预判，预计到 2026 年，若不采取交通改造措施，则全街 85%的路段将会形成拥堵。

相关统计表明，牛津街的每辆公共汽车上平均有 18 名乘客，公交车没有以有效的承载能力运行。规划采取相对保守的交通改造策略，拟优化公交系统以减少地面公交班次来迫使游客培养地铁出行的交通习惯；同时规范货运车行流线等，减缓拥堵趋势(图 17)。

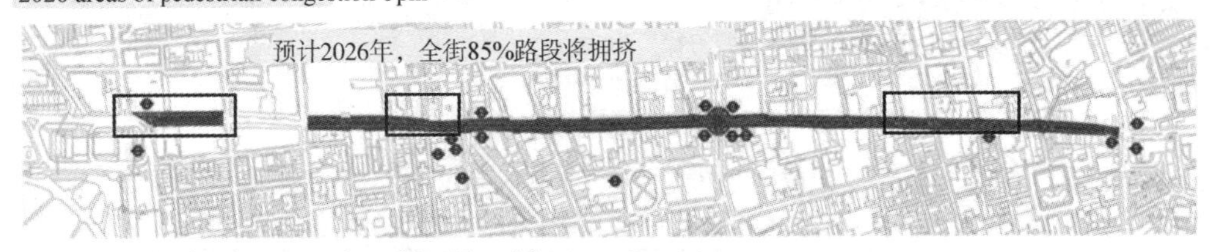

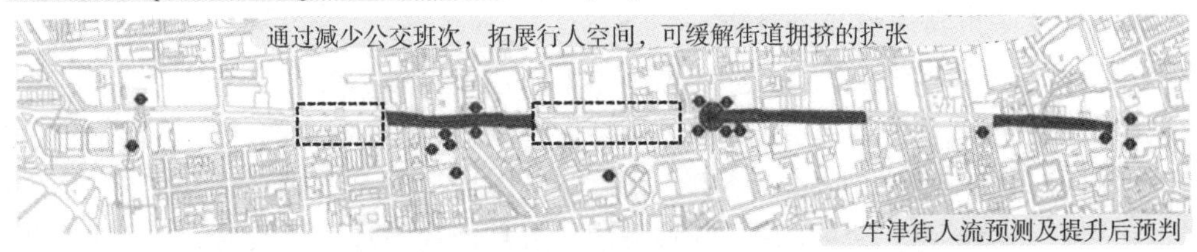

图 17 优化的公交布局，减缓交通拥堵

(图片来源：作者改绘自《牛津街区改造策略和行动计划 2018》)

3.3.3 挖潜道路空间，增大人行区域

在牛津街道路改造中，拟调整现有车行道路的路缘，减少车行道宽度，增加步行道；增设

人行道、安全岛等过街设施;减少部分公交车站数量,设置公交车、出租车停靠站(图18)。针对辅街,同样突出行人优先的理念。开展平整路面的改造工作,消除人行道、机动车的高差,重点路段以砖石铺装取消水泥沥青,强化人行过街体验,以进一步限制机动车穿行其间,降低车速(图19)。

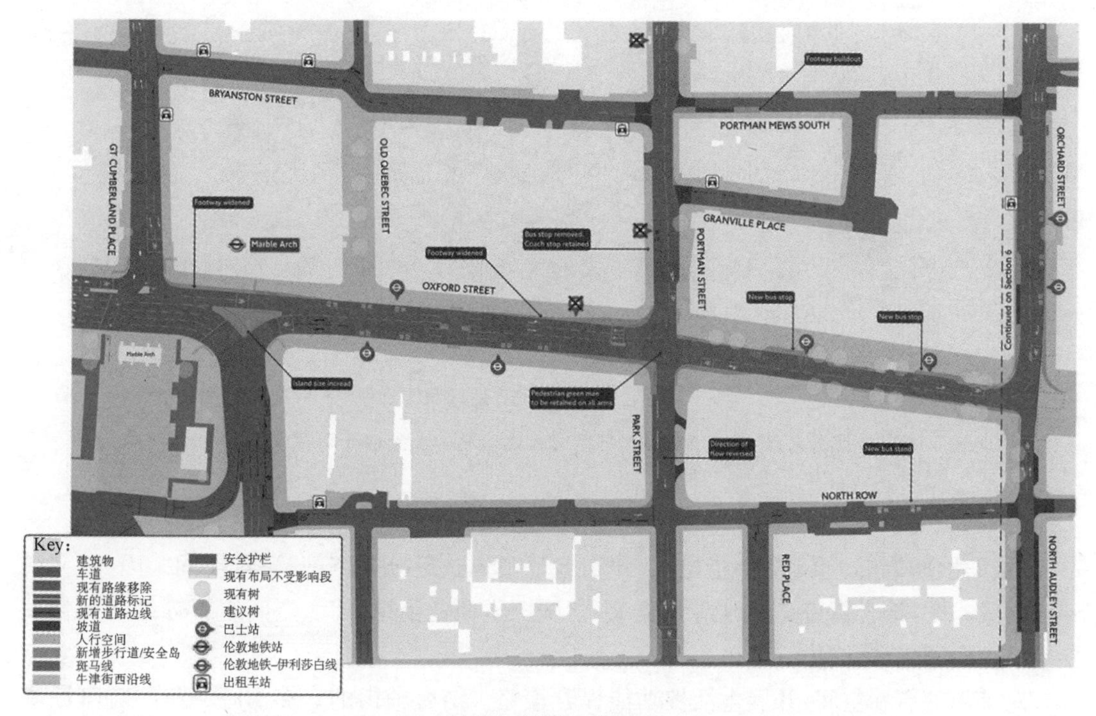

图 18　街道改造示意

(图片来源:作者改绘自《牛津街道道路详细设计》)

贝克街交叉口平整化改造　　邦德街改造前　　邦德街改造后效果

图 19　道路改造对比

(图片来源:《牛津街区分区工作组会议纪要》)(*Oxford Street District Zonal Working Group Meeting*)

3.4　环境品质提升计划

3.4.1　街道整治提升

规划对街道采取四类整治措施。第一,在主街上进一步提升行人优先权,结合扩宽过街路口人行道宽度、减少公交车班次、减少车流量等,保障主街的基本通行能力。第二,对辅街进行强化设计,营造舒适的人行通道,开展辅街各类公共节点的空间设计,试图通过环境提升将人流客流往辅街上分流，带动辅街商业空间的销售增长。通过节点广场、绿地等的打造，形成点线面串联的空间层次，拓展牛津街现有单一线性的逛街体验(图 20)。

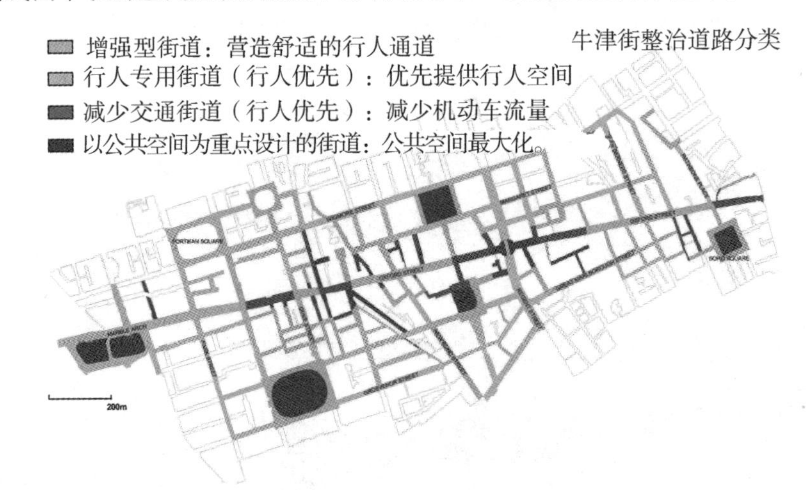

图 20　街道改造分类指引

(图片来源：作者改绘自《牛津街区改造策略和行动计划 2018》)

3.4.2　公共节点功能性改造提升

《威斯敏斯特市总体规划》指出，牛津街地区整体缺乏公共空间、游玩空间。因此，在街道规划策略中，结合街道交通改造的要求，尝试探索商业街街区化、空间组织等级序列化及活动景点串联化、路线化。

对辅街的街巷空间，开展生活性功能提升策略。结合辅街的众多酒吧、餐厅、咖啡厅等形成聚集场所，对现有的各类公共节点、广场、标志物等进行梳理整合与保护提升，以增加空间的丰富度(图 21)。选取如拱门广场、卡文迪什广场等重要节点进行改造设计。

图 21　牛津街地区游览线路设计

(图片来源：作者改绘自《牛津街区改造策略和行动计划 2018》)

牛津街西端的拱门广场，占地 0.3 hm^2，具有重要的门户作用。现状拱门构筑物、广场绿化等相互隔离，车辆环绕穿行。规划认为应将其作为参观伦敦的打卡地标并提供更舒适的环境氛围，拟引入露天艺术展览、室外餐吧等，形成丰富的生活场景，营造令人兴奋活跃的活力广场（图 22）。

现状

改造构思

图 22　拱门广场设计思路

（图片来源：作者改绘自《牛津街区改造策略和行动计划 2018》）

牛津街以北的卡文迪什广场，占地 0.8 hm^2，现状地上为广场绿化，地下为停车场。规划方案拟将停车场的功能改造为商业零售、私人医疗保健服务等混合功能，形成使用面积 2.6 万 hm^2、地下四层的综合服务设施。减少泊车位、限制车流进入从而降低区域环境污染（图 23）。

图 23　卡文迪什广场设计方案

（图片来源：作者改绘自《牛津街区改造策略和行动计划 2018》）

3.5　历史风貌管控

3.5.1　*历史建成环境保护*

注重对牛津街街区历史环境的整体保护与开发的平衡。从英国政府层面，允许和鼓励有助于提升遗产地环境品质和公共绩效的积极变化和开展适度开发，并以影响评估与许可管理为手段，对历史资产相关的开发项目进行引导和管控。

英国历史环境保护管理在历史环境中形成了动态弹性的保护机制，以价值分析与影响评估为前提，以动态规划许可为手段，确保了各类历史资产在价值重要性不受影响的前提下实现适度必要的功能更新与品质提升（表 2）。

表 2　历史建筑改造常规步骤

1	业主向规划管理部门提出规划许可申请
2	专业机构对项目影响评估分析，形成评估报告，与申请一并提交
3	规划部门结合历史环境档案，做出规划许可
4	如改造中存在对遗产或对遗产价值可能有所冲击的内容，业主将被责令对可能产生的负面影响提出缓解措施并重新申请，直至获得规划许可

（表格来源：作者整理自肖竞，曹珂《英国保护区评估方法解析：以格拉斯哥历史中心保护区评估为例》）

3.5.2　多层级的建筑风貌管控要求

规划开展建筑单体与街区轮廓尺度环境的管控保护。设置一级、星级二级、二级等三类保护建筑分类，在牛津街及辐射街区，划定风貌保护区。新建、改建建筑应考虑其规模、高度、体量，在细部上也应与周围传统建筑立面的风格、建筑的窗墙比相协调。

为保护牛津街的传统街区风貌氛围，针对未评级建筑的改造加建，也同样形成详尽的评估报告。例如牛津街 NO. 103 号建筑的改造，该栋建筑现状 6 层，首层商业，其余 5 层为语言学校。改造方案拟将教育性质转换为办公，并加盖一层。改造报告包含了概要、位置、现状照片、各部门意见、历史背景资料、详细考虑、主要图纸等 7 部分。

改造主要进行了如下考量：

第一，针对功能改造必要性的考量。评估报告指出现有的语言学校为私立教育机构，考虑到街区办公空间的紧俏，增加办公空间有利于促进地方社会化活动，且符合《城市规划政策 S34》中鼓励提升社会和社区整体水平的相关要求，因此同意用办公功能替换原有教育功能，并形成严格的使用面积指标限定。

第二，针对外立面改造的考量。该栋建筑紧邻二类保护建筑，在改造中不应影响保护建筑的环境氛围，在立面改造中取消了原有面向牛津街的出入口，用展窗代替。一方面减少对临近的历史建筑入口识别性的干扰，一方面吸引人流向辅街流动。由于加建一层，考虑到临街的视线控制，新加建部分的屋顶檐口在面向牛津街的部分需向上收窄。此外，规划规定，无论内部功能如何置换，沿牛津街的建筑外立面应与现状基本保持一致(图 24)。

图 24　牛津街风貌管控及 NO. 103 号建筑的改造示意

（图片来源：作者改绘自《NO. 103 建筑改造方案》）(*NO. 103 Oxford Street, London, W1D 2HF*)

3.6 组织管理与引导

3.6.1 西区公司把脉商业街发展动向

牛津街的持续发展演进得益于伦敦新西区公司(New West End Company)的整体运营策划。

新西区公司,由600家英国及国际零售商、餐馆老板、酒店经营者和房地产所有者组成,以邦德街、牛津街和摄政街为基地,辐射全球顶级购物和休闲目的地。公司涉猎全球74条街道,共15万名员工。

长期以来,西区公司对牛津街的交通流线、商业组织、策划定位等开展了多次科学论证,逐渐形成明确的战略目标。公司明确,牛津街需要转变为综合零售、娱乐和休闲体验的目的地,商业氛围要持续吸引人流,把握当下与潜在人流,将牛津街打造成为世界上最适合生活、工作、投资和参观的地方。

3.6.2 多方参与保障规划落地实施

西区公司虽整体开发伦敦街,但受限于英国的公众参与、社区自治制度约束,公司在制定改造策略中,更加注重实施可行性与在地性。提出对当地原住民的生活权益的保障,如通过某些手段解决空气污染、交通拥堵、公共场所质量低下等。相关规划中就原住民反映的夜景亮化光污染、周末休息易被打扰等问题,提出不过度发展深夜经济、保留周日早晨的和平宁静等行动口号,公司起到协调空间组织、制定商会经营规范与监督的职能,为更好地维持在地性发展提供保障。

3.6.3 绅士化进程助推街道自我更新

从20世纪60年代开始,绅士化进程就与街区更新、城市复兴交织并行。作为"中产阶级"的迁入者对街道空间环境的认知与再造,提升了物理空间的经济与社会价值,推动了地区产业结构的更新。同时,由于迁入者具备一定的资源优势与经济动员能力,因此又能更好地助推街道保护、改造与提升。当然,也应注意过度绅士化带来的社会分异加剧,最终可能导致片面追求土地利用效率和寻求土地价值最大化,丧失本地性、草根烟火气等社会问题。

4 小结

面对消费模式的转型,牛津街在凝聚多方合力的作用下也正发生着蜕变。牛津街的演化,具有时代性也同样具有局限性。将眼光聚焦我国的商业步行街改造,无论是商业步行街或者仿古街、城市商业街区等,也正经历着从单一零售商业向体验性商业消费过渡的转型期,伴随着辅街街区商业关联性延伸、交通流线的再组织以及公共空间的激活更新。

本文拟通过牛津街演化及改造策略的相关研究,梳理出业态、交通、公共空间、风貌、组织管理等主要方面的内容,以期对我国步行街改造提升工作起到启示作用。

参考文献

[1] City of Westminster. Westminster City Council City Plan[R]. 2016.

[2] New West End Company. Oxford Street 2022 The Vibrant Future[R]. 2019.

[3] City of Westminster. Westminster City Council Building Height Study[R]. 2016.

[4] City of London. The London Plan The Spatial Development Strategy For Greater London Draft For Public Consultation[R]. 2017.

[5] City of Westminster. Oxford Street District Place Strategy and Delivery Plan 2018[R]. 2018.

[6] City of Westminster. Oxford Street Transformation Detailed Highway Designs[R]. 2017.

[7] City of Westminster. Oxford Street District Zonal Working Group Meeting [R]. 2019.

[8] City of Westminster. NO. 103 Oxford Street, London, W1D 2HF[R]. 2019.

[9] 肖竞，曹珂. 英国保护区评估方法解析：以格拉斯哥历史中心保护区评估为例[J]. 国际城市规划，2020，35(1)：118－128.

[10] 高畅. 国内外历史街区保护规划体系的对比研究[D]. 天津：天津大学，2012.

[11] 吴淑凤. 迁入者与创意街区的社会建构：基于一种绅士化的视角[J]. 城市规划，2019(6)：90－96.

东京高品质、多元共治的城市更新经验及对北京的启示

王崇烈　赵勇健　舒　畅

北京市城市规划设计研究院

摘　要：以北京为代表的大城市已进入存量更新的"城镇化下半场"，但更新制度构建、项目实践等方面均处于探索阶段，大量问题有待解决。本文从北京城市更新中面临的政策瓶颈突出、部门协同难、实施模式僵化、规划统筹不足等问题入手，剖析了东京城市更新的特征与典型案例，希望东京城市更新中以轨道交通TOD为引领、以高品质城市空间和人性化为目标、以多元共赢和协同共治机制为保障等特征，能为北京城市更新规划建设提供经验借鉴。最后，结合北京本土特征，本文提出尽快构建北京城市更新体系、研究高品质城市空间激励政策、加强轨道与用地结合、研究技术标准与规范、聚焦"四个服务"探索更新政策等方面的工作建议。

关键词：北京城市更新；东京；高品质；TOD；借鉴启示

随着我国社会经济发展和城镇化进程，以北京、上海为代表的超大城市规划建设逐渐由增量新建向存量更新为主转变。北京城市总体规划提出"减量提质"的相关要求，希望逐步建立城乡建设用地增减挂钩、存量更新的政策机制，鼓励对存量用地和建筑的更新改造。东京与北京在政治、文化中心方面首位度相似，都是经济发展、人口和城市建设高度集聚的超大城市地区。东京围绕轨道交通的城市更新，持续发挥着重构城市空间结构、提高城市竞争力和经济效能、提升空间品质等多重作用。本文梳理了北京在城市更新中面临的问题挑战，并剖析了东京城市更新的特征和相关案例，并以东京更新经验为启示，提出北京城市更新工作下一步的思路建议。

1　北京在城市更新中面临的主要问题

根据总规要求，到2035年北京全市城乡建设用地规模由现状2921 km^2减到2760 km^2左右，其中需更新（拆旧建新）建设用地约580 km^2，规划新增建设用地约450 km^2，更新与新增比例为1∶0.76，可见城市未来更新工作已成为城市建设的主战场。相较于东京、伦敦等国际城市甚至国内深圳、上海等城市，北京城市更新的政策路径、制度设计和具体实践均处于起步阶段，虽已出台大量政策但推动城市存量空间利用的瓶颈问题仍未破解，在政策瓶颈、部门联动、实施模式、规划统筹等方面，亟待找到突破点。

1.1 政策瓶颈突出：政策瓶颈制约自下而上的存量更新

北京在历史文化街区、老旧小区、老工业厂区、老商业区、老产业园区等各类用地更新实践中，仍旧存在诸多政策瓶颈。例如，第一，在历史文化街区更新过程中，房屋产权是主要制约因素，当前大量存量房屋为公房，无法进行产权交易，给资金运作带来重大制约。第二，老旧小区更新中老建筑无法满足日照间距等当前技术规范新要求，难以原拆原建，只能高成本低效地进行建筑修缮加固，锅炉房等不再使用的设施用房在用途变更上难以操作，导致存量资源无法有效利用。第三，老工业厂区更新，面临消防、绿化等建筑规范要求不支撑现有建筑转变使用功能，用地性质调整难等问题；对工业低效建筑进行夹层等改造时，建筑面积增量无政策支撑。第四，老商业区更新，除了同样面临前述消防等规范制约、多方协作运营等问题，还有建筑规范对养老、文化娱乐、教育、住宅等功能的布局带来一定制约。第五，老产业园区更新，缺少引入新主体和业态的政策，更新主体在更新过程中承担补齐区域公服设施缺口、缓解职住不均衡的公寓等责任成本较高，主体缺乏动力。此外，还有公共设施、公共空间、地下空间、集体建设用地的更新也有诸多问题。

1.2 部门缺乏协同：存量更新的顶层更新制度体系尚不完备

在经济发展、部门联动、产业创新、财税金融、投融资、土地制度等具有牵引作用的领域，面向存量更新的政策协同不足，存在亟待破解的瓶颈问题。一是政策尚缺乏顶层设计，市场机制发挥不足，部门联动不够；二是对于土地全生命周期管理未形成闭环，多部门共同监管制度不完备；三是各区产业用地准入条件未完全建立；四是对于历史中形成的空置与低效用地，缺乏倒逼退出并进入市场再利用的政策机制；五是支持降低企业发展成本的经济长效机制还有待加强，比如金融的长期资金支持、优化营商环境、缩短审批周期与简化审批程序等方面均可进一步改善。

1.3 实施模式僵化：当前改造空间以新建为主，不适应存量更新项目

北京城市空间现有主要实施模式还是土地储备与一级开发，尚未形成存量空间供给与更新转型发展的方式，存量更新规划相关政策的空间精度与更新要求过粗。新版北京总规确定的空间战略格局与要求，已成为全市各项工作根本遵循。总规贯彻实施应该综合考虑“四个中心”建设（政治中心、文化中心、国际交往中心、科技创新中心）、补短板任务、供地规模、政府投资能力等发展要求与现实能力，制定具有可操作性的规划指引要求。

1.4 规划统筹不足：对“四个中心”“为人民服务”等回应不够

“建设一个什么样的首都，怎样建设首都”这一命题，是做好首都工作必须时刻思考把握的根本问题，也是首都城市更新工作区别于其他城市的根本特征。目前来看，北京城市存量更新与“四个中心”工作、民生缺乏密切地互动，在空间资源和经济要素的配置上对于都市与城市缺乏差异化的分层对待，尚待加强规划空间的统筹引导，完善相应保障政策，为中央和国家机关优化布局提供条件。

从当前发展的现实困境来看，规划实施仍未完全摆脱增地增规模的规划建设思路，存量建设用地自我提质增效的动力不足。从规划管理政策体系上，应对超大城市复杂性的治理体系有待建立，行政审批与技术标准相对粗放，多数标准仅适用于新建项目，针对存量更新的技术标准和政策机制有待形成；政府层面尚未形成多方参与的成熟模式和协调机制，缺乏社会力量参与的奖惩和监督机制；多方参与的利益分配机制尚未形成，缺乏利益分配制度（图 1）。

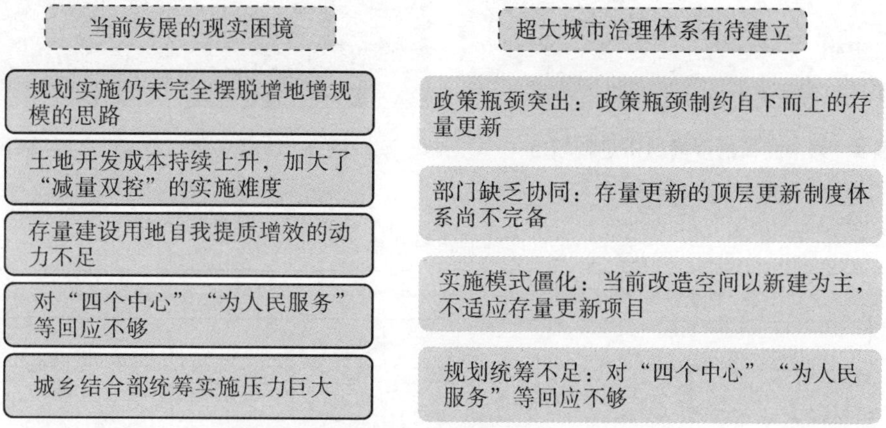

当前发展的现实困境

规划实施仍未完全摆脱增地增规模的思路

土地开发成本持续上升，加大了“减量双控”的实施难度

存量建设用地自我提质增效的动力不足

对“四个中心”“为人民服务”等回应不够

城乡结合部统筹实施压力巨大

超大城市治理体系有待建立

政策瓶颈突出：政策瓶颈制约自下而上的存量更新

部门缺乏协同：存量更新的顶层更新制度体系尚不完备

实施模式僵化：当前改造空间以新建为主，不适应存量更新项目

规划统筹不足：对“四个中心”“为人民服务”等回应不够

图 1　北京城市更新现实困境与政策瓶颈

（图片来源：自绘）

2　东京城市更新一般类型

东京城市更新有类似我国棚改的城市“重建式”更新，也有土地整理重划的“整治式”更新；有针对高密度城市建成区的再开发、再改造，也有针对历史地区、平房区的整理重建。总的来说，东京城市更新模式大致可分为两类，即土地区划整理和市街地再开发。

土地区划整理模式是将整个更新区域零散的个人土地重新整理，规划路网并重新划分各业主土地。在这过程中，结合道路建设增加公园等公共设施，道路、公共设施以外的土地按照规则重新划分规整，并由各个土地所有人各自建设。

市街地再开发模式一般由一个项目实施主体推进建设实施，东京大部分城市更新项目均为此类模式。该类城市更新多数伴随着建筑规模大幅提升、城市面貌巨大改变和空间品质的改善，如东京丸之内地区城市更新、汐留副都心规划建设（图 2）、六本木之丘大型城市综合体（图 3）等。

东京的两种城市更新模式对城市面貌的改变方式虽有不同，但均是基于原有土地产权多主体协商达成共识前提下进行的，同时都需要通过容积率奖励等制度提升项目建设规模，从市场角度实现资金平衡，落实规划建设要求（表 1）。

图2　综合立体的汐留城市更新项目
（图片来源：自摄）

图3　功能复合的六本木之丘项目
（图片来源：自摄）

表1　东京两种城市更新模式对比浅析

	土地区划整理事业	市街地再开发事业
规划	统一规划	
建设	多实施主体各自建设	统一实施主体整体化建设
适用项目	针对明显存在各类问题，需要进行包括路网等公共设施和住宅、办公等建筑物综合改造更新的区域	附带商业设施的公共住宅、大型办公楼、商业设施、文化设施和酒店等综合体再开发项目
土地持有	分开持有	共同持有
权利分配	更新后获得等价值的私人土地	更新后获得等价值的楼板面积
资金平衡	将"保留地"转让给第三方来平衡项目资金	将"保留楼板"转让给第三方来平衡项目资金

（表格来源：自制）

3　东京城市更新的特点与典型案例

以市街地再开发模式为代表的东京城市更新，通常围绕轨道交通一体化建设，以集聚城市功能为特点，以提升城市品质为核心，通过一系列鼓励政策和协商机制，实现政府、企业、市民的多元共赢。此类更新通常有以下四个特点：1. 围绕轨道站点土地复合利用和高强度开发；2. 上下结合、多主体参与、市场化的更新机制政策；3. 高品质的城市空间激励机制；4. 人性化的公共交通和便捷化的更新体系。

3.1　围绕轨道站点土地复合利用和高强度开发

在东京城市更新中，轨道公司往往是土地综合开发的主导力量，围绕轨道站点形成土地复合、高强度的综合利用模式，轨道客流反哺物业，物业吸引人流，形成高品质综合开发的良性互动。

从用地布局和功能上看，东京轨道交通站点 TOD（Transit-Oriented Development）地区，一般具有站城融合度高、土地集约度高、空间品质高、功能多元的特点。在影响范围上，站点周边TOD规划范围以站点为中心放射状或环状布局，站点位置越重要、客流越大，影响范围越大。在功能选择上，处于核心区的站点周边商业办公占比越多，外围区域则快速由商业过渡为居住。在功能布局上，充分根据旅客行为特征设置，站点紧邻地区一般设置商业功能，向外布局办公和居住。在开发强度上，站点周边地区一般为区域强度最高点，在站点TOD范围外强度则大幅下降。

例如，位于中心城区城市副都心的新宿站周边地区，全日客流量约300万人次，周边功能混合度高，以高强度商业办公为主，商业办公功能延伸至站点周边800 m及更大范围，周边800 m商业办公占比达70%，周边半径400 m大多数地块容积率达到10以上。位于中心城边缘区域中心的二子玉川站周边地区(图4)，全日客流量7.9万人次，用地功能以商业、办公、居住为主，商业办公功能沿周边可更新地块带状发展，800 m范围内商业办公占比55%、住宅占比36%，平均容积率约3.9，同时周边用地布局充分考虑商业规律和乘客出行特征，统筹布局商业、办公和住宅功能，形成具有综合功能的TOD区域。

图4　二子玉川站及周边用地规划建设模式

(图片来源：自摄)

3.2　上下结合、多主体参与、市场化的更新机制政策

东京城市更新是国家政策与资本意志相结合的多主体协商市场行为，以利益相关方达成共识为前提，并有相应配套的法规政策体系和实施机制，保障城市再开发过程顺利实施。

一是形成了一套能够整合多方力量的协商机制。这套机制的核心是以原有土地权属方为联合主体，以利益相关方达成共识为前提，以经济利益捆绑为手段，通过大量协商谈判、多方参与形成城市更新的框架协议，从而调和国家战略政策、资本的意愿、政府的管控要求和市民要求。二是经过多年发展，探索出成熟市场化的利益共赢、分配保障机制。由于东京城市更新过程中土地权属方较多，因此需求也各不相同，与我国城市开发建设中较为单一的“货币补偿、还建住宅或物业补偿”方式相比，东京城市更新往往还能够通过土地产权入股、容积率转移、土地再分配、建筑物再分配等多种方式操作，完全通过协商以市场化的手段满足各方需求，实现多方利益共赢。

以东京站八重洲地区城市更新为例，该地区有50多家权属主体参与更新工作，协调统一实施难度较大，由于涉及主体多，该项目经历了16年的不断协商最终建成。综合开发过程由一家企业牵头推动，通过与相关各主体不断协商，各方对利益分配框架协议、地区更新导则和地下空间整合方案达成共识。

3.3 高品质的城市空间激励机制

3.3.1 以容积率奖励和规划要求放宽为手段的高品质空间导向激励政策

以营造高品质城市空间为导向，更新中形成了容积率奖励、容积率转移、规划管控放宽等主要激励手段，政府通过让渡容积率，一方面帮助开发主体解决资金平衡与收益问题，同时通过清晰可量化的奖励规则激励实施高品质城市空间。

东京通过不断修编《城市再开发法》等法规政策，形成了包括存量地区的规划政策（如功能混合、容积率奖励、绿地率核算、斜线限制放宽等）、土地政策、金融财税（如融资、税收优惠及其他补助措施等）和多主体协同机制在内的一系列政策与手段，引导实施主体提供更多公共空间和服务。尤其在促进高品质空间实现方面，容积率奖励制度将实施主体让渡公共空间、建设有助于区域环境改善的设施等内容作为重要奖励依据，开发主体提供相关服务时能根据标准核算出可获得的容积率奖励，从而直接带来经济效益。例如在相关制度中，形成明确的奖励数值，规定将建筑密度降低10%且将基地面积10%以上设置为开放广场，可获得0.5容积率奖励值；建设自行车配套设施可获得0.1容积率奖励值等。另外，相关奖励规则还将长期的运营成本一并考虑，在初期能够详细分析折算(图5)。

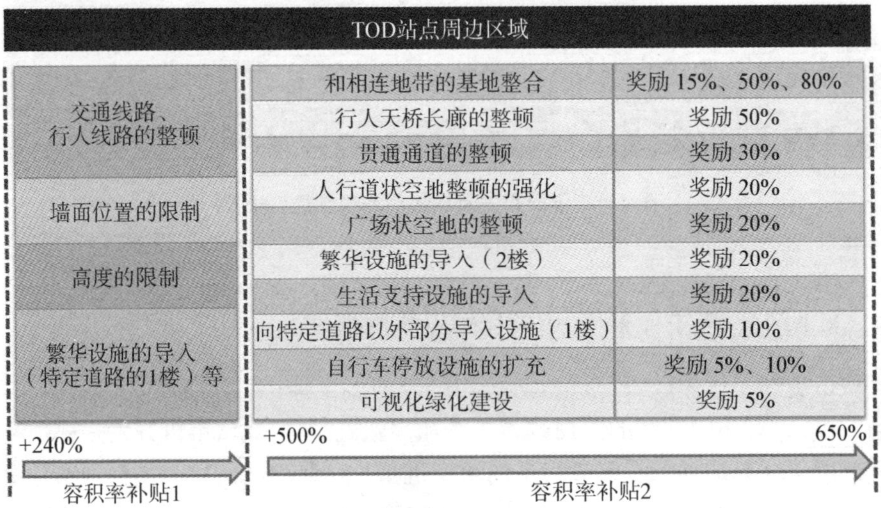

TOD站点周边区域

交通线路、行人线路的整顿
墙面位置的限制
高度的限制
繁华设施的导入（特定道路的1楼）等
+240%
容积率补贴1

和相连地带的基地整合	奖励15%、50%、80%
行人天桥长廊的整顿	奖励50%
贯通通道的整顿	奖励30%
人行道状空地整顿的强化	奖励20%
广场状空地的整顿	奖励20%
繁华设施的导入（2楼）	奖励20%
生活支持设施的导入	奖励20%
向特定道路以外部分导入设施（1楼）	奖励10%
自行车停放设施的扩充	奖励5%、10%
可视化绿化建设	奖励5%

+500% 650%
容积率补贴2

图5 东京容积率奖励细则示意

（图片来源：自绘）

3.3.2 强度公共利益和舒适便捷的高品质公共空间营造

东京城市规划建设管理始终以“城市空间高品质”和“人使用的便利性”为出发点，始终强调公共利益优先，从步行舒适性角度关注“地块内外公共空间一体化”和“街道空间一体化”的实现，统筹地块内外空间设计使用与运营管理。鼓励建筑内部相关功能、空间向城市开放，为市民提供丰富的休闲、游憩场所；同时将街坊路与地块内公共空间有机组织，形成连续怡人的慢行系统；注重统筹设计实施从建筑基底到机动车道之间的街道空间，通过统一的景观、铺装设计与实施实现地块内部和道路的一体化，商业、办公等公共建筑不设围墙，让人在步行中感受不到地块分割（图 6）。

图 6　城市街道地块内外空间一体化的精细营造

（图片来源：自摄）

例如紧邻日比谷公园的日比谷新城，在设计与实施管理中注重公共空间开放性和品质（图 7）。一是通过动线引导、垂直绿化和观景平台等方式，将公园景观与建筑内部空间紧密衔接，同时地块内公共空间和建筑的退台空间对城市开放，成为市民日常休闲场所。二是在运营管理中，将地块内、外城市公共空间统一设计、实施、运营和管理，由专门的物业公司为城市公共空间和地块内场所提供维护工作。

图 7　日比谷项目内绿色空间、平台等向城市开放

（图片来源：自摄）

3.4　人性化的公共交通和功能复合的更新体系

东京以轨道站点带动城市更新，将公共交通的优势发挥到了最大。将人行流线、车行流线、铁路乘车流线进行系统梳理和引导，既要实现便捷的综合换乘，还要避免人流交织，引起人行拥堵混乱等不利情况。同时，更新中更加关注人文性和活力性，实现精细化的站城融合，一般会将商业、文化、休闲、居住功能进行统筹融合，关注经济价值和空间品质的同时，也注重人文精神和城市活力。

以新宿站为例，有5家铁路主体的10条线路汇入，日客运量358万人次。整体设计以人行系统为核心，形成立体交通系统。地面层为铁路站台；二层横跨铁路形成连续的大平台，建筑物内部实现换乘，外部可以行车；三层为出租车及高速巴士落客；四层是高速巴士乘车。出入口超过100个，多数与建筑物一体化设置，实现了交通组织空间与公共空间的高效融合。同样，汐留货场城市更新项目中，通过更新形成立体交通、功能复合的城市副都心和新地标，地区内共有5条轨道线、5座轨道车站及多条机动交通和慢行系统，形成了六层交通网络与系统，构建了良好的公共交通服务体系，为地块大规模开发提供了交通保障(图8)。

图8　东京汐留地区人性化、高复合的综合立体交通

(图片来源：自摄)

对比来看，北京中心城范围内的北京东货场、百子湾货场和大红门货场也处于转型发展服务城市的关键时期，应发挥轨道站点支撑作用，成为未来城市更新的重点。以广安门铁路场站改造为例，货场更新实施主体为铁路部门，主要更新功能为保障性居住用房，转型功能单一，缺乏与地方政府的协商，也缺乏规划的综合引导，对城市效益仅打通一条城市断头路，没有形成城市活力中心，与东京汐留货场更新对比，差距较大(表2)(图9)。

表2　北京广安门与东京汐留货场更新比较

	汐留更新	广安门更新
现状权属	铁路+部分小业主	铁路
面积	约31 hm^2	约17 hm^2
更新过程	多元协商	地方政府VS铁路协商
更新后功能	商务商业城市中心	居住区
更新后规模	约160万 m^2	约25万 m^2
更新后强度	毛容积率5.1(最高12)	毛容积率1.5(最高2.8)
更新后权属	共有，建筑切分	铁路
城市效益	新都心、活力区	保民生、打通断头路

(表格来源：自制)

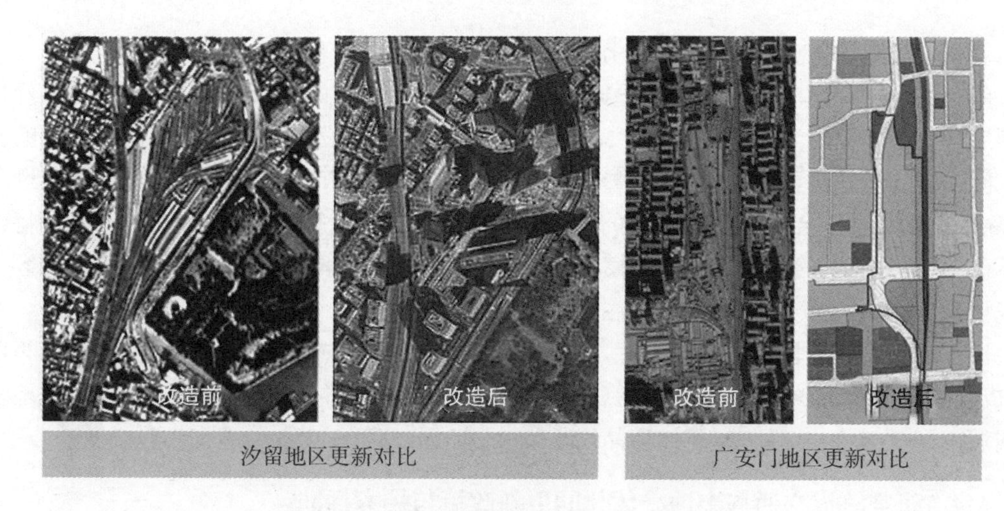

图 9　东京汐留货场、北京广安门货场更新对比

（图片来源：自摄）

4　北京的启示借鉴与下一步工作

东京城市更新政策路径和实践经验为北京城市更新政策机制建立和具体实践提供了有益借鉴，也为下一步的工作提供了思考方向，主要有以下五个方面。

4.1　尽快建立存量发展背景下的城市更新体系

东京城市更新的实现是由完备的体系、政策机制和成熟的市场化运作规则保障的。北京城市规划建设应研究由“控制、管理”转向“精细、引导”的规划体系，并优先围绕轨道站点开展城市更新规则、城市更新规划技术创新与应用的探索，尽快形成适用于北京本土情况的更新体系框架。在目前探索阶段，可围绕轨道交通站点和规划轨道微中心，划定城市更新的政策优惠区，先试先行，给予空间资源、金融、税收等方面的政策支持，以试点项目带动城市更新体系建立。

4.2　研究面向更新的规划、审批、土地、财税等政策机制

北京规划实施与管理的思维方式仍未由“增量新建”向“存量更新”转变，面向更新的调控机制、行政审批、政策法规尚未形成。应坚持以问题和实施为导向，尽快开展城市更新系统研究，依据圈层特点开展城市更新规划技术创新与应用；研究制定规划、土地、金融、财税、法规规范与政策体系、部门协同机制，重点在更新地区规划审批制度、城市品质引导与鼓励政策、权利再分配机制、利益返还财税政策方面展开积极探索。

4.3　以提升城市空间品质为导向，出台相关激励政策

北京的规划编制和实施体系，应严格落实总体规划，更关注以人为本，以保障公共利益和空间品质提升为底线，将“人和城市品质”作为规划编制和项目实施的核心导向。以城市空间品质提升为前提，在特定地区探索规划单元容积率转移规则和公共设施与开放空间规

模核算减免规则，研究地下空间一体化综合利用相关的标准规范。

同时，在土地供应中，可研究品质导向的土地供应政策与相关细则，参照目前用地价格封顶后竞自持面积的方式，研究引入"品质竞争性条款"，以开发单位是否能够提供更多的公共空间或公共设施作为竞争条款，引导实施主体更多关注城市品质。北京在土地出让过程中，除竞价格外已出台了竞自持面积的相关条款，下一步可探索"竞品质"的相关政策，将建设单位对"额外提供的公共产品的规模与品质、公共空间品质承诺、工程质量承诺"等内容作为竞争条款，引导实施主体更多地关注城市品质。

注重空间品质的长效维护与治理，发挥城市运营在更新中的作用。探索以市场化为前提，成立政府引导、市场运作的城市运营管理物业公司，统筹维护管理城市公共空间和地块内向城市开放的公共空间，保障城市品质。

4.4 研究轨道交通与土地一体化的更新政策与技术标准

构建站城人一体化的公共空间，引导用地内部空间多样化向城市开放，形成连续的立体慢行系统，提供宜人的立体绿化空间，建筑物的某一层承载城市公共服务功能；研究结合轨道交通换乘大空间优化消防与人防设计等，也可通过试点创新消防、人防、日照、绿化等功能技术标准，突破一体化整体设计瓶颈。

4.5 着眼于央地联动，对"四个中心"重点工作给予专项政策支撑

着眼于"四个中心"探索城市更新政策是北京区别于其他城市的独特命题，可探索建立各类空间资源置换机制，如央属、市属等各类资源及办公、配套等各类功能的置换机制，逐步开展置换工作。完善腾退资源统筹利用机制，统筹非首都功能疏解腾退空间资源，根据职能任务和各单位疏解腾退情况，综合分析、分类梳理、想深想透、稳步推进，统筹协调好非首都功能疏解与规划实施的关系。完善财税政策，结合京津冀协同发展深化财税金融体制改革的要求，研究财税专项支持政策，探索建立各产权主体间资源置换经济补偿政策，探索市场化运作机制。

参考文献

[1] 同济大学建筑与城市空间研究所，株式会社日本设计. 东京城市更新经验：城市再开发重大案例研究[M]. 上海：同济大学出版社，2019.

[2] 白韵溪，陆伟，刘涟涟. 基于立体化交通的城市中心区更新规划：以日本东京汐留地区为例[J]. 城市规划，2014，38(7)：76－83.

[3] 北京市城市规划设计研究院. 北京市存量建设用地更新实施政策调研报告[R]. 北京：北京市城市规划设计研究院，2018.

第五章

城市更新的地方实践

多元融合的城市中心区更新模式探索

王颖莹

上海市城市规划设计研究院

摘　要：近年来，随着城市发展日趋成熟，城市更新正在逐步成为城市可持续发展的主要方式。作为城市核心地带的城市中心区，经历了长时间的发展，逐渐老化的物质空间和不断增长的功能需求的矛盾日益突出，更新需求也最为迫切，并呈现出多元化、综合性、持续性的特征。本研究结合上海虹桥经济技术开发区城市更新研究项目，探讨了多元主体背景、多功能需求融合的复杂情况下，解决城市中心区功能缺失、物业老化、交通拥堵、环境品质差、公共活动空间缺乏等共性问题的更新原则、更新策略，并结合空间规划和城市设计，重点就商务楼宇、居住社区、公共空间三类典型的更新单元提出了人性化、可实施的更新路径，以期为其他城市中心区更新的规划实践提供参考和借鉴。

关键词：城市中心区；城市更新；多元融合；品质提升；人性化空间营造

1　引言

2015年5月，《上海市城市更新实施办法》正式实施，标志着上海已进入以存量开发为主的"内涵增长"时代，"城市更新"成为上海城市可持续发展的主要方式。而城市中心区作为城市核心功能的承载区，其更新研究更是重中之重。本文选取上海虹桥经济技术开发区为案例，作为全市第一个商务区的城市更新，第一个区域性的城市更新，对上海中心城区的城市更新具有标杆性的指导意义，同时也为其他城市中心区的更新提供借鉴。

2　城市更新内涵及发展趋势

2.1　城市更新概念内涵

城市更新(Urban Regeneration)的概念出现于1990年代之后，定义为通过全面及完整的行动解决城市问题，对某一需要改变地区在经济、物质、社会、环境等方面产生持久的改善。其内容涉及对已经丧失了的经济活动进行重新开发；对已经出现障碍的社会功能进行恢复，对出现社会隔离的地方促进社会融合；对已经失去的环境质量和生态平衡进行复原。城市更新具有广泛的职责范围：它包括一整套设法刺激参与和繁荣的方案，以实现当地人民的雄心和愿望。

城市更新(Urban Regeneration)是主要针对城市衰退现象而言的城市再生,相较于更早期提出的城市重建(Urban Renewal)、城市再开发(Urban Redecelopment)、城市振兴(Urban Revitalizaition)等概念,其内涵更加全面,更强调可持续发展的需要,其主体更加多样化,包含政府、私人开发商、社会团体、学者、公众等多方的协作。

2.2 城市更新发展趋势

人们对城市更新的认识经历了一个过程:从城市物质环境的改善开始,到追求一个经济利益最大化,直至现在的更加追求整体、系统化。受到 20 世纪 90 年代人本主义思想和可持续发展观念的影响,城市更新高度注重人居环境,更新的目标主要为城市历史文化的保护以及对市民公共利益的维护,期望通过城市更新增加城市的多样性。

更新内容包括了城市衰退地区以及规划不佳的非衰退地区,从整体拆建式的旧城改造向特定区域复兴、社区邻里自建转变。更新规模上,从大规模、断裂式改造到小规模、渐进式的更新方向转变。意识到城市更新是一种持续不断的过程,所以不应只存在大规模的城市改造,还应同时注重针灸式、修补式的城市更新。更新机制上,从之前由政府部门或私营部门主导的“自上而下”的更新向由社区主导、公众参与的“自下而上”更新转变,更多地方的社区居民与社会组织开始在城市更新中发挥作用,多维度、多方的合作机制开始形成。

3 城市中心区更新认知

3.1 城市中心区概念

城市中心区是城市功能和城市公共生活高度集中的城市核心地带,它肩负着城市政治、经济、文化、产业和社区等多元化功能,也是城市公共建筑和第三产业的集中地。作为各种功能的集中地,城市中心区的功能强调的是功能的复合,通过功能的复合促进城市生活的多元化,延续城市活力,发挥城市多元综合效益。

上海新一轮总规中,提出了中央活动区(Central Activity Zone,CAZ)的概念,作为全球城市核心功能的重要承载区。作为城市中心区的新形态,中央活动区(CAZ)的概念拓展了中央商务区(CBD)单一的经济功能,增加了文化、休闲、旅游等综合性功能,使其高度融合,既链接全球网络,又服务整个市域。

3.2 中心区城市更新原则

3.2.1 多功能融合原则

多功能融合的更新原则主要表现在城市功能的调整和城市用地功能组合的多样化。从单一功能转向多元功能、混合使用,提供相对平衡的居住和生活,在小范围中满足居住、娱乐和工作等需求。建设文化、娱乐、教育、休闲相结合的中心城区社区结构,提高生活品质和效率。打造具备多样化功能的城市公共空间,为市民提供丰富的城市生活。

3.2.2 多主体参与原则

相对于城市其他区域，城市中心区的本职就是为市民提供一个综合服务场所，用来满足城市市民对城市生活多样性的体验需求。城市中心区更新升级的过程中应考虑其服务的不同利益主体的需求，鼓励企业和社会组织参与，充分听取社会各方意见，制定个性化实时策略，使更新后的城市资源可以更好地被公众所利用，更好地促进社会融合，激发社会活力。

3.2.3 集约化与人性化原则

功能的集聚往往需要高密度的支撑，人口密度大、公共性活动强，建筑密集、土地利用率高是城市中心区的典型特征。基于这些特性，在中心区更新过程中更要注重有限的土地资源的集约化利用，加强空间增长管理，采用与城市轨道交通相结合的紧凑集中的更新模式，促进土地的高密度和混合利用。同时，以人为本地考虑城市空间的合理布局，有效挖掘可开发的地下空间，注重零售空间、公共建筑和文化设施等公共空间的营造，强调人的尺度和使用感受，建设高度人性化的城市中心活力区。

3.2.4 科学性与渐进性原则

城市中心区在城市中往往处于核心地位，城市功能与基础设施相对完善，对周围地区发挥着重要的聚集和辐射作用。因此，在城市中心区更新升级中，应充分考虑其对周边的影响，通过整体性评估，制定科学合理的规划方案与实施策略。制定近、中、远期规划，渐进式有序推进，并根据反馈及时修正方案，使更新可持续化，使实施的结果适应不断变化的生活要求、时代要求和环境要求。

4 案例剖析

4.1 区域概况

上海虹桥经济技术开发区（简称“虹桥开发区”）是1986年成立的首批国家级经济技术开发区，是中国当时唯一以外贸中心为特征，集展览、展示、办公、居住、餐饮、购物为一体的新兴商贸区和商务区，也是全国唯一辟有领馆区的国家级开发区。

在发展过程中，虹桥开发区经历了两轮空间上的扩张。2000版上海市城市总体规划中将虹桥涉外贸易中心确定为四大市级专业中心之一，规模在原虹桥经济技术开发区0.65 km^2的基础上扩大至1.78 km^2。2010年根据《上海市基本商务区规划》，虹桥涉外贸易中心范围进一步扩大至3.15 km^2，北至玉屏南路，西至芙蓉江路，南至黄金城道，东至中山西路。本次研究范围基本为《上海市基本商务区规划》中确定的虹桥国际贸易中心范围，总面积约3.18 km^2（图1）。在《上海市城市总体规划（2017—2035）》中将其纳入中央活动区（CAZ）范围，作为全球城市核心功能的重要承载区。

图 1　虹桥开发区范围图
（图片来源：笔者自绘）

4.2　现状问题

4.2.1　主体功能地位下降，业态传统单一

虹桥开发区作为 20 世纪 80 年代全市唯一的以商务办公为主导功能的开发区，以先发优势取得快速发展。进入 21 世纪，随着上海经济中心东移，其他商务区兴起，虹桥开发区的竞争力逐步下降。近年来，自贸区、保税区等重大政策的出台，更使虹桥开发区国际贸易的优势地位受到挑战。

受到传统产业惯性、办公载体竞争力不足等因素的影响，虹桥开发区转型进程缓慢，创新活力不足。通过对当前区域内租户的行业统计，发现批零贸易和生产制造型企业两类租户合计占比高达 57.10%，而机构和专业服务类客户合计仅 20.71%，金融类客户占比更低且以银行和小型投资类企业为主，文创设计研发类企业占比不到 1%（图 2）。可见，现有产业仍以批零贸易和生产制造型企业为主，创新型、设计研发类企业缺乏，影响了地区的整体竞争力。

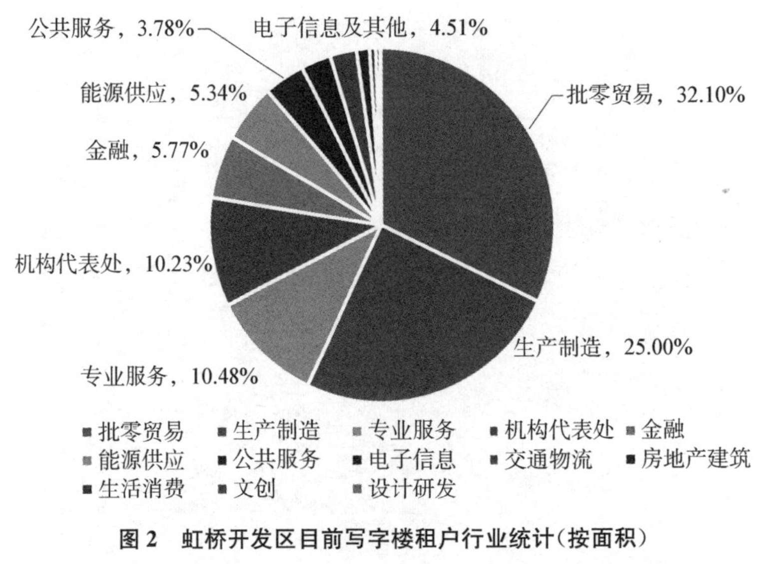

图 2　虹桥开发区目前写字楼租户行业统计(按面积)

(图片来源:虹桥经济技术开发区城市更新研究项目组收集)

4.2.2　配套功能缺失,品质有待提升

虹桥开发区规划功能以商业、商务办公功能为主,中高端商住混合的居住功能被忽视,文化娱乐类功能不足。核心区的商办配置比例高达 85%,居住功能配比为 12%,而文化功能则仅有 1.5%。从整个虹桥开发区区域范围来看,住宅占比虽然有 39%,但是以老公房社区为主,与就业人群需求不匹配。

地区内缺乏满足商务、旅客、居民等各类人群的活动需求的公共设施。虽然区域及周边地区聚集了美术馆、博物馆、展示馆、舞蹈中心和体操中心等众多文体资源,但以观赏为主,缺少互动性,消费频次低,大型的互动性体验式的公共文化设施缺乏,未能形成具有活力的公共空间。同时缺乏针对商务人群、就业人群、年轻人群的高品质生活服务设施,在特色餐饮、精品酒店、文化休闲设施、高端旅游接待设施等方面均存在一定缺口。

4.2.3　南北交通割裂,轨交支撑不足

交通条件上,一方面 20 世纪 90 年代建设的延安路高架桥割裂了地区南北的交通联系,延安西路两侧支路连通性较差,部分路段交通拥堵已趋常态。另一方面轨道交通 2 号线和 10 号线位于地区的南北两侧边缘地区,均无深入虹桥开发区核心地段,对核心区的支撑不足,导致“最后一公里”交通成难题,由此也进一步降低了公交出行比率,增加了区域内部道路交通压力。由于道路空间资源紧张,地区内出现娄山关路、遵义路、仙霞路、茅台路等多条道路单向交通组织,增加了出行不便。同时机动车道、非机动车道路权矛盾突出,非机动车通行空间被压缩。

4.2.4　物质空间老化,环境品质较差

在虹桥开发区向外扩张的过程中,因周边发展已较为成熟,大规模拆建难度增加,主要采用了点状更新改造的模式。这种模式造成了如今居住功能和商务功能混杂布局的状态。虹桥贸易中心范围内存在大量建于 20 世纪 80 年代之前的老旧社区,建筑质量较差,居住品质较低(图3)。这些老旧社区的存在影响了地区的整体品质,与建设高端商务区的要求差距甚远。

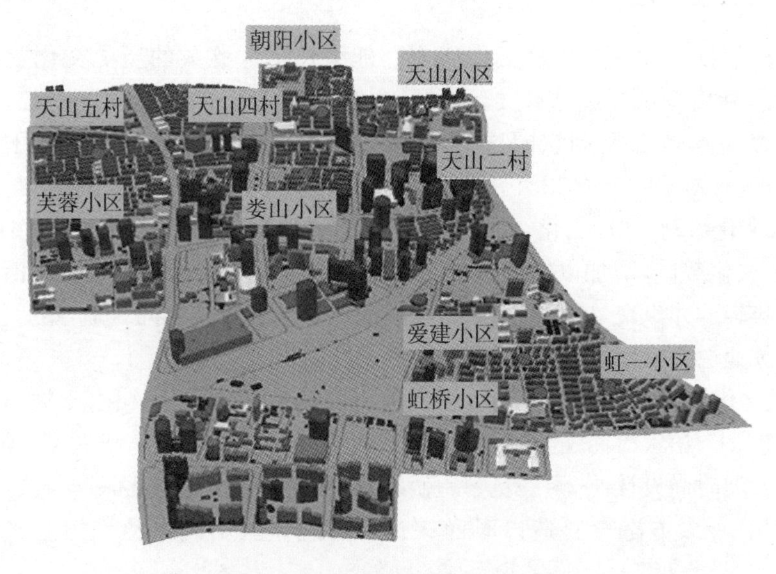

图3　虹桥开发区内老旧社区分布图

(图片来源:虹桥经济技术开发区城市更新研究项目组绘制)

建成至今,虹桥开发区内大量商务楼宇使用年限较长,软硬件设施已较为老旧,在建筑造型、建筑层高、配套设施、环保标准等方面与产业升级的空间和品质需求严重脱节,无法匹配高能级产业、品牌客户的入驻需求,极大地削弱了虹桥开发区的综合竞争力。

在环境品质方面,可有效使用公共空间缺乏,区域内最大的绿地——新虹桥中心花园实行封闭式管理,不利于周边居民和就业人口使用,小型宜人的街头广场、绿地较少。地铁车站、地上地下空间缺乏有效连通,街道偏重交通功能,慢行活动空间受挤压,品质较差。

5　多维度更新策略探索

5.1　重塑核心功能

虹桥开发区作为上海最早的国际贸易中心,在新形势下的转型重构过程中,应审视历史把握机遇,利用原有优势,重塑"国际、商贸、文化"的核心功能,并向精品化、高质化方向提升,以贸易引领现代服务业融合升级,建设为上海国际贸易中心核心承载区。

持续提升国际商贸核心功能,顺应国际贸易由货物贸易向服务贸易转型的趋势,充分利用"一带一路"国家倡议与自贸区制度创新优势,促进虹桥经济技术开发区贸易转型升级,重点培育技术服务、文化服务、专业服务、数字服务等类型的服务贸易新业态,提升会展服务的支撑功能,促进企业总部与金融机构集聚。

提升商业发展能级、创新商业发展模式,在商务服务中增加体验式、个性化的产品,与文化、休闲、游憩等城市功能相融合,构建多元消费空间。重构吸引力,形成凝聚力,着力打造具有国际特色、繁华卓越、文化兼备的多功能复合型商务中枢地区。

5.2 突出文化特色

（1）充分利用现有设施，激发文化活力。延续长宁区悠久的历史文化资源和厚实的国际文化积淀，利用区域周边已有文化资源，包括虹桥艺术中心、上海雕塑院、上海国际舞蹈中心、程十发美术馆以及创意园区等，提高文化资源的活力转化度，提升吸引力与互动性。

（2）引入文化活动，增加文化空间，满足地区多样性文化需求。结合虹桥中心花园更新打造“入口级”文化载体，增加以“科技、时尚、体验、互动”为主题的户外公共活动和创意展示，重点吸引年轻群体集聚，提升地区活力与场所感。结合公共空间营造，植入文化空间，满足国际人群、就业白领、社区居民等不同人群的文化需求。

（3）培植文化元素，孕育文创产业，强调业态联动。强化涉外文化、上海海派文化特色同时迎合人群需求，植入时尚文化特色，提升现代文化品质。联动东华大学、国际舞蹈中心等资源，重点发展时尚设计、艺术展览、特色活动等文化产业。以“互联网＋文化、商业＋文化、旅游＋文化”等多方融合打造以时尚文化、舞蹈演艺、书画雕塑等为主题的文化旅游路线。

5.3 优化综合交通

（1）增强道路通达能力，优化地区交通组织。提升道路交通的通达性，打通区域交通瓶颈节点，推进与周边道路衔接。优化规划地区交通结构，疏导区域过境交通。加强延安路高架南北地区的联系，提高地区道路通行能力。完善公共交通系统，规划倡导和实施以公共交通为主导的交通模式，构建绿色低碳的交通体系。

（2）提高轨道换乘效率，挖掘地区综合活力。增加中运量公交，提升轨道交通服务延展面。设置特色公交环线串联轨道交通站点，改善轨道交通站点对内部区域服务不足的现状。围绕轨道交通站点和地下商业区，研究构建地下空间连廊，改善地区内轨道交通换乘难的现状，进而提升地区活力。

（3）构建通达慢行网络，支撑“15 分钟生活圈”。充分挖掘地下空间，同时优化地面步行空间，适当增加公共通道，构建一张网络通达、环境宜人的慢行网络，成为共享互联的城市空间纽带。

5.4 提升环境品质

地区内核心绿地资源——虹桥中心花园周边被若干条主要交通干道所包围，实际的使用效率非常低。规划上应考虑通过增加步行连通道，打造重要节点，提升绿地的品质和吸引力。通过系统的梳理，形成网络状的公共绿地系统，变内向型的绿地为参与度更高的、真正为地区服务的公共空间。同时，结合公园绿地、开放广场，改善地下空间环境，增加特色性和可识别性，全面提升整个区域的生态品质和城市景观。

6 多类型空间更新实践

6.1 商务楼宇更新

商务楼宇是虹桥开发区核心商贸功能的主要空间载体，经过30多年的发展，大量楼宇因建成年限较长、设施配套老化，与高能级、创新型的未来产业发展需求已难以匹配。本次研究采用多因子叠加分析方法，建立评估模型，定性与定量相结合评判每处楼宇更新的必要性和可行性，从而确立更新方式和时序（图4）。具体更新措施包括内部功能置换和外部空间营造。

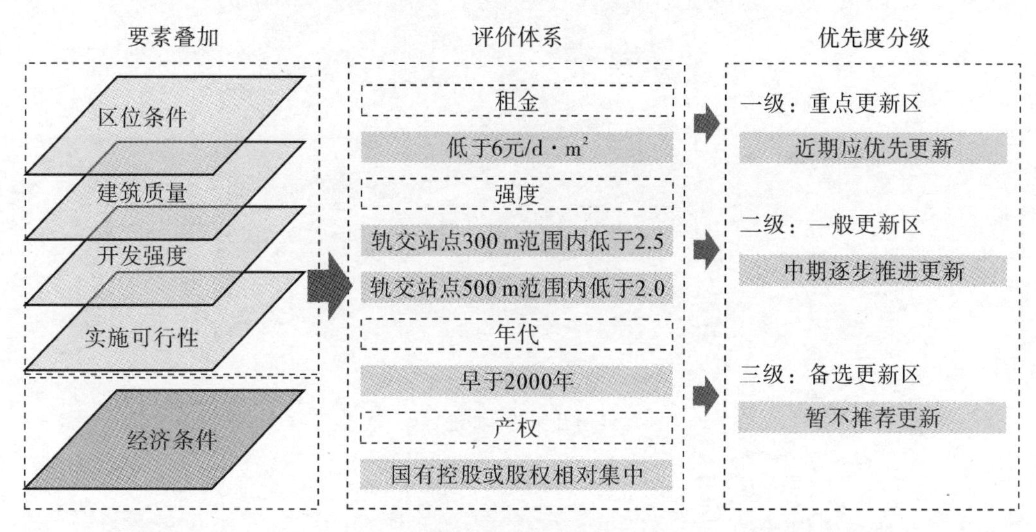

图4 商务楼宇建筑多因子分析方法

（图片来源：自绘）

6.1.1 内部功能置换

商务楼宇功能的更新必须符合功能业态提升或转型的要求，同时也要符合自身条件的要求（图5）。对于要发展科创功能的区域，需要通过更新提供满足创新人群需要的办公空间以及人才公寓等新型居住空间。基于打造“贸易中心、创新高地”的发展目标，优先选择虹桥开发区内的一级重点更新区与二级一般更新区转型为“众创办公”和租赁住宅。

同时提升一部分商务楼宇品质，打造符合5A智能建筑（BAS楼宇自动化、OAS办公自动化、FAS消防自动化、SAS安防自动化、CAS通信自动化）要求的办公楼宇。内部功能多元化，在办公空间内丰富业态配置，除设置餐饮、便利店、ATM等标配型服务设施，同时结合自身条件和就业人群需求设置健身房、幼托等个性化服务设施，整体提高竞争力。

图 5　商务楼宇更新功能转换

（图片来源：自绘）

6.1.2　外部空间营造

提高底层界面的通透度和开放性，配置多元丰富的交互业态。通过对建筑裙房改造、建筑局部架空、适当控制开敞度、增加店面密度等方式，推动楼宇大厅及一、二楼与室外公共空间的自然衔接，互通互见，从而营造高强度交互的底层界面。

加强地上空间利用，增加建筑楼宇间的二层连廊，构建特色短驳交通，利于创新人员的自由流动并提供交往空间，满足购物、通勤、旅游、观光需求。

6.2　居住社区更新

虹桥开发区住宅质量参差不齐，既有古北地区的高档居住区，又有大量建于 20 世纪 80 年代之前的老旧公房，尤其是还有部分不成套住宅，对地区竞争力、整体形象都有一定的不利影响，与地区就业人口的需求明显脱节，影响职住平衡。但考虑到当前发展阶段，大规模成片的居住用地拆迁转型实施难度增加，因而需在考虑可行性前提下选择适宜的更新模式，开展老旧社区更新。

本研究针对不同类型的老旧社区进行建筑质量评估后（图 6），根据小区现状和居民需求，选择适宜的更新方式（表 1）。

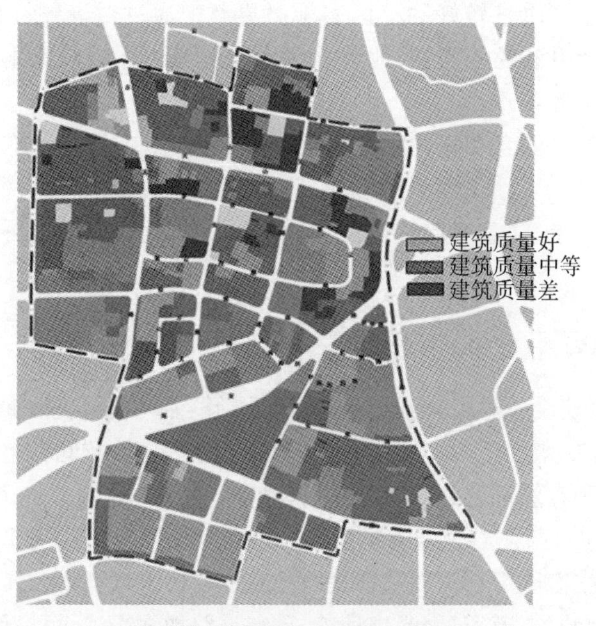

图 6　现状住宅建筑质量评估图

（图片来源：自绘）

表 1　居住区分类更新方式

更新方式	拆落地	局部改造	微更新
选择对象	● 户型不成套 ● 建筑质量较差	● 建筑质量尚可 ● 有更新改造价值	● 建筑质量较好 ● 环境质量不足
更新方向	● 整体拆除新建 ● 增加小区级公共服务设施和绿地 ● 不降低居住区环境、日照条件 ● 适当增加租赁性住房	● 加固结构、加装电梯 ● 补充不达标厨卫面积 ● 增加坡屋顶、局部加层 ● 更换管道门窗 ● 增加公共服务设施 ● 增加绿地 ●节能改造	● 增加活动广场和休憩空间 ● 补充绿化种植 ● 入口广场美化
政策导向	拆落地适用：上海市旧住房拆除重建项目实施办法（试行）（沪房管修〔2014〕378 号）；局部改造适用：上海市旧住房综合改造管理办法（沪府发〔2015〕3 号）		

表格来源：自制

（1）拆落地：对现状建筑质量较差、住宅成套率低的小区建议通过整体拆除新建的方式实施更新。在更新过程中可在原有建筑面积的基础上增加 15%～20%的建筑面积，用以补充原有住宅面积不达标部分和社区公共服务设施的需求。实施该类更新方式需要相关政策的扶持。

（2）局部改造：对建筑、环境质量尚可，有更新改造价值的社区进行“局部改造”。该类更新通过加装电梯以及外墙修缮、门窗更换、平改坡、楼道内部空间疏通整治等手段来改善居住条件，完善配套功能，打造精品小区。

(3) 微更新:对建筑质量较好的社区实施微更新。通过对老旧社区零星地块、闲置地块、小微空间的品质提升和功能塑造,改善社区空间环境。如提升绿化景观、创造多元活动场地、改造消极角落空间等。

除此之外,基于功能融合和集约利用原则,社区更新中应强调设施的复合化和适老化,设置包括创新社区客厅、一站式邻里中心、医养服务综合体等。同时,根据满足就业人群需求、完善地区功能的要求,注重增加餐饮、文化休闲以及人才公寓等设施,以此来增强地区吸引力和活力。

6.3 公共空间更新

由于虹桥开发区建设较早,其街道空间布局、地下空间联通、公园绿地可使用性、小型公共空间设置等均存在一定问题。本次公共空间更新采用"立体空间营造"的方法缓解土地资源紧张的情况,并加强存量地区的功能联系,提升空间品质(图 7)。

(1) 优化建筑退界区环境,重塑街道空间。重点改造以天山路为主的商业中心,围绕虹桥中心花园,充分衔接国展中心等周边地块,打造以"虹桥未来城市公园"为地区主中心的支路街道。统一道路铺装、街道家具、绿化种植,重点道路加强街道设计,强化天山路、古北路、虹桥路慢行接驳功能。

(2) 挖潜街坊内部的广场和公共通道。建议将区域内本来碎片化的各个地块,包括公园绿地、可改造的地块与街道串联,通过空间挖潜,因地制宜地开辟小型活动场所,作为城市公共空间系统的有机组成部分和重要补充。改造优化广场、公共通道内部的空间环境与品质,增加活动休憩设施。

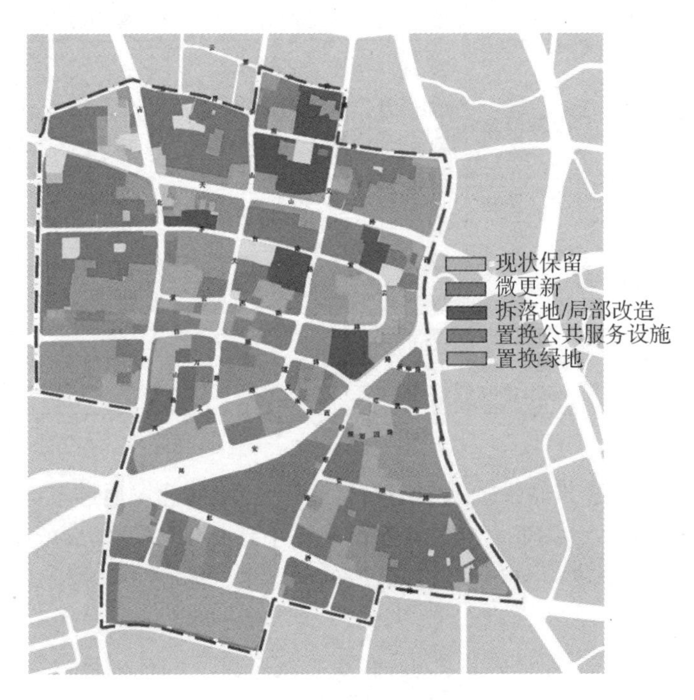

图 7 公共空间更新

(图片来源:虹桥经济技术开发区城市更新研究项目组绘制)

(3) 建设地下通道、盘活地下空间。建设地下通道、公共步行通道,形成轨交车站直达核心区的整体连贯的地下公共步行空间网络。通过地下空间功能多元化、交通转换节点多样化、地上地下空间一体化,有力引导和促进重点地下空间建设,盘活整个地下商圈。

(4) 构建二层连廊,打造第二个首层。利用二层连廊构建特色联系空间,满足购物、通勤、旅游、观光需求。

7 结语

城市更新已成为未来城市发展的主要方式,而作为发展最为成熟、功能最为复杂、利益多元交叉的城市中心区,其城市更新业已成为社会各界关注的前沿热点。本文仅以上海虹桥经济技术开发区城市更新研究为例,就当前城市中心区普遍存在的一些问题,简述了部分可行性的更新策略和空间改造路径。希望未来有更多的策略和方法应用于更新实践,促进城市的发展和进步,为人们的日常生活和工作创造更美好的环境。

参考文献

[1] Roberts P, Sykes H. Urban Regeneration: A Handbook[M]. London: SAGE Publications, 2000.
[2] Knights C. Urban Regeneration: a theological perspective from the west end of newcastle-upon-tyne[J]. The Expository Times, 2008, 119(5): 217 - 225.
[3] Couch C, Fraser C, Percy S. Urban Regeneration in Europe[M]. Hoboken: John Wiley and Sons, 2003.
[4] 丁凡,伍江. 城市更新相关概念的演进及在当今的现实意义[J]. 城市规划学刊,2017(6):87 - 95.
[5] 王量量. 论城市中心区更新中功能构成与空间形态的关系[D]. 天津:天津大学,2005.
[6] 赵宝静,沈璐. 城市更新语境下中央活力区城市设计方法初探[J]. 上海城市规划,2015(1):31 - 36.
[7] 周竞宇. 基于"更新单元"方法的城市中心区更新规划研究[D]. 西安:长安大学,2012.
[8] 赵怡. 存量规划视野下的宁波城市中心区更新策略研究[D]. 杭州:浙江大学,2015.
[9] 姜冬冬. 中心城区城市更新的国内外经验及对上海的启示[J]. 科学发展,2015(5):24 - 27.
[10] 白韵溪. 轨道交通影响下的城市中心区更新策略研究[D]. 大连:大连理工大学,2014.
[11] 阳建强. 城市中心区更新与再开发:基于以人为本和可持续发展理念的整体思考[J]. 上海城市规划,2017(5):1 - 6.

文化导向下的城市更新规划研究

——以北京城市副中心11组团为例

贺　凯

北京市城市规划设计研究院

摘　要:文化是城市的核心资源,凝聚着城市发展的动力,越来越多的城市将文化政策纳入城市发展战略,以谋求在激烈的竞争中获得有利地位。当前,城市更新已经成为推动城市转型发展的重要手段,如何有效发挥文化对于城市更新的引领作用是一个值得深入探讨的问题。本文回顾欧美城市的经验后,认为文化导向的城市更新实质是一种从文化视角出发,将经济、社会和物质环境发展目标相融合的综合更新政策,为帮助西方城市摆脱发展危机、实现发展转型发挥了重要作用。继而结合北京城市副中心11组团案例,提出了文化导向的城市更新规划框架与实践方法,内容包括:立足城市发展实际,深刻理解城市的文化特征,选择适宜的文化策略导向;将挖掘、利用既有文化资源与引入新资源相结合,实现文化要素系统与城市发展格局的内嵌共生;综合运用兼顾区域吸引力与本地服务性的文化设施建设、基于地区文化要素禀赋的产业发展引导、基于地方文脉的空间与风貌营造、积极引入高水平文化活动构建城市文化品牌的发展策略,从而实现城市的全面更新改善与系统提升。

关键词:文化;城市更新;规划策略;北京城市副中心

在全球化背景下,文化实力已经成为城市的核心竞争力,越来越多的城市将文化政策作为城市发展战略的重要内容,通过大力发展城市文化以谋求在日趋激烈的全球竞争中获得有利地位。自20世纪70年代以来,文化导向的城市更新逐渐在西方兴起,为帮助城市摆脱内城危机、实现后工业化转型发挥了重要作用,并形成了一套成熟的模式和方法[1]。随着我国城镇化进入以质量提升为主的新阶段,城市更新已经成为城市谋求发展转型、重塑空间品质的重要手段。在此过程中,文化作为城市的核心资源[2],对于增强城市创新能力、塑造人文魅力空间、提升城市消费与服务水平具有不可替代的重要作用。那么,西方城市在以文化驱动城市更新方面对我们有哪些经验启示?在规划层面,如何有效发挥文化对推动城市更新发展、高质量转型的核心引领作用?本文结合北京城市副中心的实践案例对上述问题进行了探讨。

1 文化导向的城市更新:西方的实践与经验

1.1 文化导向城市更新的兴起

20世纪70年代,全球化进程对西方城市发展产生了重要影响,制造产业逐步从欧美发达国家向发展中国家转移,一些传统工业城市面临严重的产业衰退和社会危机。在此背景下,部分城市积极谋求经济转型,开展了大刀阔斧的城市更新。其间,文化在推动城市转型发展中的作用得到重视,政府积极调动各类资源开展文化项目建设,将文化作为"资本的诱饵"吸引外来投资[3],积极改造老旧厂房,营造文化地标,大力发展文化产业。在文化领域的投入使这些城市逐步实现了经济多元化,改善了城市环境并恢复了城市活力,文化导向的城市更新逐渐从一种城市发展的路径选择成为一个被全球城市广泛采纳的核心战略[4]。

1.2 文化导向城市更新的主要内容

1.2.1 以文化设施建设引领城市发展

文化设施包括博物馆、图书馆、剧院、文化艺术中心以及其他各类能够承载文化艺术活动的建筑、广场、公园等。通过建设高品质的文化设施可以有效改善城市形象,提升城市人气,从而增强城市对外来资本的吸引力。特别是一些大型的文化设施,因其具有较强的标志性和影响力往往可以成为带动地区整体发展的旗舰性项目,因而备受各个城市的重视。

例如西班牙的毕尔巴鄂市斥巨资建设的古根海姆博物馆每年吸引近100万参观者到访,成为带动城市旅游行业发展的旗舰[5]。英国的格拉斯哥自1980年代开始陆续开放、翻新,建设了布雷尔收藏馆、麦克南美术馆、音乐厅和音乐戏剧学院等设施,并将部分旧工业建筑改造成为文化活动空间,成功地由英国著名的大工业城市转型成为欧洲新的文化艺术中心[6]。

1.2.2 培育文化产业推动城市经济转型

后工业时期的西方城市将文化政策视为重要的经济发展手段,城市更新的主要目标就是要以文化产业取代业已衰败的传统制造业,以增加城市就业、提振经济活力。基于文化的产业发展策略可以区分为基于文化消费性的产业策略和基于文化生产性的产业策略。

基于文化消费性的产业策略,即通过加大对文化艺术及相关设施的投资,依托地方文化传统打造具有特色化体验的城市消费空间,吸引游客、拉动消费。这一策略被西方城市广泛采用,例如格拉斯哥、毕尔巴鄂不惜花费重金打造的文化设施是其文化旅游业蓬勃发展的基石,巴尔的摩内港、悉尼达令港等地区则通过内城更新改造,形成了适应中产阶级享受闲暇和消费需求的特色空间,实现了城市消费经济与服务经济的大幅增长。

基于文化生产性的产业策略主要目标在于将科技创新、文化创意产业引入城市。现代城市研究认为,创新创意产业的核心在于"创意阶层"[7],而创意阶层倾向于选择"满足多样性的人群和活动发生"的空间[8],青睐于具备较强文化脉络的城市环境[9]。因此,在城市更新中充分利用城市独特的文化和历史传承,努力营造多样的城市形态"土壤"[10],可以对城市产业转型发挥十分重要的作用。

1.2.3 基于地方文脉的空间与风貌营造

陈旧破败的城市形象缺乏对资本和大众的吸引力，因此城市环境的改善就不仅仅是一个单纯的视觉景观问题，还蕴含着经济和政治意涵。紧紧抓住本地独特的艺术和文化元素重塑城市形象，凸显独具魅力的生活方式与个性特征，成为西方城市吸引消费者与投资商注意力、开展城市营销的重要手段。

在以文化引导城市更新的过程中，人本、多元、场所感等传统空间价值理念在西方城市得以回归。从英国的伯明翰、格拉斯哥等诸多城市的实践来看，老城区的价值重新得到认同，传统工业城市普遍对老城区进行了提升改造，城市环境面貌和经济活力得到很大改观；老旧建筑的改造再利用、公共空间营造、土地复合化和多样化的利用、交通的人性化改善等内容成为城市更新的主要议题[11][12]。

1.2.4 引入文化活动构建城市文化品牌与影响力

举办文化活动可以帮助城市提升影响力和关注度、促进城市形象的改善、吸引游客和投资，因而地方政府对举办文化活动普遍抱有很高的热情。一方面，世博会、世界杯等国际性、区域性大型文化活动申办权的竞争十分激烈，城市希望通过举办大事件为城市发展提供外部突发性动力，实现城市的跨越式提升[13]。另一方面，更多的城市依托地方文化特色资源开展了丰富多样的城市文化营销活动，如各类文化节、文化年、艺术周等，将文化活动作为一种进行文化展示、传播的手段，主动建构城市的文化品牌。以 1990 年的“欧洲文化之都”格拉斯哥为例，通过举办大量短期展览、社区艺术活动等公众项目，重新激活了本地文化传统[14]。市民对城市的认同感、归属感大大增强，超过 60%的市民认为文化之都的活动项目给城市带来了积极作用[15]。

1.3 文化导向城市更新的成效与问题

西方城市开展的文化导向的城市更新在经济、社会、物质环境改善方面均取得了有益的效果。文化导向的城市更新在振兴经济方面的成效是显著的，文化产业迅速成长并创造了大量就业岗位，帮助城市实现了经济的多元化，逐渐摆脱了传统产业衰退引发的经济问题。居民对城市的信心与自豪感大大提升，这有赖于城市经济的恢复、环境的改善以及文化旗舰项目的建设。城市面貌得到彻底改善，公共艺术在空间改造中运用让城市形象焕然一新，老城区重新成为适宜居住、工作、娱乐的地方，城市活力得到恢复。

然而，文化导向的城市更新在文化认同、文化项目投资的有效性方面也存在一些争议。为了从激烈的投资竞争中胜出，部分城市将城市更新作为城市营销的手段，把重点放在旗舰类文化项目及文化消费空间的建设上，着力吸引外来的投资者与消费者。文化项目与本地居民的关系并不密切，特别是忽视了低收入居民的有效参与，从而难以获得本地居民的认同。还有一些文化旗舰项目投资巨大，但缺乏有利的支撑条件，项目建成后对经济的拉动作用并不尽如人意，其投资的有效性也受到了质疑[16]。

1.4 经验与启示

文化对于城市更新的巨大助益业已在西方的实践中得到证明，文化导向的城市更新最重要的特征在于从文化的角度切入，将经济发展目标、社会发展目标和物质环境的更新改善相融合，帮助城市实现经济、社会、文化、环境的全面提升。从具体方法来看，主要包括文化设施建设、文化产业发展、空间与风貌营造、文化活动引入四个方面的内容。文化导向的城市更新应避免过度的城市营销，秉承公平共享的价值导向，结合城市的实际条件，合理确定文化战略导向，保障文化投资的有效性，并积极提升基层文化服务水平，促进本地居民的文化参与。

2 文化导向的城市更新规划框架构建

规划作为城市更新的重要调控手段，应当充分发挥文化对于城市发展的核心引领作用。应以深刻理解城市的文化特征为基础，合理选择文化策略导向，实现文化要素系统与城市整体发展格局的内嵌共生，着力从文化设施建设、文化产业发展、空间与风貌营造、文化活动引入四个方面入手，引导实现城市的全面更新改善与系统提升(图 1)。

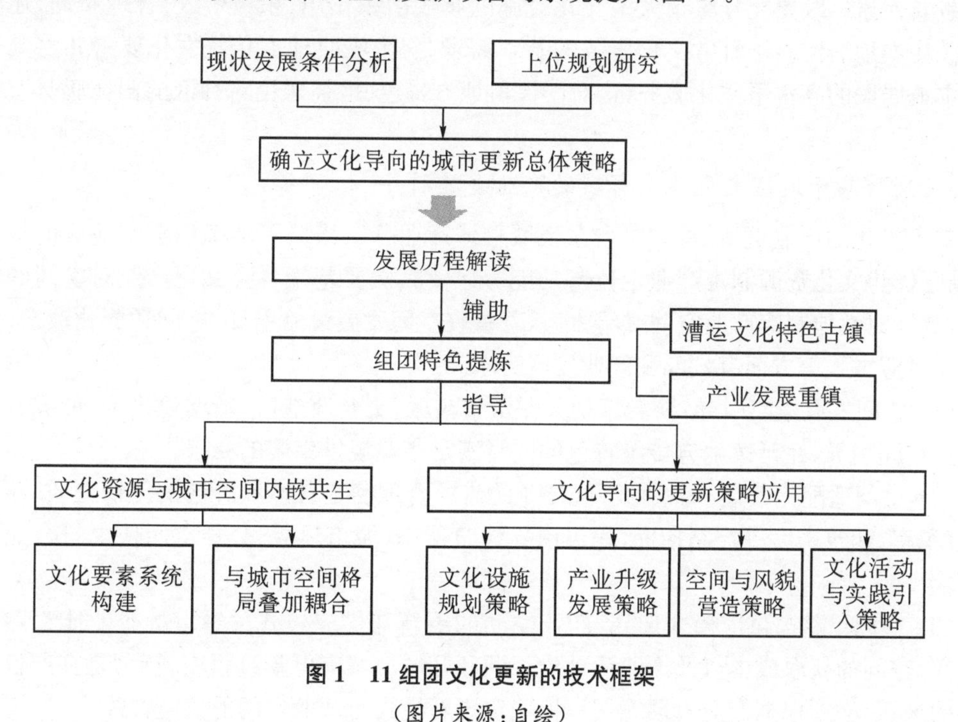

图 1 11 组团文化更新的技术框架

(图片来源：自绘)

2.1 解读历史发展进程，提炼地方文化特色

文化导向的城市更新应以对地方文化的充分理解为基础，要对地方的历史发展过程进行充分解读，形成对地方文化特色的精准提炼。通过解析地方发展的演进历程，可以明晰本地区空间演变的动力机制，辨明复杂的物质空间演变与历史、自然、社会、经济等因素的内在

联系，从中找出有价值的空间特质。

2.2 挖掘、整合文化资源，与城市发展格局内嵌共生

文化这一概念所包含的内容十分广泛，更新规划应当着重关注与城市设计、经济和社会复兴密切相关的文化资源。参考 Franco Bianchini 的观点，城市更新应当聚焦于城市文化资源，其范畴包括文化艺术机构与活动、社区文化、建成环境与自然环境、地方民俗与传统文学、传统行业与手工技艺等内容[18]。不同于历史文化保护项目，文化导向的城市更新不仅要关注历史文化资源，同样也要关注现代的乃至先锋的、前卫的文化资源。

在对地区文化资源进行梳理、分析后，要结合新要素的引入，进一步对现有文化资源进行维护、培育，形成时空连续的关联网络，将文化要素系统与城市空间格局叠加整合，以文化主题统领地区更新发展，实现文化与产业、空间、服务相融合。

2.3 文化导向的城市边缘区更新策略集成

2.3.1 兼顾区域吸引力与本地服务性的文化设施建设策略

文化设施是文化活动的重要承载空间，是完善城市功能、提升城市形象、增强城市吸引力的重要元素。既要充分重视大型文化设施的旗舰引领作用，积极引入、合理布局，还应当充分关注本地居民对于日常文化服务的基本需求，努力吸收地方传统文化要素并将其转化为对本地居民的高水平文化服务，这对于保留地方特色、增强居民对社区的归属感具有重要意义。

2.3.2 基于地区文化要素禀赋的产业发展引导

基于文化的产业更新，首先应当在区域整体产业分工格局下准确识别本地区的特色优势，结合优势文化资源制定产业定位与功能分区。其次要基于各类文化产业对空间的特定要求，有针对性地制定产业空间供给方案，着重在空间发展策略引导、空间适配化改造、空间更新及供应方式等方面有效匹配产业发展需求。

(1) 空间发展策略引导：要合理划分保留整治区、更新改造区、新增建设区，形成有区分的产业空间引导，在延续地方传统特色的同时满足产业规模集聚的要求。

(2) 空间适配化改造：要根据不同产业的需求合理确定各产业分区的用地性质、路网密度、容积率、建筑密度等控制指标，积极引导建筑形态、城市风貌、公共空间使之符合业态功能要求。

(3) 空间更新与供应模式选择：产业空间的更新与供应模式关系目标企业能否顺利获取空间、空间的获取成本以及产业活动能否顺利开展。城市更新过程中，特别是在产权关系复杂的区域，必须根据产业发展意图审慎确定更新模式与产业空间的供应方式。

2.3.3 基于地方文脉的空间与风貌营造

城市的空间与风貌集中展示了城市的文化特色，体现了城市的魅力，营造高品质空间与特色风貌是城市更新的重要内容。文化导向的城市更新首先应坚持多样化、混合化的用地功能引导，这是保证空间活力的基础；应继承和完善原有肌理，保持有特色的街巷格局，积极保护历史遗存，鼓励老旧建筑的改造再利用，新建建筑要在尊重原有肌理的前提下进行新的

诠释;要基于历史要素与环境特色进行公共空间营造,整理、发掘与非物质文化遗产密切相关的文化空间,将历史元素融入环境设计,提升城市空间的文化内涵;坚持多元统一的城市风貌引导,通过对建筑高度、建筑立面、第五立面、城市色彩等风貌要素的合理引导,实现新老元素的有机融合,在体现传统特色的同时反映现代时尚的气息。

2.3.4 积极构建文化品牌,引入高水平文化活动

大型文化活动或文化事件的举办有赖于政府和各类文化机构的充分支持,策划举办文化活动不属于城乡规划的传统领域,但规划设计工作对于推动城市文化品牌构建、吸引文化活动资源依然可以有所作为。首先,要在规划中预先做好高水平文化活动的承载支撑。其次,应认识到高水平规划设计作品也具有引发热门事件的话题意义,特别是在移动互联时代,大众在网络上对精品项目的热捧,往往会在线下为城市带来巨大的影响力[1]。

3 案例:北京城市副中心11组团规划实践[2]

3.1 北京城市副中心11组团概况

北京城市副中心11组团位于副中心东南部[3],西邻北京环球度假区(Universal Beijing Resort)、北邻城市绿心、东邻大运河文化带,距离行政办公区仅6 km,总面积约26 km^2(图2)。11组团位于古代漕运重镇——张家湾镇范围内,该地区在历史上长期作为大运河北端重要

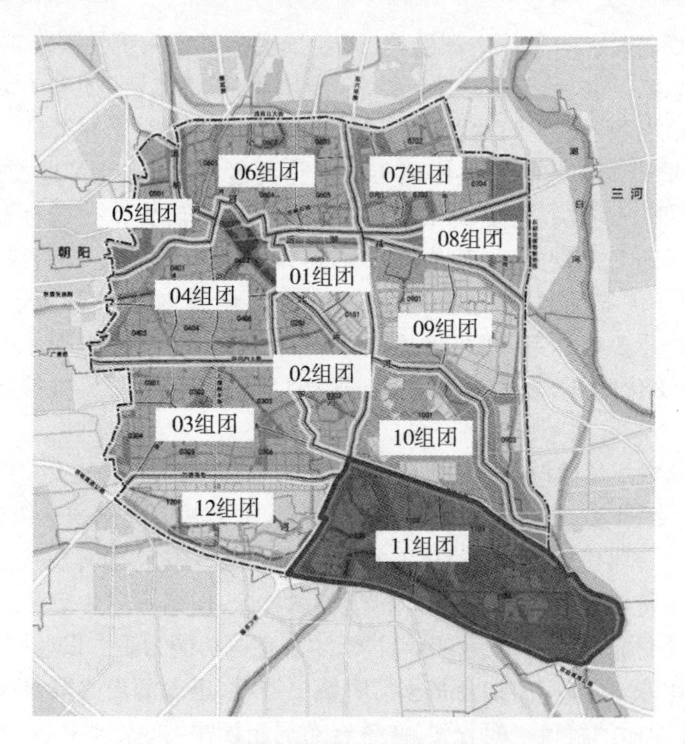

图2 11组团与其他组团的位置关系示意

(图片来源:[16])

的水路枢纽和仓储地带，具有鲜明的历史人文特色和丰富的历史遗存。但是在过去的发展过程中，张家湾地区受制于经济发展的冲动，通过土地无序开发吸引低端产业要素大量集聚，虽取得了一时的经济增长，却导致地方人文环境与生态环境的恶化，逐步降低了地区的核心竞争力。在规划建设城市副中心的大背景下，如何摆脱既有发展模式，找到符合高质量发展要求、能够重振地区活力、可持续的发展路径就成为 11 组团面临的核心问题。因此，11 组团规划将文化作为引领地区转型发展的核心要素，积极探索文化引领下的城市更新发展路径，以实现地区的功能再定位与空间重塑。

3.2 发展历程解读与特色提炼

11 组团所在的张家湾地区经历了漕运兴镇、工业兴镇两个重要的历史发展时期。在历经元、明、清三代的漕运时期，当地村庄聚落体系及运河相关的历史遗存体系逐步形成。自清末到新中国成立初期，张家湾地区逐步蜕化成为典型的农业地区。直至改革开放后，张家湾镇坚持工业强镇的发展策略，在 20 世纪 80 年代成为北京远郊第一个亿元乡镇，并逐步发展形成了现有的产业园区及村镇企业发展格局。

因此，将 11 组团的特色归纳为漕运文化特色古镇、产业发展重镇两个方面，既要积极挖掘利用与漕运文化有关的历史文化要素，还要将现有产业发展相关的要素转化成为地区产业转型发展的基础依托。

3.3 文化资源与城市空间的内嵌共生

在落实上位规划确定的整体空间结构、风貌景观分区等系统性要求的基础上，按照提炼、优化、整合的思路，形成系统化的文化要素结构体系，结合 11 组团整体定位与发展愿景，形成文化主题发展引领下的空间发展指引，制定分片区的差异化引导策略。

（1）文化要素系统构建。着力构建历史文化要素体系、文化产业要素体系、服务型文化要素体系三项子系统。历史文化要素体系包括各类历史文化遗存和新引入的博物馆、考古遗址公园等文化设施，采取有效策略实现本地历史文化的完整保护、有效展示与合理利用。依托优势资源，塑造文化旅游功能区、创新创意产业集聚区、生态宜居休闲区，构建文化产业要素体系，积极发展文化产业。按照上位规划要求并结合地方特点提供高品质社区文化服务，规划面向社区居民的文化活动场所及村情民史馆等公共文化设施。

（2）文化要素系统与城市空间格局的叠加耦合。11 组团确立了“人文田园都市”的总体发展愿景[4]，将“人文”作为引领组团发展的核心要素，努力塑造充满文化内涵兼具田园之美与都市之利的城乡一体化地区。在整体空间结构上，根据文化特征与现状建设情况将 11 组团划分为张家湾传统特色风情小镇、国际科创小镇社区、田园宜居生活区三个特色片区，分别以历史保护与文化旅游、创新创意产业发展、生态宜居功能为主。以蓝网、绿带、慢行体系将三个片区有机串联，蓝绿空间结合张家湾古镇史迹群、里二泗史迹群、科创小镇的绿廊公共带共同构成 11 组团的特色空间骨架，并整合布局组团中心、家园中心[5]，实现文化要素体系、生态空间体系、公共服务体系的系统整合（图 3）。

表1 11组团文化要素系统构成

系统类别	体系构成	要素类别	核心要素
文化要素系统	历史文化要素体系	历史文化遗存	张家湾古镇历史文化遗迹群、里二泗地区历史文化遗迹群等
		新引入的历史文化类文化设施	运河文化研究中心、考古遗址公园、张家湾古镇博物馆等
	文化产业要素体系	外部依托性要素	环球度假区、城市绿心
		自身发展要素集群	漕运古镇文旅功能区、创新创业产业集聚区(国际科创小镇)、生态宜居休闲区
	服务型文化要素体系	基本公共服务类	按上位规划要求配置的组团级和社区级文化设施
		地方特色服务类	结合地方特色配置的村情民史馆、社区博物馆

(表格来源:自制)

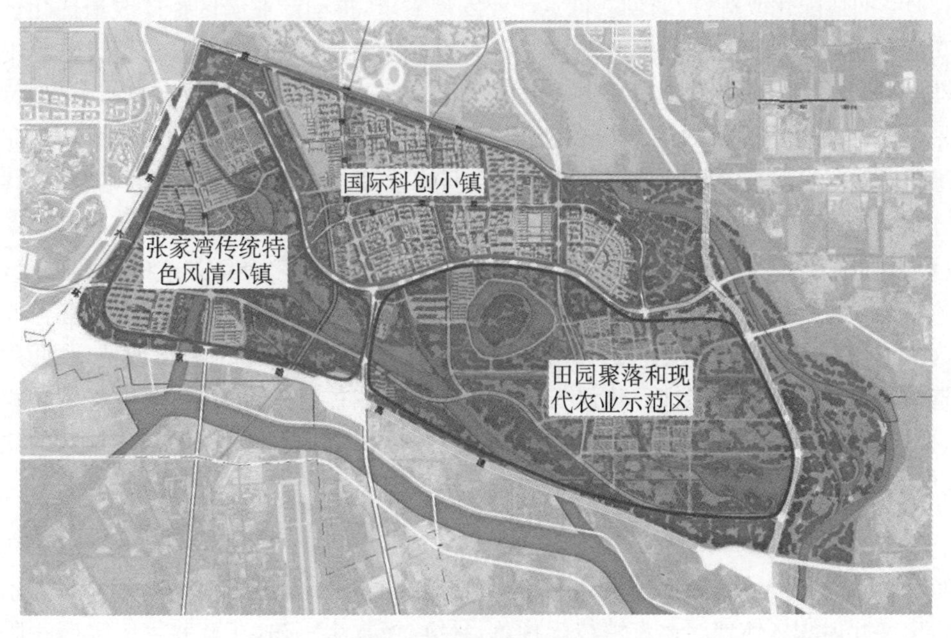

图3 特色片区划分示意

(图片来源:参考文献[16])

3.4 文化导向的更新策略集成

3.4.1 文化设施规划策略

构建"城市级—地区级—社区级"层次完善的文化设施配置体系,提升文化服务能力,推动地区整体更新。充分发挥环球度假区、城市绿心等城市级大型设施的引领带动作用,将漕运古镇文化旅游功能建设、里二泗地区生态休闲功能建设作为主动承接旗舰项目产业溢出效应的重要举措。规划张家湾遗址公园、古镇博物馆、运河文化研究中心等文化设施,提高历史文化的保护、展示与研究水平，增强地区的文化吸引力。促进文化活动的群众参与，重视社区文化设施建设，建立民间手艺人工作室、民间艺术活动站及基层文化场所，发挥群众力量传承优秀传统文化，承载村民集体记忆，丰富居民文化生活。

3.4.2 产业升级发展策略

综合考虑上位规划要求及内外部发展条件，将文化旅游、创新创意产业作为11组团的主导产业功能。规划在空间发展策略、空间适配化改造、空间更新与供应模式等方面有效匹配目标产业的发展需求。

(1) 空间发展策略引导：将张家湾古镇长店村约30 hm^2 区域划定为整治更新区，鼓励对现有房屋进行改造修缮，植入民宿、餐饮、文创等特色功能，塑造具有传统风貌魅力的特色街区；将产业园区约6 km^2 的区域划定为更新改造为主区域，着力推进存量产业用地更新改造，为高端产业要素集聚创造条件；通过用地资源梳理，明确规划未实施用地资源约4 km^2，优先用于补充各类公服配套设施，解决村民安置问题，部分条件优越的地块用于安排优质产业项目。

(2) 空间适配化改造：针对创新创意产业发展需求，推动产业园区整体改造优化。提高园区功能复合程度，变工业园区为综合城区，大幅增加居住、商业、办公、配套服务等用地比例，鼓励用地功能兼容，提升城市活力。优化街区尺度，营造舒适的步行和自行车出行环境，将规划道路网密度由现状的4km/km^2 提升至9km/km^2 以上。优化公共空间体系，完善系统性绿化廊道，构建城市级、社区级两级绿色空间体系，采用围合式建筑布局，鼓励公共建筑底层开放，营造宜人、便利、易于沟通交流的城市空间。

(3) 空间更新与供应模式：在产业园区，制定适用于多元化更新方式的规划方案，例如将组团中心安排在以大型市属国企为主的区域，便于统筹协调、统一实施；将既有工业用地规划为工业研发用地(M4用地)，避免用地性质变更，为引导企业自主升级改造、收回用地统一改造两种模式均提供可能性。建议长店村用地保持集体土地性质，采取由集体联营公司持有、授权区属平台公司进行规划整治及后续经营的模式，以保证古镇及周边地区的建设品质，确保农民长远收益。

3.4.3 空间与风貌营造策略

结合特色分区进行差异化风貌管控，引导形成多元统一、新老结合的城市风貌。张家湾古镇历史文化风貌区体现漕运古镇传统特色，延续、恢复十字街、花枝巷等传统街巷肌理和尺度，严格保护历史遗存，适当保留原有村庄建筑，严控新建建筑高度，鼓励采用传统建筑元素。科创小镇文化创意风貌区采用端庄大气的现代建筑形象，凸显科技创新精神和现代建筑艺术特色，努力营造多元丰富的建筑群体组合形态，鼓励老旧厂房改造再利用，鼓励采用节能环保材料和绿色建筑技术。田园宜居生活风貌区以较小尺度的村落民宅为主，融入田园风光，重点塑造聚落中心临水而建的公共设施带，展现里二泗地区历史文化。

依托历史遗存营造文化空间场所，提升城市空间的文化内涵。充分利用各类历史遗存以及一些虽达不到文物标准但仍承载历史信息的空间载体，使之与各类设施、开放空间相结合，将历史与文化融入现代生活。例如，恢复张家湾码头、下码头并作为游船码头使用，沿古运河建立联系环球主题公园与漕运古镇的游船航线；意向性地恢复粮仓、水关等设施作为集教育与景观功能于一体的小品，展示古代漕运、粮食储运知识；意向性地恢复和合驿作为景区主题邮局，与现代邮政物流功能相结合；结合琉球国墓遗址布置城市公园等(图 4)。

图 4　各类历史遗存、历史场所构成城市的特色空间

(图片来源：参考文献[16])

3.4.4　文化活动与事件的引入

城市副中心的巨大发展潜力和 11 组团良好的发展条件引起了社会各界的广泛关注。2019 年，11 组团的科创小镇被正式确定为“设计小镇”即高水平设计主题产业园区，同时北京国际设计周的永久会址落户小镇。围绕设计小镇开展的一系列高峰论坛、研讨会，极大提升了 11 组团的影响力与知名度，为其更新发展注入了强劲动力。

4　结语

文化是城市的灵魂，凝聚着城市发展的动力，城市的魅力首先在于其文化魅力。欧美城市面对后工业时代的发展危机，大力推行文化导向的城市更新，实质上是一种从文化视角出发，将经济、社会和物质环境发展目标相融合的综合更新政策，具有显著的城市营销特征。尽管在本地居民的文化认同、投资有效性等方面存在一定争议，但客观上为帮助城市实现经济转型、摆脱社会危机发挥了十分有效的作用。这些经验对于转型发展中的中国城市具有很好的借鉴意义。

本文通过剖析西方经验，结合北京城市副中心具体实践案例，提出了文化导向的城市更新方法框架，认为应当立足城市发展实际，深刻把握其文化特征，确立适宜的文化更新策略，将挖掘利用既有文化资源与引入新资源相结合，实现文化要素系统与城市发展格局的有机嵌合，综合运用兼顾区域吸引力与本地服务性的文化设施建设，基于地区文化要素禀赋的产业发展引导，基于地方文脉的空间与风貌营造，积极引入高水平文化活动构建城市文化品牌的发展策略，实现城市的整体、全面提升。

值得注意的是，文化导向的城市更新是高度综合的城市发展政策，本文仅从规划角度对其方法、规律进行了探讨，还需要充分重视政策、制度等体制机制因素在城市更新中的保障作用。同时，应树立正确的城市更新价值导向，高度重视文化投资的有效性，通过城市更新切实提升城市品质，改善人民生活，避免大型文化项目投资的“一拥而上”及“贪大求异”。

注释

1. 2018年富阳东梓关村回迁房项目、2019年重庆洪崖洞项目在网络爆红并给当地旅游业带来的巨大拉动作用即是鲜明的例证。

2. 本节内容主要根据《北京城市副中心11组团控制性详细规划深化方案》(2019年阶段成果)整理而来，该规划由北京市规划和自然资源管理委员会、通州区人民政府组织、指导编制，北京市城市规划设计研究院、南京东南大学城市规划设计研究院有限公司具体承编。

3. 按照规划，北京城市副中心依托水网、绿网、路网，共形成12个民生共享组团，11组团为其中之一。

4. “人文田园都市”概念由东南大学团队在城市副中心9号地区(即11组团)城市设计方案中提出，在11组团控规深化方案得到延用、落实。

5. 根据《北京城市副中心控制性详细规划(街区层面)(2016—2035年)》，城市副中心要“建立市民中心—组团中心—家园中心—便民服务点的公共服务体系”，其中组团中心、家园中心分别是30分钟、15分钟生活服务圈的核心，可就近满足居民的工作、居住、休闲、交通、教育、医疗、文化、体育等需求。

参考文献

[1] 黄鹤. 文化政策主导下的城市更新——西方城市运用文化资源促进城市发展的相关经验和启示[J]. 国外城市规划，2006，21(1)：34-39.
[2] 单霁翔. 关于“城市”、“文化”与“城市文化”的思考[J]. 文艺研究，2007(5)：35-46.
[3] 迈克·费瑟斯通. 消费文化与后现代主义[M]. 刘精明，译. 南京：译林出版社，2000.
[4] 郑憩，吕斌，谭肖红. 国际旧城再生的文化模式及其启示[J]. 国际城市规划，2013，28(1)：63-68.
[5] 西尔克·哈里奇，比阿特丽斯·普拉萨，焦怡雪. 创意毕尔巴鄂：古根海姆效应[J]. 国际城市规划，2012，27(3)：11-16.
[6] 董奇，戴晓玲. 英国“文化引导”型城市更新政策的实践和反思[J]. 城市规划，2007，31(4)：59-64.
[7] Richard Florida. Cities and the Creative Class[M]. London：Routledge，2005.
[8] 许凯，孙彤宇. 城市创意社区空间形态的自组织特征研究：以国内四个创意社区为例[J]. 城市规划学刊，2018(6)：84-93.
[9] 张松. 城市文化的传承与创生刍议[J]. 城市规划学刊，2018(6)：37-44.
[10] 陈恒. 西方城市史学[M]. 北京：商务印书馆，2017.
[11] 约翰·彭特. 城市设计及英国城市复兴[M]. 武汉：华中科技大学出版社，2016.
[12] 吴志强. 重大事件对城市规划学科发展的意义及启示[J]. 城市规划学刊，2008(6)：16-19.
[13] 王忠. 文化产业项目管理案例分析[M]. 武汉：华中师范大学出版社，2016.

[14] 于立,张康生. 以文化为导向的英国城市复兴策略[J]. 国际城市规划,2007,22(4):21-24.
[15] 黄鹤. 西方国家文化规划简介:运用文化资源的城市发展途径[J]. 国外城市规划,2005,20(1):36-42.
[16] 北京市城市规划设计研究院,南京东南大学城市规划设计研究院有限公司. 北京城市副中心 11 组团控制性详细规划深化方案(2019 年阶段成果)[R]. 北京:北京市城市规划设计研究院,南京东南大学城市规划设计研究院有限公司,2019.

基于价值认知的城中村有机更新优化探索
——以深圳为例

缪春胜　李　江　水浩然

深圳市规划国土发展研究中心

摘　要:城市更新是城市发展的重要内容。基于深圳城中村发挥的价值和作用,结合深圳之前两个阶段的城中村综合整治的经验,总结了深圳城中村有机更新改造的策略和思路,延伸讨论了未来城中村整治还应思考的方向和内容,以期对城中村的有机更新有所启示。

关键词:城中村;价值认知;有机更新;深圳

1　背景

特区成立后,深圳仅仅用40年的时间就从一个30万人的边陲小镇发展成为总人数超过2 000万人的国际化现代化的特大城市,深圳的发展成就世界瞩目,但快速的城市扩张和经济发展也引发了一系列的城市问题。

城市政府为规避巨额的开发成本,使用“征用农用耕地,避开村落居民点”的迂回发展思路,为城市的发展带来了隐患[1]。深圳城中村问题的发展与城市政策制定与实施几近同步,1986年,特区内开始对各村划定集体和私人建房控制线。由于城中村农民丧失土地,房租开始成为特区内外多数村民主要收入来源。1994年,深圳停止了私房建设审批,城中村与城市管理相脱离的现象逐渐严重,与城市建设的冲突日益增加,城中村的问题基本成型。1999年,《关于坚决查处违法建筑的决定》及“两个规定”等一系列文件出台,但由于相关政策执行不力,导致特区内外大量抢建私房,恶性违章、违法事件不断出现,形成了城中村抢建的高潮,城中村问题严重恶化。2004年《深圳市城中村(旧村)改造暂行规定》的出台,三批次城中村改造计划陆续发布,为城中村问题的解决提供了契机。

城中村问题吸引了很多学者的目光,他们针对城中村问题从多个角度做出了研究和探索,积累了较多的成果。有学者从城中村问题的源头出发,对土地制度的二元特性和城中村空间形成的原因做出探索,认为土地、社会管理等城村二元现象是城中村问题产生的源头[2]。陈燕萍等学者从实体空间出发,通过对城中村商业空间配置的分析,提出城中村为低收入人群提供的是一种低成本的生活空间,同时城中村的低成本特性与其商业配置、居住环境等因素密切相关[3]。马航从社会学角度对城中村改造做出分析,城中村是非农化农民群体依附的新社会空间,保护失地农民的权益和利益是城中村改造的重要前提[4]。贾生华等认为城中村改造问题的本质是各种利益相关者不同利益相互关系的联结,城中村改造的本质是不同利益相关者之间利益协调的合约再安排，为解决城中村改造难题提供了新的思路[5]。还有学者通过城中村改造更新的实际案例研究提出较为具体的城中村改造的策略和建议[6]。

2012年深圳土地供应结构出现拐点，存量土地首次超越增量土地，成为土地供应的主要来源，深圳全面进入存量开发时代，城中村改造对城市发展的重要性愈发凸显。深圳在过去的十年中在城中村更新方面做出了巨大的探索与努力，也取得了令人瞩目的成就，但由于历史缘由、制度发展不完善等因素，深圳在未来的城市更新道路上依旧面临着一系列新的问题。本文基于深圳之前两个阶段的城中村综合整治的经验，结合现阶段深圳城市更新的方向和城中村的价值分析，在城中村有机更新方面做出探索，以期对城中村的有机更新有所启示。

2 深圳早期两个阶段的城市更新探索

2009年之前的深圳城市更新的第一个阶段，是深圳城市更新的全面探索阶段。城中村的更新主要分为两个方向。第一是城中村的环境整治。2006年至2008年，深圳开展了为期三年的城中村和社区环境综合整治工程，通过规范架空管线、整治城市"六乱"等一系列措施对城中村进行整治。2009年，针对城中村消防隐患突出、村容村貌落后等问题，组织各区开展了以消防安全治理为重点的城中村综合整治。此时的城中村更新由市级和区级城管部门负责，没有规划部门的专业干预，其目的是为了消除城中村的安全隐患，升级基础设施，保障城中村的基本生活安全，弱化城村矛盾，是一种兜底式的环境整治。第二是对拆建式城市更新的探索。如2005年深圳拆除第一个城中村——渔农村，建成现代化的小区，基本达到预期效果。但项目审批等流程缺乏规范、配套政策匮乏、产权问题不明晰等导致项目推进困难。

2009—2015年是深圳城市更新的第二阶段，此阶段是深圳城市更新的快速发展阶段。2009年11月深圳发布《深圳市城市更新办法》，成立了城市更新专职机构，建立了城市更新规划—计划管理机制。城市更新模式为"市场主导，政府参与"，更新手段以拆除重建为主，更新项目数量出现大幅增长。

第二阶段的综合整治已经开始尝试通过多种手段，结合村落原有特点和特色进行改造。如版画村借助文博会的契机开始了村落改造，将历史保护与经济发展有机结合，探索出一种"古民居建筑群＋文化产业基地"的发展新路径。城中村改造项目也不再只是由政府负担，更新项目引入市场主体，促成政府、开发商、村民多元合作的模式，规划手段和专业设计团队的加入使得城中村改造更符合现代的价值观念。以水围村为例，市场主体负责实施改造，而后返租给政府，政府则帮助提升城中村环境，而村委股份公司则负责代为管理改造后的人才公寓。

城中村综合整治更新活动的进行缓解了城市发展空间不足的问题，成为城市转型发展的重要途径，城中村的价值开始得到释放，形成了基础的规划管理体制。但此阶段城市更新手段仍显粗糙，也由此引发了一些新的城市问题，如拆建造成的低成本空间消失、城市整体的职住失衡等等，城市更新中出现的新问题需要对城中村的价值进行再认知。

3 新阶段深圳城中村的价值认知

3.1 低成本生活空间价值

深圳的高速发展离不开城中村中大量人口的支持。城中村提供了大量的廉价住房，保障了大批中低收入人群的住房问题。依据深圳市网格办 2017 年实有人口数据，全市实有人口 1 905 万人，其中居住在城中村的总人数约 1 231 万人，占全市实有人口的 64%。依据 2015 年土地利用调查，深圳城中村共计有居住建筑 2.9 亿m^2(含私宅、居住、商住)，占全市居住建筑总面积的 51%，且租金相对低廉，相同地区内城中村居住租金不及村外租金的一半，在空间上呈现由特区内向外围圈层逐层递减的趋势(图 1、图 2)。此外，城中村还是深圳重要的人才栖息地，城中村内大专及以上学历的人口有 98.7 万人，占全市大专及以上学历人口的 36.3%。

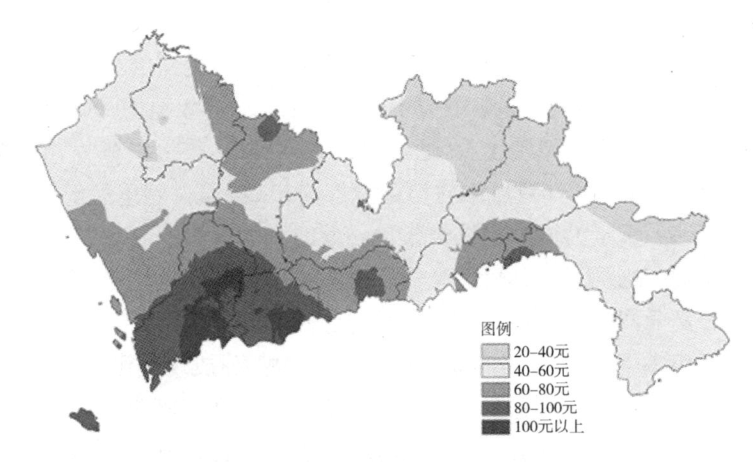

图 1 深圳市一般居住区租金分布

[图片来源：深圳市城中村(旧村)综合整治总体规划(2019—2025)，城中村用地调查报告(2018)]

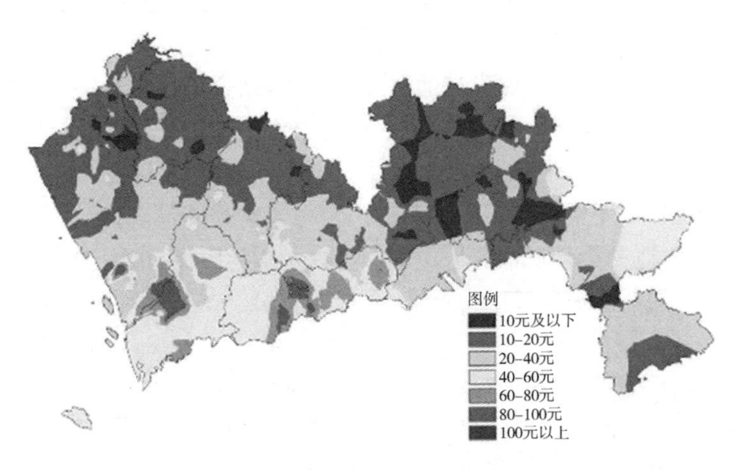

图 2 深圳市城中村内租金分布

[图片来源：深圳市城中村(旧村)综合整治总体规划(2019—2025)，城中村用地调查报告(2018)]

城中村对于低收入群体提供的不仅仅是一套低租金的住房，更为重要的是提供了低成本的生活环境。有学者发现商业服务设施、区位环境等因素共同在城中村形成了一个综合的低成本生活环境，这种低成本的生活环境大大增强了城中村对低收入人群的吸引力[3]。

3.2 低成本生产空间价值

城中村提供了大量的低成本产业空间，为空间成本敏感度较高的中小创新企业提供了重要的成长空间。深圳市城中村内工业用地规模 158.3 km^2，扣除道路等用地后 132.3 km^2，占深圳现状工业用地的 48%。城中村内产业用房（含工业、仓储）面积 1.4 亿 m^3，占深圳产业用房总量的 55%。城中村内厂房的平均租金不足 20 元/(m^2·月)，显著低于同地段内国有工业园区的租金水平，如大围村工业区平均租金水平为 10 元/(m^2·月)，仅为附近国有的龙城工业区的 1/4。

此外，城中村内厂房标准化程度较高且管理较为完善的工业区对规模以上企业的吸引力不亚于国有工业区。城中村承载了全市 57%的规模以上工业企业，约 2 700 家，贡献了 35%的规模以上工业企业营业额，在深圳的经济发展中发挥了重要作用。

3.3 促进城市职住平衡

城市的居住与就业空间分布很大程度上影响了居民出行的方式，单纯的 TOD 开发并不能足以保证城市整体的职住平衡，城中村在职住平衡方面发挥了很大作用[7]。城中村为大量劳动人口的工作通勤提供了就近的居住空间，提升了城市整体职住平衡水平。城中村就业人口比例高，城中村内就业人口占城中村总人口的 77%，显著高于城中村外的 67%。

城中村内就业人口平均通勤距离和平均通勤时间明显小于城中村外，减轻了交通通勤压力，促进了城市的职住平衡。通过对 240 万个人口数据进行分析，计算人口居住地与就业地之间的平均直线距离，得出全市平均就业通勤距离为 12.5 km。其中，城中村内居民就业通勤距离为 12.0 km，明显小于城中村居民就业通勤距离(图 3)。以上沙村为例，上沙村居住总人口 68 124 人，其中劳动人口(20～60 岁)58 498 人，结合数据空间信息匹

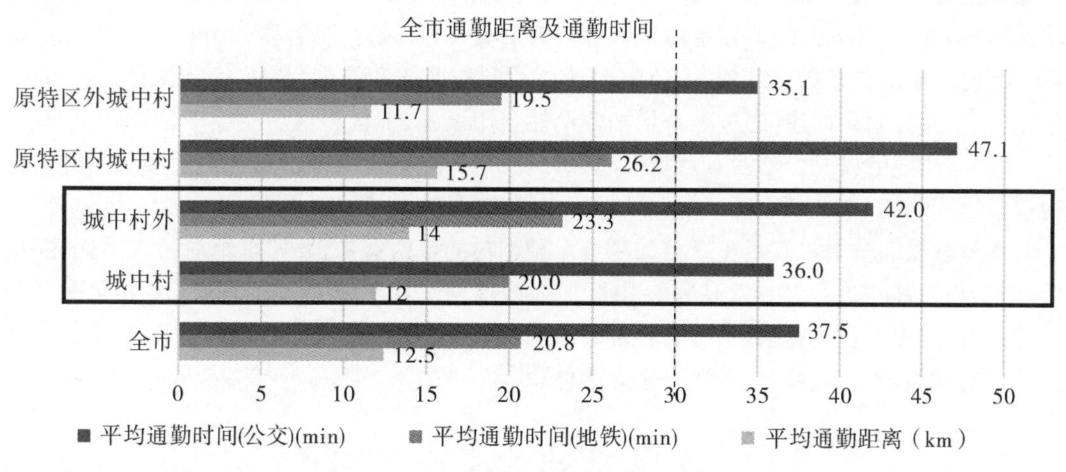

图 3 深圳全市通勤距离及时间

［图片来源：《深圳市城中村(旧村)综合整治总体规划(2019—2025)》，城中村用地调查报告(2018)］

配情况，选取 34 697 人进行分析，其中 56%的上沙村居民实现了本区就业，83%的居民实现了就近就业。

3.4 传承城市文化脉络

城中村记录了深圳从一个小渔村到特大城市的发展脉络，是深圳历史文化空间的重要载体。城中村内保留了全市大部分的历史文化空间，全市历史文化空间总面积约 11.4 km^2，位于城中村内的历史文化空间用地约 9.8 km^2，占全市的 85%。其中，深圳公布的第一批 42 处历史建筑中有 34 处位于城中村，历史风貌区用地 8.7 km^2，紫线保护范围内用地 1.9 km^2。

城中村内还保留了大量的具有深圳特色非物质文化遗产。深圳市第一批和第二批共 36 处市级以上非物质文化遗产项目中，大部分源于城中村，由当地居民传承，主要包含宗祠文化、客家文化等。此外，城中村见证了深圳和深圳人发展和拼搏的历史，记录了无数来深圳打拼者的最初记忆。此外，伴随深圳发展涌入的大量外来人口也带来了新文化的融合，移民带来的家乡文化结合城中村包容性的空间创造出了一种城中村独特的文化形态[8]。

4 现阶段深圳城中村有机更新(2015—至今)

受到城中村形成和发展的环境和历史影响，每个具体的村落在进行综合整治的目标、重点和途径都不尽相同。加上深圳在城中村有机更新尚处于“摸石头过河”的阶段，没有形成成熟的城中村有机更新模式，城中村的更新工作很难通过统一的模式全面推进。因此，深圳尝试通过试点项目推进过程中的成功经验和有效措施，完善城中村综合整治政策及相关规定，形成较为成熟的深圳城中村综合整治 3.0 模式，先后选定了南头古城、南澳墟镇等 7 个村作为城中村有机更新的试点项目。

拆除重建式的更新滋生了城市流动人口流失、资源浪费等新的城市问题，拆迁成本的逐年上升也意味着这种模式难以长期进行。2019 年深圳发布了《深圳市城中村(旧村)综合整治总体规划(2019—2025)》，划定城中村综合整治分区(图 4)。综合整治分区内的用地不得纳入重建类城市更新单元计划、土地整改计划及棚户区改造计划，要以综合整治为主，鼓励统租改造，允许局部拆建，通过融合增加辅助性公用设施、现状建筑功能改变、局部拆建等手段，深入解决城中村综合整治重点难点问题，形成与拆除重建类城市更新协同推进的城中村改造新模式。

现阶段深圳城中村有机更新更加注重对城中村的价值保护，开始审慎对待大拆大建，由“政府参与”转向“政府引导”，从宏观角度加强政府对城市更新活动的调控，多元化更新手段，通过试点探索有机更新模式，完善规划体系，提高城中村的精细化管理水平，关注的主体由单一的空间转向人、社会、环境等多元主体。

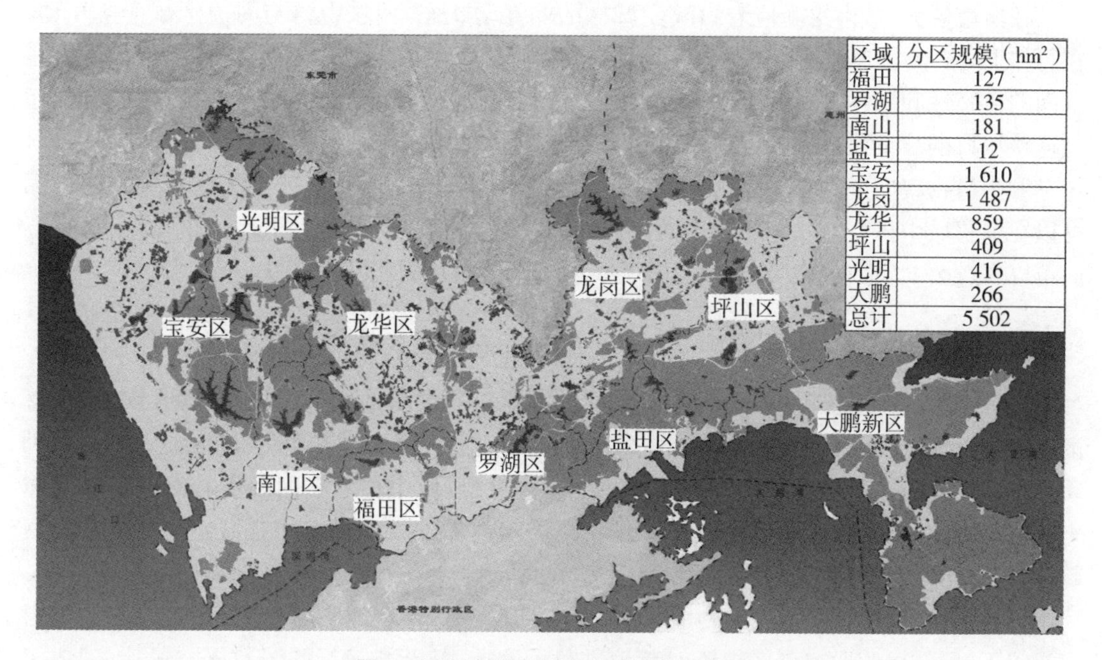

区域	分区规模（hm²）
福田	127
罗湖	135
南山	181
盐田	12
宝安	1 610
龙岗	1 487
龙华	859
坪山	409
光明	416
大鹏	266
总计	5 502

图4　深圳市城中村综合整治分区范围

［图片来源：深圳市《城中村（旧村）综合整治总体规划（2019—2025）》］

5　城中村有机更新的优化方向探索

5.1　打破城村隔离，促进城村互动

一方面是城中村与城市的共生关系。虽然城中村作为城市整体的一部分，但由于受到历史因素的影响导致城市结构和社会结构都与城市处于一种隔断的状态[9]。有学者基于对白石洲边界的研究发现，城市与城中村的相互状态是一种单向的互动，城市周边区域主动与城中村发生联系，而城中村则是处于一种被动接受的状态，但是这种状态更倾向于侵入而非互动关系。

另一方面是城中村已改造与未改造的空间相互的影响。目前已经有部分房产开发商开始尝试进行城中村的局部改造。基于对“泊寓”品牌长租公寓的网络数据调查发现，该类公寓较周边城市居住区的租金低，仅比城中村住房的租金高出几百块。建筑内外空间被设计师们重新设计，内部结合如书吧、咖啡厅等受年轻群体喜好的一些商业业态，迎合了租房市场的需求，因此这类长租公寓很受市场欢迎。但考虑到城中村的价值复杂性，这种模式也处在一种两难的境地，一方面是由于产权等因素的制约，开发商在城中村的改造活动受限于其权限范围内的楼房，难以对城中村整体的环境做出改善，更多的是建筑单体的改造；另一方面是开发者的目标是为自身谋求利益，其改造行为推动了城中村整体的租金上涨，影响了城中村整体的租金水平。而低收入人群租房的选择对租金变动较为敏感，几百块的租金就会影响原租户的租房选择[10]。

在城市层面，城市更新应着力改变城村的非互动状态，使城中村与周边区域产生互动。在总体上，城中村环境品质的提升应该架构在保护成本生产生活价值的基础上，保护城中村空间的包容性和韧性。可从可操作性较强的村落边缘着手，通过连接城中村的边缘交通、建立连接城村的步行通道等手段，连接城村的交通脉络。在村落内部，运用局部拆建的方式，疏导城中村密集的空间布局，打通断头路，设置公共空间，完善社区公共配套设施。一方面可以在保留城中村空间功能和形态的多样性的基础上，弥补村落内公共空间的缺失；另一方面可以通过公共服务设施吸引城村居民互动交流，改善城村隔离的现状。

5.2 推动城中村自我更新

根据笔者对相关文献的研究，近年来学者们对于城中村的人群定位由“低收入人群”逐渐转向“中低收入人群”，这暗示着城中村的人口结构正慢慢发生着变化，城中村正在以一种缓慢的速度进行着绅士化[3, 7, 11]。随着绅士化的进行，城中村对空间环境升级的诉求会越来越高，因此城中村物质环境的改善不仅仅是城市整体发展的需求也是城中村的自我发展趋势。

以福田区下沙村为例，下沙村原本有一片荒地，村民常年在此堆放垃圾。后在村民的自发提议下，由村民和股份公司出资对荒地进行了改造，甚至自发拆除了数栋农民房，建成了村落的文化广场，为村民和租户的文化活动提供了场地，弥补了城中村公共空间的缺失。同时，在改造过程中，还自发地保留了侯王庙、祖庙、蚝民雕塑等村落文化元素，对城中村的文化价值进行了较好的激发和保护。此外，文化广场带来住房环境的改善，促使周边房屋的租金得到提升，村民的租金收入得到提高，就下沙村整体而言，这种租金上升并未对城中村作为低成本生活空间的价值产生明显的影响。

由此可见，村民自发对城中村进行更新存在着客观的可能性，并且在城中村价值的保护方面有值得思考和借鉴之处。在未来的城市更新中，可尝试通过规划导则把握村落整体的更新效果的基础上，开展城中村自更新试点，鼓励和诱导村民“自更新”。

5.3 控制绅士化速度

城中村问题的症结在于城中村缓慢的自我发展与城市高速发展的诉求之间的矛盾。城中村绅士化的一般有一个过程，物质空间环境质量的改善吸引大量中高收入群体的进驻，随后带来区域空间需求的改变，吸引服务于中高收入群体的产业进驻，挤压低收入群体和低端产业的生存空间，进而影响城中村整体的空间价值。

而目前的城市更新，无论是大拆大建式还是综合整治式，都大幅加速了城中村地区的绅士化。这种加速现象使得村落绅士化速度超过了城中村价值的弹性界限，导致城中村价值的破坏。因此，控制城中村绅士化的速度应该作为城中村有机更新的重要一环。

5.4 保护多元文化

文化是一座城市的精神灯塔，而文化多样性是城市文化底蕴的一种体现，城市的稳定发展必须重视文化多样性的传承与塑造。在对城中村文化价值的保护优化上可分为两个方面：

第一，是对村落传统非物质文化的保护。现有的综合整治案例对历史文化遗产的保护，往往注重对物质层面的保护，非物质文化常常与产业结合，商业化现象严重，只注重经济效益而导致村落传统文化活动的没落，村落文化失活。在这方面，可以通过鼓励举办传统文化活动，复兴传统村落文化。

第二，是对城中村移民文化的保护。城中村是外来人口的集聚地，大量的流动人口会将自身的本土文化或多或少地带入新的城市环境中，不同的文化在此碰撞融合，城中村也因此成为移民文化诞生的绝佳温床。尤其是对像深圳这样的年轻城市，文化底蕴较为薄弱，而移民文化丰富了城市文化的多样性，成为城市文化的重要部分。移民文化是居民历史记忆的凝结，可以以引导发展为主，积极营造公共空间，提供更多文化交流碰撞的场所。

5.5 保护社会网络

社会关系网络对整个城中村低成本空间价值发挥着重要作用，但在之前城中村更新的探索中，城中村的社会网络往往被规划者和设计者们所忽略。城中村的社会空间价值是无法确切地看到却又真实存在的社会链条，它以附加价值的形式存在于城中村人群的生活与消费过程中，与城中村低成本环境的形成有着密切的联系。张宇星认为城中村起源于原始的村落和乡村社会空间，是基于职业、血缘的能够组合多种要素关系形成的现代社会聚集状态，存在着相互生产、相互雇佣、相互服务、相互消费的隐形价值链关系[12]。

租户在城中村的社会关系网络相对薄弱，因大规模改造而被驱离后他们的社会关系网络也会随之破碎。城中村居民的社会关系由“具体的人”产生，而非“抽象的人”，更新绝不能简单地赶走一批人，再吸引一批人，那样将会造成城中村居民社会关系的大拆大建。因此，城中村改造不应仅仅关注空间环境层面的改造，还需要考虑到社会关系的再构对空间价值的影响。

5.6 建立多方参与的规划机制

城中村改造问题归根到底是利益的分配问题，城中村改造的最终目标是为利益相关者创造价值[5]。目前随着对城中村研究的深入，受到各界关注城中村改造的主要利益群体由“村民、开发商、政府”三者逐渐转向“村民、开发商、政府、租户” 四者。而目前，城市更新的价值博弈尚在“村民、开发商、政府”三者周旋，未能够确切地保证租户的利益。

一方面是因为租户群体手中没有可以与其他三者讨价还价的筹码，是利益相关者中最为弱势的一方；另一方面，其自身需求也存在矛盾，他们既希望自己的居住环境得到改善，又需要在城市中获得一个低成本的生活空间，保留一隅“安身之所”。而目前的更新活动不仅没有使他们的居住环境获得提升，反而成为生活成本上升的原因，逼迫他们搬离原本的居住地到城市更为偏远的地区甚至不得不离开这座城市。在未来应完善城市更新的参与制度，保障租户的更新参与权，让“用脚投票”成为过去式。

6 后语

城中村有机更新的本意是在保留城中村独有价值的前提下，将较城市落后的部分升级，而非消灭城中村。《深圳市城中村(旧村)综合整治总体规划(2019—2025)》的发布曾引起笋岗村部分村民的不满,甚至打起了"拒绝综合整治,要求城市更新"的旗号。一方面说明了拆建式的城市更新带来的高额补偿已经影响了部分村民对乡土价值的判断;另一方面,不了解整治是城市更新的一种手段,也说明了村民规划知识的匮乏,规划基础知识的普及也急需推进。

城中村的发展要逐渐回归理性,为城市美好的未来预留更多的发展空间。深圳城市更新已有十年,从最初的环境整治到初具雏形的整治规划,再到对精细化管理的探索,现阶段城中村更多关注空间,未来将更加关注人。

参考文献

[1] 闫小培,魏立华,周锐波. 快速城市化地区城乡关系协调研究:以广州市"城中村"改造为例[J]. 城市规划, 2004,28(3):30-38.

[2] 李培林. 巨变:村落的终结[J]. 中国社会科学, 2002(1):168-179.

[3] 陈燕萍,张艳,金鑫,等. 低生活成本住区商业服务设施配置实证分析与探讨:基于对深圳市上下沙村的调研[J]. 城市规划学刊, 2012(6):66-72.

[4] 马航. 深圳城中村改造的城市社会学视野分析[J]. 城市规划, 2007,31(1):26-32.

[5] 贾生华,郑文娟,田传浩. 城中村改造中利益相关者治理的理论与对策[J]. 城市规划, 2011,35(5):62-68.

[6] 陈敦鹏,喻乐军. 城中村改造专项规划研究:以深圳市坭岗村改造专项规划为例[J]. 规划师, 2008,24(10):30-33.

[7] 周维,张艳,辜智慧. 基于刷卡数据的深圳市地铁客流特征与职住空间视角的分析[J]. 住区, 2019(4):23-31.

[8] 李景磊. 深圳城中村空间价值及更新研究[D]. 广州:华南理工大学, 2018.

[9] 冒苏羲. 白石洲:异质空间结构及其活力研究[D]. 深圳:深圳大学, 2017.

[10] Zeng H, Yu X F, Zhang J F. Urban village demolition, migrant workers' rental costs and housing choices: Evidence from Hangzhou, China[J]. Cities, 2019,94:70-79.

[11] 陈燕萍,赵聃,张艳,等. 保障房公共服务设施的供需匹配研究:以深圳松坪村三期保障房为例[J]. 规划师, 2019,35(10):41-46.

[12] 张宇星. 城中趣村:深圳城中村社会空间价值模型[C]. 重庆:2018中国城市规划学会城市更新学术委员会年会, 2018.

城市更新的乌鲁木齐实践

刘 坤[1] 李 鹏[2] 吕 敏[2] 刘继强[2] 李 钰[2]

1 北京市城市规划设计研究院

2 乌鲁木齐城市规划设计研究院

摘 要:本文作者在乌鲁木齐市(以下简称"乌市")从事规划设计工作,结合专业工作经历和日常生活体会,对乌市各类城市更新工作进行了分析研究。文章第一部分从乌市市情入手,分析了开展城市更新工作的必要性、可行性和特殊要求。第二部分从工矿用地更新、荒山绿化、居住用地更新、老城区整片更新四个方面,总结了乌市多年来城市更新工作的各类政策和实践,在总结全市各类项目现状、已实施、待改造等总量基础上,以苇湖梁电厂改造、八一钢铁厂升级、七一棉纺厂改造、南湖创造园、红光山荒山绿化、百信社区老旧小区改造、劳动街片区自建房改造等具体案例进行说明。第三部分,明确了乌市城市更新工作对落实"社会稳定 长治久安"总目标的有力促进作用,分析总结了各项城市更新工作的经验教训,提出了后续工作优化建议。

关键词:乌鲁木齐;城市更新;工矿用地;荒山绿化;棚户区改造;老旧小区改造;自建房改造

1 目的与意义

新疆占全国国土面积六分之一,是我国陆地面积最大的省级行政区。乌鲁木齐作为新疆首府,是联系中亚、西亚、南亚和东西欧的重要通道,是"一带一路"倡议中向西开放的桥头堡。作为"方圆 1 500 km 最大的城市",乌市的"城市建设"是与"反恐维稳""经济发展"并重的"三件大事"之一,在"稳定西北、经略东南"大战略框架下,对维护总体国家安全、落实"一带一路"倡议要求、带动全疆经济社会发展,均具有基础性和全局性的重要战略意义。

地处天山山脉与古尔邦通古特沙漠之间,乌市城市外拓空间局促,城区内外地形起伏,受水资源限制较大,适宜建设空间严重不足,强化城市更新的必要性极高。1884 年新疆建省以来,乌市一直为新疆政治、经济、文化中心,由于地处大西北,受战乱侵袭少,腹地广阔,城市化起步较早且持续快速推进,既有建成区中,工矿遗产、荒弃山体、老旧小区、自建房等可利用资源较多,且大多呈衰败趋势,开展城市更新的可行性较高。

20 世纪 90 年代以来,"三股势力"在新疆策划了数千起暴力恐怖案(事)件;其中,2009 年的乌市"七五"事件更造成大量无辜群众被害,损失无法估算。通过城市更新促进

“融合式发展”，建立和完善各民族相互融合的社会结构和社区环境，是乌市打击恐怖主义和去极端化、维护发展的一项重要基础措施。

2 政策与实践

按照更新对象的原用地功能，乌市城市更新的主要政策和实践，可归纳为工矿用地更新、荒山绿化、居住用地更新和老城区整片更新四大类。

2.1 工矿用地更新

新疆解放后，乌市集中建设了苇湖梁电厂、六道湾煤矿、八一钢铁厂、七一棉纺厂、十月拖拉机厂等一批大中型厂矿。随着城市化进程快速推进，当年位于郊区的厂矿，逐渐融入城市建成区。近年来，由于设备老旧、技术落后、退休职工多等，许多厂矿持续经营亏损。落后于时代的生产工艺，产生大量烟尘、固废、污水、噪声等污染，也对周边居民健康和生态环境造成不利影响。

这些工矿由于用地情况各异，在改造过程中，大多采取了一事一议方式。按照更新后的主要用地性质，可将其归纳为三种形式。

2.1.1 更新工艺，功能拓展

典型的如苇湖梁电厂(以下简称“苇电”)改造升级。苇电为“156个重点项目”中唯一位于新疆的项目(原名乌市热电站)。苇电紧邻六道湾煤矿与水磨河，为典型的坑口电站。1953年一期投运发电，1966年五期全部建成，到2013年苇电正式停产前，持续为乌市供电60年。

苇电自建成后，持续进行扩容和工艺改进。1964年和1985年，为应对水磨河水量减少、水质恶化问题，各增建一座85 m高的冷却塔，将原直流供水改为冷却塔二次供水。20世纪90年代初，苇电引入瑞士政府优惠贷款和ABB公司技术，将原0.6万kW、3.9万kW老机组置换为10万kW和12.5万kW新机组；在发电功能基础上，增加为北京路地区和卡子湾地区约10万人供热功能。

近年来，随着其他装机容量更大电厂的建成、城市能源结构调整，苇电的供电任务逐渐转由达坂城风电场、光伏电站等承担。2013年，苇电正式熄火，转为备用电厂。2016年，为配合城市景观整治要求，高度180 m的主烟囱和两座85 m的冷却塔被拆除；场地和建筑则由电厂及兄弟单位(华电新能源、沙尔布拉克水电、煤业公司等)作为办公和仓储使用。

同期(1951年)建厂的八一钢铁厂(以下简称“八钢”)，在2007年并入宝钢集团后，持续进行工艺升级，现已发展为年产1 000万t的大型钢铁企业。以欧冶炉为代表的工艺革新，不仅降低了生产成本，提升了产品品质，也优化了作业和厂区环境，将工人由传统蓝领升级为现代白领，厂区也获批“全国工业旅游示范点”(图1)。

图1　八钢厂区和生产车间

(图片来源:自摄)

2.1.2　更新为商业、文创功能

典型如南湖纸业改造为南湖创造园。乌市第二造纸厂为始建于1958年的国有中型企业,由于因经营亏损,于2001年被南湖集团兼并,重组为南湖纸业;后因无法满足环保要求,于2014年正式停产。

2015年起,南湖纸业转型为以体育、餐饮、文创为主导功能的综合性体育文创园区。由于保留了诸多工业遗存、原厂房大跨空间,改造功能富有特色,加上停车场地充足,从开园起,南湖创造园即成为乌市著名网红打卡地,深受广大市民和游客好评(图2)。

图2　南湖创造园内外景

(图片来源:左图 map.baidu.com,右图:www.sohu.com)

2.1.3　更新为居住功能

典型如七一棉纺厂(以下简称"七纺")主体更新改造为"世界公元"居住区。七纺始建于1952年,为新疆现代纺织工业开端,最高峰时有职工2万余人,加上周边附属工厂,工人及家属超过6万人。在前几十年的辉煌后,从20世纪90年代末起,七纺开始出现经营困难;2003年,经过改制后,大批工人再就业;2013年,最后一批车间停工,厂房拆除。

七纺主体采取了整体改造更新方式,将温泉路以北的主厂区、新疆七一印染厂、乌市纺织品批发公司等附属企业一并实施,并纳入七纺北山棚户区,总改造范围约73 hm^2。除保留少量多层住宅和市政设施外，将原有厂区和宿舍区整体拆除；一部分用地留白为温泉路高架及水磨河沿河绿带，大部分用地开发为“世界公元”房地产项目，住宅及配套设施建筑规模共约 100 万 m^2（图 3）。

图 3　七纺改造前后对比图

（图片来源：左图 www.163.com，右图：xj.fang.com）

七纺温泉路以南用地，则在保留原厂房基础上，通过有机更新方式，逐步发展为“7 坊街”文化创意街区，汇聚了新疆当代美术馆、新疆相声巴扎等 60 多家文创企业（图 4）。

图 4　“7 坊街”文化创意街区

（图片来源：左图 www.sin a.com，右图：blog.sin a.com）

2.2　荒山绿化

荒山绿化是具有新疆和乌市特色的城市更新项目。乌市是全世界离海洋最远的大城市，年均降水不足 300 mm。由于干旱缺水、地势陡峭，加上岩层裸露、缺乏土壤，城区内寸草不生的荒山众多，环境品质较差。

解放后，乌市动员广大军民，通过挖掉岩层、担土上山、挑水灌溉等艰苦努力，几十年内陆续栽种并成活几十万株树木，终于使作为乌市地标的红山“由红变绿”。

为加快荒山绿化进度，进入新世纪后，乌市引入社会力量参与荒山绿化工作。2002 年，《乌鲁木齐市荒山绿化承包管理办法》颁布，允许单位和个人在报市绿化委员会同意的基础上，通过公开招标的方式，承包荒山进行绿化。在完成造林任务基础上，可将不高于 30%的用地作为“种植业、养殖业、旅游业及其他产业用地”；实践中，这部分用地多作为居住区、商业、旅游项目开发建设。

2011 年，《乌鲁木齐市荒山绿化实施意见》颁布，明确了 30%的建设用地需符合城市规划、需按照建设用地进行“招拍挂”和缴纳土地出让金；对于已开展或完成绿化工作但难以原址布局建设用地的，可在临近的规划集中建设区配置建设用地。2020 年，《乌鲁木齐市荒山绿化项目配置建设用地挂牌出让工作实施方案(试行)》出台，对 30%建设用地的依法依规实施，制定了较为详尽的工作方案。

典型项目如红光山荒山绿化。2002 年前，红光山为乌市城郊一片荒山，山上遍布坟茔与杂草，山下有多处砖窑、瓦厂。2002 年，引入新疆俊发实业公司作为实施主体，开展了荒山绿化工作。近 20 年间，红光山荒山绿化项目关停了周边砖窑、瓦厂，安置近 400 名下岗职工；陆续植树 132 万株，使原有荒山成为一片有 50 多种树木的天然氧吧。以新建成的良好生态环境为基础，红光山上陆续营建了玉石馆、亚欧艺术馆、红光山大佛等景点；2011 年，红光山获批为国家 4A 级景区。类似社会力量主导的项目，还有温泉山、水塔山、七道湾、花儿沟、平顶山、蜘蛛山、红雁池等处的荒山绿化。

通过军民长期不懈努力，特别是近 20 年来市场化力量的加入，乌市荒山绿化工作取得显著成效。2018 年末，乌市建成区绿化覆盖率达到 41.8%，高居西北五省会首位。

2.3 居住用地更新

按照政策导向和实施方式不同，乌市的居住用地更新可分为棚改和后棚改(老旧小区改造+自建房改造)两个阶段。

2.3.1 棚户区改造更新

2009 年，按照国家棚改政策，乌市启动棚户区改造工作，共划定 53 平方公里棚改区域，按以拆为主、就地平衡为主方式推进。截至 2018 年底，累计投入棚改资金近 1 600 亿元，完成约 36 万户的改造工作，其中，征迁腾退约 29 万户，功能完善约 6 万户。

2.3.2 老旧小区改造更新

2019 年起，棚改工作停止后，老旧小区改造工作接棒启动。根据调研摸排，乌市现有老旧小区 2 549 个，共涉及约 62.1 万户，总建筑面积 5 386 万 m^2；其中 2 000 年前建成、需重点改造更新的老旧小区 1 944 个，共约 31.9 万户，总建筑面积 2 464 万 m^2。

2019、2020 两年间，乌市共完成 284 个老旧小区改造更新，共涉及 4.5 万户，总建筑面积约 330 万 m^2。改造内容除物质空间改造更新为重点外，还包括开展社区营造、强化社会治理、助力产业发展等方面内容。

典型案例如天山区幸福路百信社区改造更新。该项目位于天山区幸福路以北大湾北路以西，由 8 个老旧小区组成，总用地面积 7.32 hm^2(图 5)。改造更新工作可分为四个方面：

一是空间环境整治。在市政方面，开展供水、排水、供热等管网改造，补充完善垃圾分类设施。在交通方面，打通尽端路，增加停车场地。在公服方面，增补社区级公共设施和商业设施。在综合环境方面，拆墙并院，利用存量空间增补绿地和活动场地(图 6)。

百信社区待改造小区基本情况表

序号	小区名称	建成时间	房屋性质	建筑面积（万 m^2）	户数（户）	楼栋数（栋）
1	劳动服务公司家属院	1991	公房	1.11	113	3
2	旅游汽车公司家属院	1988	公房	0.40	128	3
3	环卫局家属院	1994	公房	0.35	63	1
4	星云房产	1999	公房	0.38	36	1
5	养护队家属院	1993	公房	0.96	104	3
6	二建家属院	1990	公房	2.10	246	6
7	人防家属院	1983	公房	0.13	10	1
8	百信一期	1999	商品房	4.20	490	8
合计				9.63	1190	26

图 5　天山区百信社区概况

（图片来源：自绘）

图 6　百信社区空间环境整治示意图

（图片来源：自绘）

二是社区文化培育。通过保留年代感较强的院落设计、建造方式或者围墙片段等，记录区域发展印迹。策划及实施特色文化路径，串联沿线节点景观。完善标识系统和无障碍设施，重点打造舒适安全的慢行空间，形成特色各异的文化体验场景。丰富居民文化生活，增强居民的归属感和获得感（图 7）。

三是强化社区治理。在拆墙并院、公共空间的建设中，遵循居民参与、平等合作、渐进更新和包容发展基本原则，采取“自上而下”与“自下而上”相结合的倡导式规划，加强了多方的沟通、参与和合作，增强了社区成员凝聚力。

四是助力社区产业发展。在补足社区基本服务设施缺口基础上，挖掘产业资源空间，满足改造诉求的同时强化了社区产业培育。通过政府投资与社会资本结合，建设了幼托、养老、卫生服务设施及公共停车场；通过这些有盈利空间的配套项目，增加居民就业岗位（图 8）。

图 7　百信社区社区文化培育示意图

（图片来源：自绘）

图 8　百信社区助力产业发展示意图

（图片来源：自绘）

2.3.3　自建房改造更新

通过对现状摸底调查，截至 2020 年底，乌市共有符合改造规定的自建房 16 396 栋，分布在 49 个管委会、141 个社区，共计 142 个改造片区。全市自建房总占地面积约 13 km²，总建筑规模约 1 600 万 m²。人口方面，共近 9 万户（产权户 16 582 户、租赁户 73 334 户），约 27.3 万人（常住人口 55 140 人、流动人口 218 278 人）。

由于自发无序建设、人口密度高、配套设施不足、缺乏公共空间和安全通道等，自建房区域的人居环境品质较差、安全事故频发。特别是在新冠疫情防控中，尽管投入极大量的人力物力,但由于自身空间资源限制和易于"藏污纳垢"的现实情况,自建房区域仍成为隔离和防控难点,部分区域甚至出现聚集性传播。

按照市委市政府统一部署,乌市拟用三年时间,对自建房开展专项改造。规划采用拆除改造和有机更新改造两种模式,按照"成熟一块、改造一块"的思路,确定5条改造更新路径:

一是拆除改造模式。对建筑结构差、年久失修、基础设施匮乏的房屋实施拆除改造。主要采取3条路径实施:① 政府主导实施,由市、区两级政府多渠道筹措改造资金,各区具体实施改造项目,强化政策宣传,引导房屋产权人配合改造工作。② 引导社会资本参与,在不增加政府隐性债务的前提下,各区积极引导社会资本参与实施。③ 引导社会资本与房屋产权人合作改造,按照"成熟一块、改造一块"原则,鼓励社会资本和房屋产权人联合投入,开展合作改造。

二是有机更新改造模式。针对不同情况,主要采取2条路径实施:① 对具备商业改造价值的房屋进行综合治理,通过区域环境整治、道路整修、打通生命通道等措施,进一步改善区域环境面貌、激发经济活力,打造现代化商业街区。② 对不具备商业改造价值、建筑结构良好、基础设施较为完善的房屋,按照"便民、利民、少扰民"的原则,对消防和水、电、气、路等基础设施进行修缮改造,进一步提升房屋使用功能,消除安全隐患,改善居住环境。

以水磨沟区劳动街片区为例。劳动街片区临近市政府和南湖广场,是乌市中心城区重要的政治、商业和环境景观区域。市政府组织各职能部门、相关企业多轮次会商后,决定将劳动街片区作为乌市自建房改造试点和示范项目,采用"拆、留并举"方式,推进劳动街片区的整体改造。一方面,保留原传统商超为主的商业街,对现状商业综合体进行提升改造,形成在空间形态和商业业态上互有差异的商业格局。另一方面,以房屋安全鉴定基础数据为支撑,选取C、D级危房集中的区域,对部分适宜开发、开发后不影响周边居住日照、消防、建筑安全和营商环境的地块,实施较高强度的商住开发,形成融商业、居住、公服、绿地功能为一体的城市活力激发区,并实现资金平衡(图9)。

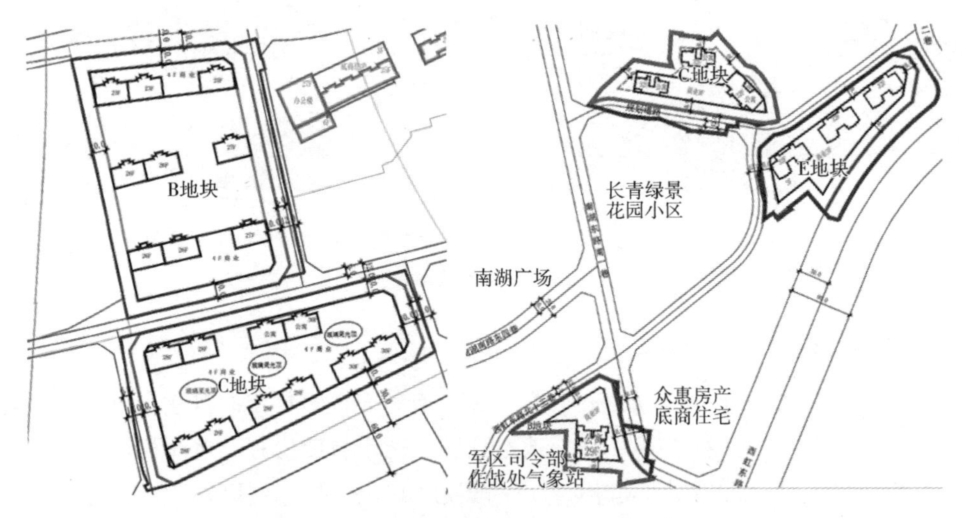

图9　劳动节片区局部(1、3组团)拆迁草案

(图片来源:自绘)

2.4 老城区整片更新

2014 年起，乌市启动老城区改造，以片区为单位，力推整体规划设计，推进综合改造提升。乌市先后编制老城区改造提升整体规划大纲、老城区改造提升总控规划，在老城 173 km² 范围内，共划设 29 个重点更新片区（总面积约 34 km²）并分别编制城市设计方案（图 10）。各片区的改造更新措施可归纳为五个方面：

一是老城功能优化提升。按照片区所属各区功能定位，疏解棚户区、批发市场、物流园、一般制造等非核心功能，引导各片区功能优化升级。通过分类分区引导，优化人口结构，为民族融合奠定空间基础。

二是补充完善公共服务设施。重点增补完善街道级公共服务设施，构建多民族协同共享的 15 分钟生活圈。

三是构建、完善蓝绿网络。落实上位规划要求，修复“两主四支”水系网络，优化市、区级公园，增补社区游园。

四是优化交通环境。重点在结合片区改造，打通次支路，补充停车场地，改善慢行交通环境。

五是重塑特色风貌，促进老城文化复兴。

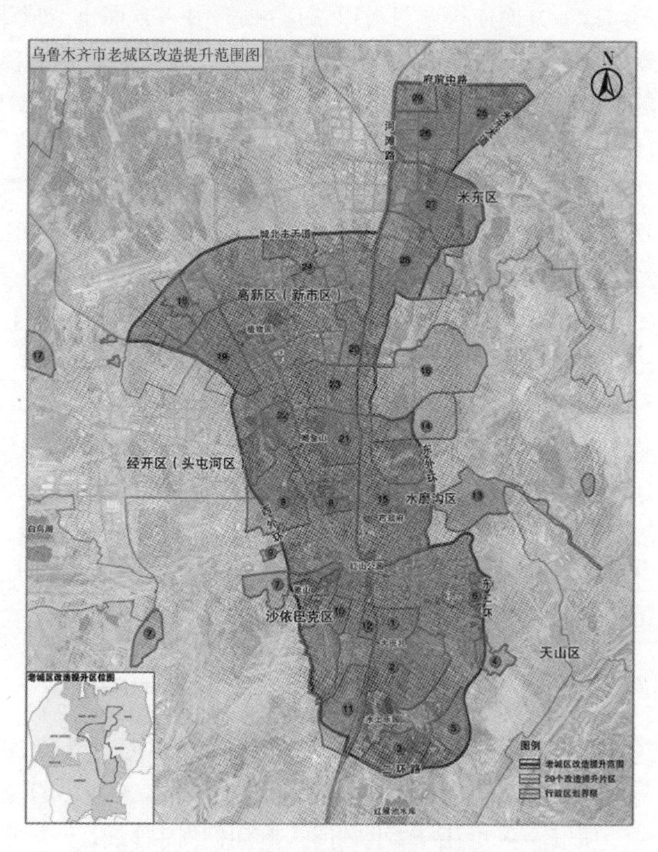

图 10　老城整体更新范围和重点区域分布图

（图片来源：自绘）

3 得失与启示

3.1 城市更新工作整体有力支撑了“社会稳定长治久安”总目标落实

相比国内其他大中城市，乌鲁木齐市具有相对特殊的区位条件、社会环境、发展阶段和目标任务。作为“长远之策、固本之举”，城市更新工作的持续推进，有效促进了稳定发展，在提升人居环境品质和城市风貌的同时，也为乌市反恐维稳、经济发展、疫情防控等工作开展起到积极推动作用。

3.2 城市更新需进一步协同政府、市场、社会关系，形成合力

权属主体不变的城市更新，由于实施主体明确，相对容易完成。而乌市大部分城市更新项目都涉及用地性质的变更，需要通过土地招拍挂，对权属主体进行变更。这一过程中，明确各类相关方的合理角色，合理统筹各方诉求与利益分配，成为决定城市更新行动成败的关键。

政府方面，前期市、区两级财政实力较强，在各类项目特别是棚改项目中，以政策主导、实施主体双重身份参与，一方面使得项目得以快速推进，另一方面也造成了政府财政支出和地方债务较高、部分项目存在贪腐问题等。近年来，为保障反恐维稳和疫情防控方面的经费，城市建设特别是城市更新方面的直接投入大幅减少，政府也更多地回归政策制定、规划引导等“裁判员”角色。

市场方面则为城市更新持续提供澎湃动力。荒山绿化前期，主要依靠政府主导下的军民义务劳动，从解放至 2001 年，全市共实现荒山绿化面积 750 hm^2。2002 年引入市场力量后，仅五年时间，经验收合格的绿化面积就达 3 487 hm^2。自建房改造更新项目中，恒大、中海、远洋、乌房在内的十几家大中型房地产企业积极参与，不仅作为实施主体投入大量资金、人力，其所属和委托的规划设计单位，也对各自意向改造片区研提了共计几百份前期调研、项目策划和规划设计方案，为全市自建房项目的整体方案设计、相关政策制定、资金平衡测算等，提供了技术参考和规划依据。

社会方面，在“拆除类”项目为主的前期，大多仅作为城市更新行动的被动参与者，其与政府、市场存在经济利益的零和博弈，导致拆迁安置过程中各类矛盾频发。“改造类”项目逐渐增多的后期，通过强化公众参与，居民诉求和意愿成为确定改造更新内容的风向标，社会与政府、市场利益相对协调，各类项目的居民满意度明显升高。

3.3 城市更新需进一步强化地方需求与国家政策法规的衔接

在近年的“改造类”项目实施过程中，资金来源以中央专项资金为主，改造内容受专项资金管控限制较大，与项目实际需求衔接不够灵活。以老旧小区改造中的管线更新为例，按照相应管理要求，中央专项资金仅可用于“小区门—单元门”间管线，无法用于“市政管网—小区门”“单元门—入户门”两段，致使部分项目仅能更新“中间”管线、“两头”管线无法实施，项目完成后，居民并未体会到实际的效果改善(图 11)。

外墙保温的改造资金诉求大，但没有专项资金

单元门到入户门之间市政管网、楼道修缮

架空线路入地难、官网改造部门间协调统一难

图 11　老旧小区改造中的资金来源和组织协调问题示意

（图片来源：自绘）

乌市的棚户区改造，前期主要采取货币化安置方式，一方面造成房价快速上涨；另一方面，部分居民“拿钱走人”，迁居西安、成都等城市，对乌市人口总量和结构造成不利影响。2015 年起，政策改为实物化安置为主，一方面有效控制了房价的过快上涨；另一方面，控制了人口迁出，并通过嵌入式保障房小区建设，对嵌入式社会结构和社区环境建设起到了有力支撑。

乌市的荒山绿化，以绿地换建设用地，可认为是具有地方特色的“增减挂钩”。一方面，该政策充分动员了社会力量，投入必要性和难度均极大的绿化建设，取得了积极成效。另一方面，在 30%建设用地的规划建设中，特别是前期，存在与城乡规划乃至国家政策和法律法规不相符的情况，以致曾被相关部门两度叫停。

3.4　城市更新需处理好“一团火”与“满天星”的关系

以老旧小区改造更新为例。结合全市老旧小区现状情况及各区综合统筹后上报数据，乌市“十四五”期间待改造老旧小区共 1 844 个，涉及约 34.9 万户，建筑面积超过 2 400 万 m^2。若全部进行改造更新，每年需改造小区近 400 个，需资金约 30 亿元。而 2019、2020 两年实践中，年均改造小区约 140 个，资金投入约 5.7 亿元，两相比较存在较大差距。

从机会公平和完成任务角度出发，应将项目资金平均分配，保障每个小区都能得到部分经费开展必要的改造项目。但由于项目一旦动工，不论是房屋外立面、路面还是管网改造，均会对居民生活造成较大影响，且单项改造的资金成本也会显著高于综合改造；从保障实施效果角度出发，应将有限的资金、人力（每个区专职于城市更新的政府工作人员仅1～2 名）适度集中，优先用于改造需求更急迫、意愿更强烈、群众更配合的小区。

参考文献

[1] 刘博. 乘风破浪，砥砺前行：新疆工业经济 70 年发展历程[J]. 新疆地方志，2019(3)：8 - 11，33.

[2] 侯智. 新疆棉纺织工业发展研究(1949—1992)[D]. 乌鲁木齐：新疆大学，2018.

[3] 李根德，韩波. 从乌市看全疆荒山荒地的绿化建设[J]. 新疆林业，2010(3)：21 - 22.

[4] 乌尔娜. 对乌鲁木齐市推进嵌入式社会结构和社区环境建设的思考[J]. 中共乌鲁木齐市委党校学报，

2016(4):57-60.
[5] 马宏,应孔晋.社区空间微更新:上海城市有机更新背景下社区营造路径的探索[J].时代建筑,2016(4):10-17.
[6] 蔡云楠,杨宵节,李冬凌,等. 城市老旧小区"微改造"的内容与对策研究[J]. 城市发展研究,2017,188(4):35-40.
[7] 黄硕.老旧小区改造的"厦门模式"[J]. 城乡建设,2019(12):52-53.
[8] 习近平谈治国理政:第二卷[M]. 北京:外文出版社,2017.
[9] 习近平谈治国理政:第三卷[M]. 北京:外文出版社,2020.

乡村振兴视角下青岛乡村地区更新路径研究

毕　波　张慧婷　张安安

青岛市城市规划设计研究院

摘　要：乡村振兴战略实施背景下，乡村地区取得了较快的发展，但仍存在建筑质量差、建设用地低效等问题，影响生活品质、乡村活力的提升。本文结合更新的政策要求，分析了青岛市乡村地区宅基地、人口与活力、集体经营性建设用地方面存在的主要问题，衔接国土空间规划的要求，提出了乡村地区分区差异化更新引导、农村宅基地腾退与更新、集体经营性建设用地减量与转型升级等方面的路径措施，促进城乡统筹发展，实现乡村地区高质量发展与高品质生活。

关键词：乡村振兴；国土空间规划高质量发展；更新

1　前言

党的十九大明确实施乡村振兴战略，以产业兴旺、生态宜居、乡风文明、治理有效、生活富裕为目标，实现产业、人才、文化、生态、组织五大振兴，促进农业农村现代化。2020 年底的中央农村工作会议、2021 年 1 月中央一号文件均对农村工作进行了全面部署，从耕地保护、村庄分类、设施配套等方面提出明确要求。现状乡村地区的发展，存在住宅建筑质量差、宅基地空置率高、闲散用地多、集体经营性建设用地低效和高能耗、服务设施配套不足等问题，影响了乡村地区的健康发展。乡村地区的规划触碰的是直接关乎千家万户农民的生存保障、财产保障等一系列根本利益，关乎的是千年乡村文化聚落体系的根本变化[1]。急需落实乡村振兴战略，加快乡村地区重点领域的更新转型，实现高质量发展与高品质生活，保障乡村振兴战略的实施。

2　青岛市乡村地区发展基础与特征

2.1　空间布局因形顺势，建筑风貌特色不明显

青岛陆域流域单元小，相对完整。依托山水格局，形成两大自然分区。东部崂山、西部铁橛山、北部大泽山—大青山地区，以山地丘陵地形地貌为主，占比 34%，凸显择洼而居，山村相依；中部及其他地区以平原地形地貌为主，占比 66%，凸显水网交织、村田相融。全市村

庄分布密度为53个/百平方公里,较全省村庄平均分布密度高。村庄分布呈现局部集聚特征,其中大沽河沿线以及城区周围分布集聚明显(图1)。

村庄以棋盘式平原型村庄为主,仅在山区丘陵、滨海地区,分布少量依山就势的自由布局式村庄。村庄民居多为20世纪80年代后期、90年代前期建筑,以单层或两层红顶瓦房为主,其余村庄风貌相对单一。平原地区传统民居多以青砖、白墙、灰瓦为主,山地、滨海地区传统民居就地取材,多以青砖、石墙、灰瓦为主。部分历史文化名村风貌特色明显。

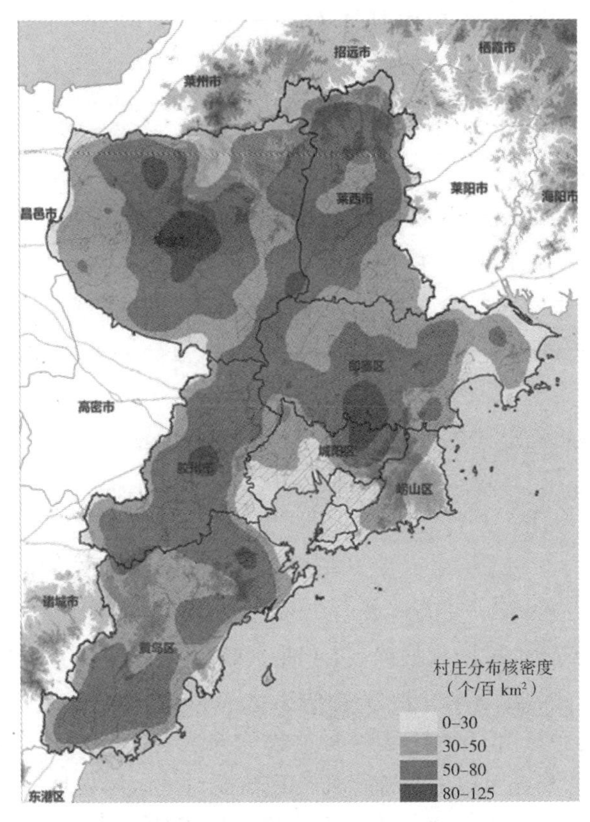

图1　青岛村庄核密度分析图

(图片来源:自绘)

2.2　村庄建设不集约,宅基地空置率较高

全市村庄建设用地规模约800 km²,城镇开发边界以外的乡村地区以农村宅基地、村庄工业用地为主。乡村地区的建设整体仍显粗放,人均乡村建设用地规模整体较大,按照农村户籍人口计算,人均乡村建设用地约192 m²,部分地区人均乡村建设用地规模达到300 m²以上(图2)。

农村宅基地空置率较高,以镇、街道为单位,选取年平均每月用电量为0的农村宅基地,作为宅基地绝对空置率的判定标准。根据统计分析,全市农村宅基地空置率约为20%(图3)。较高的宅基地空置规模,为宅基地有偿退出、盘活利用、实现村庄驻地内的局部更新提供了充分条件。

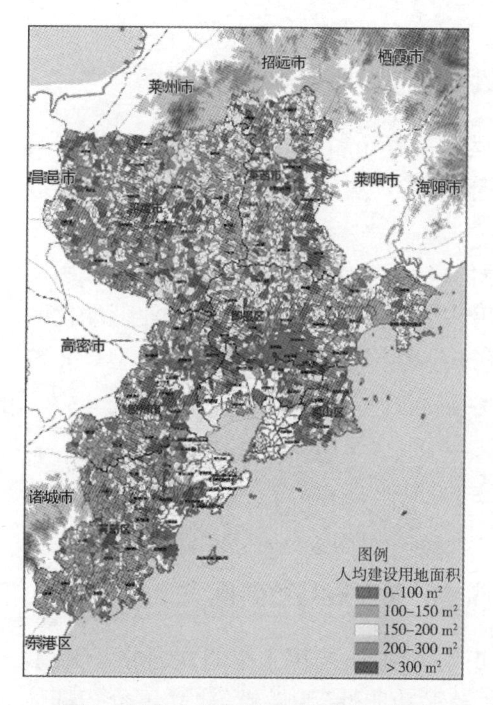

图 2　村庄人均建设用地面积示意图

（图片来源：自绘）

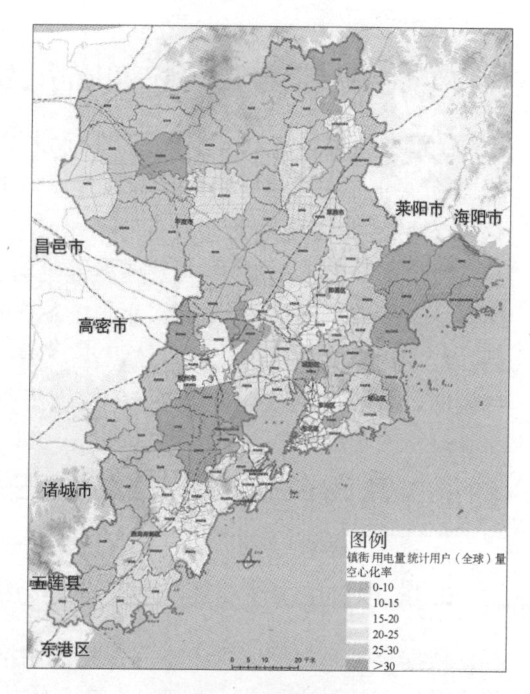

图 3　镇街单元宅基地空置率分析图

（图片来源：自绘）

2.3　人口老龄化与空心化明显，乡村活力不足

乡村人口年龄以 40～65 岁为主。老龄化率较高，65 岁以上老年人占农村总人口比例达到 20.6%，远高于全国(13.5%)、山东省(15.2%)老龄化水平。随着新型城镇化进程、人口市民化的加快，乡村的“三八”“六一”部队逐步离开，常住人口中老年人口比例更为突出。

根据大数据分析，农村常住人口占户籍人口比例约 49.7%。崂山、城阳、城区周边等区域、部分镇区周边村庄，常住人口占比较高。但有部分其他区域，日常常住人口比例偏低，甚至在春节等重大节假日比例仍然较低，这些地区人口活力更显不足(图 4)。

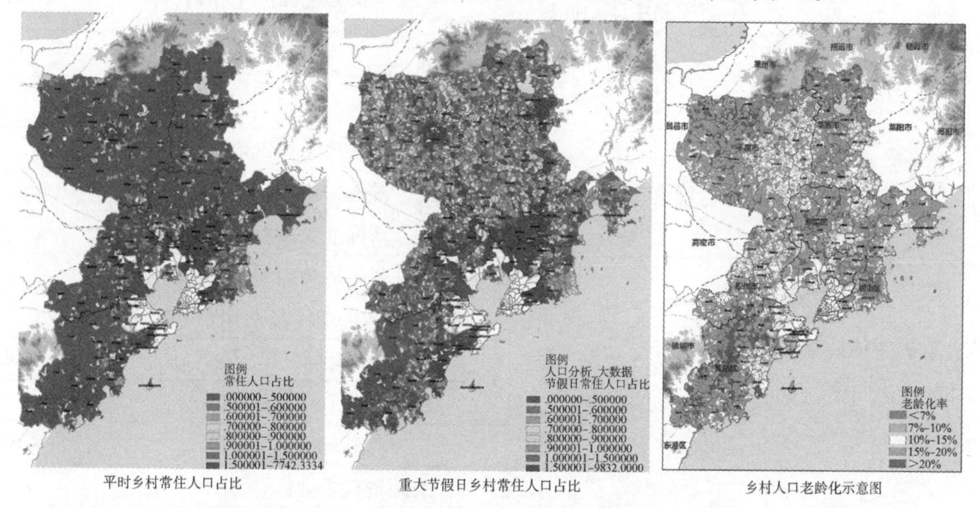

图 4　日常乡村常住人口占比、重大节假日乡村常住人口占比、乡村人口老龄化示意图

（图片来源：自绘）

2.4 乡村集体经营性建设用地占比较高，建设强度与用地效益偏低

全市乡村地区农村集体经营性建设用地面积为 77.3 km^2，占乡村建设用地比例的 18.3%。约 25%的村庄集体经营性建设用地占比高于 10%。从产业类型分析，主要以制造业、农林牧渔等类型为主。

但由于缺乏统一规划，开发建设强度与经济效益仍显不足，作为乡村振兴载体的作用发挥不足。多数乡村工业大分散、小集中的布局形式，开发强度低、建设标准差，产业低端化明显，大多产业类型以机械设备、纺织业、零售业等传统产业为主，优势特色产业和新型产业占比较低，土地效益不佳，部分区市的村级工业园亩均效益不足 3 万元。

3 青岛乡村地区更新的主要路径

3.1 以村庄主体功能与村庄分类为统领，明确差异化发展与更新模式

依据全域乡村地区国土空间保护利用格局与镇街主体功能，与国土空间规划分区衔接，将乡村地区的村庄划分为一级、二级主体功能。以“乡村功能性”为关键，建立评价指标体系，叠加生态保护红线、园艺功能区等要素分析，划定每个村庄的主体功能。一级主体功能主要分为生态保护主体功能、生态控制主体功能、永久基本农田保护主体功能、农业农村主体功能、城镇化重点发展主体功能、城镇化优化发展主体功能；同时结合乡村地区的特色，重点对农业农村主体功能、城镇化重点发展主体功能细化打开，叠加粮食功能区、现代农业园分布空间及主导类型等要素，建立评价指标体系，确定每个村庄的二级主体功能(表 1)。

表 1　乡村主体功能评价指标体系表

<table>
<tr><th>一级主体功能</th><th>二级主体功能</th><th>指标</th><th>指标权重</th></tr>
<tr><td rowspan="2">生态保护主体功能</td><td>生态保护主体功能村</td><td>生态保护红线区域占比(%)</td><td>0.3</td></tr>
<tr><td>生态控制主体功能村</td><td>双评价生态重要区占比(%)</td><td>0.2</td></tr>
<tr><td>永久基本农田
保护主体功能</td><td>永久基本农田
保护主体功能</td><td>永久基本农田区域占比(%)</td><td>0.3</td></tr>
<tr><td rowspan="10">农业农村主体功能</td><td rowspan="3">粮食功能区</td><td>耕地面积占比</td><td>0.2</td></tr>
<tr><td>耕地平均质量等级</td><td>0.1</td></tr>
<tr><td>高标准农田分布区</td><td>0.1</td></tr>
<tr><td rowspan="6">园艺功能区
(蔬菜、水果、茶叶)</td><td>蔬菜播种面积(亩)</td><td>0.05</td></tr>
<tr><td>蔬菜为主导的现代农业园面积(km^2)</td><td>0.1</td></tr>
<tr><td>园地面积(km^2)</td><td>0.05</td></tr>
<tr><td>果品现代农业园面积(km^2)</td><td>0.1</td></tr>
<tr><td>茶园面积(km^2)</td><td>0.05</td></tr>
<tr><td>茶园现代农业园面积(km^2)</td><td>0.1</td></tr>
<tr><td>畜牧功能区</td><td>定性分析</td><td>0.15</td></tr>
</table>

续表

一级主体功能	二级主体功能	指标	指标权重
城镇化重点发展主体功能	城市融合主体功能	与城市空间与功能通达性较高	0.2
	小城镇融合主体功能	与小城镇镇区空间与功能通达性较高	0.2

(表格来源:自制)

坚持“以人民为中心”的发展思想,紧扣乡村振兴20字方针,选取对乡村发展能力有直接影响和作用的区位、人口、建设、经济、配套设施、特色资源6大类28小类因子构成指标体系。结合逐村甄别,对全域村庄进行分类,划分为集聚提升类、城郊融合类、特色保护类、搬迁撤并类以及暂不分类5种类型的村庄(图5)。

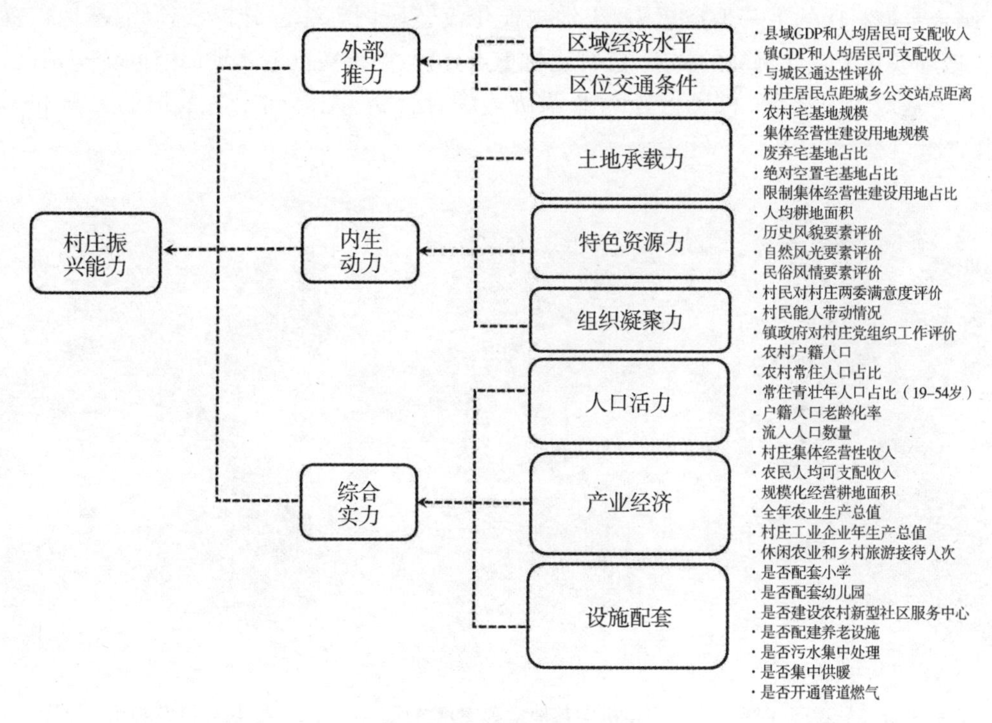

图5 村庄评价指标体系图

(图片来源:自绘)

结合村庄主体功能、村庄分类,明确发展与更新的差异化策略模式。集聚提升类村庄中的管理与服务中心所在村,是镇域乡村地区的中心之一,是农民宅基地增量、公共服务与基础设施重点配套区域,更新应以存量优化为主,同时引导社区内确需的农村宅基地、集体经营性建设用地、公共服务与基础设施等新增空间集聚,实现规模适度增量。特色保护类村庄以存量优化为主,重点优化配套设施。集聚提升类村庄中的其他村庄、城郊融合类村庄,宜以减量发展为主,重点引导集体经营性建设用地减量提质。搬迁撤并类主要指位于生存条件恶劣、生态环境脆弱、自然灾害频发等地区的村庄,因重大项目建设需要搬迁的村庄,以及人口流失特别严重的村庄,是乡村地区减量发展的重点类型,按照新型城镇化趋势,引导这些村庄人口向城区镇区搬迁为主,谨慎推进村庄集中建设区外的农村社区建设,同时随人口与居住空间的搬迁,引导配套的集体经营性建设用地逐步减量。其他类村庄指看不准的村庄,在目前阶段无法准确判断这些村庄的保留或搬迁等,但应以前瞻性的视角,对涉及这些村庄的重大项目建设预期、生态敏感性地区村庄搬迁预期、农民搬迁意愿统筹确定,结合各地区的情况,从远期远景展望的思路,其他类村庄中的部分村庄存在远期搬迁潜力与可能性,应结合规划与政策实施动态调整落实。同时,建立潜力搬迁撤并类村庄实施与城镇建设安置的弹性、动态挂钩机制,在城镇开发边界内设定有条件建设区(挂钩安置区域),结合潜力搬迁撤并村庄的实施,成熟一个推进一个,相应落实动态指标。

3.2 统筹建设基础与村民意愿等因素,因地制宜确定农村宅基地腾退及盘活利用模式

结合全域村庄的宅基地空置率、土地规模化流转比例等综合分析,选取宅基地空置率高、土地规模化流转比例高的村庄,进行逐村重点分析,剖析空置宅基地的空间分布情况,同时结合宅基地建筑质量、村民搬迁意愿调研等综合分析,统筹确定宅基地的更新利用模式(图 6)。

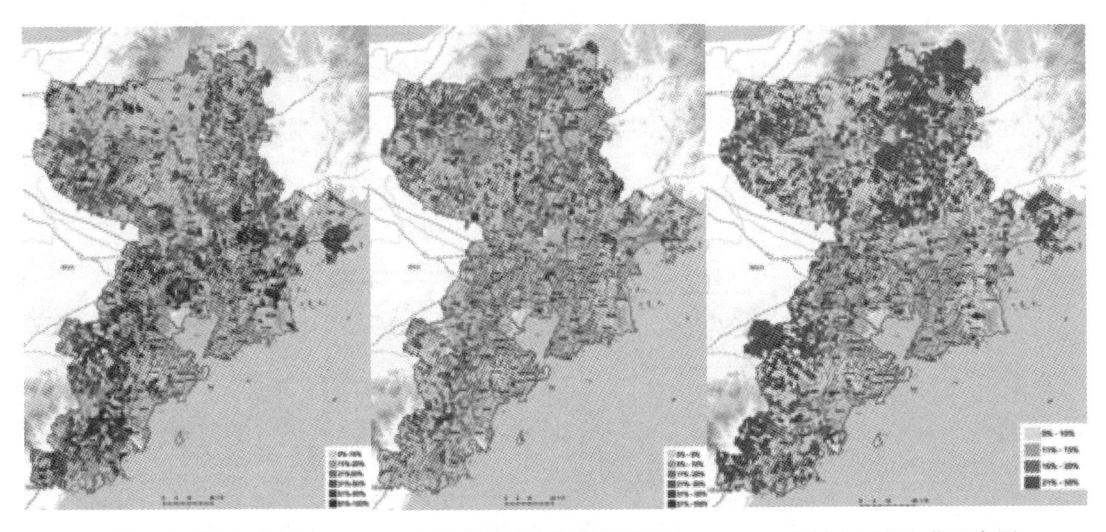

乡村土地流转率示意图　　乡村宅基地空置率示意图　　乡村人口空心化示意图

图 6　统筹确定宅基地更新利用模式

(图片来源:自绘)

对于位于村庄驻地边缘的空置率较高、部分建筑质量较差的驻地区域,结合宅基地有偿退出的政策,实现有偿退出以及引导部分宅基地置换等方式,与外围耕地连片进行腾退复垦(图 7)。

对于大部分的以保留、更新为主的乡村驻地区域,实行以宅基地盘活利用为主的思路。贯彻落实对于农村宅基地、发展农村产业的政策等,对于空置宅基地,更具可行性的做法是多用途的盘活利用(图 8)。为居住性空间保留住宅用地用途,为新增宅基地需求置换宅基地预留,实现农村村民在本集体经济组织内向符合宅基地申请条件的农户转让宅基地;转为生产性空间,转为集体经营性建设用地,发展民宿、文创产业等,为集体产业发展提供场所空间;转为服务性空间,可转为公共服务设施等;转为休闲性空间,转化为景观与绿化用地,打

造兼顾休闲的游憩用地。

图 7　村庄边缘宅基地有序腾退复垦示意图

（图片来源：自绘）

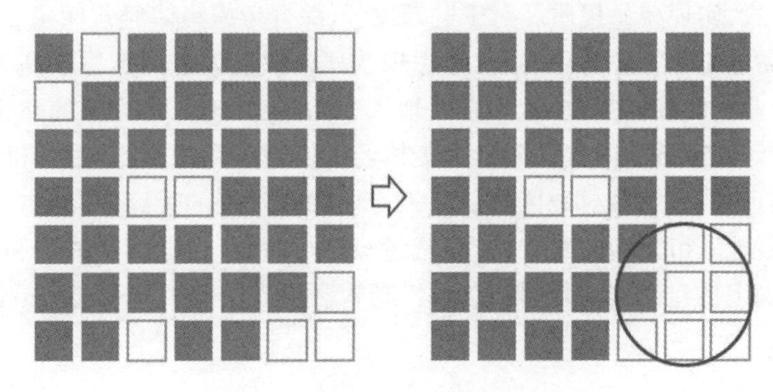

图 8　宅基地有偿退出复垦示意图

（图片来源：自绘）

3.3　稳步推进农村集体经营性建设用地空间优化，实现腾笼换鸟与产业转型升级

对全域集体经营性建设用地建档入库，进行综合分析，明确差异化的路径与策略。对于工业用地，建立以产业类型、地均税收、地均产值、单位能耗为基础的全市村庄集体经营性建设用地评价指标体系，重点对工业用地进行评价，确定污染高、能耗高、效益低的工业用地空间，作为乡村建设用地减量的主要潜力空间。再结合定性分析甄别、权属人意愿衔接等，统筹确定腾退置换空间。落实一、二、三产业融合发展的意见，引导这些产业以向城区镇区搬迁为主。同步配套集体经营性建设用地腾退的配套政策，推进稳步有序实施，建立城镇建设区与产业搬迁用地的动态挂钩机制（表 2）。

表 2　青岛市乡村地区集体经营性建设用地评价指标体系示意表

	分类	评价指标		分类	评价指标
定量指标	经济水平	地均产值(万元)	定性指标	生态安全	位于生态保护红线内
		地均税收(万元)			位于规划的线性基础设施内
	建设强度	容积率		用地安全	属于违规用地
	就业社会效益	职工人数(人)		环保安全	不符合安全生产和环保要求
	污染	污水排放量(t)		产业	属于禁止、淘汰类产业
	能耗	能源消耗(t)(煤)		实施	在政府改造范围

(表格来源:自制)

对于确定保留的工业用地,应结合区域产业格局体系,加快产业转型升级,实现乡村产业的提质增效。对于商业、仓储物流等产业用地,以保留、提质为主要思路,增强服务配套能力,为乡村产业振兴提供载体空间。

落实集体经营性建设用地入市政策,探索推进集体经营性建设用地入市,统筹推进产业用地有机更新。结合青岛各区市的特色,采取就地入市、异地集中入市相结合的方式。在实施初期,宜采取就地入市为主的路径,提升经济效益,促进乡村振兴;选取部分试点地区探索异地集中入市模式,实现减量提质。对于远郊地区,综合考虑集体经营性建设用地整体占比偏低、多以农产品加工等产业为主,同时考虑现状调研权益人退出意愿不高等因素,以支撑乡村振兴所需产业空间载体为主,宜探索就地入市为主、异地入市为辅的路径,实现用地规模的小规模减量。对于城区内、近郊地区,集体经营性建设用地占比较高,机械制造等产业占比相对较高的现状,按照乡村地区一、二、三产业融合发展的思路,结合本地特点,宜采取异地入市为主、就地入市为辅的路径,考虑减量经济可行性,根据拆除成本和产业升级后的土地收益,合理确定拆建比例,因地制宜探索"退 N 还一"实施路径,落实政策创新与配套。

4　结语

本文是现阶段可预期视角下对于乡村地区农村宅基地与集体经营性建设用地更新优化提质的路径与策略的思考,需要在实践中发现与解决新问题,统筹政策落实,形成更具针对性与可实施性的路径。

参考文献

[1] 何芳,胡意翕,等. 宅基地人地关系对村庄规划编制与实施影响研究[J]. 城市规划学刊,2020(4):67 - 72.

[2] 中央农办农业农村部自然资源部、国家发展改革委、财政部关于统筹推进村庄规划工作的意见[EB/OL]. http://www.moa.gov.cnztzlxczx/zccs_24715/201901/t20190118_6170350.htm.

[3] 陈小卉,闾海. 国土空间规划体系建构下乡村空间规划探索[J]. 城市规划学刊,2021(1):74 - 81.

[4] 耿白,鹿宇. 青岛市村级工业园改造升级政策梳理及实施要点[EB/OL]. (2020 - 08 - 07) [2020 - 09 - 10]. https://mp.weixin.qq.com/s/2wKNqLAU6ZcKLIZIa1X_qq.

矿山生态环境修复规划策略研究
——以武安市矿区为例

高俊楠　袁大昌

天津大学

摘　要:在环境保护日益重要的同时,矿山开发引起的环境问题越加严峻。合理规划矿产开发强度,制定矿山逐步生态修复策略迫在眉睫。本文以武安市为研究对象,对其矿山开发利用现状、矿产资源勘查现状以及矿区治理现状进行了阐述和分析。通过实地调研、座谈会、文献研究及GIS等相关大数据技术方法,提出武安矿山生态环境修复策略。主要包括优化矿山规模结构及布局、合理控制开发水平、协调经济与环境发展等,并进一步提出了2025年和2035年的矿山生态修复发展目标并进行了空间落位和治理计划制定,促进武安市持续推进、综合整治矿山生态环境。

关键词:矿山;生态修复;规划策略

1　概况

1.1　矿产资源勘查现状

邯郸市现有矿山共343个,其中156个矿山位于武安境内,占比达到45%(图1)。武安市已发现各类矿产23种,列入《2015年河北省矿产资源储量表》的矿产11种,矿产地52处,达到勘探程度19处。全市累计查明资源储量2038亿t,保有资源储量16.01亿t。其煤炭累计查明10.22亿t,保有8.70亿t;铁矿累计查明4.38亿t,保有1.65亿t;水泥用石灰岩累计查明3.63亿t,保有3.61亿t;石膏累计查明1.20亿t,保有1.20亿t;其他矿产累计查明0.95亿t,保有0.85亿t。

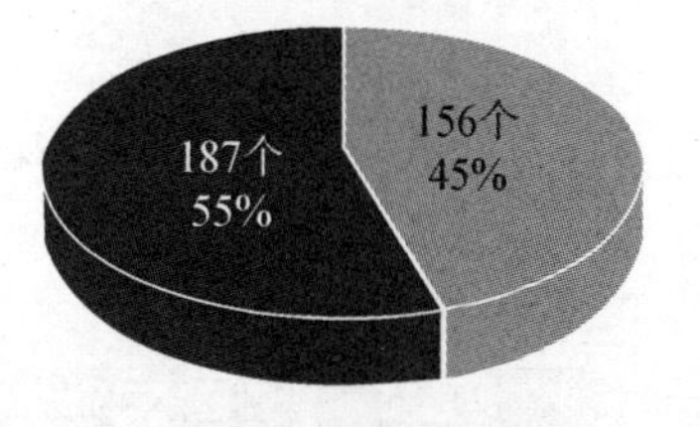

图1　武安市矿山数量

(图片来源:自绘)

1.2　采矿用地开发利用现状

2015年底,邯郸市共有矿山343家,按矿山规模分,大中型矿山44个。已开发利用矿产地98处,占矿产地总数的85.22%。固体矿产年产量3 441万t,其中煤炭2 318.22万t,铁矿335.67万t,石灰岩矿767.20万t,其他19.91万t。共有66家矿山企业从事生产活动，矿山从业人员 5.35 万人，矿业产值 95.21 亿元。该市形成了以煤炭、铁和非金属建筑材料为主的矿产开发格局。

截至 2015 年底，武安市已开发利用的矿产地 39 处。其中大型矿山 7 个，位于矿山镇 2 个，剩下的分别分布在上团等(图 2，图 3)；中型矿山 11 个，小型矿山 169 个。固体矿产矿石年产量 1 387.18 万 t，煤炭年产量 899.00 万 t，铁矿石年产量 329.47 万 t，其他矿产年产量 158.71 万 t。

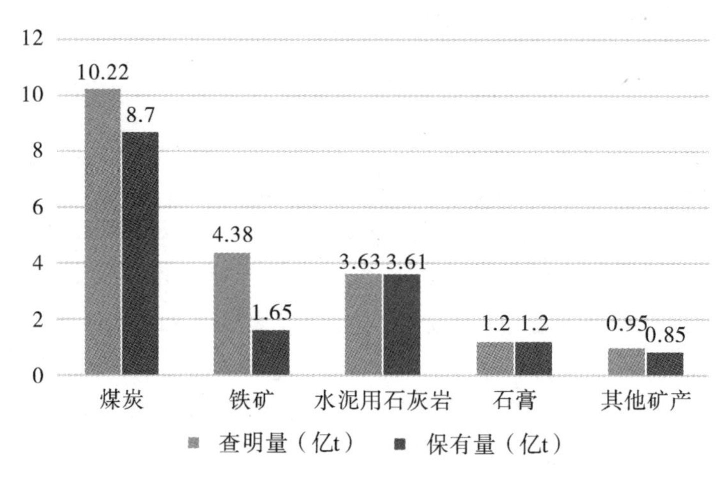

图 2　武安市矿产资源开发现状

(图片来源：自绘)

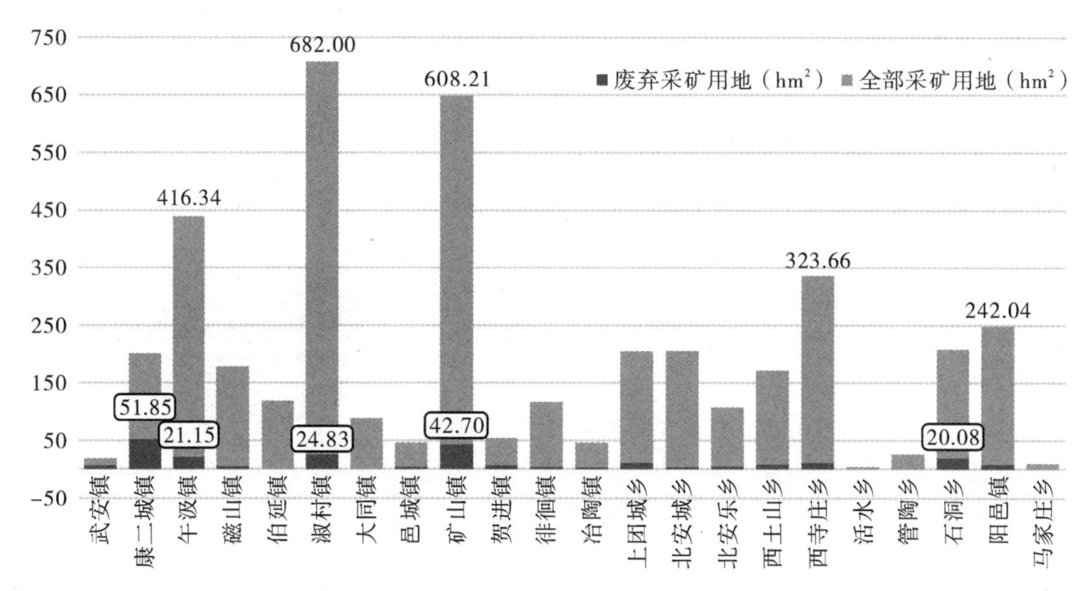

图 3　武安市各镇采矿用地及废弃采矿用地情况

(图片来源：自绘)

“三调”(第三次全国国土调查)数据显示：武安市现有采矿用地斑块 1 771 个，占地面积为 39 km^2，废弃的采矿用地为 2.42 km^2，(图 4、图 5)。

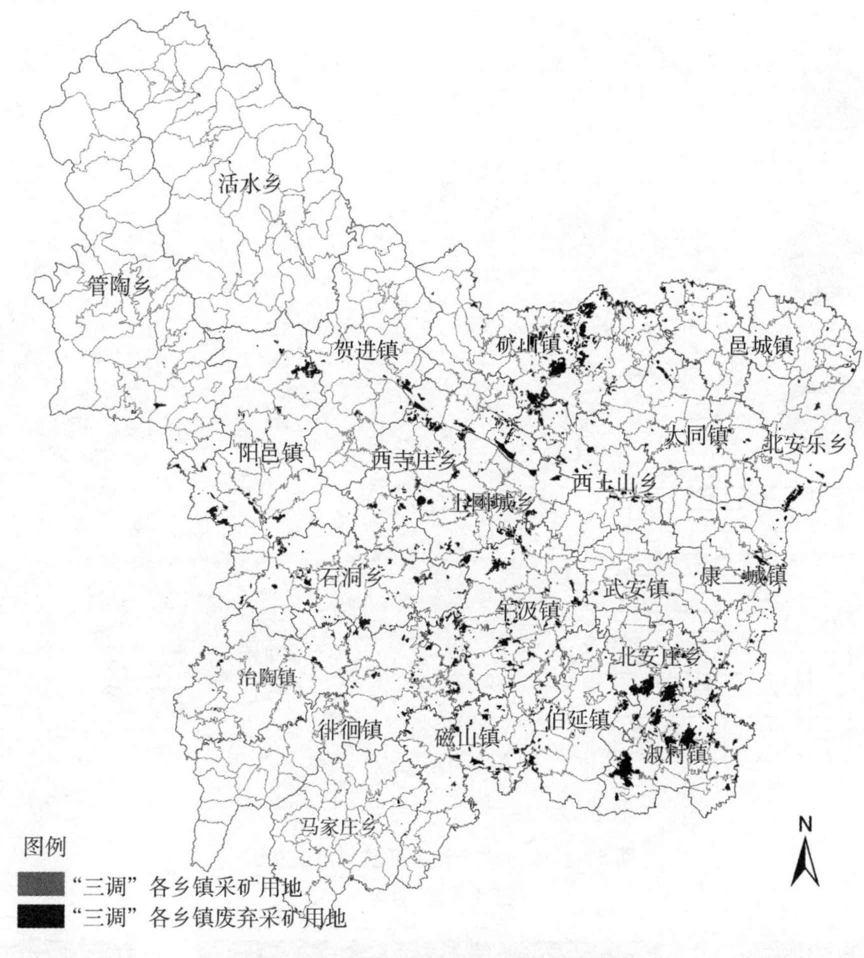

图4　武安市"三调"采矿用地现状分布

(图片来源:自绘)

1.3　矿区治理现状

截止到2015年底,全市共有矿山187个,其中正在开采的矿山为34处,11处在建矿山,142处停采矿山。在这187个矿山中,持证露天矿山数量为41处,责任主体灭失矿山132处,具体的对应关系见图6。在2019年11月29日武安市矿山生态修复综合治理情况汇报中提出了整治任务:至年底全市剩余持证露天矿山9处,到期停产关闭露天矿山32处。同时,通过强力推进矿区生态修复,进一步进行26处责任主体灭失矿山的治理。

具体恢复治理方案如下:

(1) 关闭、取缔矿山迹地(武安32处)

根据矿山迹地生态修复的要求,严格落实防尘抑尘措施。按照林、耕、草、建、景的原则,通过恢复绿化、改造利用、自然恢复等措施进行综合治理。

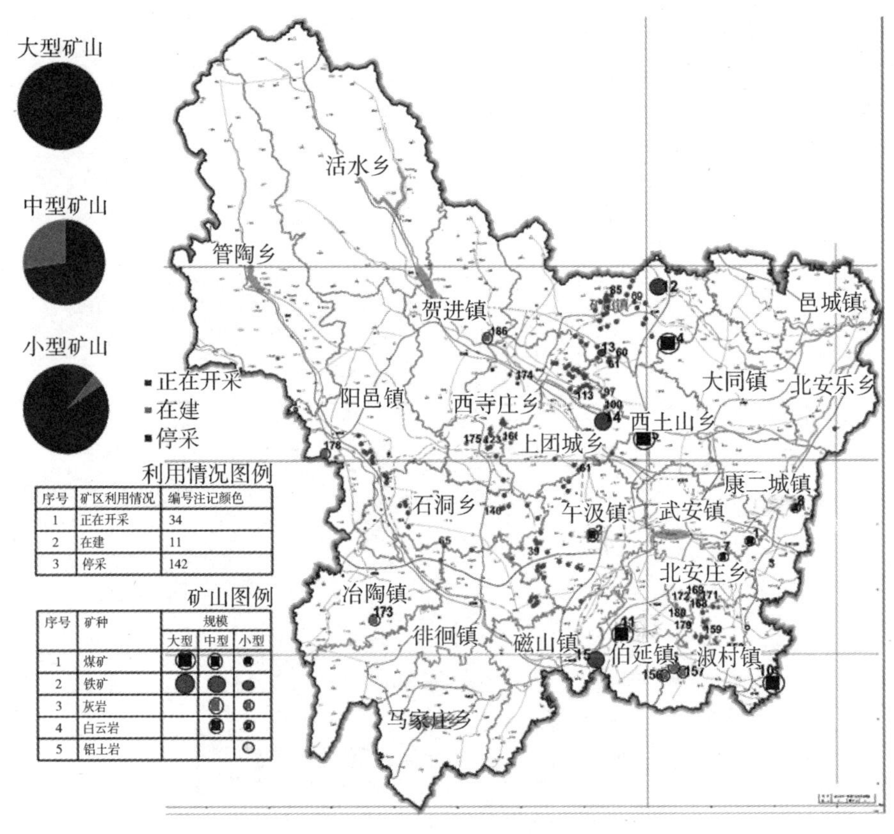

图 5　武安市矿产资源开发利用现状图

（图片来源：自绘）

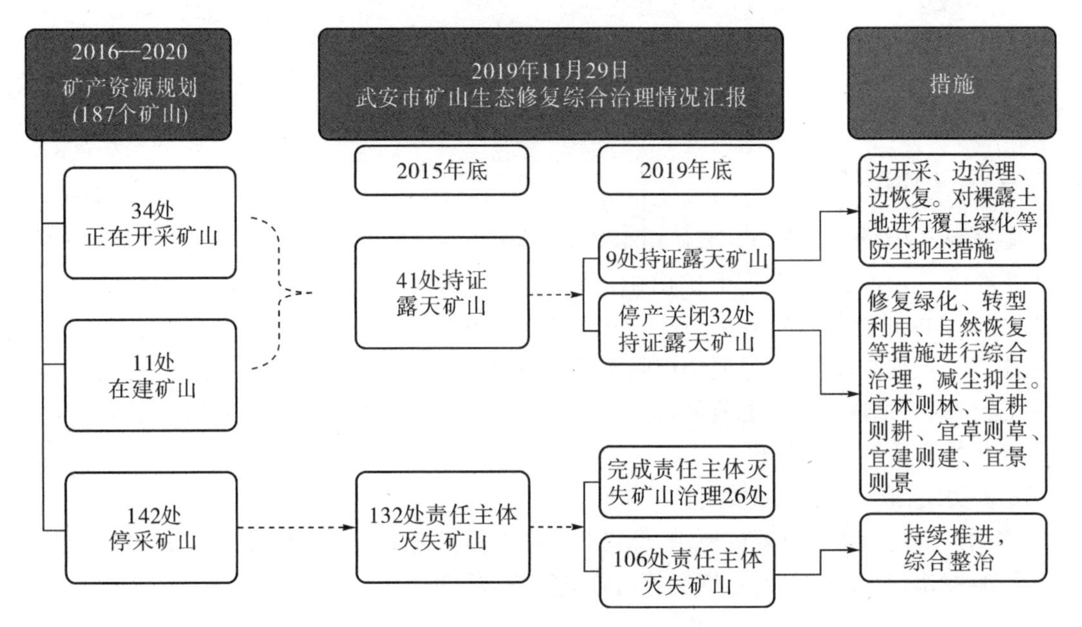

图 6　武安市矿山治理现状流程

（图片来源：自绘）

(2) 持证停产整治矿山(武安 9 处)

确保生产技术条件动态满足环保要求,各项环保设施设备正常运转,污染防护措施落实到位。对矿区范围内及周边区裸露土地进行覆土绿化等防尘抑尘措施。“边开采、边治理、边恢复”对矿山地质环境进行治理恢复,达标后才可复工。

(3) 责任主体灭失矿山(武安 132 处)

持续推进责任主体灭失矿山综合整治。

2 矿山生态环境修复规划策略

2.1 现行矿山规划目标

一、调整勘查结构,促进矿业布局优化。保障大中型矿山的持续稳定发展;鼓励在西部太行山前开展清洁能源、战略性新兴矿产资源找矿评价,争取实现找矿新突破。到 2020 年,力争提交可供进一步勘查的后备矿产地 1 处;新增铁矿资源量 1 000 万 t。大幅缩减矿山数量。到 2020 年,固体矿产矿山数量减少到 80 个以内,大中型固体矿山比例大于 20%。

二、矿产开发保持合理水平。到 2020 年,煤炭产量控制在 500 万 t,铁矿石 400 万 t,非金属建筑材料(石灰岩、白云岩)800 万 t,保持矿业稳定发展。

三、矿产资源开发保护与利用水平进一步提高。资源利用效率保持较高水平,共伴生矿产资源综合利用率得到进一步提升。

笔者根据现行规划目标及武安市现状矿山开发利用情况及邯郸市矿山生态环境修复要求提出了 2025 年和 2035 年的矿产资源规划主要指标(图 7)。

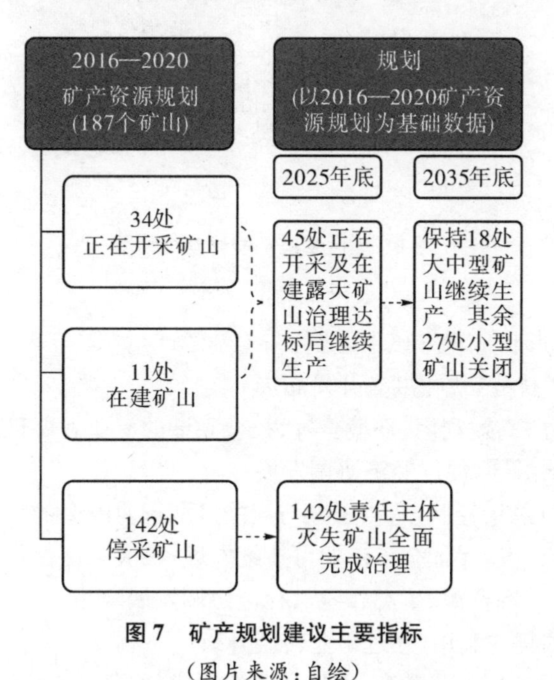

图 7 矿产规划建议主要指标

(图片来源:自绘)

2.2 矿山生态修复规划策略

通过对武安市开发利用现状的调查及邯郸市对下辖县(市)矿山生态环境修复的要求，笔者把矿区采矿权的空间位置落到了空间上，根据经济发展要求和环保任务，提出了2020—2025年和2025—2035年两个时间段建议保留生产和生态修复的矿区，引导武安市矿区绿色高效发展。在2025年累计腾挪采矿用地面积31.97 km²，保留目前正在开采及治理达标后的45个矿山。在2035年累计腾挪采矿用地面积33.51 km²，保留效益较高的18座大中矿山(图8)。

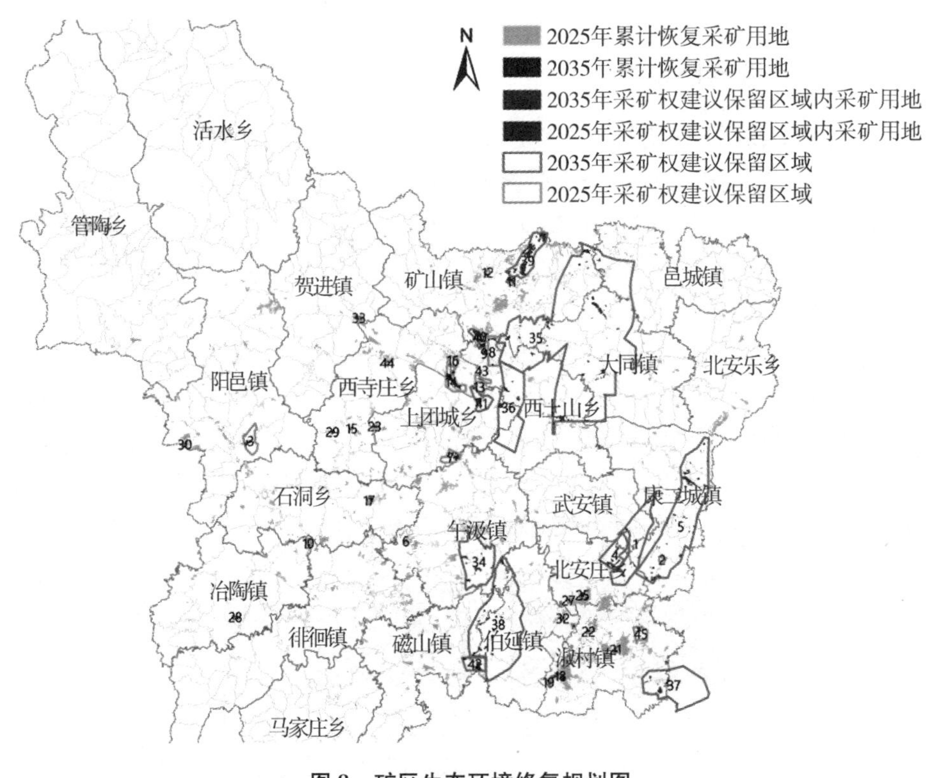

图8 矿区生态环境修复规划图

(图片来源：自绘)

在矿山生态修复同时，应遵守以下原则：

(1) 坚持生态保护优先，优化勘查开发布局

逐步实现开发有序、高效利用、环境美好、社会和谐的矿业发展目标。

(2) 坚持市场需求引导，促进经济协调发展

矿产资源开发实行总量控制，适当压减与产能过剩行业配套的矿产资源开发总量，鼓励新材料、清洁能源矿产开发，保证全市矿业可持续发展，最大限度保护生态环境不受破坏，又能满足经济建设需求，实现资源、生态、经济、社会协调发展。

(3) 坚持资源节约集约利用，促进矿业转型升级

积极推进矿产资源利用方式转变，促进矿产资源集约开发。加快矿业经济结构调整，创新矿业发展方式，保护和节约集约利用矿产资源。积极引进新技术、新工艺和新方法，开辟

资源勘查开发利用新领域，发展矿产资源循环利用新模式，实现矿产资源开发利用转型升级。

(4) 坚持改革和利益分配，共享矿业发展成果

立足资源服务社会和改善民生，理顺资源开发与地方发展的关系，更多地用于资源所在地民生改善，力促矿业开发惠民利民，共享矿业发展成果。

3 总结

本文以武安市为例提出了矿山修复的必要性及策略。通过对武安市现状矿山开采情况的分析及经济发展目标研究，在现行矿产资源规划的基础上提出了武安市的矿山生态环境修复策略：优化矿山规模结构及布局、合理控制开发水平、协调经济与环境发展等，进一步提出了 2025 年和 2035 年的矿山生态修复发展目标并进行了空间落位，为武安市矿山生态修复提供借鉴。

参考文献

[1] 周文亮，白俞. 矿山生态环境修复方法探究[J]. 世界有色金属，2019(21)：220－221.

[2] 周超. 矿山地质灾害治理及生态环境修复探究[J]. 世界有色金属，2020(1)：121－122.

[3] 绿色矿山推进委员会，史京玺. 绿色矿山若干相关概念辨析[N]. 中国矿业报，2019－08－13(003).

[4] 李会杰，范旭光. 矿山遗留废弃地特点及生态环境修复技术研究[J]. 工程技术研究，2018(16)：37－38.

[5] 王玥. 矿山环境修复治理模式理论与实践[J]. 科技风，2018(28)：121.

[6] 谢计平. 矿山废弃地分析及生态环境修复技术研究进展[J]. 环境保护与循环经济，2017，37(6)：41－45，53.

[7] 程曦，高先萍，陈其思. 浅谈煤矿矿山生态环境的破坏与修复[J]. 内蒙古煤炭经济，2016(13)：54－55.

[8] 吕倩. 关于矿山开采对生态环境的影响及矿区生态修复讨论[C]//中国环境科学学会(Chinese Society for Environmental Sciences). 2015 年中国环境科学学会学术年会论文集. 北京：中国环境科学学会(Chinese Society for Environmental Sciences)，2015：770－773.

[9] 晏闻博，柳丹，彭丹莉，等. 重金属矿山生态治理与环境修复技术进展[J]. 浙江农林大学学报，2015，32(3)：467－477.

[10] 谷阳. 浅谈矿山生态环境的污染和生态修复[J]. 黑龙江科技信息，2015(8)：64.

[11] 张睿，江钦辉. 美国矿山生态环境治理修复法律制度及对新疆的启示[J]. 喀什师范学院学报，2014，35(4)：25－28.

[12] 张志强. 辽阳市矿山开采的生态环境修复[J]. 科技创业家，2013(3)：208.

[13] 孙毅. 资源型区域绿色转型的理论与实践研究[D]. 长春：东北师范大学，2012.

[14] 彭秀丽. 湖南矿产开发与矿区生态环境协调发展研究[D]. 长沙：中南大学，2011.

基于旧城区“全域旅游”的城市更新改造实践

——以三亚市月川片区棚户改造规划为例

徐钰清

中规院(北京)规划设计有限公司

摘　要:三亚市作为我国唯一的“国际热带海滨风景旅游城市”,其棚户区改造面临着既要给百姓提供更加优质的宜居空间和民生设施,又要实现全面提升旅游精品城市的特色空间环境的双重要求。本文以三亚棚改重点片区之一的月川片区为例,从改造模式、资金测算、活力研究、历史分析、景观分析、城市设计等不同的方面进行梳理,建议以渐进式的系统性梳理和成规模的单元开发相结合推进,引导月川片区的改造升级,并将月川片区改造纳入三亚旧城区“全域旅游”之中,以期对未来棚户区改造提供经验借鉴。

关键词:全域旅游;棚户区改造实践;有机更新

1　工作背景

1.1　三亚市棚户区改造工作背景

近年来,从住建部印发的《关于加强生态修复城市修补工作的指导意见》到国务院办公厅印发的《国务院办公厅关于全面推进城镇老旧小区改造工作的指导意见》,《中共中央关于制定国民经济和社会发展第十四个五年计划和二〇三五年远景目标的建议》提出的“实施城市更新行动……加强城镇老旧小区改造和社区建设”,城市更新相关工作越来越多地出现在中央政策文件中。城市更新已成为新时期提升人居环境品质、推动城市高质量发展和开发建设方式转型的重要战略举措和抓手。

2014 年以来,海南省人民政府、三亚市人民政府也不断推出政策文件,提出加快棚户区改造工作实施建议,以政府主导、市场运作、科学规划、分步实施为基本原则,采取新建、改建、扩建、翻建等多种改造方式推动棚改工作。三亚市棚户区改造工作,是实现城乡统筹和推动新型城镇化的根本要求,也是破解三亚城市发展中面临的土地、产业、功能等焦点问题的必由之路。同时,棚户区改造成败与否直接关系城市再生能否实现。通过三亚中心城区用地梳理发现,三亚市的城中村、城边村面积占中心城区城乡建设用地的 26.4%(图 1),且往往位于三亚市城市总体规划中的市级、区级中心位置(图 2),存在“占比高、分布散”的特点。与此同时,当前三亚市棚户区问题不断加剧,改造建设迫在眉睫,棚户区内部在利益驱动下非正规发展,违章建设、非法交易等问题严重,棚户区内的人居环境也存在着种种问题:

功能形态方面，棚户区中存在大量老旧的建筑，安全隐患较高；设施配套方面，公共设施配置不能满足居民生活的需要，村庄公共活动空间不断被蚕食；城市风貌方面，建筑风貌混杂无序，传统的街道风貌也在消失殆尽；安全防灾方面，市政设施建设相对滞后，交通基础设施等与城市难以衔接，致使城市骨架路网格局难以形成。

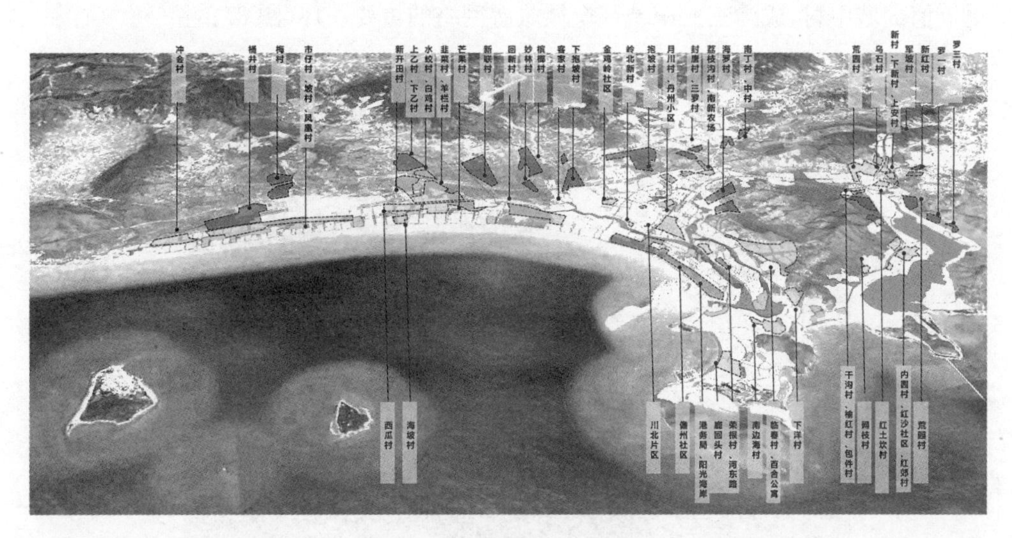

图 1　三亚市棚户区分布情况

（图片来源：笔者自绘）

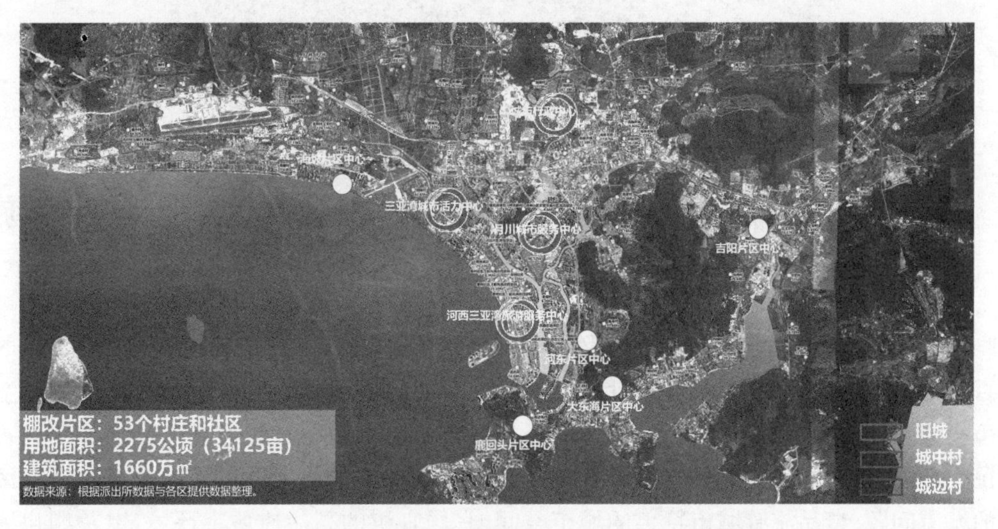

图 2　三亚市棚户区与各级规划城市中心叠加示意图

（图片来源：笔者自绘）

1.2　三亚市“全域旅游”工作背景

“全域旅游”是指把一个区域整体作为功能完整的旅游目的地来建设，实现景点内外一体化，是空间全景化的系统旅游。这是旅游业发展方式的重大变革，也是新时期我国旅游发展的总体战略，同时也是三亚这个专业化旅游城市的新机遇和新挑战。2016 年，“全域旅游”首次被写入三亚“十三五”规划纲要之中，成为三亚市城市发展的新亮点，强调要放大三亚的旅游业优势，采取“旅游＋”的发展模式推动旅游业与其他产业的融合创新发展，打造全域旅游。在三亚旧城区范围内，以融入三亚城市的记忆为目标，联结“自然坐标、历史坐标、生活坐标”三个维度全面构建三亚旧城区全域旅游网络。“月川村”作为独具特色且具有一定历史价值的城中村，成为三亚旧城区全域旅游网络的重要一环（图 3）。

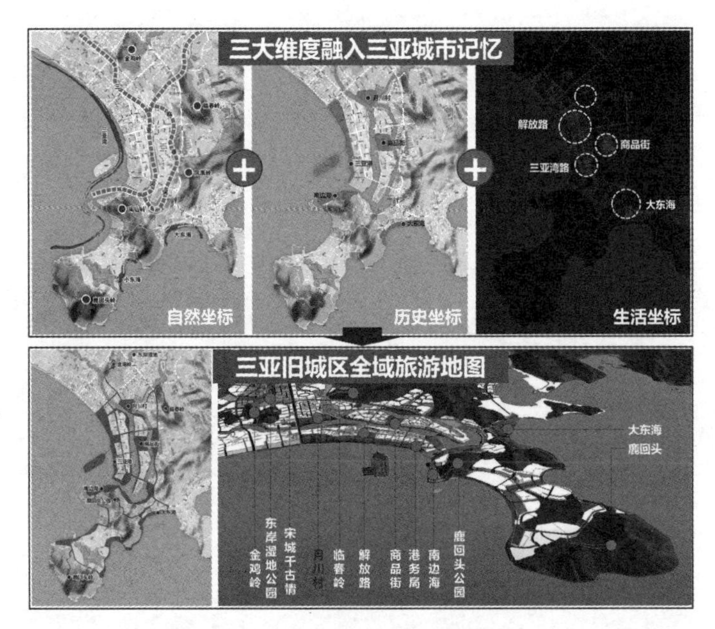

图 3　三亚旧城区全域旅游地图

（图片来源：三亚市棚户区改造重点片区规划）

2　三亚市棚户区改造总体思路——棚户区改造与全域旅游相结合

为更好地实现“国际热带海滨风景旅游城市”的发展目标，三亚市棚户区改造工作既要给百姓提供更加优质的宜居空间和民生设施，又要实现全面提升旅游精品城市的特色空间环境，全面融入“全域旅游”网络，推动以“提升城市特色风貌”“升级产业功能水平”“完善宜居民生环境”为目标和前提的“提升型”棚改。三亚棚改规划的编制需要综合考虑棚户区面临的城市问题、精品旅游城市特色的城市空间、宜居宜游的高品质城市环境，以及棚户区改造中涉及的复杂社会问题、实施问题、模式问题和市场问题，总体思路为“成片改造、系统改善、特色提升”。

其中，“成片改造”即为“集中连片”的棚户区改造，将影响城市环境和居住品质的棚户区重点片区优先改造（如位于城市核心区的月川片区、东岸片区、海坡片区），解决城市面临的棘手问题（图 4）；“系统完善”以构建“美丽三亚”城市公共空间体系作为重点，重点推动“两线（即机场入城联络线、绕城高速联络线）、两厅（即海上城市客厅、河口城市客厅）、两河（即东河、西河）、四岸（即四条临河岸线城市步道）、八路（即迎宾路、鹿回头滨海栈道、解放路、河东路、荔枝沟路、榆亚路、亚龙湾路、田独路)”的改造工作,并同步推进旧城的公共服务设施增补工作;“特色提升”重点体现三亚作为国际旅游城市特点,将增添“旅游旺季”的特殊功能节点,协同布局旅游旺季的“活动庆典场所布局、临时游客服务中心布局、临时公厕布局、游客医疗服务点布局和游客信息服务点布局”,让棚改规划更加贴近三亚的实际问题,与旧城区“全域旅游”紧密结合,为旅游城市的特色治理提供规划基础。

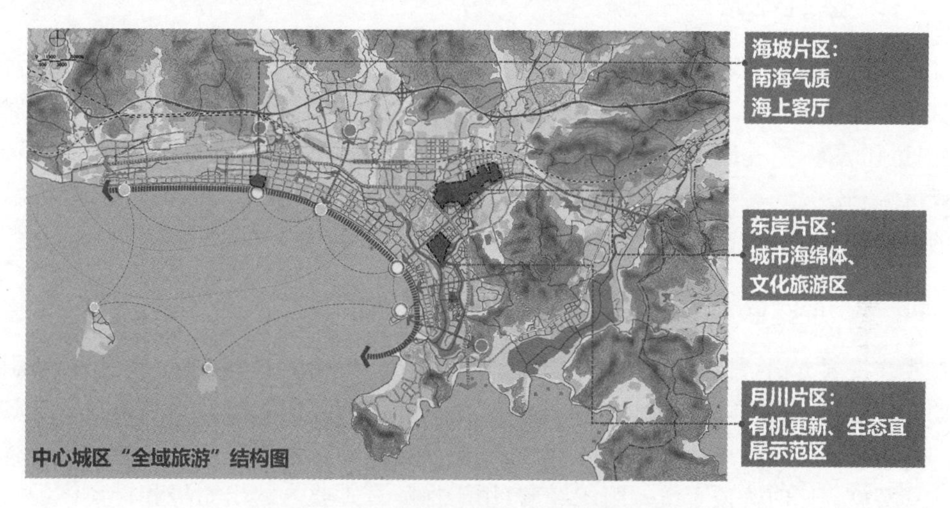

图 4　三亚市棚户区成片改造首期片区

(图片来源:三亚市棚户区改造重点片区规划)

3　三亚市月川片区棚户区改造——全面融入旧城区全域旅游网络

3.1　月川片区基本情况

月川片区位于吉阳区三亚湾二线地带,距凤凰机场约 10.3 km,距环岛高铁三亚站约 3.1 km。处于三亚河两条支流交汇的北岸,地处三亚城市的核心区段,是典型的“城中村”,村民生产生活方式已基本融入城市,但空间格局仍为村庄形态(图 5)。规划改造范围东至规

图 5　月川村鸟瞰图

(图片来源:笔者拍摄)

划月宫路，南至三亚河，西至河东路，北至迎宾路，总面积约为 75 公顷（0.75 km^2）。月川片区棚户区改造涉及户籍人口 4 700 余人，本地户籍户数 1 950 余户，外来人户数 410 余户。在三亚的“双修”“双城”系列工作中，月川村改造作为重点项目之一，旨在为我国城市发展中特有的城中村问题提出相应的解决思路。

3.2 改造核心思路

月川片区的改造核心思路主要分为两个层次：一是能不能改得了，考虑百姓可否接受，单项目资金是否可封闭运行，以及过程税收是否可持续，需要建立居民、政府、资本的对话平台，趋向正和博弈；二是能不能改得好，是否能全面融入三亚旧城区全域旅游体系，是否能促进三亚市生态修复与城市修补，是否有利于促进片区内乃至三亚旧城区的产业升级，需要更精细的设计，更全面的统筹，以及更深入的协调。

3.3 能不能改得了——棚改模式及资金测算研究

在棚改模式方面，月川片区的更新改造建议采取 PPP 合作模式，由市政府主导，引进有实力的企业参与，村集体股份制公司代表村民主体负责改造过程中、改造后可持续性的百姓收益。月川村原住民的可持续性收入，以提供房屋租赁和村集体统一经营商业物业统一分红的方式实施。同时为便于统一组织经营，用于保障百姓收入的出租房和村集体经营物业应统一设置。

在资金测算方面，应建立居民、政府、资本的对话平台，细化资金测算，完善资金平衡，确保棚户区改造有效实施。按照单项目资金封闭运行的前提选择改造模式：比较就地安置和异地安置两种改造模式的成本与收益（图 6～图 7），建议选取就地安置为主、异地购房安置为辅的改造模式。

成本初步估算表

序号	工程或费用名称	计算方式（依据）	数据	单位	备注
1	建安成本（还建部分）	([村集体经营面积])×3000	—	亿元	
		市政基础设施及公共设施：不超过建安成本20%	—	亿元	
2	土地成本	[征地单价]×[征地面积]	—	亿元	
3	房屋征收费用（合法部分）	([房屋征收面积]+[老干区面积]-[还建面积]) ×2700	—	亿元	
4	房屋征收费用（外来建房）	[房屋征收面积]×800	—	亿元	
5	老干区费用	[房屋征收面积]×800	—	亿元	
6	购买安置房费用	[安置房面积]×17500	—	亿元	
7	过渡安置费用	[改造户数]×2500×1次	—	亿元	
8	工作费用	([建安成本]+[土地成本]+[房屋征收费用]+[购买安置房费用]+[过渡安置费用]) ×5%	—		
9	预备费用	([建安成本]+[土地成本]+[房屋征收费用]+[购买安置房费用]+[过渡安置费用]) ×5%	—	亿元	
10	建设期贷款利息	([建安成本]+[土地成本]+[房屋征收费用]+[购买安置房费用]+[过渡安置费用]+[预备费用]) ×80%×([年利率]×[年])	—	亿元	市棚改办提供数据（贷款按5年计，回报按5年计）
11	股东投资回报	([建安成本]+[土地成本]+[房屋征收费用]+[购买安置房费用]+[过渡安置费用]+[预备费用]) ×20%×60%×10%×5年	—	亿元	
12	总投入		—	亿元	

收益初步估算表

工程或费用名称	计算方式（依据）	数据	单位
可进行市场出让土地面积	[改造后可出让面积]	—	亩
土地出让收益	[可进行市场出让土地面积]×[出让地块单价]	—	亿元
土地出让金税收	土地出让金×4%	—	亿元

工程或费用名称	数据	单位
盈亏	—	亿元

图 6 改造模式一：就地安置资金测算

（图片来源：三亚市棚户区改造重点片区规划）

成本初步估算表

序号	工程或费用名称	计算方式（依据）	数据	单位	备注
1	建安成本（还建部分）	([安置房面积]+[老干区])×3000	—	亿元	
		地下空间：[改造户数]×1.5×30×4500	—	亿元	
		市政基础设施及公共设施：不超过建安成本20%	—	亿元	
2	土地成本	[征地单价]×[征地面积]	—	亿元	
3	房屋征收费用（合法部分）	([房屋征收面积]-[安置房面积]) ×2700	—	亿元	
4	房屋征收费用（超出525部分）	[房屋征收面积]×800	—	亿元	
5	老干区费用	[房屋征收面积]×800	—	亿元	
6	过渡安置费用	（搬家费[改造户数]×2500×2次）+（租房费[改造户数]×3000×36月）+（生活补贴[户籍人数]×1500×36月）	—	亿元	
		老干区（搬家费[改造户数]×2500×2次）+（租房费[改造户数]×3000×36月）+（生活补贴[户籍人数]×1500×36月）	—	亿元	
7	工作费用	([建安成本]+[土地成本]+[房屋征收费用]+[过渡安置费用]) ×5%	—	亿元	
	预备费用	([建安成本]+[土地成本]+[房屋征收费用]+[过渡安置费用]) ×5%	—	亿元	
8	建设期贷款利息	([建安成本]+[土地成本]+[房屋征收费用]+[过渡安置费用]+[预备费用]) ×80%×([年利率]×[年])	—	亿元	市棚改办提供数据（贷款按5年计，回报按5年计）
9	股东投资回报	([建安成本]+[土地成本]+[房屋征收费用]+[过渡安置费用]+[预备费用]) ×20%×60%×10%×5年	—	亿元	
10	总投入		—	亿元	

收益初步估算表

工程或费用名称	计算方式（依据）	数据	单位
可进行市场出让土地面积	[改造后可出让面积]	—	亩
土地出让收益	[可进行市场出让土地面积]×[出让地块单价]	—	亿元
土地出让金税收	土地出让金×4%	—	亿元

工程或费用名称	数据	单位
盈亏	—	亿元

图7　改造模式二：异地安置资金测算

（图片来源：三亚市棚户区改造重点片区规划）

3.4　能不能改得好——有机更新、特色突出

针对月川片区棚户区改造中涉及的复杂社会问题、实施问题、模式问题和市场问题，做到既保障民生又传承文化，使月川村改造全面融入三亚旧城区全域旅游系统，规划提出生态策略、历史策略、功能策略三大策略（图8）。其中：生态策略方面，遵循“滨水开敞、逐级跌落”的原则，应保持东西两河滨水空间的开敞性和连续性，保证滨水建筑界面的形象展示功能，提升滨水空间品质，全面提升滨水区价值；历史策略方面，保留并适度修缮月川楼、关圣帝君庙、宗祠等历史建筑，以及古树、古井等历史文化要素，使其作为更新改造后的社区公共景观

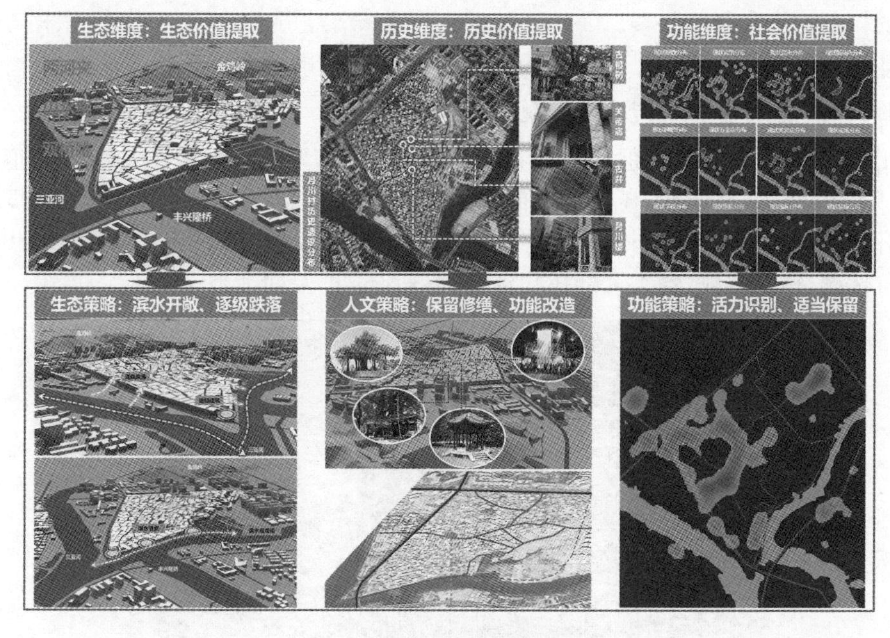

图8　月川片区改造策略

（图片来源：笔者自绘）

要素，并赋予新的符合现代社区需求的功能；功能策略方面，通过大数据分析手段对月川现状的街巷活力进行识别与判断，选择其中活力最高的街巷空间，在改造提升的规划方案中以商业街道的形式予以保留。

3.4.1　生态策略——两河四岸景观分析

对月川片区两河四岸进行景观分析，得出月川片区“两河夹、山水绕、双桥眺”的景观空间格局，并提出对应的城市设计管控要求。

两河夹：月川片区位于三亚河两河交汇地区。滨水空间的布局应遵循“滨水开敞、逐级跌落”的原则。首先月川片区范围内应保持三亚东西两河滨水空间的开敞性和连续性，保证滨水标志性建筑的全面展示空间，提升滨水形象品质，形成滨水开敞的建筑景观空间，全面提升滨水区价值。其次，应尽可能保持滨水建筑群跌落的形态，给滨水活动的人群提供良好的观景感受与城市图景。

山水绕：月川片区北临金鸡岭。从金鸡岭远眺月川片区，建议打造月川与金鸡岭“望山廊道”，联系北侧金鸡岭、南侧水系及片区内部开敞空间。沿迎宾路地区紧邻城市主景观廊道，靠近政务商务集中的区域，建议打造沿路商业带，主要功能包括开发写字楼、公寓酒店、商业综合体等。

双桥眺：从三亚河上的丰兴隆桥远观月川片区，建议片区内滨河地区打造三大滨水节点与一条滨水休闲景观带。月川片区滨河地区紧邻城市主景观廊道，具有一定河景资源，建议布局滨水休闲商业街区及开放空间。

3.4.2　历史策略——深挖特色，融入旅游

对月川村的历史沿革与历史遗迹进行深入挖掘，将其纳入三亚旧城区全域旅游系统。三亚最初的居民是定居于临川里的“盐灶户”，以晾晒、贩卖食盐为生，三亚港最初也是从食盐贸易发展起来的。月川村属于古临川里的历史村落，既存有近代盐商林瑞川的故居，也保留了海滨村落的许多聚落要素。因此应保留并适度修缮月川楼、关圣帝君庙、宗祠等历史建筑及其他历史要素，使其成为三亚旧城区全域旅游体系中的特色节点。

3.4.3　功能策略——街巷活力现状分析

月川村内现有街巷较多，但多数街巷空间逼仄，建筑风貌混杂无序，传统的街道风貌消失殆尽，随处可见“一线天”与压抑的空间氛围。但片区内主要道路川中路街巷尺度较为适宜，街巷活力较高，沿河道路川河路街巷空间开阔，尺度较为宜人(图 9)。同时，月川村内因地理位置优越、租金低廉，各类人群在此聚集，拥有较高的空间活力。

图 9　月川村内部影像

(图片来源：笔者拍摄)

为全面分析片区内空间活力情况，将月川片区内诸如餐饮、宾馆、超市、市场、医院等人流较为密集的12类服务设施在空间进行落位，同时对各类设施的分布密度与辐射能力进行叠加，得到月川片区街巷活力评估图（图10）。评估发现，片区内主要道路川中路、川河路活力较高，在规划方案中应考虑予以保留。

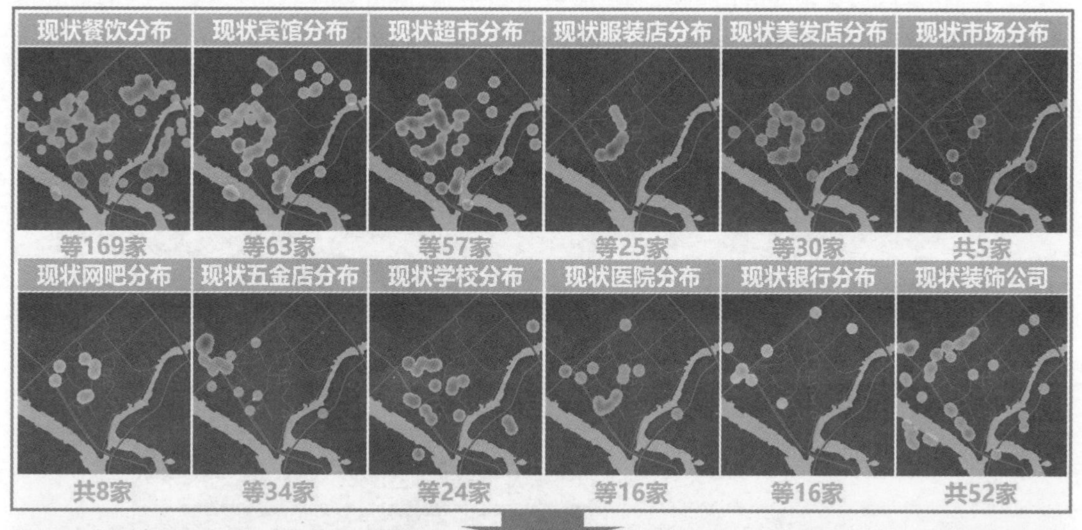

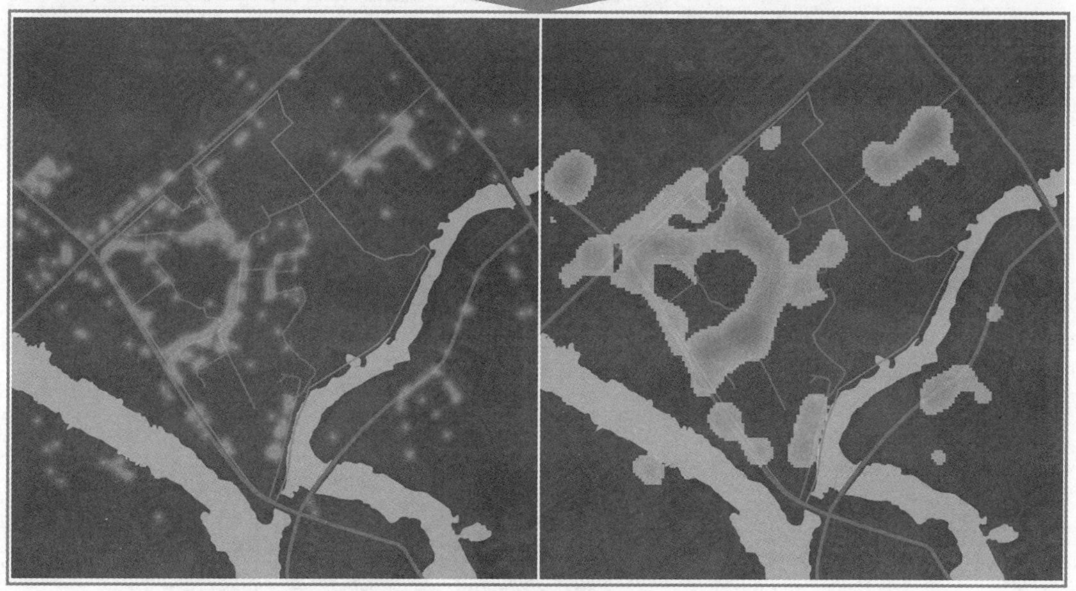

图10　月川片区各类设施分布及街巷活力评估

（图片来源：笔者自绘）

3.4.4　月川片区城市设计方案

在对月川片区的改造模式、资金测算、街巷活力、生态景观、历史遗迹等要素进行系统分析后，形成三种不同思路的城市设计方案：一是"双城结构，保留肌理"（图11），作为一个较为理想的愿景，完全保留现有街巷肌理，以优化提升街道景观与市政公共设施为主；二是"保留老街，综合开发”(图 12)，保留一条最具有活力的主要街巷作为城市特色价值的集中展示空间，综合开发其他地块；三是“成片拆除，综合开发”(图 13)，综合开发整个片区。将三种方案进行对比后，建议以方案二为主，以渐进式的系统性梳理和成规模的单元开发相结合推进，引导月川区的改造升级，对历史遗迹与活力老街进行保留与提升，纳入三亚旧城“全域旅游”系统。在此基础上，采用“功能产业导则、地块指标图则、城市设计导则”三类导则的形式进行地块综合开发管控(图 14)。

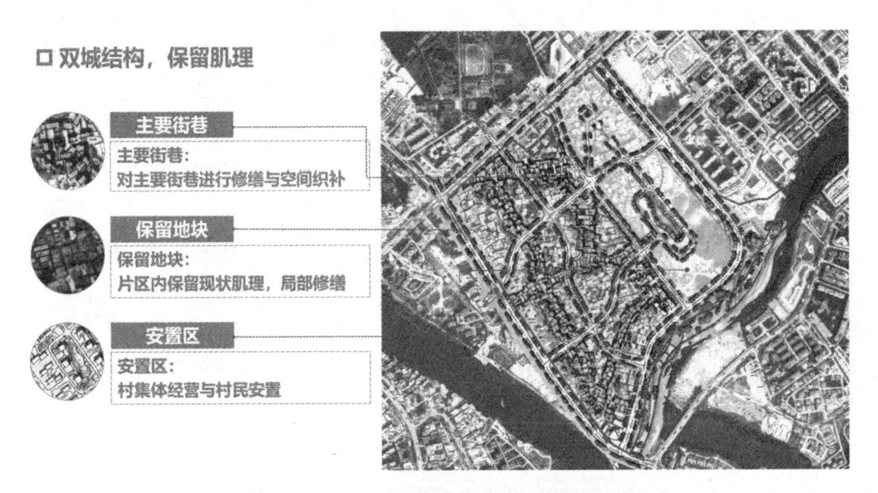

图 11　方案一：完全保留现有街巷肌理

(图片来源：三亚市棚户区改造重点片区规划)

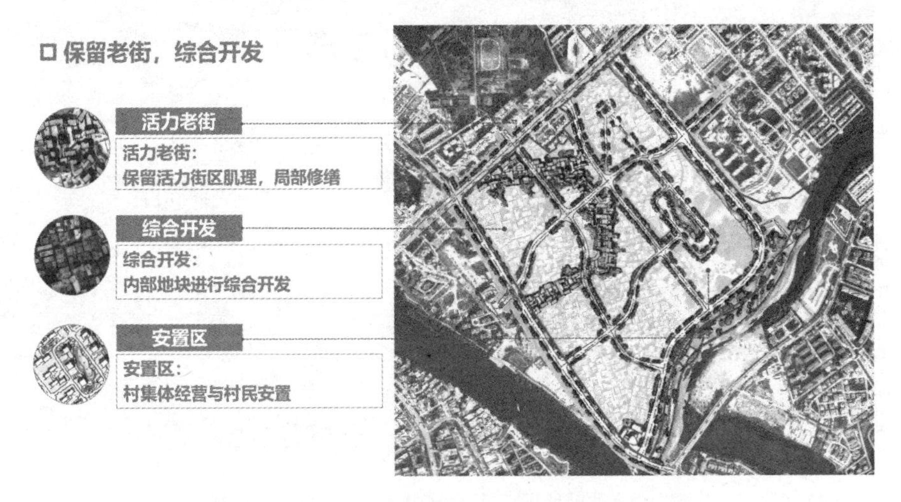

图 12　方案二：保留活力老街，综合开发其他地块

(图片来源：三亚市棚户区改造重点片区规划)

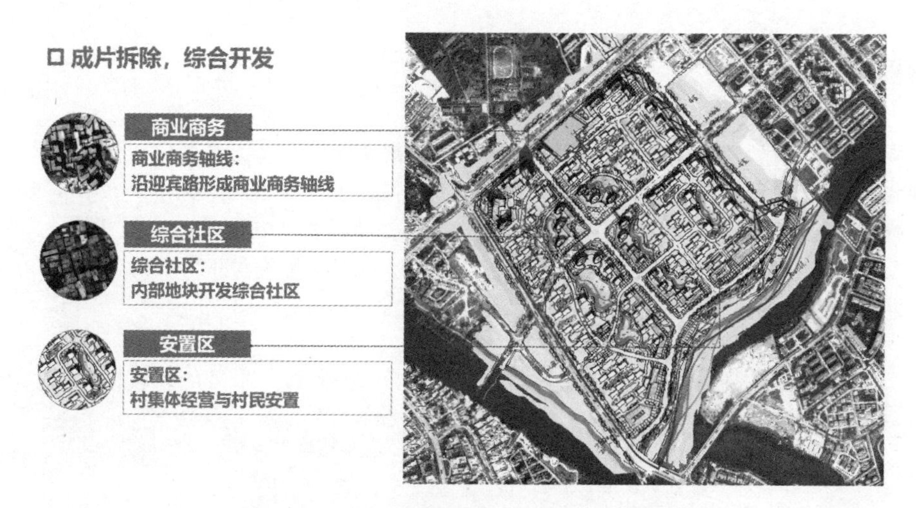

图 13　方案三：成片拆除，综合开发整个片区

（图片来源：三亚市棚户区改造重点片区规划）

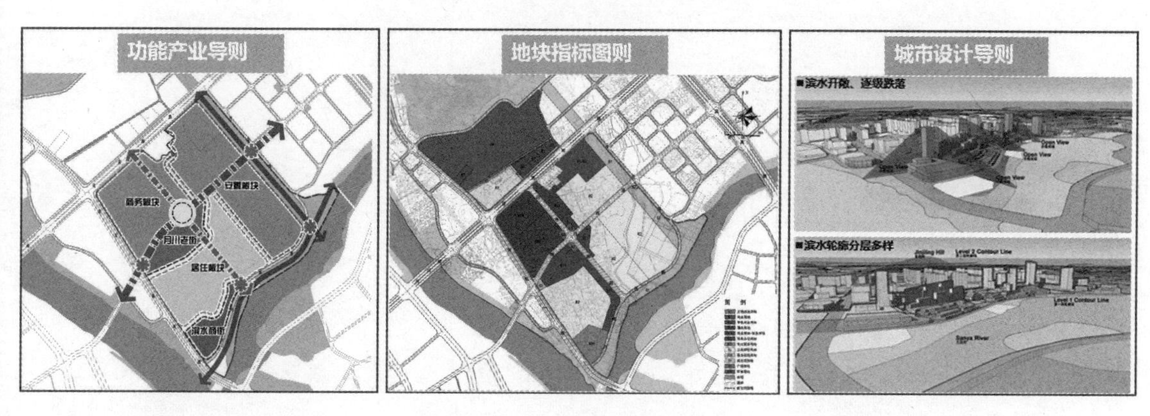

图 14　月川片区三类导则

（图片来源：三亚市棚户区改造重点片区规划）

4　结语

三亚市作为我国唯一的“国际热带海滨风景旅游城市”，其棚户区改造面临着既要给百姓提供更加优质的宜居空间和民生设施，又要实现全面提升旅游精品城市的特色空间环境的双重要求。因此，月川片区作为三亚市旧城区内位置特殊、地位重要的典型“城中村”，其更新改造需要综合考虑“能不能改得了”（资金平衡问题）以及“能不能改得好”（空间特色问题）两方面内容。本文通过对月川片区的历史遗存、景观特色、空间活力进行全面梳理，提出生态策略、历史策略、功能策略三方面设计策略，建议以渐进式的系统性梳理和成规模的单元开发相结合引导月川区的改造升级，并将月川片区改造纳入三亚“全域旅游”之中，以期对未来特色旅游城市棚户区改造提供经验借鉴。

参考文献

[1] 中国城市规划设计研究院. 三亚市棚户区改造重点片区规划[Z]. 2016.
[2] 中国城市规划设计研究院. 三亚城中村、城边村和新农村综合改造建设总体规划[Z]. 2015.
[3] 中国城市规划设计研究院. 三亚市城市总体规划(2011—2020)[Z]. 2014.
[4] 董丽晶,张平宇. 城市再生视野下的棚户区改造实践问题[J]. 地域研究与开发,2008,27(3):44-47,52.
[5] 杨振之. 全域旅游的内涵及其发展阶段[J]. 旅游学刊,2016,31(12):1-3.

城村之间非正式公共空间的非正规性更新模式探索

——西安市郝家村实践

陈 超[1] 寇德馨[2] 张 沛[1]

1 西安建筑科技大学

2 西安市城市规划设计研究院

摘 要：当前，城市更新已成为提升城市功能的重要举措，但由于规划实施中传导不足，导致规划构想与公众需求存在异化。在这一背景下，本文旨在反思城市更新模式、参与主体是否存在更加多元化的选择，规划设计干预是否存在更多可能性。通过对非正式公共空间和非正规性更新模式的相关研究梳理，明确理论内涵和相互关联，进而探索非正式公共空间的非正规性更新模式，可分为从场所到场域、从社区到社会、从空间到时空三个层面。本文通过对西安市非正式公共空间现象的总结，选取典型城中村——郝家村非正规性演变的空间实践为例，对城村之间非正式公共空间进行临时性规划设计干预，进一步充实非正规性更新模式策略研究，着重分析公众行为如何作用于此，进而洞察与解释我国非正式公共空间非正规性演变的真实运行逻辑。研究认为，正式与非正式公共空间并存互补，正规性与非正规性更新模式博弈共生。

关键词：城村之间；非正式公共空间；非正规性更新模式；西安郝家村

1 引言

随着我国城市化进程的不断加快，城市逐渐向存量发展转变，城市更新成为提升城市功能和环境的重要举措。城市更新在经历了拆除重建、综合整治、三旧改造等阶段后，城市公共空间也逐渐暴露出诸多问题：一是城市形态延续性较弱，更新对原有空间肌理造成破坏；二是公共空间系统性不足，更新后的公共空间分布不均匀；三是公众地方认同疏离，更新后的空间环境缺乏场所感和日常生活。然而，面对不断被异化的城市公共空间，公众并非完全被动地接受，而是基于自身需求，通过非正规性行为进行自发性生长，形成非正式公共空间，激发地段活力，强化公共空间连续性。因此，本文基于存量发展背景，在梳理城市非正式公共空间与非正规性更新相关理论研究基础上，探索城市非正式公共空间的非正规性更新模式。

2 相关理论研究

2.1 非正式公共空间

非正式公共空间是在城市公共空间体系中游离在正式公共空间之外的特殊空间。根据相关文献总结，非正式公共空间是在城市空间中未被利用的公共空间或是在规划中未能明确功能、属性的公共空间[1]，是公众通过自身实践在秩序化空间中"润物细无声"式地营建的日常生活空间[2]。非正式公共空间具有临时性、过渡性的特征。

正式公共空间基于政府自上而下的蓝图构想形成，易呈现同质化而掩盖社会的差异性。非正式公共空间基于公众自下而上的社会组织逻辑形成，能够充分发掘空间潜力，彰显个体的参与性和多样性。非正式公共空间往往与正式公共空间杂糅交织，在正式公共空间的"缝隙"中生长，一定程度上弥补了正式公共空间建设中不够精细的部分，是对规划浪费的有益补充。

2.2 非正规性更新模式

研究表明，正式与非正式是对客观对象存在形态的定义，正规性与非正规性是对客观对象形成中不同干预手段的描述，且一般呈现对应关系。非正规性更新模式是除政府主导下按照相关政策法规、规划方案实施的城市更新行为之外，由公众自发组织进行的更新模式。非正规性更新具有自发性和生长性的特征，与非正式公共空间的特征相互关联。在一定情境下，非正规性更新是对公众需求和强权政策之间的杂糅手段[3]。

在正规性更新中，往往容易忽视公众需求，因此非正规性更新成为一种"查漏补缺"式的存在。针对更新中出现土地权属复杂、建设周期过长、地理位置特殊、区域价值未知等问题[4]，非正规性更新建设周期短，投资规模小，能够以更为灵活的策略和较低的风险缓解公共空间不足的矛盾。因此，应正视非正规性更新模式的重要价值。

2.3 非正式公共空间与非正规性更新的关系

非正式公共空间与非正规性更新是相伴而生的相互依存关系。非正式公共空间可根据时间、空间、功能三个层面的不同效率划分为失落空间、松散空间[5]和模糊空间。这些非正式公共空间往往是经过非正规性更新行为而产生。失落空间和松散空间都是通过对正式公共空间的侵蚀而产生的。失落空间是由于规划中对空间功能定位不明确，易被使用主体根据自身意向改造而产生的；松散空间是由于规划时对空间使用情况考虑不足，导致在功能、空间、时间上的利用不充分，易被使用主体依据效率需求改造而产生[5]。模糊空间是通过对正式公共空间之外空间的利用而产生的。在城市高速发展建设时期，由于土地资源的不合理利用、权属关系混杂出现边角空间或者不符合城市发展而暂时被遗忘的空间，这类未被纳入城市建设的剩余空间受到非正规性人群和非正规性活动的利用，也是非正规性更新实践的主要非正式公共空间类型。

3 非正式公共空间的非正规性更新模式探究

3.1 从场所到场域——延续空间感知和精神蕴意，增强公众地方认同

非正式公共空间更贴近公众日常生活需求，不仅要提升空间环境品质，还要从只看到物理边界的二维场地上升到具有空间感知和精神蕴意的三维场所。更新原则应该延续空间形态、文化脉络和社会网络，更应注重精神空间的延续和社会空间的稳固，对日常生活场景进行重构，增强公众的认同感。更新策略可通过搭建临时建筑、置入可移动服务设施和建构在地文化景观等方式，延续原有空间肌理、居民行为方式和记忆；同时对边界进行开放性、渗透化处理，并组织多项丰富多彩的公共活动，以此提高空间吸引力、可达性及包容性，构建多维场域，从所谓的地块或单元，延展为更宽泛和灵动的社会环境，成为一种无始无终，一种由显性与隐性要素关联的场域。

3.2 从社区到社会——构建多方合作机制，实现空间公平正义

非正规性更新最重要的价值导向是对各利益主体城市空间权利的尊重与平衡，关注物质环境、经济和社会多维度的社区再生，更加需要全社会多元主体的参与。于公众而言，更应明晰地方自身需求，公众参与应渗透至非正规性更新的全过程；于规划师而言，应将现有非正式公共空间包括潜力空间一并纳入更大范围的规划考量中，以此形成完善的公共空间网络体系；于政府和企业而言，应通过对空间的管理与运营，维护公共活动的组织和公共秩序的运转，政府要更加精准地管理与服务，企业要平衡好短期利益和中长期回报。通过建立多元主体对话平台、强化多方协作机制，以此保障各主体享有城市空间和社会资源的权利[6]。

3.3 从空间到时空——提高空间利用效率，尊重自发生活秩序

非正规性更新应尊重自发生活秩序，还原公众日常行为规律，从空间和时间两个维度对其进行提升，根据不同人群需求，建立满足差异化、多样化、多功能的分时共享空间。一是对空间进行复合利用，通过对横向或纵向空间植入多种与公众生活需求切实相关的适宜功能，提高利用效率，共同激发空间活力；二是对空间进行分时共享，根据不同活动的需求详细划分空间使用时段，可分为临时占用和固定划分两种方式。在提高空间利用秩序的同时，也有效引导了空间的合理利用，避免不同群体对空间利用的矛盾与冲突，进一步维护公共生活秩序。

4 西安市非正式公共空间的非正规现象

4.1 西安市非正式公共空间更新困境

自 2002 年起，西安开展了城中村改造、清零计划、背街小巷改造、老旧小区改造等多项城市更新运动，经历了起步、探索和全面推进三个阶段，对村集体主导、政府主导、企业运作三种更新模式选择进行了逐一尝试。村集体主导模式下，非正式公共空间使用人员混杂，使

用方式多变，难以明确利益界线；政府主导模式下，自上而下的规划与非正式公共空间自发性生长逻辑背离，容易忽视底层个体的利益，尤其是弱势群体的需求；企业运作模式下，面对较长的开发周期和复杂多元的需求，使其在非正式公共空间的更新中参与意愿较弱。

随着城市更新模式逐渐向内涵式发展转化，关注的重点转向城市公共资源、空间系统，关注的对象转向老城区、城中村、旧厂区等空间，实施目标转向城市品质与竞争力的提升[7]。西安存量空间大、问题多，也从大拆大建逐步走向有机更新、微更新，非正式公共空间及非正规性更新模式开始受到更多关注。

4.2 西安市非正式公共空间分布形态

对西安非正式公共空间进行提取和梳理，分析其空间分布特征，注意正式公共空间与非正式公共空间之间的动态变化。

非正式公共空间在城市空间的分布中总体呈现“中心密四周疏”的形态。西安老城区由于开发早、历史问题留存多，非正式公共空间较为密集；中心城区由于存在大量传统的单位大院，多为老旧小区，易催生非正式公共空间；城市新区、开发区等新建片区，规划实施与管理较完善，非正式公共空间占比较少。

非正式公共空间在集聚片区的分布中呈现“带状集聚”的形态。大量的非正式公共空间产生在老旧小区、城中村等片区边缘与城市界面的交汇处，且呈延伸状态向四周渗透，主要原因是在这些区域周边城市公共服务不充分，可提供居民、村民、租客的公共活动空间不足，非正式公共空间依托于此类人群生活需求，日常性活动规律逐步自发产生，而街头巷尾、入口围墙等边界地带正是此类人群活动最主要的集聚空间。

4.3 西安市非正式公共空间分类特征

通过关联城市功能、人口热度、空间秩序等因素，发现非正式公共空间内部极其活跃，空间形态丰富多彩，存在较大发展潜力[8]。城市非正式公共空间的建构，是通过空间本身的物质形态和使用时间来匹配公众活动的空间、时间需求，并通过选择、约束、改造的过程最终形成的。根据调查，西安非正式公共空间的空间形态可分为小型活动场所、沿路街巷及广场集市，分别对应公共空间的点、线、面三种空间形态和偶尔、临时、持续的三类使用时间，对配套设施的配置需求也有所不同(表 1)。

表 1 西安市非正式公共空间分类特征

类型	小型活动场所	沿路街巷	广场集市
空间形态	点(小型活动空间)	线(线型步行空间)	面(面状开敞空间)
使用时间	不定时、偶尔	晚上、临时	上午、持续
配套设施	依附周边设施	结合周边设施	提供服务设施
典型代表	地铁口“蹦蹦车”站点	小寨天桥商业街	小南门早市
空间特征	功能高效利用:利用地铁口交通功能带来的大量人流	空间高效利用:利用天桥线型空间两侧的闲置空间	时间高效利用:利用清晨时段的闲置空间

(资料来源:作者根据调研资料整理)

5　非正式公共空间的非正规性更新模式实践应用

5.1　西安市非正式公共空间研究案例选取

根据对西安非正式公共空间的分布统计，发现非正式公共空间在城中村及周边分布最多。城中村作为城市化进程中的特殊产物，往往生存于城市空间的夹缝中，在乡村的土地利用和空间结构限制下，在城市化带来的廉价建造体系中奋力生长，极易产生各类非正式公共空间。因此，本次研究拟选取西安典型城中村——郝家村作为实践案例，其存在问题具有一定代表性和广泛性，为非正式公共空间的非正规性更新模式探索提供参考。

5.2　西安市郝家村公共空间现状问题

5.2.1　西安市郝家村基本概况

郝家村位于西安市雁塔区雁塔西路与含光路南段交汇处东南角，紧邻城市主干道，占地面积约 8.9 hm^2(图 1)。郝家村交通便利，区位优越，距离西安市小寨商圈仅 1.4 km。村域周边有多所高校、科研单位、医院及购物广场，文化气息浓厚，生活配套设施完善。

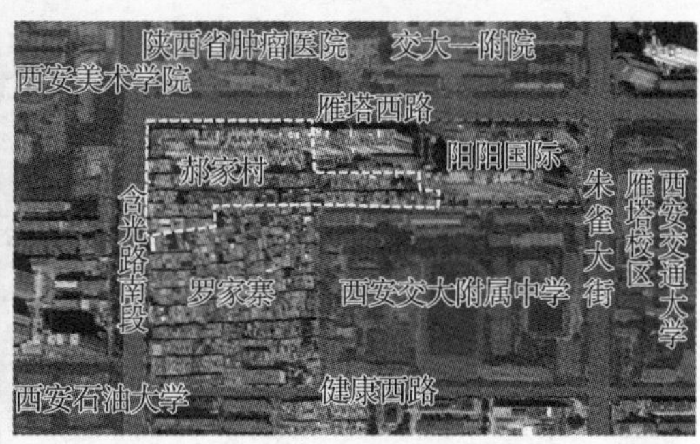

图 1　郝家村区位图

(图片来源：北央设计 & 行止计画)

5.2.2　西安市郝家村公共空间问题总结

空间剥夺导致公共空间匮乏。空间更新的实质是各主体之间由于差异而形成的资源竞争过程，包括资本力量、政府干预及民众影响[1]。这样的资源竞争对以底层弱势群体为居民主体的郝家村造成了挤压和孤立，郝家村不断遭受空间剥夺和需求忽视。村域内几乎无公共空间可言，居民在楼宇之间通道与零星空地上开展公共活动，公共空间配置严重不足(图 2)。

社群分化导致空间效率低下。郝家村周边区域为企事业单位、高校、住宅小区等，封闭性较强，郝家村居民无法进入其内部公共空间。郝家村居民以底层群体为主，村域周边以社会精英群体为主，两种群体相互对抗和排斥，产生身份标识的空间隔离，导致内部公共空间使用效率低下。

忽视差异导致空间正义缺失。真正的空间正义应照顾到不同群体的需求，是建立在差异化基础上的有机统一。而郝家村周边的正式公共空间以商场、超市、精品零售、中高端餐饮

图 2　郝家村生动又拥挤的既存形态

（图片来源：北央设计 & 行止计画）

为主，在服务功能、开放时间、消费层级等方面较为单一，呈现一定的“绅士化”现象，忽视了底层居民的空间权益，未能构建差异化公共空间满足居民的多元需求，导致空间正义的缺失。

5.3　西安市郝家村更新地段选择

根据对西安市非正式公共空间分布形态的梳理，发现大量的非正式公共空间集聚在不同功能的边界交汇处。城村之间的过渡空间往往属于公共空间中的模糊空间，具有对空间渗透与整合的作用和动态转换的特性，是在满足外部城市空间美学和内部居民活动的双重需求下所释放出的场所，对于缓解城村之间的对立具有积极效用。郝家村在 2010 年以来的城中村改造过程中，范围不断收缩，并在雁塔西路南侧留下一块闲置场地，占地约 0.87 hm^2，主要用于堆放建筑垃圾和临时停车场使用至今。场地处于城与村的间隙和对峙之中，既要迎合城市空间的“精致”与“规训”，又要满足村落空间的“粗放”与“野性”，两种秩序的糅合正是非正式公共空间的非正规性更新模式探索难点。因此，选取该场地作为本次更新实践地段（如图 3 所示规划范围）。

图 3　郝家村更新地段规划范围

（图片来源：北央设计 & 行止计画）

5.4　西安市郝家村非正式公共空间的非正规性更新策略

规划用地长期作为模糊空间，面对周边人群复合多元的使用需求，该地块应铺垫比现状村落更有效的底层格局，注重空间、社会、文化、制度等层面的协调，以提供更优质的使用空间和更多元的个体表达。从非正规性更新出发，试图以行动式的手段介入城村之间，拼接和培育一种可持续的“中间”秩序，不仅为履行场地自身的功用，也为弥补城村两种建设形态的相对不足，更是为寻觅城村之间长久和解之道。本次规划设计在延续地段空间形态和适宜尺度的基础上，以“单元”构建的模数网格为底，在平面、剖面、时间上展开街区布局。根据前述非正式公共空间的非正规性更新模式，规划设计围绕低成本、低技术、低影响开发等原则，分别在场地与空间、行为与功能、场所与社区三方面提出实施策略。

5.4.1 场地设计与空间建构

本次规划设计通过建立场地与城市界面的友好关系，形成多种不同的空间形式，以退为进，沿雁塔西路界面退出三块活动场地，在扩大沿街面、聚集人群的同时提供积极的城市街头空间；同时，在三块场地的南对角线再退让出另外三块场地，与建筑形成棋盘状围合，将城市风景和人流一起引入街区内部；二层通廊串接 8 个单元的平台，并设 6 部楼梯与一层连接，成为场地空间系统的延续(图 4)。

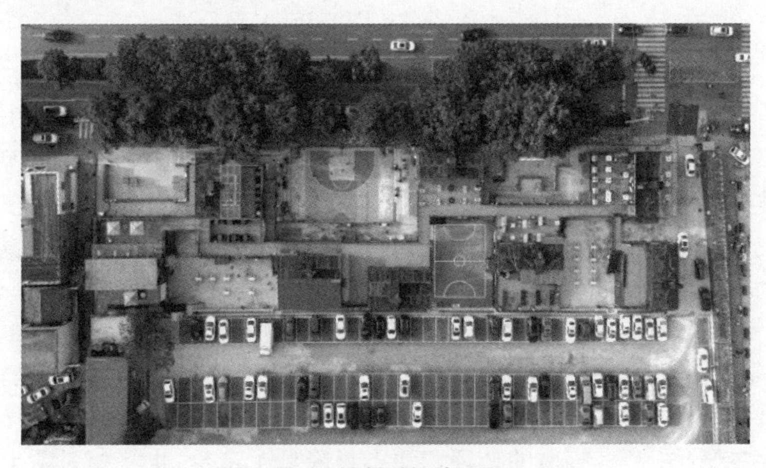

图 4 更新后场地平面

(图片来源：北央设计 & 行止计画)

场地由于原拆迁垃圾的填埋，比北侧道路高出 1～2 m，规划利用此高差设置三层台地。北侧第一层台地承担了主要的集装箱摆放，其与人行道间高差被削减至 0.3～1.2 m，继而被化解为展台、坐席和运动坡道；中间台地升高 0.6 m，布置少数南侧集装箱；最后一层台地则再升高 0.6 m 承担停车功能。利用台地高差关系，将空间纵向延伸，并与平面空间联结(图 5)。在空间的第五立面，结合建筑功能，形成可进入、可利用的露台，进一步提高场地的利用效率(图 6)。

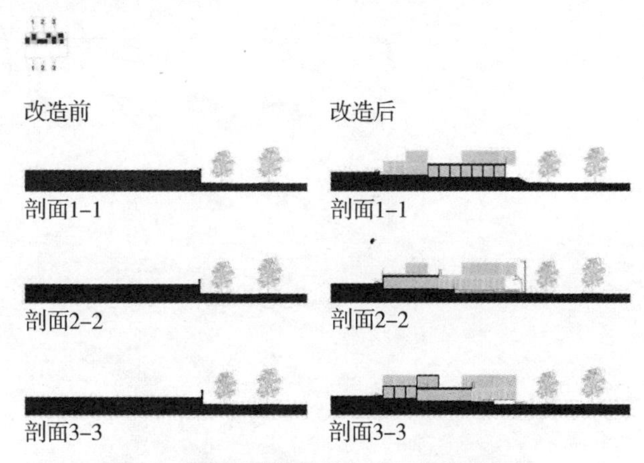

图 5 改造前后的场地与人行道高差关系

(图片来源：北央设计 & 行止计画)

图 6　场地间的渗透关系

（图片来源：北央设计 & 行止计画）

非正式公共空间为满足不同群体的空间活动和社会交往需求，适宜尺度的空间构建必不可少。集装箱作为尺度适宜的可回收材料单元，具有适中的集成度、稳定的质量控制、明确的“临时性”形象，后期的可移动性和可重复使用价值。通过对单一箱体类型化设计与多个箱体组合排布，一方面，打破封闭单调的模块空间，形成有序的空间单元，虚实结合并与室外广场进行视线联通；另一方面，模块之间再通过相互组合，构建不同尺度的活动空间，以满足各类活动对空间的封闭性和引导性需求。规划设计将大部分单箱分为一两家用户直接对外，发挥完整箱体的自闭性优势。集装箱个体与场地间过大的尺度差距由“单元”弥合，基础单元平面由五个箱体并置形成，近似 12 m×12 m 矩形，接近人们经验中“单体房屋”的尺度，并在设计操作中提供了上下交叠的自由。堆叠并置的箱体为后续加建留下大量支点和秩序参照(图 7)。直白的处理方法不仅降低了造价，也将相对陌生的材料变得日常化，从而方便使用者对空间架构的阅读，易于改造的特性为满足各类空间使用者需求预留弹性。

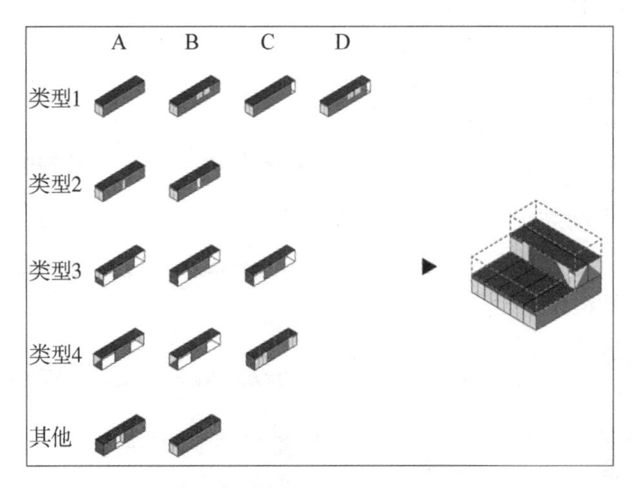

图 7　箱体单元预留“生长”空间

（图片来源：北央设计 & 行止计画）

5.4.2 行为映射与功能混合

通过场地周边不同人群的行为研究，发现并引导场所实际使用需求是规划设计的初衷，也是非正规更新的特点。非正式公共空间一般在更新过程中自发地拟合了设计意图和实际使用意图之间的差异。行为映射法是通过记录特定空间内参与者的行为或移动足迹，清晰认知参与者是怎样使用一个被人为设计的现状空间。行为映射法能在一个给定的环境中，有效识别并关联参与者行为隐含的轨迹。其意义在于帮助规划设计师有效改进现状空间，自下而上提升整体设计的贴切度，尤其在应对存量空间和非正式公共空间更新设计时，具有可支撑行为的空间设计更有未来！在对郝家村场地周边人群进行行为分析后，城村居民都不同程度地缺乏各类公共空间，更重要的是他们的行为轨迹有交集但很少交流，城村居民间存在有形和无形的边界。

为打破城村之间的边界，物理空间上考虑进退有序的内外界面，功能上充分考虑城村不同人群需求相结合，形成街头广场、餐饮零售、休闲绿化、社会停车等多元业态复合的空间布局，使得各类人群可在这条"拉链状"空间上选择适宜的公共活动，包括运动、购物、吃饭、休憩，甚至坐在台阶上发呆，多样的功能可以激发场地的更多活力，又重新作用于场地。原本被忽视的城村模糊空间通过对边界和功能的丰富和优化处理，成为活力四射的城村连接带，给分化的群体们创造了可以对话的共享空间(图 8)。

非正式公共空间通过对空间功能复合和使用时段划分提高空间使用效率。对空间的有序功能混合组织，充分激发更多空间潜力。对空间进行分时流动引导，既能疏解人群拥挤，又能满足多元需求。因此，规划对场地中开敞空间的分时段活动引导、交通设施的分时段服务引导、商业服务的分时段业态引导，使得各类人群能够在场地内共享空间而又不互相影响，将空间利用效率提升至最大化。

图 8 场地边界改造前后对比

(图片来源：北央设计 & 行止计画)

5.4.3 场所营造与社区共建

在对郝家村场地空间环境品质提升的基础上，更需注重公众集体记忆和情感的归属，更关注精神空间的延续和社会空间的稳固。地方认同是场所形成、延续、发展的缘由和生命力所在，规划设计要更加关注在地人群的行为规律和日常活动，建构人与场、行为与空间、内部与外部环境的关系，强化场所感和归属感。

通过打破边界、叠合功能及重构场所身份等方式提高场所吸引力和日常使用效率，形成城村之间的居民共建的社区级公共空间，虽本质属于"城"的功能完善，但与"村"的共生关系却十分牢固。更新应从"村"出发，重点关注底层人群，形成"村"与"城"之间平等对话的领域，承载不同人群的分异需求，实现真正的空间正义。郝家村内汇集了大量低收入阶层，社区公共空间中应注重对这类人群的包容与回应，增加多元人群在场地内的"摩擦"。规划从设计心理学着手，针对弱势群体的边缘化问题，建立对其开放友好的空间类型，完善和补充城市公共空间。活力开敞空间的设置，有利于削弱各类群体的分隔；小微商业设施和自由业态的分布，有利于弱势群体的消费习惯和生活需求；多元的景观设计，体现对弱势群体的人文关怀，使其能够快速融入空间中(图 9)。

图 9 不同时段各类人群活动图

(图片来源：北央设计 & 行止计画)

5.5 西安郝家村非正式公共空间的非正规性更新后评估

在一定条件下，非正式公共空间可与正式公共空间相互置换、补偿，因此非正式公共空间更新成功的关键就是在成本把控下将开发效益提升至最大化[5]。郝家村利用村内闲置用地满足在地居民对公共空间的需求，以一种"低解析度"(粗放业态、有限投入、低可控性)的方式介入：对场地进行简单平整，形成活动广场；采用集装箱实现建筑营造，节省建设成本；由于集装箱模块化的拼接方式，可充分利用其顶面空间，形成丰富的立体空间体系，进一步增加空间利用率，有效弥合城市公共空间割裂的现状。

本次规划从非正规性更新入手，更新后提供明确的底层秩序、易控的建造方式、充足的调改空间和密集的共用资源，容纳城、村两种秩序相遇，"生长"出新的聚落。事实上，"生长"速率远超预期。更新过程中居民的自主改造和表达在施工完成前就已经介入，很快改变了街区外观，甚至导致方案设计的初始状态难以呈现(图 10)。

图 10　街区外观的变化

（图片来源：北央设计 & 行止计画）

这种静态图像角度的遗憾却显现了设计试图呼应的力量——非正规性更新的力量。街区落成，先一步入驻的多为城中村居民，伴随而来的招牌、家具、装饰、外摆、加建和生活习惯及邻里关系让街区的视觉图景迅速地“村化”。城市人群进驻带来不同的业态、场景、社会连接。场地已迅速嵌入城村之间，新的日常已在此展开(图 11)。

图 11　场地新的日常图景

（图片来源：北央设计 & 行止计画）

6　结语

法国思想家列斐伏尔从哲学视角入手对空间概念进行重新定义，提出空间生产理论。他认为空间是社会实践生产出来的，每个社会空间都有适宜的生产方式[9]。非正式公共空间正是基于非正规性更新模式，通过对闲置土地的过渡性使用、畸零空间的创造性使用及功能空间的临时性使用生产而来[10]。正规性更新行动为保证正式公共空间规划的准确性，主要考虑中长期方案的决策、实施与管理，而建设和运维直接容易存在脱节。因此，可通过非正规性更新模式以较小的代价缓解短期矛盾，降低决策风险，精准施政；同时，非正式公共空间是对城市公共空间的有益补充，非正式公共空间由于更强调“自下而上”的特性，打破了传统意义上公共空间的边界，弥合正式公共空间在物质空间和社会空间的缝隙，提高空间利用率和社会融合度，是城市公共空间体系中不可忽视的组成部分。

城市非正式公共空间大多分布在老旧小区、城中村等片区边缘与城市的界面的交汇处。以郝家村城村之间地段的更新实践为例，一方面，从场所到场域、从社区到社会、从空间到时空，还原日常生活场景，遵循使用者行为规律，优化城村之间空间秩序；另一方面，关注底层群体，满足多元人群需求，形成更为广泛的利益共同体，建立有效沟通和互补机制，兼顾了公共性与灵活性。同时，非正规更新为城市化解了闲置用地、剩余空间，为公众提供了公共空间，为街区树立了良好形象。过渡空间成为城村之间交换的窗口和交流的触媒，见微知著，打破社群隔离，促进片区可持续发展，践行空间正义。

注释

西安郝家村更新项目是由以下设计机构完成：北央设计（BA studio）于 2004 年创立，是西安建筑科技大学建筑学院不同专业背景的青年学者和资深设计师组成的联合设计工作室，专注于空间生产导向下的策划与城市设计、低碳生态导向下的旧城更新、新区空间规划与地域建筑设计。

行止计画（Bounds Plan）创立于纽约，2014 年迁至中国西安。行止计画是一个以建筑（物质的/行为的/知识的）为主要对象观察和实践的设计工作室。该工作室试图在建筑活动的有限边界内与外在世界建立和解。该工作室的工作范围自建筑延展至策划定位、城市设计、规划、室内和景观等领域。

参考文献

[1] 宁一瑄，章征涛. 我国城市非正规空间研究综述和展望[C]//海口：2014 中国城市规划年会，2014.

[2] Zieleniec A . Space and Social Theory[M]. London: SAGE Publications. 2007：72 - 75.

[3] 陈煊，魏小春. 城市街道空间的非正规化演变：武汉市汉正街的个案（1988—2013 年）[J]. 城市规划，2013，37(4)：74 - 80.

[4] 陈忠. 空间辩证法、空间正义与集体行动逻辑[J]. 哲学动态，2010(6)：40 - 46.

[5] 钱翀，金云峰，吴钰宾. 城市复愈：基于空间生产理论正义向度的非正式公共空间更新[C]//上海：中国风景园林学会 2019 年会.

[6] 楚建群，赵辉，林坚. 应对城市非正规性：城市更新中的城市治理创新[J]. 规划师，2018，34(12)：122 - 126.

[7] 张京祥，胡毅. 基于社会空间正义的转型期中国城市更新批判 [J]. 规划师，2012(12)：5 - 9.

[8] 陈莉莉. 城市非正式公共空间潜力评价及优化策略研究[D]. 武汉：武汉大学，2017.

[9] 包亚明. 现代性与空间的生产[M]. 上海：上海教育出版社，2003：47.

[10] 陈蔚镇，刘荃. 城市更新中非正式开发景观项目的潜质与价值[J]. 中国园林，2016，32(5)：32 - 36.